机械工业出版社精品教材

普通高等专科教育机电类规划教材

金属切削机床概论

上海机械专科学校　顾维邦　主编

机 械 工 业 出 版 社

本书阐述机床的工作原理、技术性能、传动、结构及调整使用方法等。全书包括机床的基础知识、车床、磨床、齿轮加工机床、其他类型通用机床、自动化机床等六章，在重点介绍卧式车床、万能外圆磨床、滚齿机和单轴转塔自动车床等传统内容的同时，适当反映了具先进水平的精密机床和数控机床。本书注意讲清基本理论，加强实用性，每章后均附有习题和思考题。

本书用作高等专科学校机制专业的教材，职业大学、业余大学、职工大学、电视大学等专科层次学校机制专业及本科有关专业也都适用，并可供有关工程技术人员参考。

图书在版编目（CIP）数据

金属切削机床概论/顾维邦主编. —北京：机械工业出版社，1999.7
（2024.2 重印）
普通高等专科教育机电类规划教材
ISBN 978-7-111-03080-5

Ⅰ.①金…　Ⅱ.①顾…　Ⅲ.①机床-概论-高等教育-教材　Ⅳ.①T65.

中国版本图书馆 CIP 数据核字（1999）第 22887 号

机械工业出版社（北京市百万庄大街 22 号　邮政编码 100037）
责任编辑：王英杰　王海峰　王世刚　版式设计：王　颖
责任校对：孙志筠　封面设计：王伟光　责任印制：单爱军
北京虎彩文化传播有限公司印刷
2024 年 2 月第 1 版第 50 次印刷
184mm×260mm · 15.25 印张 · 371 千字
标准书号：ISBN 978-7-111-03080-5
定价：46.00 元

电话服务　　　　　　　　　网络服务
客服电话：010-88361066　机 工 官 网：www.cmpbook.com
　　　　　010-88379833　机 工 官 博：weibo.com/cmp1952
　　　　　010-68326294　金 书 网：www.golden-book.com
封底无防伪标均为盗版　机工教育服务网：www.cmpedu.com

前　　言

　　本书为高等专科学校机械制造工艺与装备专业"金属切削机床"课程的基本教材之一，是根据全国高等专科学校机制专业教材编审委员会审定的"金属切削机床"课程教学大纲编写的。为了更好地适应各地区不同学校教学安排的实际情况和要求，经教材编审委员会和机械电子工业部教材编辑室同意，本课程基本教材分《金属切削机床概论》（顾维邦主编）和《金属切削机床设计》（黄鹤汀主编）两册出版。这两本教材也适用于职业大学、业余大学、职工大学、电视大学以及其他专科层次学校机制专业，并可供有关工程技术人员参考。

　　本书为机床概论部分，阐述机床的工作原理、技术性能、传动、结构及其调整使用方法等，全书共分六章。第一章"机床的基础知识"简明地讲述了机床的运动和传动原理，机床精度的概念，以及分析机床传动系统及其调整计算的基本方法，为学习后续章节提供了良好基础；第二、三、四章分别重点地介绍卧式车床、万能外圆磨床和滚齿机，各有侧重面，且着重于阐明各类机床共性的内容，而不局限于某一型号，以利培养学生认识和分析机床的能力；此外，还适当扩展了其他机种，以开阔学生视野，拓宽知识面，为培养学生合理选用机床的能力打下基础；第五章"其他类型通用机床"作为由点及面的补充，对生产中常用的其他类型通用机床的工艺范围和结构特点作了简要介绍；第六章"自动化机床"以自动控制系统为线索，将机械式凸轮分配轴控制自动机床、电气程序控制自动机床和数控机床融为一章，突出讲述各类自动化机床实现自动工作循环的原理，使学生对机床自动化有一个比较完整的了解。我们期望，通过本教材学习，学生能掌握合理选择和正确使用机床所必需的基本理论与知识，并具有认识和分析机床的初步能力。

　　编写本书时，在体系编排上，力求符合科学性和认识规律；在内容取材上，力求在满足实用性和针对性前提下，同时适当反映有推广意义、具先进水平的精密机床和数控机床；在描述问题上，力图深入浅出，概念清楚准确，叙述层次分明，文字简炼通顺，插图明晰易懂，以便讲授和学生自学。

　　本书由上海机械专科学校顾维邦（第一、六章、附录）、上海纺织专科学校严庚辛（第三、四、五章）、长春大学赵春久（第二章）编写，由顾维邦主编。

　　本书由上海交通大学林益耀教授主审，在编写过程中，对教材的各个方面提出了许多宝贵意见。参加本书审稿会议的还有：扬州工学院黄鹤汀、湘潭机电专科学校丁树模、江苏工学院郑岳、江南大学沈孟养、西安航空工业专科学校文允钢、郑州纺织工学院孙玉琴、南京机械专科学校王芙蓉，机械电子工业部有关同志也参加了会议。本书最后经全国高等专科学校机制专业教材编审委员会审定。

　　在本书编写过程中，得到有关大专院校、研究所和工厂的大力支持和热情帮助，在此谨致谢意。

　　限于编者水平，书中难免有错误和不妥之处，敬希读者批评指正。

编　者

目　录

第一章　机床的基础知识

第一节　机床在国民经济中的地位及其发展简史

金属切削机床是一种用切削方法加工金属零件的工作机械。它是制造机器的机器，因此又称工作母机或工具机，在我国，习惯上常简称机床。

现代社会中，人们为了高效、经济地生产各种高质量产品，日益广泛地使用各种机器、仪器和工具等技术设备与装备。为制造这些技术设备与装备，又必须具备各种加工金属零件的设备，诸如铸造、锻造、焊接、冲压和切削加工设备等。由于机械零件的形状精度、尺寸精度和表面粗糙度，目前主要靠切削加工的方法来达到，特别是形状复杂、精度要求高和表面粗糙度要求很小的零件，往往需要在机床上经过几道甚至几十道切削加工工序才能完成。因此，机床是现代机械制造业中最重要的加工设备。在一般机械制造厂中，机床所担负的加工工作量，约占机械制造总工作量的 40%～60%，机床的技术性能直接影响机械产品的质量及其制造的经济性，进而决定着国民经济的发展水平。可以这样说，如果没有机床的发展，如果不具备今天这样品种繁多、结构完善和性能精良的各种机床，现代社会目前所达到的高度物质文明将是不可想象的。

一个国家要繁荣富强，必须实现工业、农业、国防和科学技术的现代化，这就需要一个强大的机械制造业为国民经济各部门提供现代化的先进技术设备与装备，即各种机器、仪器和工具等。然而，一个现代化的机械制造业必须要有一个现代化的机床制造业作后盾。机床工业是机械制造业的"装备部"、"总工艺师"，对国民经济的发展起着重大作用。因此，许多国家都十分重视本国机床工业的发展和机床技术水平的提高，使本国国民经济的发展建立在坚实可靠的基础上。

机床是人类在长期生产实践中，不断改进生产工具的基础上产生的，并随着社会生产的发展和科学技术的进步而渐趋完善。最原始的机床是木制的，所有运动都由人力或畜力驱动，主要用于加工木料、石料和陶瓷制品的泥坯，它们实际上并不成为一种完整的机器。现代意义上的用于加工金属机械零件的机床，是在 18 世纪中叶才开始发展起来的。当时，欧美一些工业最先发达的国家，开始了从工场手工业向资本主义机器大工业生产方式的过渡，需要越来越多的各种机器，这就推动了机床的迅速发展。为使蒸汽机的发明付诸实用，1770年前后创制了镗削蒸汽机汽缸内孔用的镗床。1797 年发明了带有机动刀架的车床，开创了用机械代替人手控制刀具运动的先声，不仅解放了人的双手，并使机床的加工精度和工效起了一个飞跃，初步形成了现代机床的雏型。继车床之后，随着机械制造业的发展，其它各种机床也陆续被创制出来。至 19 世纪末，车床、钻床、镗床、刨床、拉床、铣床、磨床、齿轮加工机床等基本类型的机床已先后形成。

本世纪初以来，由于高速钢和硬质合金等新型刀具材料相继出现，刀具切削性能不断提高，促使机床沿着提高主轴转速、加大驱动功率和增强结构刚度的方向发展。与此同时，由于电动机、齿轮、轴承、电气和液压等技术有了很大的发展，使机床的传动、结构和控制等方面也得到相应的改进，加工精度和生产率显著提高。图 1-1 表示机床加工精度的提高情况。此外，为了满足机械制造业日益广阔的各种使用要求，机床品种的发展也与日俱增，例如，各种高效率自动化机床、重型机床、精密机床以及适应加工特殊形状和特殊材料需要的特种加工机床都相继问世。50 年代，在综合应用电子技术、检测技术、计算技术、自动控制和机床设计等各个领域最新成就的基础上发展起来的数控机床，使机床自动化进入了一个

崭新的阶段，与早期发展的仅适用于大批大量生产的纯机械控制和继电器接触器控制的自动化机床相比，它具有很高柔性，即使在单件和小批生产中也能得到经济的使用。

综观机床的发展历史，它总是随着机械工业的扩大和科学技术的进步而发展，并始终围绕着不断提高生产效率、加工精度、自动化程度和扩大产品品种而进行的，现代机床总的趋势仍然是继续沿着这一方向发展。

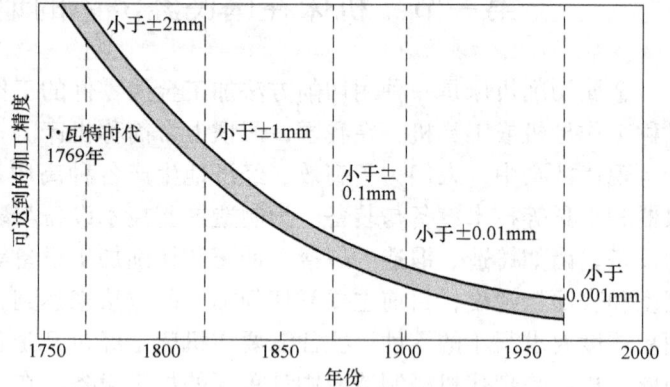

图 1-1 机床加工精度的提高情况

我国的机床工业是在 1949 年新中国成立后才开始建立起来的。解放前，由于长期的封建统治和 19 世纪中叶以后帝国主义的侵略和掠夺，我国的工农业生产非常落后，既没有独立的机械制造业，更谈不上机床制造业。至解放前夕，全国只有少数城市的一些规模很小的机械厂，制造少量简单的皮带车床、牛头刨床和砂轮机等；1949 年全国机床产量仅 1000 多台，品种不到 10 个。

解放后，党和人民政府十分重视机床工业的发展。在解放初期的三年经济恢复时期，就把一些原来的机械修配厂改建为专业机床厂；在随后开始的几个五年计划期间，又陆续扩建、新建了一系列机床厂。同时，还先后成立了综合的和各种专业的机床研究所，开展机床设计和试验研究工作。经过 40 多年的建设，我国机床工业从无到有，从小到大，现在已形成门类比较齐全，具有一定实力的机床工业体系，能生产 2000 多种机床通用品种（其中数控机床 150 多种）；至 1988 年，机床年产量达 20 万台，不仅装备了国内的工业，而且每年还有一定数量的机床出口。

我国机床工业的发展是迅速的，成就是巨大的。但由于起步晚、底子薄，与世界先进水平相比，还有较大差距。为了适应我国工业、农业、国防和科学技术现代化的需要，为了提高机床产品在国际市场上的竞争能力，必须深入开展机床基础理论研究，加强工艺试验研究，大力开发精密、重型和数控机床，使我国的机床工业尽早跻身于世界先进行列。

第二节 机床的分类和型号

一、机床的分类

机床的品种规格繁多，为便于区别及使用、管理，需加以分类，并编制型号。

机床的分类方法很多，最基本的是按机床的主要加工方法、所用刀具及其用途进行分类。根据国家制定的机床型号编制方法，机床共分为12类：车床、钻床、镗床、磨床、齿轮加工机床、螺纹加工机床、铣床、刨插床、拉床、特种加工机床、锯床和其它机床。在每一类机床中，又按工艺特点、布局型式、结构性能等不同，细分为若干组，每一组细分为若干系（系列）。

除上述基本分类方法外，机床还可按其他特征进行分类。

按照机床工艺范围宽窄（万能性程度），可分为通用机床（或称万能机床）、专门化机床和专用机床三类。通用机床的工艺范围很宽，可以加工一定尺寸范围内的各种类型零件，和完成多种多样的工序，如卧式车床、万能外圆磨床、摇臂钻床等。专门化机床的工艺范围较窄，只能加工一定尺寸范围内的某一类（或少数几类）零件，完成某一种（或少数几种）特定工序，如凸轮轴车床、轧辊车床等。专用机床的工艺范围最窄，通常只能完成某一特定零件的特定工序，汽车、拖拉机制造中大量使用的各种组合机床即属此类。

按照机床的重量和尺寸不同，可以分为：仪表机床、中型机床、大型机床（重量达到10t）、重型机床（重量在30t以上）、超重型机床（重量在100t以上）。

按照自动化程度，可分为手动、机动、半自动和自动机床。

此外，机床还可按照加工精度、主要器官（如主轴等）的数目等进行分类，而且随着机床的不断发展，其分类方法也将不断发展。

二、机床的技术参数与尺寸系列

机床的技术参数是表示机床尺寸大小及其工作能力的各种技术数据，一般包括以下几方面内容：

（1）主参数和第二主参数　主参数是机床最主要的一个技术参数，它直接反映机床的加工能力，并影响机床其它参数和基本结构的大小。对于通用机床和专门化机床，主参数通常以机床的最大加工尺寸（最大工件尺寸或最大加工面尺寸），或与此有关的机床部件尺寸来表示。例如，卧式车床为床身上最大工件回转直径，摇臂钻床为最大钻孔直径，升降台铣床为工作台面宽度等。有些机床，为了更完整地表示出它的工作能力和加工范围，还规定有第二主参数。例如，卧式车床的第二主参数为最大工件长度，摇臂钻床为主轴轴线至立柱母线之间的最大跨距等。常用机床的主参数和第二主参数见附录Ⅰ表4。

（2）主要工作部件的结构尺寸　这是一些与工件尺寸大小以及工、夹、量具标准化有关的参数。例如，主轴前端锥孔尺寸、工作台工作面尺寸等。

（3）主要工作部件移动行程范围　例如，卧式车床刀架纵向、横向移动最大行程，尾座套筒最大行程等。

（4）主运动、进给运动的速度和变速级数，快速空行程运动速度等。

（5）主电动机、进给电动机和各种辅助电动机的功率。

（6）机床的轮廓尺寸（长×宽×高）和重量。

机床的技术参数是用户选择和使用机床的重要技术资料，在每台机床的说明书中均详细列出。第二章表2-1列出了几种卧式车床的主要技术参数。

在机械制造业的不同生产部门中，需在同一类型机床上加工的工件及其尺寸相差悬殊。为了充分发挥机床的效能，每一类型机床应有大小不同的几种规格，以便不同尺寸范围的工件可以对应地选用相应规格的机床进行加工。

机床的规格大小，常用主参数表示。某一类型不同规格机床的主参数数列，便是该类型机床的尺寸系列。为了既能有效地满足国民经济各部门使用机床的需要，又便于机床制造厂组织生产，某一类型机床尺寸系列中不同规格应作合理的分布。通常是按等比数列的规律排列。例如，中型卧式车床的尺寸系列为：250、320、400、500、630、800、1000、1250（单位为 mm），即不同规格卧式车床的主参数为公比等于 1.25 的等比数列。

三、机床的型号

机床型号是机床产品的代号，用以简明地表示机床的类型、主要技术参数、性能和结构特点等。我国机床的型号由汉语拼音字母和阿拉伯数字按一定规律排列组成。例如，Z3040表示最大钻孔直径 40mm 的摇臂钻床，MM7132A 表示工作台工作面宽度为 320mm，经过第一次重大改进的精密卧轴矩台平面磨床。上述型号中字母及数字的涵义如下：

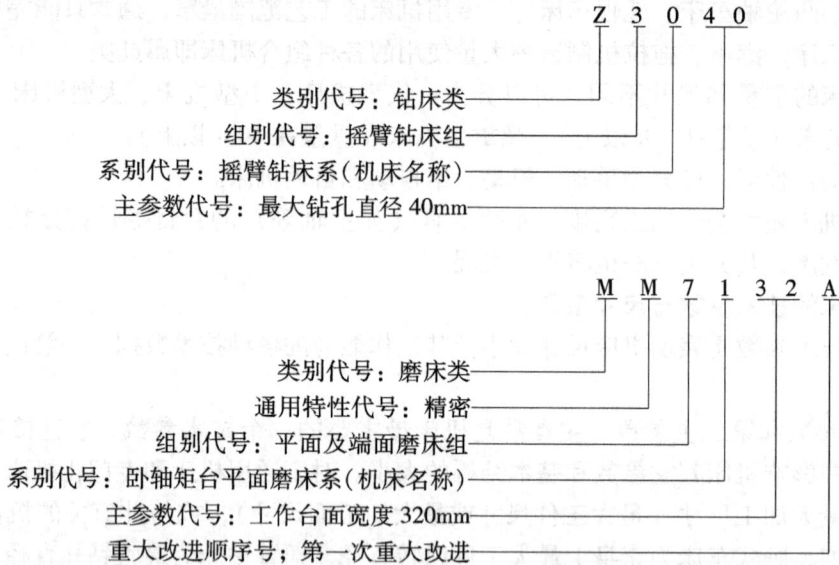

Z 3 0 4 0

类别代号：钻床类————
组别代号：摇臂钻床组————
系列代号：摇臂钻床系（机床名称）————
主参数代号：最大钻孔直径 40mm————

M M 7 1 3 2 A

类别代号：磨床类————
通用特性代号：精密————
组别代号：平面及端面磨床组————
系列代号：卧轴矩台平面磨床系（机床名称）————
主参数代号：工作台面宽度 320mm————
重大改进顺序号：第一次重大改进————

我国的机床型号编制方法，自 1957 年第一次颁布以来，随着机床工业的发展，曾作过多次修订和补充，现行的编制方法（JB 1838—85 金属切削机床型号编制方法）是 1985 年颁布的，详见附录Ⅰ。目前工厂中使用和生产的机床，有相当一部分其型号是按照前几次颁布的机床型号编制方法编制的，这些型号的涵义可查阅 1957 年、1959 年、1963 年、1971 年和 1976 年历次颁布的机床型号编制方法。

第三节　对机床的一般要求

如同任何社会产品一样，机床必须满足用户的一定使用要求，它才具有价值。机床作为一种生产工具，其基本使命是经济地完成一定的机械加工工艺，因此，首先它必须具备一定的功能，同时还需满足经济性、人机关系和环境保护等方面的要求。

机床的功能包括工艺范围、加工精度和表面粗糙度等。机床的工艺范围是指它所能完成的工序种类，可加工的零件类型、材料和毛坯种类以及尺寸范围等。机床的工艺范围必须与规定的加工任务相适应，生产批量不同，对机床工艺范围宽窄的要求也不同。因此，机床制造业既供应工艺范围很窄的专门化机床和专用机床，也供应工艺范围很宽的通用机床。机床的加工精度和表面粗糙度是指在正常工艺条件下，机床上加工的零件所能达到的尺寸、形状和相对位置精度，以及所能控制的表面粗糙度。为了充分发挥机床的效能，又能满足不同加工精度的要求，有些通用机床被制成不同的精度等级：普通精度级、精密级和高精度级。普通精度级机床能保证一般的加工精度，生产率较高，制造成本低，适于加工一般精度要求的零件。精密级和高精度级机床的加工精度高，但生产率一般较低，机床制造成本高，因此仅适用于少数精度要求高的零件的精加工。由于现代机械制造对加工精度的要求日益提高，因此要求机床相应地不断提高其加工精度和达到更小的表面粗糙度。

机床的经济性包括机床制造和使用两个方面。对于机床使用厂，经济性首先是机床的加工效率，即要求机床在保证所需加工精度和表面粗糙度的前提下，有尽可能高的生产率。提高机床生产率的重要途径之一是提高机床的自动化程度。提高机床的自动化程度，还可改善工人的劳动条件和保证加工过程不受操作者的影响，有利于保持产品质量的稳定。因此，自动化程度也是机床使用要求的一个重要方面。为保证机床用户的经济效益，机床还必须有很高的可靠性和高的机械效率，并便于维修，使机床能充分发挥效能，减少能源消耗。

良好的人机关系，使机床操作者工作安全、方便和省力，不仅可减少工人的疲劳，保证工人和机床的安全，而且还能提高劳动生产率。

随着生产的发展，机床的环境特性越来越为人们所重视。环境特性包括噪声和渗、漏油等。机床工作时发出的噪声，既影响工人的身心健康，又妨碍语言通讯，降低劳动生产率，应力求降低。机床的渗、漏油现象，不仅污染环境，且浪费油料，必须避免发生。机床工作时产生的粉尘、油雾等，严重影响工人健康，必须具备完善的防护装置，防止其逸散到周围环境中。

第四节　机床上工件表面成形方法和所需运动

一、工件表面的成形方法

各种类型机床的具体用途和加工方法虽然各不相同，但其基本工作原理则相同，即所有机床都必须通过刀具和工件之间的相对运动，切除坯件上多余金属，形成一定形状、尺寸和质量的表面，从而获得所需的机械零件。因此，机床加工机械零件的过程，其实质就是形成零件上各个工作表面的过程。

机械零件的形状多种多样，但构成其内、外形轮廓的，却不外乎几种基本形状的表面：平面、圆柱面、圆锥面以及各种成形面（见图1-2）。这些基本形状的表面都属于线性表面，既可经济地在机床上进行加工，又较易获得所需精度。

从几何学的观点看，任何一种线性表面，都是由一根母线沿着导线运动而形成的。如图1-3所示：平面是由一根直线（母线）沿着另一根直线（导线）运动而形成形（见图1-3a）；圆柱面和圆锥面足由一根直线（母线）沿着一个圆（导线）运动而形成（见图1-3b和c）；普通螺纹的螺旋面是由"∧"形线（母线）沿螺旋线（导线）运动而形成（见图1-3d）；直齿圆柱齿轮的渐开线齿廓表面是由渐开线（母线）沿直线（导线）运动而形成的（见图1-3e）等等。形成表面的母线和导线统称为发生线。

由图1-3不难发现，有些表面，其母线和导线可以互换，如平面、圆柱面和直齿圆柱齿轮的渐开线齿廓表面等，称为可逆表面；而另一些表面，其母线和导线不可互换，如圆锥

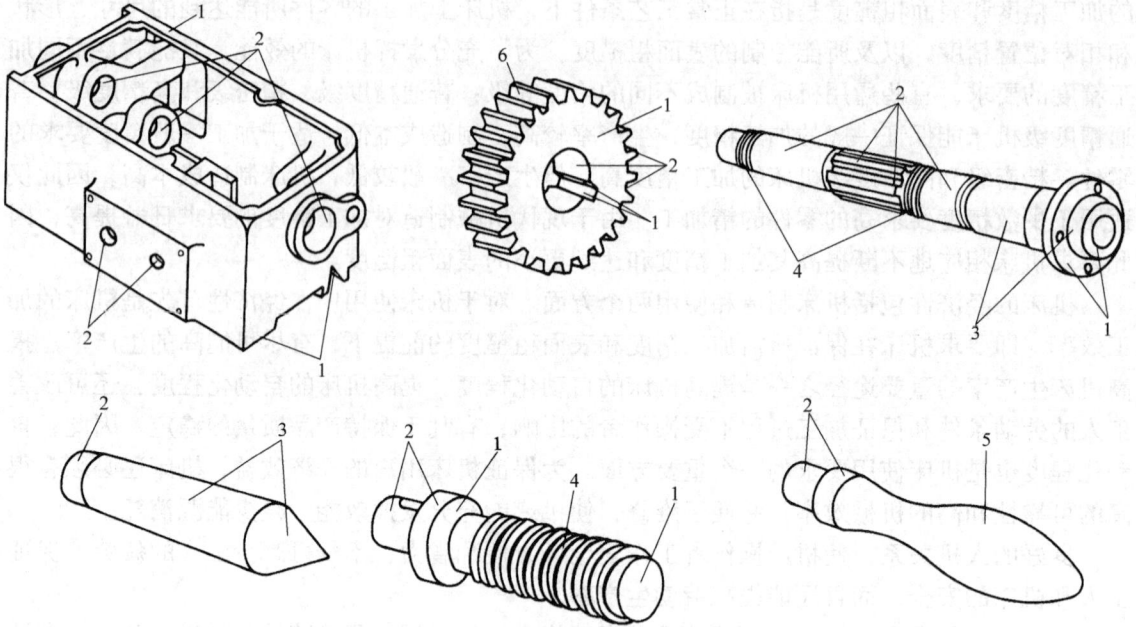

图 1-2 构成机械零件外形轮廓的常用表面

1—平面 2—圆柱面 3—圆锥面 4—螺旋面（成形面） 5—回转体成形面 6—渐开线表面（直线成形面）

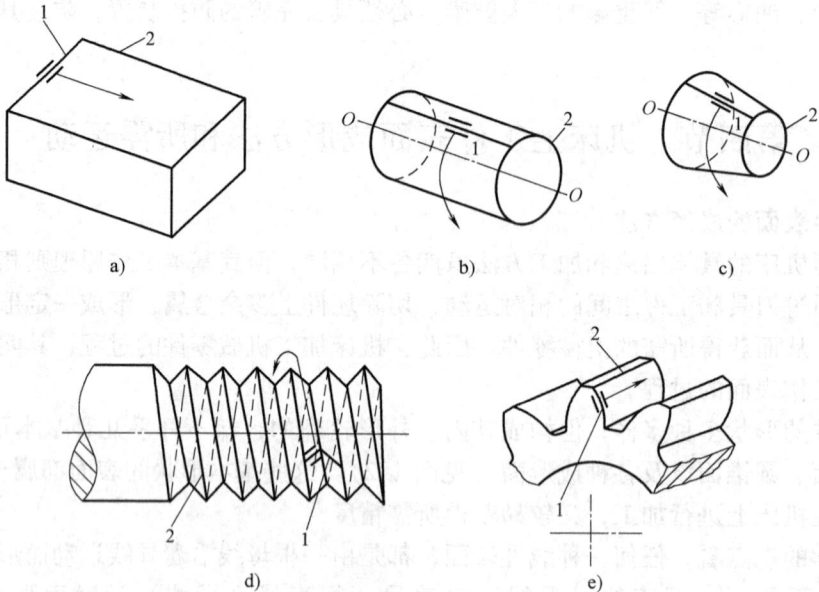

图 1-3 零件表面的成形

1—母线 2—导线

面、螺旋面等，称为不可逆表面。一般说来，可逆表面可采用的加工方法，多于不可逆表面。

机床上加工零件时，所需形状的表面是通过刀具和工件的相对运动，用刀具的刀刃切削出来的，其实质就是借助于一定形状的切削刃以及切削刃与被加工表面之间按一定规律的相对运动，形成所需的母线和导线。由于加工方法和使用的刀具结构及其切削刃形状不同，机床上形成发生线的方法与所需运动也不同，概括起来有以下四种：

1. 轨迹法

用尖头车刀、刨刀等刀具加工时，切削刃与被加工表面为点接触（实际是在很短一段长度上的弧线接触），因此切削刃可看作是一个点。为了获得所需发生线，切削刃必须沿着发生线作轨迹运动。图 1-4a 所示例子中，刨刀沿箭头 A_1 方向所作直线运动，形成了直线形的母线，刨刀沿箭头 A_2 方向所作曲线运动，形成了曲线形的导线。显然，采用轨迹法形成发生线，需要一个独立的运动。

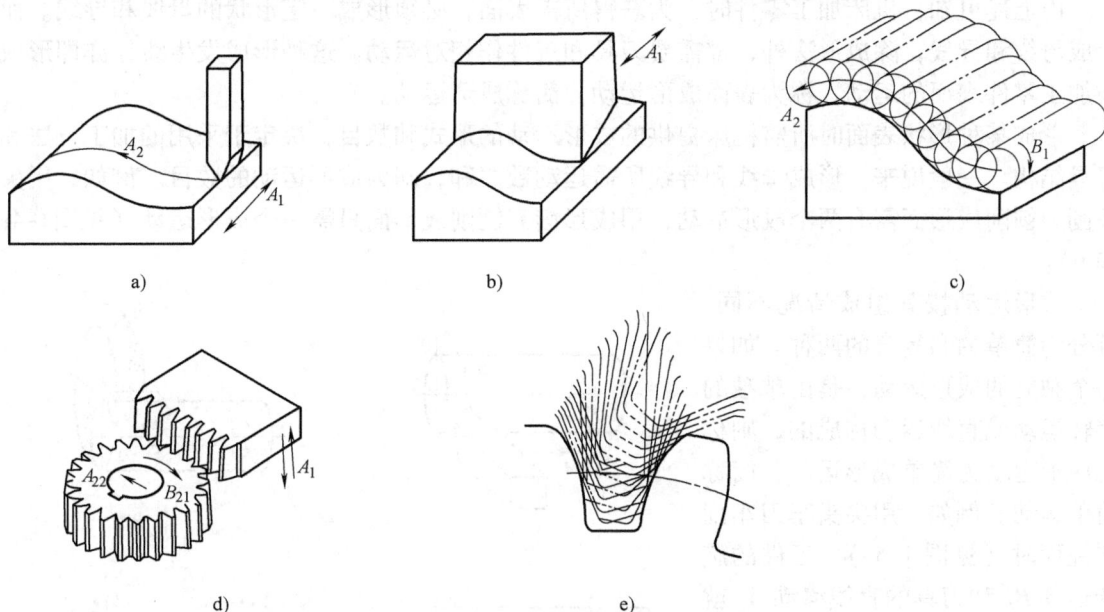

图 1-4 形成发生线的方法

2. 成形法

采用各种成形刀具加工时，切削刃是与所需形成的发生线完全吻合的切削线，因此加工时无需任何运动，便可获得所需发生线。图 1-4b 中，曲线形母线由成形刨刀的切削刃直接形成，直线形的导线则由轨迹法形成。

3. 相切法

采用铣刀、砂轮等旋转刀具加工时，在垂直于刀具旋转轴线的截面内，切削刃也可看作是点，当该切削点绕着刀具轴线作旋转运动 B_1，同时刀具轴线沿着发生线的等距线作轨迹运动 A_2 时（见图 1-4c），切削点运动轨迹的包络线，便是所需的发生线。所以，采用相切法形成发生线，需要刀具旋转和刀具与工件之间的相对移动两个彼此独立的运动。

4. 范成法（展成法）

用插齿刀、齿轮滚刀和花键滚刀等刀具加工时，切削刃是一条与需要形成的发生线共轭的切削线。切削加工时，刀具与工件按确定的运动关系作相对运动，切削刃与被加工表面相切（点接触），切削刃各瞬时位置的包络线，便是所需的发生线。例如，图 1-4d 所示为用齿条形插齿刀加工圆柱齿轮，插齿刀沿箭头 A_1 方向所作的直线运动，形成了直线形母线

（轨迹法），而工件的旋转运动 B_{21} 和直线运动 A_{22}，使插齿刀能不断地对工件进行切削，其直线形切削刃的一系列瞬时位置的包络线，便是所需的渐开线形导线（见图1-4e）。用范成法形成发生线时，刀具和工件之间的相对运动通常由两个运动（旋转+旋转或旋转+移动）组合而成，这两个运动之间必须保持严格的运动关系，彼此不能独立，它们共同组成一个复合的运动，这个运动称为范成运动（或称展成运动）。例如上述的工件旋转运动 B_{21} 和直线运动 A_{22} 是形成渐开线的范成运动，它们必须保持的严格运动关系为：B_{21} 转过一个齿时，A_{22} 移动一个齿距，即相当于齿轮在齿条上滚动时转动和移动的运动关系。

二、机床的运动

由上述可知，机床加工零件时，为获得所需表面，必须形成一定形状的母线和导线。而形成母线和导线，除成形法外，都需要刀具和工件作相对运动。这种形成发生线，亦即形成被加工零件表面的运动，称为表面成形运动，简称成形运动。

形成某种形状表面时所需机床提供的成形运动的形式和数目，决定于采用的加工方法和刀具结构。一般说来，形成母线和导线所需运动数之和，即为成形运动的数目。例如，用尖头刨刀刨削成形面需有两个成形运动，用成形刨刀刨削成形面只需一个成形运动（见图1-4a和b）。

成形运动按其组成情况不同，可分为简单的和复合的两种。如果一个独立的成形运动，是由单独的旋转运动或直线运动构成的，则称此成形运动为简单成形运动，简称简单运动。例如，用尖头车刀车削圆柱面时（见图1-5a），工件的旋转运动 B_1 和刀具的直线移动 A_2 就是两个简单运动；用砂轮磨削圆柱面时（见图1-5b），砂轮和工件的旋转运动 B_1、B_2，以及工件的直线移动 A_3，也都是简单运动。如果一个独立的成形运动，是由两个或两个以上的旋转运动或（和）直线运动，按照某种确定的运动关

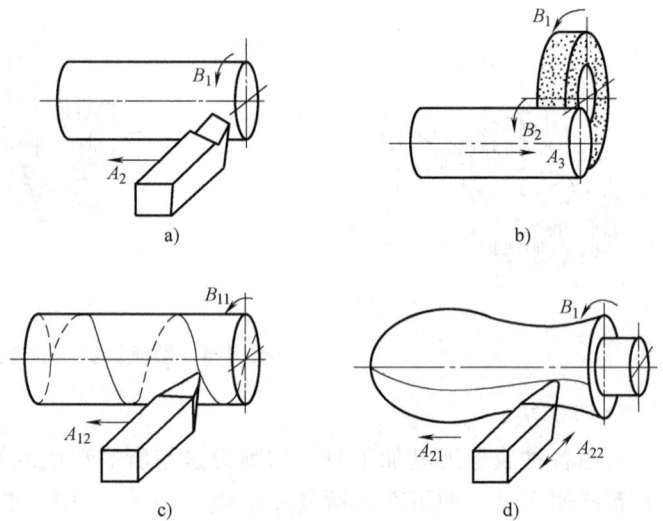

图1-5　成形运动的组成

系组合而成，则称此成形运动为复合成形运动，简称复合运动。例如，车削螺纹时（见图1-5c），形成螺旋形发生线所需的刀具和工件之间的相对螺旋轨迹运动，为简化机床结构和较易保证精度，通常将其分解为工件的等速旋转运动 B_{11} 和刀具的等速直线移动 A_{12}。B_{11} 和 A_{12} 彼此不能独立，它们之间必须保持严格的运动关系，即工件每转1转时，刀具直线移动的距离应等于螺纹的导程，从而 B_{11} 和 A_{12} 这两个单元运动组成一个复合运动。用尖头车刀车削回转体成形面时（见图1-5d），车刀的曲线轨迹运动，通常由相互垂直坐标方向上的、有严格速比关系的两个直线运动 A_{21} 和 A_{22} 来实现，A_{21} 和 A_{22} 也组成一个复合运动。上述复合运动组成部分符号中的下标，第一位数字表示成形运动的序号（第一、第二、……个成形运动），第二位数字表示同一个复合运动中单元运动的序号；例如，图1-5d中，B_1 为第一个

成形运动（简单运动），A_{21}和A_{22}分别为第二个成形运动（复合运动）的第一和第二个单元运动。

根据切削过程中所起作用不同，成形运动又可分为主运动和进给运动。主运动是切除工件上的被切削层，使之转变为切屑的主要运动；进给运动是不断地把被切削层投入切削，以逐渐切出整个工件表面的运动。主运动的速度高，消耗的功率大，进给运动的速度较低，消耗的功率也较小。任何一种机床，必定有、且通常只有一个主运动，但进给运动可能有一个或几个，也可能没有。

表面成形运动是机床上最基本的运动，其轨迹、数目、行程和方向等，在很大程度上决定着机床的传动和结构形式。显然，用不同工艺方法加工不同形状的表面，所需的表面成形运动是不同的，从而产生了各种不同类型的机床。然而即使是用同一种工艺方法和刀具结构加工相同表面，由于具体加工条件不同，表面成形运动在刀具和工件之间的分配也往往不同。例如，车削圆柱面，多数情况下表面成形运动是工件旋转和刀具直线移动，但根据工件形状、尺寸和坯料形式等具体条件不同，表面成形运动也可以是工件旋转并直线移动，或者刀具旋转和工件直线移动，或者刀具旋转并直线移动（见图1-6）。表面成形运动在刀具和工件之间的分配情况不同，机床结构也不一样，这就决定了机床结构型式的多样化。

机床在加工过程中除完成成形运动外，还需完成其它一系列运动。以卧式车床上车削圆柱面为例（见图1-7），除工件旋转和车刀直线移动这两个成形运动外，还需完成安装工件、开车、车刀快速趋近工件并径向切入一定深度以保证所需直径尺寸d、车刀切削到所需长度尺寸l时径向退离工件并纵向退回至起始位置等运动。这些与表面成形过程没有直接关系的运动，统称为辅助运动。辅助运动的作用是实现机床加工过程中所必需的各种辅助动作，为表面成形创造条件，它的种类很多，一般包括：

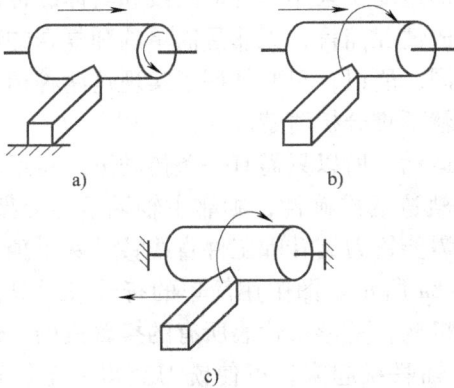

图1-6 圆柱面的车削加工方式

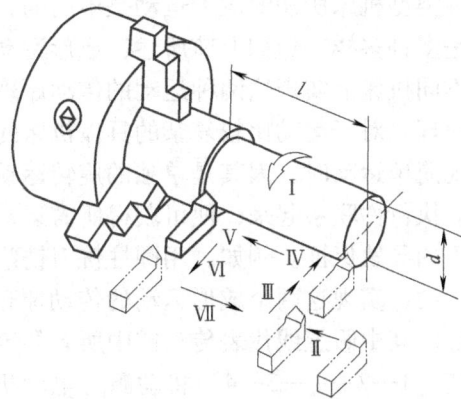

图1-7 车削圆柱面过程中的运动
Ⅰ、Ⅴ—成形运动 Ⅱ、Ⅲ—快速趋近运动 Ⅳ—切入运动
Ⅵ、Ⅶ—快速退回运动

（1）切入运动 刀具相对工件切入一定深度，以保证工件达到要求的尺寸。

（2）分度运动 多工位工作台、刀架等的周期转位或移位，以便依次加工工件上的各个表面，或依次使用不同刀具对工件进行顺序加工。

（3）调位运动 加工开始前机床有关部件的移位，以调整刀具和工件之间的正确相对位置。

（4）其它各种空行程运动　如切削前后刀具或工件的快速趋近和退回运动，开车、停车、变速、变向等控制运动，装卸、夹紧、松开工件的运动等。

辅助运动虽然并不参与表面成形过程，但对机床整个加工过程却是不可缺少的，同时对机床的生产率和加工精度往往也有重大影响。

第五节　机床的传动原理

为了实现加工过程中所需的各种运动，机床必须具备三个基本部分：执行件、运动源和传动装置。执行件是执行机床运动的部件，如主轴、刀架、工作台等，其任务是装夹刀具和工件，直接带动它们完成一定形式的运动，并保证其运动轨迹的准确性——旋转运动的正圆度和直线运动的直线度。运动源是为执行件提供运动和动力的装置，如交流异步电动机、直流电动机、步进电机等。传动装置是传递运动和动力的装置，通过它把执行件和运动源或一个执行件与另一个执行件联系起来，使执行件获得一定速度和方向的运动，并使有关执行件之间保持某种确定的运动关系。

机床的传动装置有机械、液压、电气、气压等多种形式，本书将主要讲述机械的传动装置。它应用皮带、齿轮、齿条、丝杠螺母等传动件实现运动联系。使执行件和运动源以及两个有关的执行件保持运动联系的一系列顺序排列的传动件，称为传动链。传动链中通常包含两类传动机构：一类是传动比和传动方向固定不变的传动机构，如定比齿轮副、蜗杆蜗轮副、丝杠螺母副等，称为定比传动机构；另一类是根据加工要求可以变换传动比和传动方向的传动机构，如挂轮变速机构、滑移齿轮变速机构、离合器换向机构等，统称为换置机构。

各种类型机床所需的成形运动是不同的，实现成形运动所采用的传动路线和具体的传动机构更是多种多样，但如上节所述，成形运动就其组成情况而言，无非是简单的和复合的两种，而不同机床上实现这两种运动的传动原理完全相同，所以，只要掌握了实现这两种运动的传动原理，对于运动比较复杂的具体机床的传动也就不难分析清楚。

实现简单运动时，因其是单独的旋转运动或直线运动，所以只需有一条传动链，将运动源与相应执行件联系起来，便可获得所需运动，运动轨迹的准确性，则靠主轴轴承与刀架、工作台等的导轨保证。例如，用圆柱铣刀铣削平面，需要铣刀旋转和工件直线移动两个独立的简单运动，实现这两个成形运动的传动原理如图 1-8a 所示。图中用简单的符号表示具体的传动链，其中假想线代表传动链中所有的定比传动机构，菱形块代表所有的换置机构。通过传动链"1—2—u_v—3—4"将动源（电动机）和主轴联系起来，可使铣刀获得一定转速和转向的旋转运动 B_1；通过传动链"5—6—u_f—7—8"将动源和工作台联系起来，可使工件获得一定进给速度和方向的直线运动。利用换置机构 u_v 和 u_f，可以改变铣刀的转速、转向和工件的进给速度、方向，以适应不同加工条件的需要。上述这种联系运动源和执行件，使执行件获得一定速度和方向运动的传动链，称为外联系传动链。显然，机床上有几个简单运动，就需要有几条外联系传动链，它们可以有各自独立的运动源（如图 1-8a 所示），也可以几条传动链共用一个运动源。

实现复合运动时，因其是由保持严格运动关系的几个单元运动（旋转的和直线的）所组成，所以必须要有传动链将实现这些单元运动的执行件联起来，使其保持确定的运动关

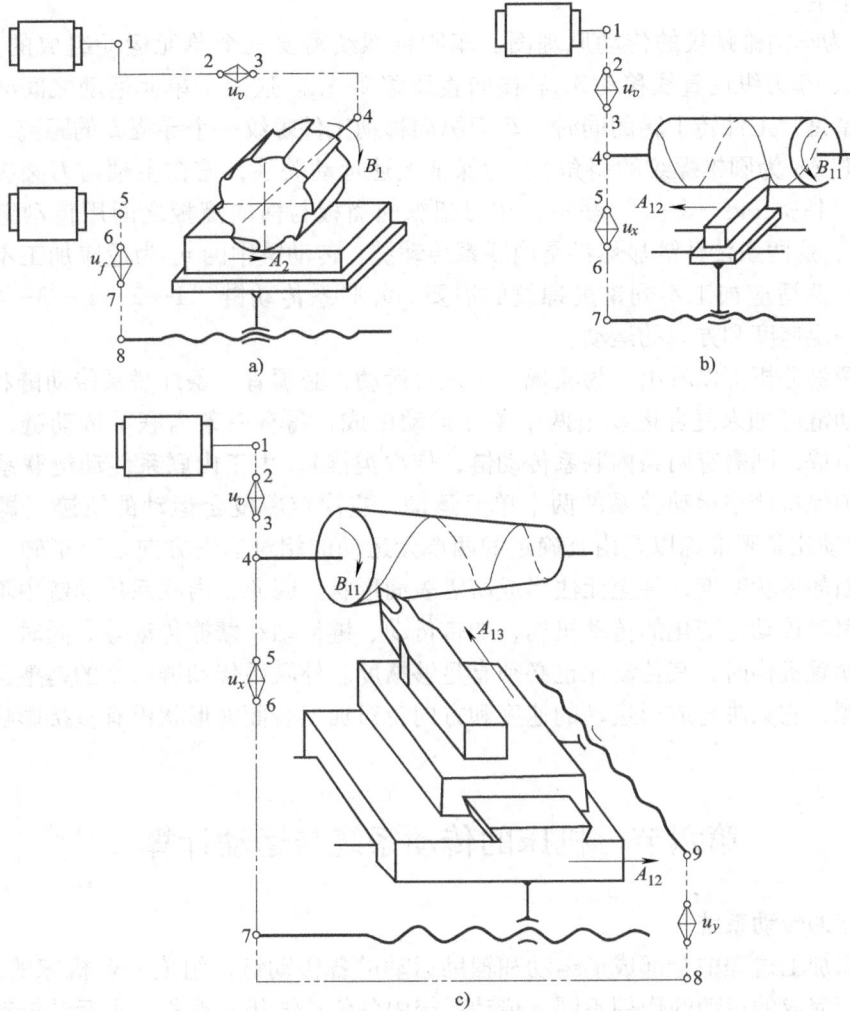

图 1-8 传动原理图

a) 铣平面 b) 车圆柱螺纹 c) 车圆锥螺纹

系；此外，为使执行件获得运动，还需有一条外联系传动链。例如，车圆柱螺纹需要工件旋转 B_{11} 和车刀直线移动 A_{12} 组成的复合运动，这两个单元运动必须保持的严格运动关系是：工件每转 1 转，车刀准确地移动工件螺纹一个导程的距离。为保证这一运动关系，需在实现这两个单元运动的执行件——主轴和刀架之间，用传动链"4—5—u_x—6—7 联系"起来（见图 1-8b)，且这条传动链的总传动比必须准确地满足上述运动关系的要求。利用传动链中的换置机构 u_x，可以改变工件和车刀之间的相对运动速度，以适应车削不同导程螺纹的需要。上述这种联系复合运动内部两个单元运动，或者说联系实现复合运动内部两个单元运动的执行件的传动链，称为内联系传动链。有了内联系传动链，机床工作时，由其所联系的两个执行件，就将按照规定的运动关系作相对运动；但是内联系传动链本身不能提供运动，为使执行件得到运动，还需有外联系传动链将运动源的运动传到内联系传动链上来（根据需要传到内联系传动链中的某一环节），如图 1-8b 中的"1—2—u_v—3—4"。这条传动链中的换置机构 u_v，用于改变整个复合运动的速度，或者说同时改变两个执行件的速度，但它们的相对运动关系不变。

图 1-8c 为车圆锥螺纹的传动原理图。车圆锥螺纹需要三个单元运动组成的复合运动：工件旋转 B_{11}、车刀纵向直线移动 A_{12} 和横向直线移动 A_{13}。这三个单元运动之间必须保持的严格运动关系是：工件转 1 转的同时，车刀纵向移动工件螺纹一个导程 L 的距离，横向移动 $Ltg\alpha$。的距离（α 为圆锥螺纹的斜角）。为保证上述运动关系，需在主轴与刀架纵向溜板之间用传动链"4—5—u_x—6—7"联系，在刀架纵向溜板与横向溜板之间用传动链"7—8—u_y—9"联系，这两条传动链显然都是内联系传动链。传动链中的 u_x 为适应加工不同导程螺纹的需要，u_y 为适应加工不同锥度螺纹的需要。外联系传动链"1—2—u_v—3—4"使主轴和刀架获得一定速度和方向的运动。

从以上两例分析可以看出，为实现一个复合运动，必须有一条外联系传动链和一条或几条内联系传动链（如果复合运动由两个单元运动组成，需有一条内联系传动链，如果由三个单元运动组成，则需有两条内联系传动链，依次类推）。由于内联系传动链联系的是复合运动内部必须保持严格运动关系的两个单元运动，它决定着复合运动的轨迹（即发生线的形状），其传动比是否准确以及由其确定的两单元运动的相对运动方向是否正确，会直接影响被加工表面的形状精度，甚至无法形成所需表面形状。因此，内联系传动链中不能有传动比不确定或瞬时传动比变化的传动机构，如带传动、链传动和摩擦传动等。同时，调整内联系传动链的换置机构时，其传动比也必须有足够精度。外联系传动链联系的是整个复合运动与外部运动源，它只决定成形运动的速度和方向，对加工表面的形状没有直接影响，因而没有上述要求。

第六节　机床的传动系统与运动计算

一、机床的传动系统

实现机床加工过程中全部成形运动和辅助运动的各传动链，组成一台机床的传动系统。根据执行件所完成的运动的作用不同，传动系统中各传动链相应地称为主运动传动链、进给运动传动链、范成运动传动链、分度运动传动链等。

为便于了解和分析机床运动的传递、联系情况，常采用传动系统图。它是表示实现机床全部运动的传动示意图，图中将每条传动链中的具体传动机构用简单的规定符号表示（规定符号见国家标准 GB 4460—84 机械制图——机构运动简图符号，其中常用的见附录Ⅱ），并标明齿轮和蜗轮的齿数、蜗杆头数、丝杠导程、带轮直径、电动机功率和转速等。传动链中的传动机构，按照运动传递或联系顺序依次排列，以展开图形式画在能反映主要部件相互位置的机床外形轮廓中。例如，图 1-9 为一台万能升降台铣床的传动系统图。

了解分析一台机床的传动系统时，首先应根据被加工表面的形状、采用的加工方法及刀具结构形式，得知表面的成形方法和所需成形运动，同时根据机床布局及其工作方法，了解机床需要哪些辅助运动，实现各个运动的执行件和运动源是什么；进而分析实现各运动的传动原理，即确定机床需有哪些传动链及其传动联系情况；然后根据传动系统图逐一分析各传动链，其一般方法是：首先找到传动链所联系的两个端件（运动源和某一执行件，或者一个执行件和另一执行件），然后按照运动传递或联系顺序，从一个端件向另一端件，依次分析各传动轴之间的传动结构和运动传递关系，以查明该传动链的传动路线以及变速、换向、

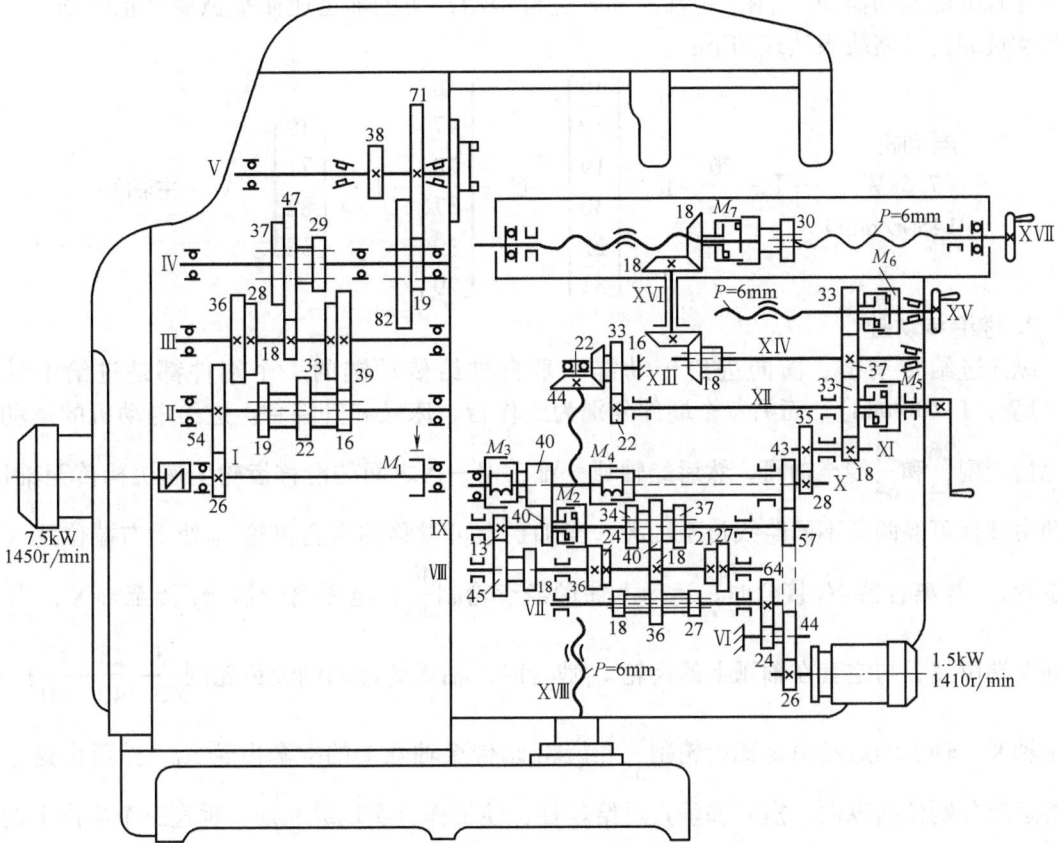

图 1-9　万能升降台铣床的传动系统

接通和断开的工作原理。

　　我们以图 1-9 所示万能升降台铣床的传动系统为例进行分析。这种机床加工所需的成形运动和实现成形运动的传动原理如图 1-8a 所示。由于万能升降台铣床是通用机床，需完成多种不同的加工工序，要求工件能在相互垂直的三个方向上作直线运动，因此传动系统实际包含有四条传动链：一条是联系运动源和主轴，使主轴获得旋转主运动和主运动传动链，三条是联系运动源和工作台，使工作台获得三个方向直线进给运动的进给运动传动链。三条进给运动传动链共用一个运动源和一套变速机构，大部分传动路线是重合的，只是在后面部分才分开，成为三个传动分支，把进给运动分别传给工作台（实现纵向进给运动）、支承工作台的床鞍（实现横向进给运动）和支承床鞍的升降台（实现垂直进给运动）。此外，还有一条快速空行程传动链，用于传动工作台快速移动，以便快速调整工件与刀具的相对位置，以及进给前后使工件快速趋近和退回。下面根据传动系统图逐一分析各传动链。

　　1. 主运动传动链

　　主运动传动链的两端件是主电动机（7.5kW，1450r/min）和主轴 V，其传动路线为：运动由电动机经弹性联轴器传给轴 I，然后经轴 I—II 之间的定比齿轮副 $\frac{26}{54}$ 以及轴 II—III、III—IV 和 IV—V 之间的三个滑移齿轮变速机构，传动主轴 V 旋转，并使其可变换 $3\times3\times2=18$ 级不同的转速。主轴旋转运动的开停以及转向的改变由电动机开停和正反转实现。轴 I 右端有多片式电磁制动器 M_1，用于主轴停车时进行制动，使主轴迅速而平稳地停止转动。主运动传动链的传动路线表达式如下：

$$
\begin{matrix}
\text{电动机} \\
(7.5\text{kW} \\
1450\text{r/min})
\end{matrix}
-\text{I} \frac{26}{54} \text{II} -
\begin{bmatrix} \dfrac{16}{39} \\[4pt] \dfrac{19}{36} \\[4pt] \dfrac{22}{33} \end{bmatrix}
-\text{III} -
\begin{bmatrix} \dfrac{18}{47} \\[4pt] \dfrac{28}{37} \\[4pt] \dfrac{39}{29} \end{bmatrix}
-\text{IV} -
\begin{bmatrix} \dfrac{19}{71} \\[4pt] \dfrac{82}{38} \end{bmatrix}
-\text{V}（主轴）
$$

2. 进给传动链

纵向进给传动链、横向进给传动链和垂直进给传动链的一个端件都是进给电动机（1.5kW，1410r/min），而另一个端件分别为工作台、床鞍和升降台。进给电动机的运动由定比齿轮副 $\frac{26}{44}$ 和 $\frac{24}{64}$ 传至轴Ⅶ，然后经轴Ⅶ—Ⅷ、Ⅷ—Ⅸ之间的滑移齿轮变速机构传至轴Ⅸ；运动由轴Ⅸ可经两条不同路线传至轴Ⅹ：当轴Ⅸ上可滑移的空套齿轮 z_{40} 处于右端位置（图示位置），与离合器 M_2 接合时，运动由轴Ⅸ经齿轮副 $\frac{40}{40}$ 和电磁离合器 M_3 传至轴Ⅹ，当 z_{40} 移到左端位置，与空套在轴Ⅷ上的齿轮 z_{18} 啮合时，轴Ⅸ的运动则经齿轮副 $\frac{13}{45}$、$\frac{18}{40}$、$\frac{40}{40}$ 和 M_3 传至轴Ⅹ。轴Ⅹ的运动由定比齿轮副 $\frac{28}{35}$ 和齿轮 z_{18} 传至轴Ⅻ上的空套齿轮 z_{33}，然后由这个齿轮将运动分别传向纵向、横向和垂直进给丝杠，使工作台实现纵、横、垂直三个方向上的直线进给运动。三个方向进给运动的接通与断开分别由三个离合器 M_7、M_6 和 M_5 控制。进给传动链的传动路线表达式如下：

$$
\begin{matrix}
\text{电动机} \\
\left(\begin{matrix}1.5\text{kW}\\1410\text{r/min}\end{matrix}\right)
\end{matrix}
-\frac{26}{44}\text{Ⅵ}-\frac{26}{64}\text{Ⅶ}-
\begin{bmatrix}\dfrac{18}{36}\\[3pt]\dfrac{27}{27}\\[3pt]\dfrac{36}{18}\end{bmatrix}
-\text{Ⅷ}-
\begin{bmatrix}\dfrac{18}{40}\\[3pt]\dfrac{21}{37}\\[3pt]\dfrac{24}{34}\end{bmatrix}
-\text{Ⅸ}-
\begin{bmatrix}M_2-\dfrac{40}{40}\\[6pt]\dfrac{13}{45}\text{Ⅷ}-\dfrac{18}{40}-\dfrac{40}{40}\end{bmatrix}
-M_3
$$

$$
-\text{Ⅹ}-\frac{28}{35}\text{Ⅺ}-\frac{18}{33}\text{Ⅻ}-
\begin{bmatrix}
\dfrac{33}{37}\text{ⅩⅣ}-\begin{bmatrix}\dfrac{18}{16}\text{ⅩⅥ}-\dfrac{18}{18}M_7-\text{ⅩⅦ（纵向进给丝杠）}-\boxed{\text{工作台}}\\[6pt]\dfrac{37}{33}-M_6-\text{ⅩⅤ（横向进给丝杠）}-\boxed{\text{床鞍}}\end{bmatrix}\\[14pt]
M_5-\text{Ⅻ}-\dfrac{22}{33}\text{ⅩⅢ}-\dfrac{22}{44}\text{ⅩⅧ（垂直进给丝杠）}-\boxed{\text{升降台}}
\end{bmatrix}
$$

利用轴Ⅶ—Ⅷ、Ⅷ—Ⅸ之间的两个滑移齿轮变速机构和轴Ⅸ—Ⅷ—Ⅹ之间的回曲变速机构，可使工作台变换 3×3×2＝18 级不同的进给速度。工作台进给运动的换向，由改变电动机旋转方向实现。

3. 快速空行程传动链

这是辅助运动传动链，其两端件与进给传动链相同。由图1-9可以看到，接合电磁离合

器 M_4 而脱开 M_3，进给电动机的运动便由定比齿轮副 $\frac{26}{44}\text{—}\frac{44}{57}\text{—}\frac{57}{43}$ 和 M_4 传给轴 X，以后再沿着与进给运动相同的传动路线传至工作台、床鞍和升降台。由于这一传动路线的传动比大于进给传动路线的传动比，因而获得快速运动。利用离合器 M_7、M_6 和 M_5 可接通纵、横和垂直三个方向中任一方向的快速运动。快速运动方向的变换（左右、前后、上下）同样由电动机改变旋转方向实现。

二、机床的运动计算

机床的运动计算通常有两种情况：一种是根据传动系统图提供的有关数据，确定某些执行件的运动速度或位移量；另一种是根据执行件所需的运动速度、位移量，或有关执行件之间所需保持的运动关系，确定相应传动链中换置机构（通常为挂轮变速机构）的传动比，以便进行必要调整。

机床运动计算按每一传动链分别进行，其一般步骤如下：

（1）确定传动链的两端件，如电动机——主轴，主轴——刀架等。

（2）根据传动链两端件的运动关系，确定它们的计算位移，即在指定的同一时间间隔内两端件的位移量。例如，主运动传动链的计算位移为：电动机 $n_{电}$（单位为 r/min），主轴 $n_{主}$（单位为 r/min）；车床螺纹进给传动链的计算位移为：主轴转 1 转，刀架移动工件螺纹一个导程 L（单位为 mm）。

（3）根据计算位移以及相应传动链中各个顺序排列的传动副的传动比，列写运动平衡式；

（4）根据运动平衡式，计算出执行件的运动速度（转速、进给量等）或位移量，或者整理出换置机构的换置公式，然后按加工条件确定挂轮变速机构所需采用的配换齿轮齿数，或确定对其它变速机构的调整要求。

例 1 根据图 1-9 所示传动系统，计算工作台纵向进给速度：

（1）传动链两端件 进给电动机——工作台。

（2）计算位移 电动机 1410r/min——工作台纵向移动 $v_{f纵}$（单位为 mm/min）

（3）运动平衡式 $v_{f纵} = 1410 \times \dfrac{26}{44} \times \dfrac{24}{64} u_{\text{VII—VIII}} \, u_{\text{VIII—IX}} \, u_{\text{IX—X}} \times \dfrac{28}{35} \times \dfrac{18}{33} \times \dfrac{33}{37} \times \dfrac{18}{16} \times \dfrac{18}{18} \times 6$

式中 $u_{\text{VII—VIII}} \, u_{\text{VIII—IX}} \, u_{\text{IX—X}}$ ——分别为轴 VII—VIII、VIII—IX、IX—X 之间齿轮变速机构的传动比。

（4）计算进给速度 将齿轮变速机构的不同传动比代入上述运动平衡式，便可计算出工作台的各级纵向进给速度。例如，最大、最小纵向进给速度计算如下：

$$v_{f纵\max} = 1410 \times \frac{26}{44} \times \frac{24}{64} \times \frac{36}{18} \times \frac{24}{34} \times \frac{40}{40} \times \frac{28}{35} \times \frac{18}{33} \times \frac{33}{37} \times \frac{18}{16} \times \frac{18}{18} \times 6 \text{mm/min}$$

$$= 1180 \text{mm/min}$$

$$v_{f纵\min} = 1410 \times \frac{26}{44} \times \frac{24}{64} \times \frac{18}{36} \times \frac{18}{40} \times \frac{13}{45} \times \frac{18}{40} \times \frac{40}{40} \times \frac{28}{35} \times \frac{18}{33} \times \frac{33}{37} \times \frac{18}{16} \times \frac{18}{18} \times 6 \text{mm/min}$$

$$= 23.5 \text{mm/min}$$

例2 根据图1-10所示螺纹进给传动链，确定挂轮变速机构的换置公式。

（1）传动链两端件　主轴——刀架

（2）计算位移　主轴1转——刀架移动 L（L 是工件螺纹的导程，单位为mm）

（3）运动平衡式

$$1 \times \frac{60}{60} \times \frac{30}{45} \times \frac{a}{b} \quad \frac{c}{d} \times 12 = L$$

（4）换置公式　将上式化简整理，得挂轮变速机构的换置公式：

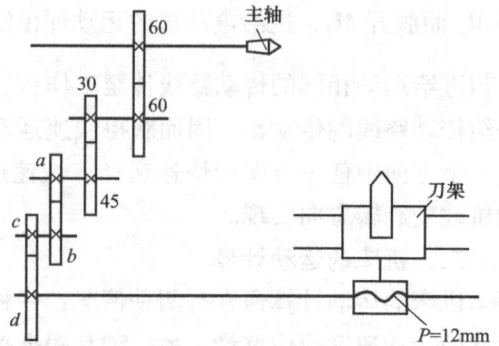

图1-10　螺纹进给传动链

$$u_x = \frac{a}{b} \quad \frac{c}{d} = \frac{L}{8}$$

如将所需车削的工件螺纹导程的数值代入此换置公式，便可计算出挂轮变速机构的传动比及各配换齿轮的齿数。例如，$L=9$mm，则

$$u_x = \frac{a}{b} \quad \frac{c}{d} = \frac{9}{8} = \frac{3 \times 3}{2 \times 4} = \frac{3 \times 15}{2 \times 15} \times \frac{3 \times 20}{4 \times 20} = \frac{45}{30} \times \frac{60}{80}$$

即配换齿轮的齿数为：$a=45$，$b=30$，$c=60$，$d=80$。

根据换置机构的传动比确定配换齿轮齿数的方法有多种，常用的有因子分解法和查表法。前一种方法见上例，后一种方法可参阅有关资料[⊖]。显然，如果传动比的数值是有理数，且换算成分数后其分子分母可分解成数值不大的几个因子时，通常可用因子分解法选取合适的配换齿轮齿数。此时配换齿轮的实际传动比与换置公式所要求的传动比相等，即没有传动比误差。如果传动比的数值是无理数，一般采用查表法按传动比的近似值选取配换齿轮齿数，从而产生传动比误差。传动比误差对于外联系传动链并不十分重要，但对于内联系传动链，由于会影响被加工表面的形状精度，因此，换置机构传动比的计算和调整都必须保持一定精确度，使误差限制在允许的范围内。

传动比误差可按绝对值或相对值计算：

$$\Delta = u_{理} - u_{实}$$

$$\Delta' = \frac{u_{理} - u_{实}}{u_{理}} = 1 - \frac{u_{实}}{u_{理}}$$

式中　Δ、Δ'——分别为传动比的绝对误差和相对误差；

$u_{理}$——传动链换置公式所确定的传动比；

$u_{实}$——所选用配换齿轮的实际传动比。

计算加工误差时，可视具体情况采用两种误差形式中的任一种。例如，计算由于各种螺纹进给传动链的传动比误差而引起的螺纹导程误差时，采用相对误差较方便，因长度为 L（单位为mm）上的螺纹导程累积误差 ΔL（单位为mm）等于：

$$\Delta L = L\Delta'$$

⊖　霍永明等编，对数挂轮选用表. 北京：机械工业出版社，1977

金福贵、赵淑芬等编，精密通用比值挂轮表. 北京：机械工业出版社，1987

第七节　机床的精度

前面我们讲述了机床上工件表面的成形原理和方法。但各种机械零件，为了完成其在一台机器上的特定作用，不仅需要具有一定几何形状，而且还必须满足一定精度要求，包括零件的尺寸精度、表面形状精度和表面之间的相对位置精度，所以机床的基本任务，除形成零件上所需形状的表面外，还要保证一定的加工精度。

机床上加工工件所能达到的精度，决定于一系列因素，如机床、刀具、夹具、工艺方案、工艺参数以及工人技术水平等，而在正常加工条件下，机床本身的精度通常是最重要的一个因素。例如，在车床上车削圆柱面，其圆柱度主要决定于车床主轴与刀架的运动精度，以及刀架运动轨迹相对于主轴轴线的位置精度。

机床的精度包括几何精度、传动精度和定位精度。不同类型和不同加工要求的机床，对这些方面的要求是不相同的。

几何精度是指机床某些基础零件工作面的几何形状精度，决定机床加工精度的运动部件的运动精度，决定机床加工精度的零、部件之间及其运动轨迹之间的相对位置精度等。例如，床身导轨的直线度、工作台台面的平面度、主轴的旋转精度、刀架和工作台等移动的直线度、车床刀架移动方向与主轴轴线的平行度等，这些都决定着刀具和工件之间的相对运动轨迹的准确性，从而也就决定了被加工表面的形状精度以及表面之间的相对位置精度，图1-11列举了这方面的几个例子。图1-11a表示由于车床主轴的轴向窜动，使车出的端面产生平面度误差；图1-11b表示由于垂直平面内车床刀架移动方向与主轴轴线的平行度误差，使车出的圆柱面成为中凹的回转双曲面；图1-11c表示由于卧式升降台铣床的主轴旋转轴线对工作台面的平行度误差，使铣出的平面与底部的定位基准平面产生平行度误差。

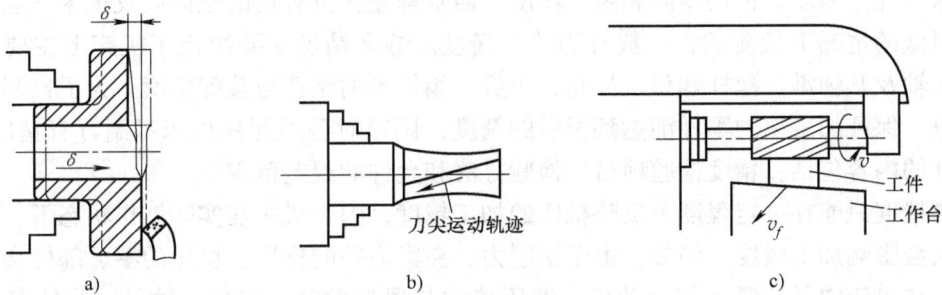

图1-11　机床加工误差举例

机床的几何精度是保证工件加工精度最基本的条件，因此，所有机床都有一定几何精度要求。

传动精度是指机床内联系传动链两端件之间运动关系的准确性，它决定着复合运动轨迹的精度，从而直接影响被加工表面的形状精度。例如，卧式车床的螺纹进给传动链，应保证主轴每转一转时，刀架均匀地准确移动被加工螺纹的一个导程，否则工件螺纹将会产生螺距误差（相邻螺距误差和一定长度上的螺距累积误差）。所以，凡是具有内联系传动链的机床，如螺纹加工机床、齿轮加工机床等，除几何精度外，还有较高的传动精度要求。

定位精度是指机床运动部件，如工作台、刀架和主轴箱等，从某一起始位置运动到预期的另一位置时所到达的实际位置的准确程度。例如，车床上车削外圆时，为了获得一定的直径尺寸 d，要求刀架横向移动 L（单位为 mm），使车刀刀尖从位置 I 移动到位置 II（见图1-12a）；如果刀尖到达的实际位置与预期的位置 II 不一致，则车出的工件直径 d 将产生误差。又如图 1-12b 所示车床液压刀架，由定位螺钉顶住死挡铁实现横向定位，以获得一定的工件直径尺寸 d；在加工一批工件时，如果每次刀架定位时的实际位置不相同，即刀尖与主轴轴线之间的距离在一定范围内变动，则车出的各个工件的直径尺寸 d 也不一致。上述这种机床运动部件在某一给定位置上，作多次重复定位时实际位置的一致程度，称为重复定位精度。

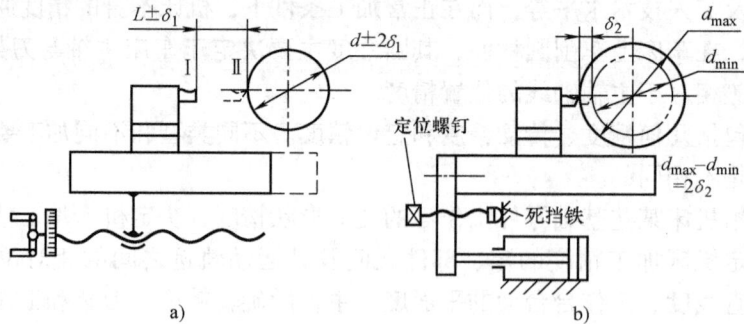

图 1-12　车床刀架的定位误差

机床的定位精度决定着工件的尺寸精度。对于主要通过试切和测量工件尺寸来实现机床运动部件准确定位的机床，如卧式车床、升降台式铣床、牛头刨床等普通机床，对定位精度的要求不高；但对于依靠机床本身的定位装置或自动控制系统实现运动部件准确定位的机床，如各种自动机床、坐标镗床等，对定位精度则有很高要求。

机床的几何精度、传动精度和定位精度，通常都是在没有切削载荷以及机床不运动或运动速度很低的情况下检测的，一般称为静态精度。静态精度主要决定于机床上主要零、部件，如主轴及其轴承、丝杠螺母、齿轮、床身、箱体等的制造与装配精度。为了控制机床的制造质量，保证加工出的零件能达到所需的精度，国家对各类通用机床都制订有精度标准。精度标准的内容包括：精度检验项目、检验方法和允许的误差范围。

静态精度只能在一定程度上反映机床的加工精度，因为机床在实际工作状态下，还有一系列因素会影响加工精度。例如，由于切削力、夹紧力等的作用，机床的零、部件会产生弹性变形；在机床内部热源（如电动机、液压传动装置的发热，齿轮、轴承、导轨等的摩擦发热）以及环境温度变化的影响下，机床零、部件将产生热变形；由于切削力和运动速度的影响，机床会产生振动；机床运动部件以工作状态的速度运动时，由于相对滑动面之间的油膜以及其它因素的影响，其运动精度也与低速运动时不同；所有这些，都将引起机床静态精度的变化，影响工件的加工精度。机床在载荷、温升、振动等作用下的精度，称为机床的动态精度。动态精度除了与静态精度密切有关外，还在很大程度上决定于机床的刚度、抗振性和热稳定性等。

习题与思考题

1. 举例说明通用（万能）机床、专门化机床和专用机床的主要区别是什么，它们的适用范围怎样？

2. 说出下列机床的名称和主参数（第二主参数），并说明它们各具有何种通用或结构特性：

CM6132，C1336，C2150×6，Z3040×16，T6112，T4163B　XK5040，B2021A，MGB1432。

3. 举例说明何谓简单运动？何谓复合运动？其本质区别是什么？

4. 画简图表示用下列方法加工所需表面时，需要哪些成形运动？其中哪些是简单运动？哪些是复合运动？

(1) 用成形车刀车削外圆锥面；

(2) 用尖刃车刀纵、横向同时走刀车外圆锥面；

(3) 用钻头钻孔；

(4) 用拉刀拉削圆柱孔；

(5) 用单片薄砂轮磨螺纹；

(6) 用成形铣刀铣直线成形面；

(7) 用插齿刀插削直齿圆柱齿轮。

5. 按图 1-13 所示传动系统作下列各题：

(1) 写出传动路线表达式；

(2) 分析主轴的转速级数；

(3) 计算主轴的最高、最低转速。

（注：图 1-13a 中 M_1 为齿轮式离合器）

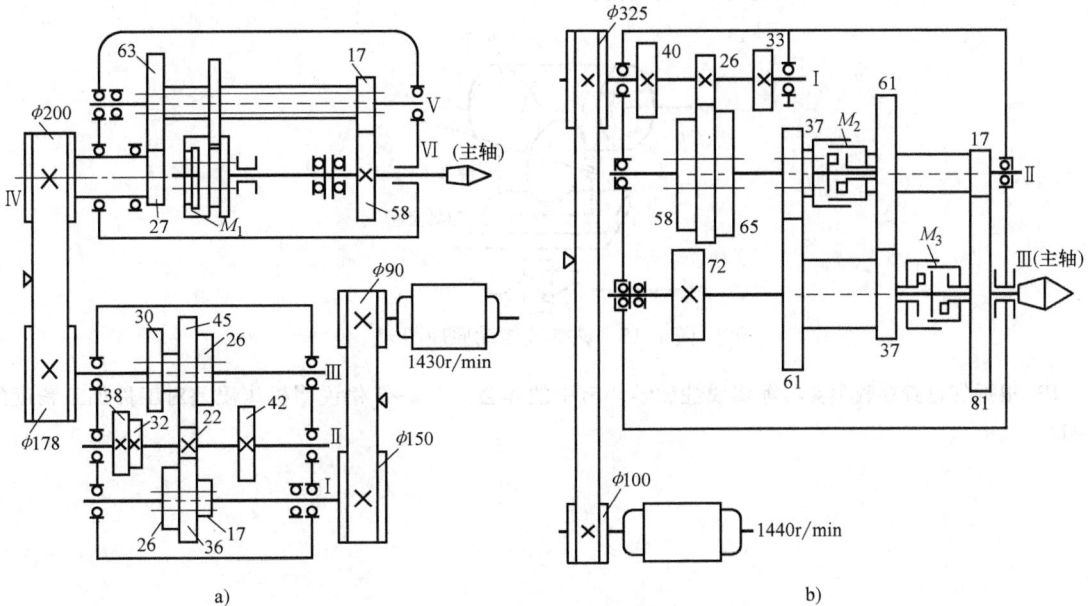

图 1-13　传动系统图

6. 按图 1-14a 所示传动系统，试计算：

(1) 轴 A 的转速（r/min）；

(2) 轴 A 转 1 转时，轴 B 转过的转数；

(3) 轴 B 转 1 转时，螺母 C 移动的距离。

7. 传动系统如图 1-14b 所示，如要求工作台移动 $L_\text{工}$（单位为 mm）时，主轴转 1 转、试导出换置机构 $\left(\dfrac{a}{b}\dfrac{c}{d}\right)$ 的换置公式。

8. 举例说明何谓外联系传动链？何谓内联系传动链？其本质区别是什么？对这两种传动链有何不同

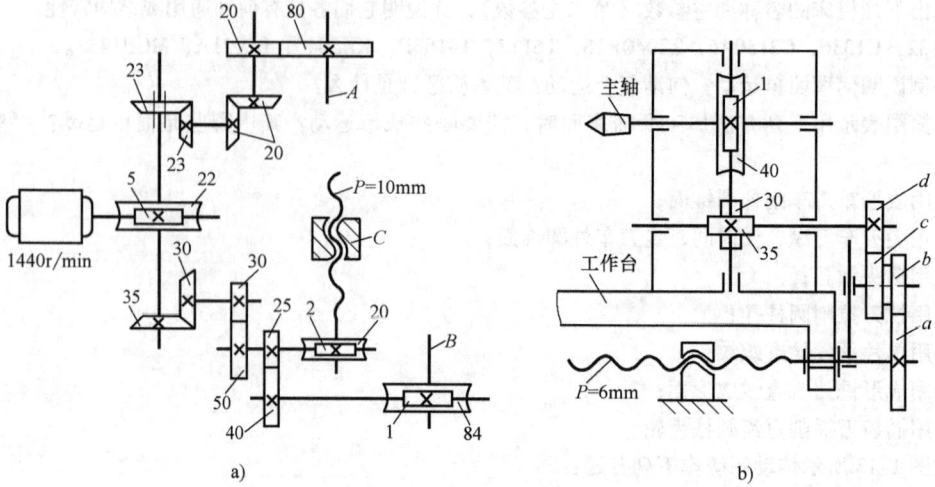

图 1-14　传动系统图

要求？

9. 试将图 1-15 画成一个完整的铣螺纹传动原理图，并说明为实现所需成形运动，需有几条传动链？哪几条是外联系传动链？哪几条是内联系传动链？

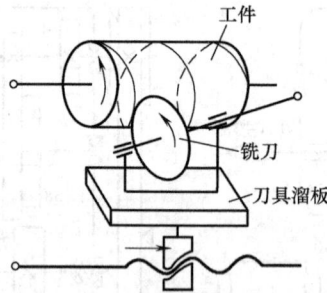

图 1-15　铣螺纹传动原理图

10. 根据您自身在教学实习等实践性教学环节中的体会，举 2~3 例说明机床误差对工件加工精度的影响？

第二章　车　床

车床是机械制造中使用最广泛的一类机床，主要用于加工各种回转表面（内外圆柱面、圆锥面、回转体成形面等）和回转体的端面，有些车床还能加工螺纹。

车床加工所使用的刀具主要是车刀，很多车床还可以使用钻头、扩孔钻、铰刀、丝锥、板牙等孔加工刀具和螺纹刀具进行加工。加工时的主运动一般为工件的旋转运动，进给运动则由刀具直线移动来完成。

车床的种类很多，按其用途和结构不同，主要分为：落地及卧式车床，回轮，转塔车床、立式车床，仿形及多刀车床，单轴自动车床，多轴自动、半自动车床等。此外，还有各种专门化车床，如曲轴与凸轮轴车床，轮、轴、辊、锭及铲齿车床等，在大批大量生产中还使用各种专用车床。

第一节　卧式车床的工艺范围及其组成

一、工艺范围与运动

在各种车床中，卧式车床应用最普遍，它的工艺范围很广，能车削内外圆柱面、圆锥面、回转体成形面和环形槽，车削端面和各种螺纹，还可以进行钻孔、扩孔、铰孔、攻丝、套丝和滚花等（见图2-1）。但卧式车床的自动化程度较低，加工形状复杂的工件时，换刀比较麻烦，加工中辅助时间较长，生产率低，所以仅适用于单件小批生产及修理车间。

由图2-1可以看出，为完成各种加工工序，车床必须具备下列成形运动：工件的旋转运动——主运动；刀具的直线移动——进给运动。其中，刀具平行于工件旋转轴线方向的移动称为纵向进给运动；垂直于工件旋转轴线方向的移动称为横向进给运动；与工件旋转轴线成一定角度方向的移动为斜向进给运动。在多数加工情况下，工件的旋转运动和刀具的移动，为两个相互独立的简单成形运动，而加工螺纹时，由于工件旋转和刀具移动之间必须保持严格的运动关系，因此它们组合成一个复合成形运动——螺旋轨迹运动，习惯上常称为螺纹进给运动。另外，加工回转体成形面（包括通过纵、横进给加工圆锥面）时，纵向和横向进给运动也组合成一个复合成形运动，因为刀具的曲线轨迹运动是依靠纵向和横向两个直线运动之间保证严格运动关系实现的。

二、组成部件

卧式车床的外形如图2-2所示。床身4固定在左、右床腿9和5上，它的主要用途是支承机床各部件，使各部件保持准确的相对位置。主轴箱1固定地安装在床身的左端，其内装有主轴和变速传动机构；主轴前端可装卡盘，用以夹持工件，由电动机经变速机构带动旋转，实现主运动，并获得所需转速。床身右边装有尾座3，其上的套筒可安装顶尖，以便支承较长工件的一端；也可以安装钻头、铰刀等孔加工刀具，对工件进行加工，此时可摇动手轮使套筒轴向移动，以完成纵向进给运动。尾座可沿床身顶面的一组导轨（尾座导轨）作纵向调整移动，然后夹紧在所需要的位置上，以适应加工不同长度工件的需要。尾座还可以相对其底座在横向调整位置，以车削较长且锥度较小的外圆锥面。刀架 2 装在床身顶面的另一组导轨（刀架导轨）上，它由几层溜板和方刀架组成，可带着夹持在其上的车刀移动，实现纵向、横向（机动或手动）和斜向（通常只能手动）进给运动。刀架作纵向和横向机动进给时，运动由主轴箱经挂轮变速机构 11、进给箱 10、光杠 6 或丝杠 7 和溜板箱 8 传来，并由馏板箱上的手柄控制进给运动的接通、断开和转换，以适应机动或手动进给以及加工螺纹的需要。

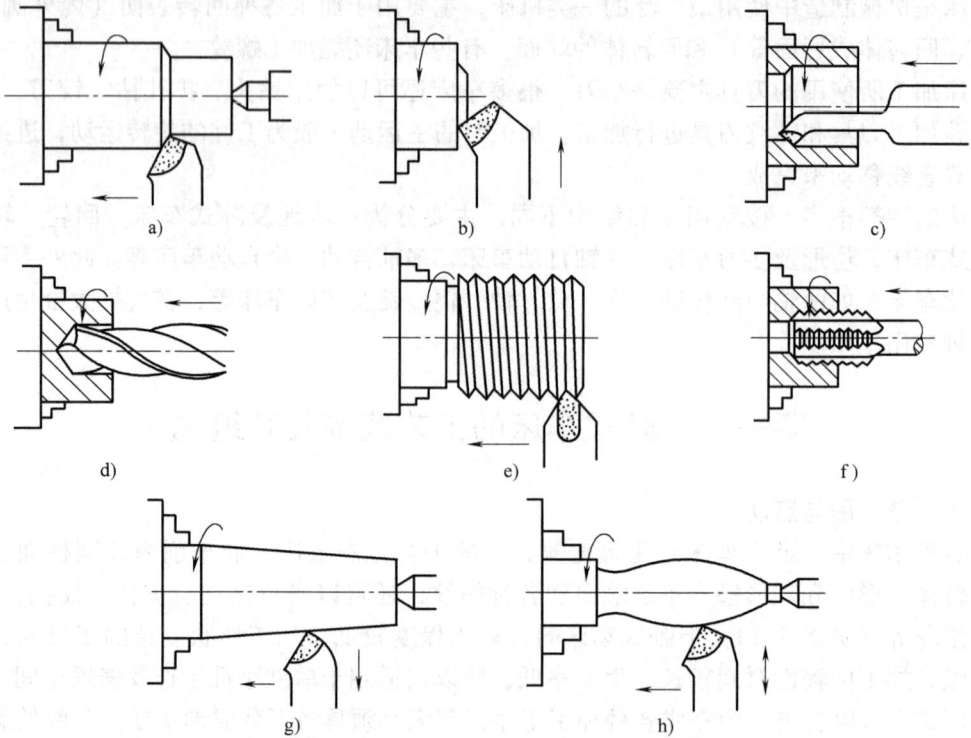

图 2-1 卧式车床所能完成的典型加工工序

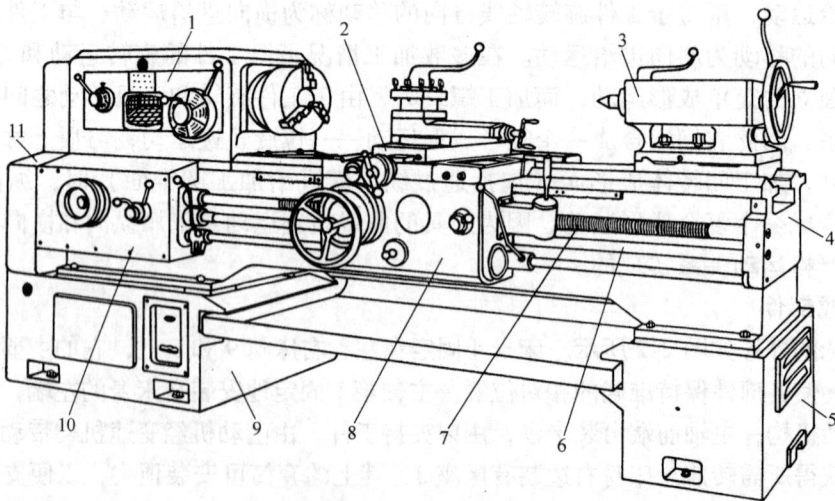

图 2-2 卧式车床外形

1—主轴箱 2—刀架 3—尾座 4—床身 5、9—床腿 6—光杠 7—丝杠 8—溜板箱
10—进给箱 11—挂轮变速机构

三、卧式车床的主要参数

卧式车床的主参数是床身上最大工件回转直径 D（见图 2-3），第二主参数是最大工件长度。为了满足加工不同长度工件的需要，主参数值相同的卧式车床，往往有几种不同的第二主参数。例如 CA6140 型卧式车床的主参数为 400mm，第二主参数有 750，1000，1500，2000（单位为 mm）四种。

除主参数和第二主参数外，卧式车床的技术参数还有：刀架上最大回转直径 D_1（见图 2-3），主轴中心至床身矩形导轨的距离 H（中心高），通过主轴孔的最大棒料直径，主轴前端锥孔的尺寸，尾座套筒的锥孔尺寸及最大移动量，刀架纵、横和斜向进给量及最大行程，加工螺纹的范围，主轴的转速范围，电动机功率，机床外形尺寸和重量等。表 2-1 列出了几种卧式车床的主要技术参数。

表 2-1　几种卧式车床的技术规格

技术规格 型号		CG6125B	CA6140	C6150	CW6163	CW61100
最大加工直径 mm	在床身上	250	400	500	630	1000
	在刀架上	130	210	280	350	630
	棒料	27	47	51	78	98
最大加工长度/mm		450	650,900 1400,1900	950,1400,1900	1360,2900	1300,2800,4800 7800,9800,13800
中心高/mm		125	205	250	315	500
顶尖距/mm		500	750,1000, 1500,2000	1000,1500,2000	1500,3000	1500,3000,5000, 8000,10000,14000
主轴锥孔		莫氏 4 号	莫氏 6 号	莫氏 6 号	公制 100 号	公制 120 号
主轴转速范围 /(r·min⁻¹)		40~200	10~1400(24 级)	20~1250(18 级)	6~800(18 级)	3.15~315(21 级)
进给量范围	纵向/(mm·r⁻¹)	6~114①(无级)	0.028~6.33 (64 级)	0.028~6.528	0.1~24.3(64 级)	0.1~12(56 级)
	横向/(mm·r⁻¹)	0.5~9.5①(无级)	0.014~3.16 (64 级)	0.010~2.456	0.05~12.15 (64 级)	0.05~6(56 级)
加工螺纹范围	公制/mm	0.5~4(15 种)	1~192(44 种)	1~80	1~240(39 种)	1~120(44 种)
	英制/(牙·in⁻¹)		2~24(20 种)	40~7/16	1~14(20 种)	3/8~28(31 种)
	模数/mm	0.25~1.5(10 种)	0.25~48(39 种)	0.5~40	0.5~120(45 种)	0.5~60(45 种)
	径节/(牙·in⁻¹)		1~96(37 种)	80~7/8	1~28(24 种)	1~56(25 种)
刀架最大行程 mm	纵向	450	650,900 1400,1900	950,1400,1900	1360,2900	1450,2950,4950, 7950,9950,13950
	横向	125	320	290	420	520
	刀架溜板	75	140	140	200	300
尾座套筒锥孔尺寸		莫氏 2 号	莫氏 5 号	莫氏 4 号	莫氏 6 号	莫氏 6 号
尾座套筒最大行程/mm		100	150	170	250	300
主电动机功率/kW		1.1/1.5	7.5	5.5	10	22
机床外形尺寸 mm	长度	1600	2418,2668, 3168,3668	2710,3160,3660	3665,5165	4600,6100,8100, 11100,13100,17100
	宽度	740	1000	930	1310,1555	2150
	高度	1183	1267	1295	1450	1700

① 单位为 mm/min

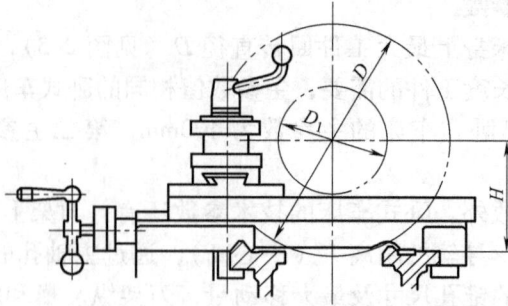

图 2-3 卧式车床的中心高和最大加工直径

第二节 卧式车床的传动系统

卧式车床加工所需的表面成形运动已如前述。为实现这些运动，机床的传动系统需具备以下传动链：实现主运动的主传动链，实现螺纹进给运动的螺纹进给传动链，实现纵向进给运动的纵向进给传动链，实现横向进给运动的横向进给传动链，其传动原理如图 2-4 所示。

此外，为了节省辅助时间和减轻工人的劳动强度，有些卧式车床，特别是尺寸较大的卧式车床，还有一条快速空行程传动链，在加工过程中可传动刀架快速退离或趋近工件。

主传动链的两端件是主电动机和主轴，运动传动路线是：主电动机—1—2—u_v—3—4—主轴。该传动链的任务是把电动机的运动和动力传给主轴，并通过换置机构（变速机构）u_v 使主轴获得各种不同的转速，以满足不同加工条件的需要，它属于外联系传动链。主传动链中还设有换向机构，用于变换主轴转向。现代中型卧式车床的传动，大多采用齿轮分级变速集中传动方式，即全部齿轮变速机构和主轴都装在同一个箱体中。中

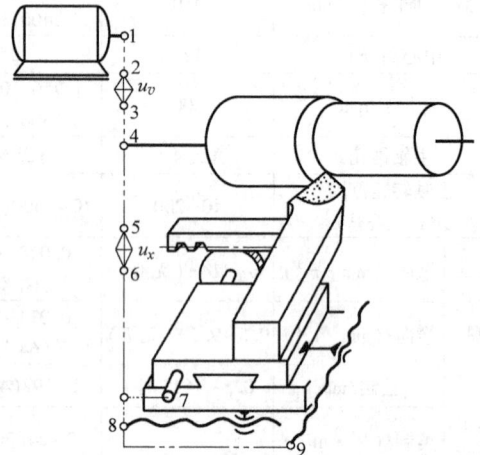

图 2-4 卧式车床的传动原理图

小尺寸的卧式车床，特别是高速、精密和高精度卧式车床，则常采用分离传动方式，即主要的变速机构和主轴分开，分别装在两个箱体中，两箱用带传动联系，如 CM6132，CG6125 等。

螺纹进给传动链的两端件是主轴和刀架，运动传动路线为主轴—4—5—u_x—6—8—丝杠—刀架。该传动链的任务是把主轴和刀架纵向溜板联系起来，保证工件和刀具之间的严格运动关系，并通过调整换置机构（变速机构）u_x，加工出不同种类、不同导程的各种螺纹。显然，这一传动链属于内联系传动链。为了保证被加工螺纹导程的精度，该传动链末端采用丝杠螺母机构实现直线运动，因为丝杠可制造得比较精密。螺纹进给传动链中设有换向机构，通常放在主轴与挂轮变速机构之间（见图 2-5），其功用是在主轴转向不变时，改变刀架的运动方向（向左或向右），以便车削右旋螺纹或左旋螺纹。

纵向和横向进给传动链的任务是实现一般车削时的纵向和横向机动进给运动及其变速与换向。这两个运动的运动源从本质上说也是主电动机，因为运动是经下列路线传到刀架的：

主电动机 —1—2—u_v—3—4— 主轴 —5—u_x—6—7— 齿轮齿条 — 刀架（纵向进给）
└—8—9—横向进给丝杠 — 刀架（横向进给）

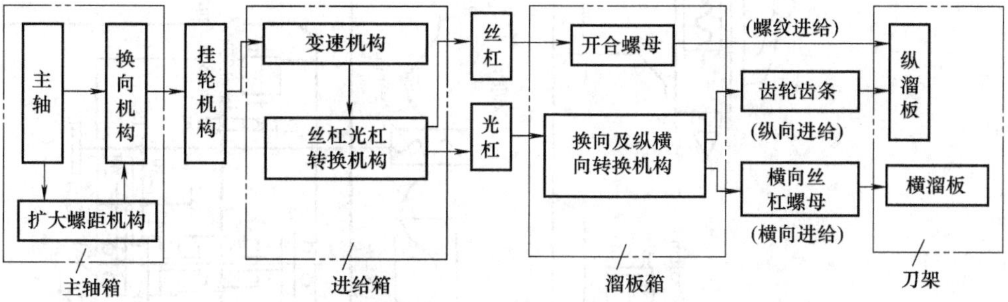

图 2-5　卧式车床进给传动链方框图

但由于刀架进给量是以主轴每转一转时，刀架的移动量来表示的，所以分析这两条传动链时，仍然把主轴和刀架作为两端件。但需注意，由于一般车削时的纵、横进给运动，从表面成形原理来说是独立的简单运动，不要求与主轴的旋转运动保持严格的运动关系，所以纵、横进给传动链都是外联系传动链，而主轴则可以看作是该两个传动链的间接动源。

由图 2-5 可以看出，从主轴到进给箱的一段传动是三条进给传动链的公用部分，在进给箱之后分为两个分支：丝杠传动分支实现螺纹进给运动，光杠传动分支实现纵、横向进给运动。这样既可大大减轻丝杠的磨损，有利于长期保持丝杠的精度，又可获得一般车削所需的纵、横进给量（因一般车削进给量的数值小于螺纹的导程数值）。为了改变一般车削纵向和横向进给运动方向，有些卧式车床的光杠传动分支中另有一个换向机构，以便于操纵。

图 2-6 为 CA6140 型卧式车床的传动系统图，下面逐一分析其各条传动链。

一、主运动传动链

1. 传动路线

CA6140 型卧式车床的主传动链可使主轴获得 24 级正转转速（10~1400r/min）及 12 级反转转速（14~1580r/min）。其传动路线是，运动由主电动机（7.5kW，1450r/min）经三角皮带传至主轴箱中的轴 I，轴 I 上装有一个双向多片式摩擦离合器 M_1，用以控制主轴的起动、停止和换向。离合器 M_1 向左接合时，主轴正转；向右接合时，主轴反转；左、右都不接合时，主轴停转。轴 I 的运动经离合器 M_1 和轴 I—III 间变速齿轮传至轴III，然后分两路传给主轴。当主轴VI上的滑移齿轮 z_{50} 处于左边位置时（图示位置），运动经齿轮副 $\frac{63}{50}$ 直接传给主轴，使主轴得到高转速；当滑移齿轮 z_{50} 处于右边位置，使齿轮式离合器 M_2 接合时，则运动经轴III—IV—V间的背轮机构和齿轮副 $\frac{26}{58}$ 传给主轴，使主轴获得中、低转速。主运动传动链的传动路线表达式如下：

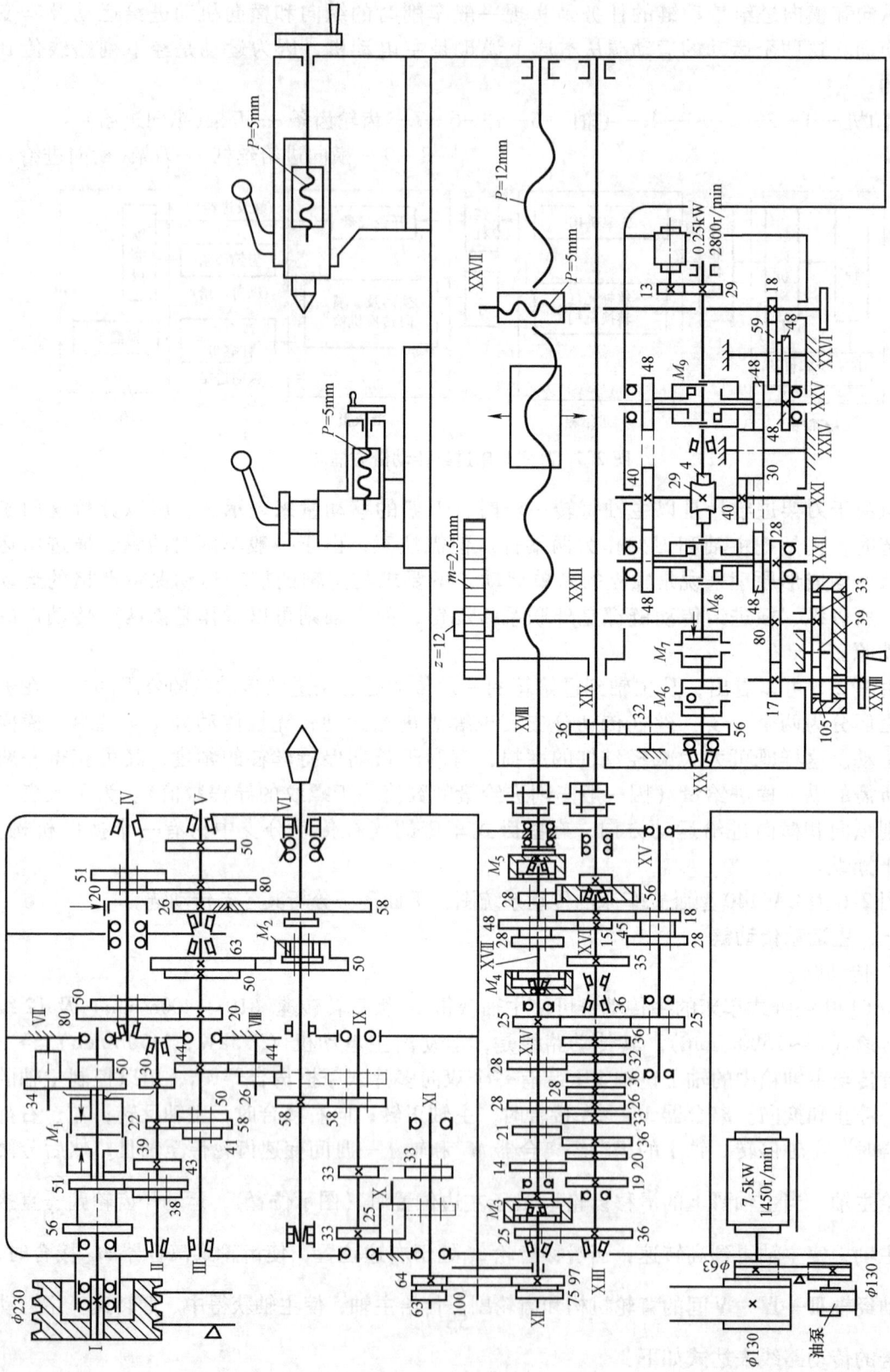

图 2-6　CA6140 型卧式车床的传动系统图

$$
\text{电动机} \binom{7.5\text{kW}}{1450\text{r/min}} - \frac{\phi130}{\phi230} - \text{I}
\begin{bmatrix}
M_1(\text{左}) \\ (\text{正转}) \end{bmatrix}
-\begin{bmatrix} \frac{51}{43} \\ \frac{56}{38} \end{bmatrix} \\
M_1(\text{右}) (\text{反转}) - \frac{50}{34} - \text{VII} - \frac{34}{30}
$$

$$
- \text{II} \begin{bmatrix} \frac{22}{58} \\ \frac{30}{50} \\ \frac{39}{41} \end{bmatrix} - \text{III}
$$

$$
\begin{bmatrix} \begin{bmatrix} \frac{20}{80} \\ \frac{50}{50} \end{bmatrix} - \text{IV} - \begin{bmatrix} \frac{20}{80} \\ \frac{51}{50} \end{bmatrix} - \text{V} - \frac{26}{58} - M_2 \\ \hline \frac{63}{50} \end{bmatrix} - \text{VI}(\text{主轴})
$$

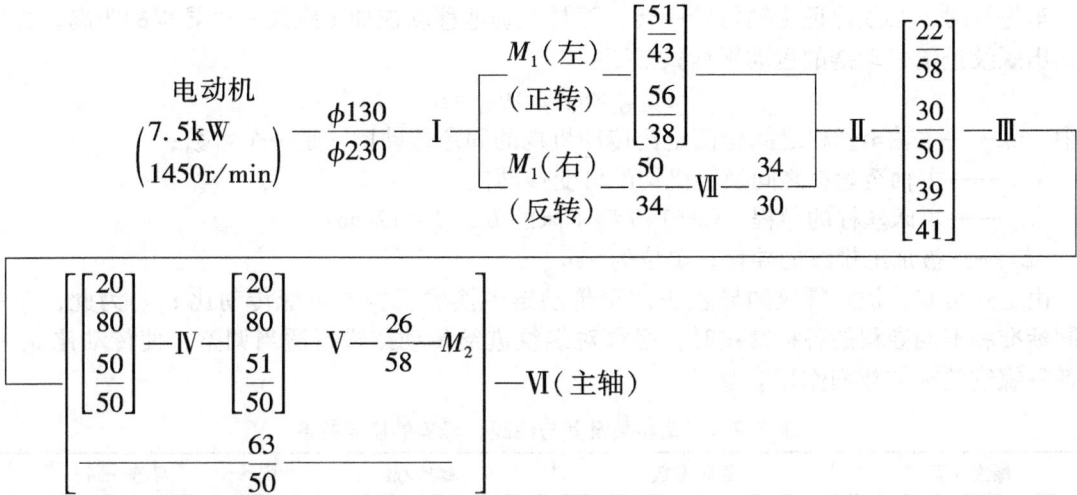

2. 主轴的转速级数与转速计算

根据传动系统图和传动路线表达式，主轴似可获得 30 级转速，但由于轴Ⅲ—Ⅴ间的四种传动比为：

$$u_1 = \frac{50}{50}\times\frac{51}{50} \approx 1 \qquad u_3 = \frac{20}{80}\times\frac{51}{50} \approx \frac{1}{4}$$

$$u_2 = \frac{50}{50}\times\frac{20}{80} = \frac{1}{4} \qquad u_4 = \frac{20}{80}\times\frac{20}{80} = \frac{1}{16}$$

其中 u_2 和 u_3 近似相等，所以运动经背轮机构这条路线传动时，主轴实际上只能得到 $2\times3\times(2\times2-1)=18$ 级不同的转速，加上经齿轮副 $\frac{63}{50}$ 直接传动时的 6 级转速，主轴实际上只能获得 24 级不同转速。

同理，主轴反转时也只能获得 $3+3(2\times2-1)=12$ 级不同转速。

主轴的转速可按下列运动平衡式计算：

$$n_{主} = 1450\times\frac{130}{230}\times(1-\varepsilon)u_{\text{I}-\text{II}}u_{\text{II}-\text{III}}u_{\text{III}-\text{VI}}$$

式中　　　　　　$n_{主}$——主轴转速，单位为 r/min；

　　　　　　　　ε——三角皮带传动的滑动系数，$\varepsilon=0.02$；

　$u_{\text{I}-\text{II}}$、$u_{\text{II}-\text{III}}$、$u_{\text{III}-\text{VI}}$——分别为轴Ⅰ—Ⅱ、Ⅱ—Ⅲ、Ⅲ—Ⅵ间的可变传动比。

主轴反转时，轴Ⅰ—Ⅱ间的传动比大于正转时的传动比，所以反转转速高于正转。主轴反转主要用于车螺纹时，在不断开主轴和刀架间传动联系的情况下，使刀架退至起始位置，采用较高转速，可节省辅助时间。

二、螺纹进给传动链

CA6140 型卧式车床的螺纹进给传动链保证机床可车削公制、英制、模数制和径节制四种标准螺纹；此外，还可以车削大导程、非标准和较精密的螺纹；这些螺纹可以是右旋的，也可以是左旋的。

不同标准的螺纹用不同的参数表示其螺距，表 2-2 列出了公制、英制、模数制和径节制四种螺纹的螺距参数及其与螺距、导程之间的换算关系。

车螺纹时，必须保证主轴每转一转，刀具准确地移动被加工螺纹一个导程的距离，由此可列出螺纹进给传动链的运动平衡式如下：

$$1_{(主轴)} \times u_0 \times u_x \times L_丝 = L_工$$

式中　u_0——主轴至丝杠之间全部定比传动机构的固定传动比，是一个常数；

　　　u_x——主轴至丝杠之间换置机构的可变传动比；

　　　$L_丝$——机床丝杠的导程，CA6140 型车床的 $L_丝 = P = 12\text{mm}$；

　　　$L_工$——被加工螺纹的导程，单位为 mm。

由上式可知，被加螺纹的导程正比于传动链中换置机构的可变传动比 u_x。为此，车削不同标准和不同导程的各种螺纹时，必须对螺纹进给传动链进行适当调整，使传动比 u_x 根据各种螺纹的标准数列作相应改变。

表 2-2　螺距参数及其与螺距、导程的换算关系

螺纹种类	螺距参数	螺距/mm	导程/mm
公制	螺距 P/mm	P	$L = kP$
模数制	模数 m/mm	$P_m = \pi m$	$L_m = kP_m = k\pi m$
英制	每英寸牙数 a/(牙·in^{-1})	$P_a = \dfrac{25.4}{a}$	$L_a = kP_a = \dfrac{25.4k}{a}$
径节制	径节 DP/(牙·in^{-1})	$P_{DP} = \dfrac{25.4}{DP}\pi$	$L_{DP} = kP_{DP} = \dfrac{25.4k}{DP}\pi$

注：表中 k 为螺纹头数。

1. 车公制螺纹

公制螺纹是我国常用的螺纹，其标准螺距值在国家标准中有规定。公制螺纹标准螺距值的特点是按分段等差数列的规律排列的（参见表 2-3），为此要求螺纹进给传动链的变速机构能按照分段等差数列的规律变换其传动比。这一要求是通过适当调整进给箱中的变速机构来实现的。

车削公制螺纹时，进给箱中的离合器 M_3、M_4 脱开，M_5 接合。此时，运动由主轴Ⅵ经齿轮副 $\dfrac{58}{58}$，轴Ⅸ至轴Ⅺ间的左右螺纹换向机构，挂轮 $\dfrac{63}{100} \times \dfrac{100}{75}$，传至进给箱的轴Ⅻ，然后再经齿轮副 $\dfrac{25}{36}$，轴ⅩⅢ—ⅩⅣ间的滑移齿轮变速机构（基本螺距机构），齿轮副 $\dfrac{25}{36} \times \dfrac{36}{25}$，传至轴ⅩⅤ，接下去再经轴ⅩⅤ—ⅩⅦ间的两组滑移齿轮变速机构（增倍机构）和离合器 M_5 传动丝杠ⅩⅧ旋转。合上溜板箱中的开合螺母，使其与丝杠啮合，便带动刀架纵向移动。车公制螺纹时传动链的传动路线表达式如下：

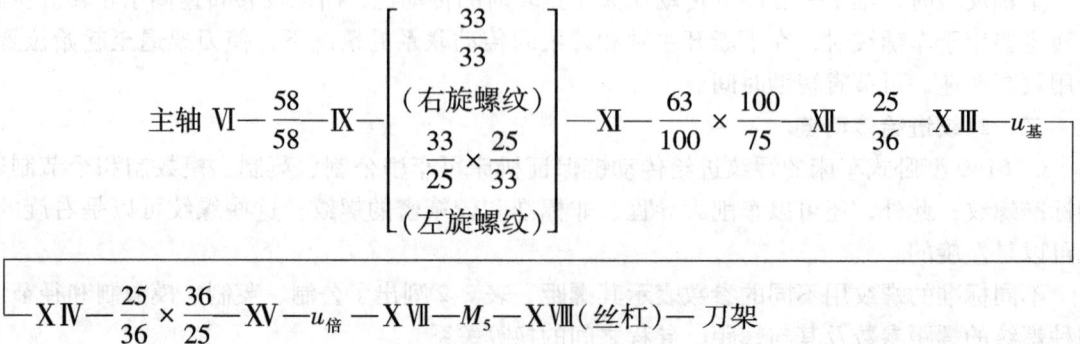

$$
\text{主轴 Ⅵ} - \frac{58}{58} - \text{Ⅸ} -
\begin{bmatrix}
\dfrac{33}{33} \\
\text{（右旋螺纹）} \\
\dfrac{33}{25} \times \dfrac{25}{33} \\
\text{（左旋螺纹）}
\end{bmatrix}
- \text{Ⅺ} - \frac{63}{100} \times \frac{100}{75} - \text{Ⅻ} - \frac{25}{36} - \text{ⅩⅢ} - u_基
$$

$$
- \text{ⅩⅣ} - \frac{25}{36} \times \frac{36}{25} - \text{ⅩⅤ} - u_倍 - \text{ⅩⅦ} - M_5 - \text{ⅩⅧ（丝杠）} - \text{刀架}
$$

$u_基$ 为轴 XIII — XIV 间变速机构的可变传动比，共 8 种；

$$u_{基1}=\frac{26}{28}=\frac{6.5}{7} \qquad u_{基2}=\frac{28}{28}=\frac{7}{7} \qquad u_{基3}=\frac{32}{28}=\frac{8}{7} \qquad u_{基4}=\frac{36}{28}=\frac{9}{7}$$

$$u_{基5}=\frac{19}{14}=\frac{9.5}{7} \qquad u_{基6}=\frac{20}{14}=\frac{10}{7} \qquad u_{基7}=\frac{33}{21}=\frac{11}{7} \qquad u_{基8}=\frac{36}{21}=\frac{12}{7}$$

它们近似按等差数列的规律排列。上述变速机构是获得各种螺纹导程的基本机构，故通常称其为基本螺距机构，或称基本组。

$u_倍$ 为轴 XV — XVII 间变速机构的可变传动比、共 4 种：

$$u_{倍1}=\frac{28}{35}\times\frac{35}{28}=1 \qquad u_{倍3}=\frac{28}{35}\times\frac{15}{48}=\frac{1}{4}$$

$$u_{倍2}=\frac{18}{45}\times\frac{35}{28}=\frac{1}{2} \qquad u_{倍4}=\frac{18}{45}\times\frac{15}{48}=\frac{1}{8}$$

它们按倍数关系排列。这个变速机构用于扩大机床车削螺纹导程的种数，一般称其为增倍机构或增倍组。

根据传动系统图或传动链的传动路线表达式，可列出车削公制螺纹时的运动平衡式如下：

$$L=kP=1_{(主轴)}\times\frac{58}{58}\times\frac{33}{33}\times\frac{63}{100}\times\frac{100}{75}\times\frac{25}{36}\times u_基\times\frac{25}{36}\times\frac{36}{25}\times u_倍\times 12$$

式中　L——螺纹导程（对于单头螺纹为螺距 P），单位为 mm；

　　　$u_基$——轴 XIII — XIV 间基本螺距机构的传动比；

　　　$u_倍$——轴 XV — XVII 间增倍机构的传动比。

将上式化简后得：

$$L=7u_基 u_倍$$

把 $u_基$ 和 $u_倍$ 的数值代入上式，可得 8×4＝32 种导程值，其中符合标准的只有 20 种（见表 2-3）。

表 2-3　CA6140 型车床公制螺纹表

$u_倍$ ＼ L/mm ＼ $u_基$	$\frac{26}{28}$	$\frac{28}{28}$	$\frac{32}{28}$	$\frac{36}{28}$	$\frac{19}{14}$	$\frac{20}{14}$	$\frac{33}{21}$	$\frac{36}{21}$
$\frac{18}{45}\times\frac{15}{48}=\frac{1}{8}$	—	—	1	—	—	1.25	—	1.5
$\frac{28}{35}\times\frac{15}{48}=\frac{1}{4}$	—	1.75	2	2.25	—	2.5	—	3
$\frac{18}{45}\times\frac{35}{28}=\frac{1}{2}$		3.5	4	4.5		5	5.5	6
$\frac{28}{35}\times\frac{35}{28}=1$		7	8	9	—	10	11	12

由表 2-3 可以看出，通过变换基本螺距机构的传动比，可以得到某一横行大体上按等差数列规律排列的导程值（或螺距值），通过变换增倍机构的传动比，可把由基本螺距机构得到的导程值，按 1：2：4：8 的关系增大或缩小，两种变速机构传动比不同组合的结果，便得到所需的导程（或螺距）数列。

2. 车模数螺纹

模数螺纹的螺距参数为模数 m，国家标准规定的标准 m 值也是分段等差数列，因此，标准模数螺纹的导程（或螺距）排列规律和公制螺纹相同，但导程（或螺距）的数值不一样，且数值中还含有特殊因子 π。所以车模数螺纹时的传动路线与公制螺纹基本相同，而为了得到模数螺纹的导程（或螺距）数值，必须将挂轮换成 $\frac{64}{100}\times\frac{100}{97}$，使螺纹进给传动链的传动比作相应变化。此时运动平衡式为：

$$L_m = k\pi m = 1_{(主轴)}\times\frac{58}{58}\times\frac{33}{33}\times\frac{64}{100}\times\frac{100}{97}\times\frac{25}{36}\times u_基\times\frac{25}{36}\times\frac{36}{25}\times u_倍\times 12$$

上式中，$\frac{64}{100}\times\frac{100}{97}\times\frac{25}{36}\approx\frac{7}{48}\pi$，将其代入化简后得：

$$L_m = k\pi m = \frac{7\pi}{4}u_基 u_倍$$

$$m = \frac{7}{4k}u_基 u_倍$$

变换 $u_基$ 和 $u_倍$，便可车削各种不同模数的螺纹，表 2-4 列出了 $k=1$ 时，模数 m 与 $u_基$、$u_倍$ 的关系。

表 2-4 CA6140 型车床模数螺纹表

$u_倍$ ＼ m/mm ＼ $u_基$	$\frac{26}{28}$	$\frac{28}{28}$	$\frac{32}{28}$	$\frac{36}{28}$	$\frac{19}{14}$	$\frac{20}{14}$	$\frac{33}{21}$	$\frac{36}{21}$
$\frac{18}{45}\times\frac{15}{48}=\frac{1}{8}$	—	—	0.25	—	—	—	—	—
$\frac{28}{35}\times\frac{15}{48}=\frac{1}{4}$	—	—	0.5	—	—	—	—	—
$\frac{18}{45}\times\frac{35}{28}=\frac{1}{2}$	—	—	1	—	—	1.25	—	1.5
$\frac{28}{35}\times\frac{35}{28}=1$	—	1.75	2	2.25	—	2.5	2.75	3

3. 车英制螺纹

英制螺纹又称英寸制螺纹，在采用英寸制的国家中应用较广泛。我国的部分管螺纹目前也采用英制螺纹。

英制螺纹的螺距参数为每英寸长度上螺纹牙（扣）数 a。标准的 a 值也是按分段等差数列的规律排列的，所以英制螺纹的螺距和导程值是分段调和数列（分母是分段等差数列），另外，将以英寸为单位的螺距和导程值换算成以毫米为单位的螺距和导程值时，数值中含有特殊因子 25.4。由此可知，为了车削出各种螺距（或导程）的英制螺纹，螺纹进给传动链必须作如下变动：

（1）将基本组的主动、从动传动关系，调整成与车公制螺纹时相反，即轴 XIV 为主动，轴 XIII 为从动，这样基本组的传动比数列变成了调和数列，与英制螺纹螺距（或导程）数列的排列规律相一致。

（2）改变传动链中部分传动副的传动比，使螺纹进给传动链总传动比满足英制螺纹螺距（或导程）数值上的要求。

车削英制螺纹时传动链的具体调整情况为，挂轮用$\frac{63}{100}\times\frac{100}{75}$，进给箱中离合器$M_3$和$M_5$接合，$M_4$脱开，同时轴ⅩⅤ左端的滑移齿轮$z_{25}$左移，与固定在轴ⅩⅢ上的齿轮$z_{36}$啮合。于是运动便由轴ⅩⅡ经离合器$M_3$传至轴ⅩⅣ，然后由轴ⅩⅣ传至轴ⅩⅢ，再经齿轮副$\frac{36}{25}$传到轴ⅩⅤ，从而使基本组的运动传动方向恰好与车公制螺纹时相反，其传动比为$u'_{基}$，$u'_{基}=\frac{28}{26}$；$\frac{28}{28}$；$\frac{28}{32}$；$\frac{28}{36}$；$\frac{14}{19}$；$\frac{14}{20}$；$\frac{21}{33}$；$\frac{21}{36}$；即$u'_{基}=\frac{1}{u_{基}}$同时轴ⅩⅡ与轴ⅩⅤ之间定比传动机构的传动比也由$\frac{25}{36}\times\frac{25}{36}\times\frac{36}{25}$改变为$\frac{36}{25}$，其余部份传动路线与车公制螺纹时相同，此时传动路线表达式如下：

$$
主轴—\frac{58}{58}—Ⅸ—\left[\begin{array}{c}\frac{33}{33}\\(右旋螺纹)\\\frac{33}{25}\times\frac{25}{33}\\(左旋螺纹)\end{array}\right]—\frac{63}{100}\times\frac{100}{75}—ⅩⅡ—M_3—ⅩⅣ—u'_{基}—ⅩⅢ—\frac{36}{25}
$$

$$
—ⅩⅤ—u_{倍}—ⅩⅦ—M_5—ⅩⅧ(丝杠)—刀架
$$

传动链的运动平衡式为：

$$
L_a=\frac{25.4k}{a}=1_{(主轴)}\times\frac{58}{58}\times\frac{33}{33}\times\frac{63}{100}\times\frac{100}{75}\times u'_{基}\times\frac{36}{25}\times u_{倍}\times12
$$

上式中 $\frac{63}{100}\times\frac{100}{75}\times\frac{36}{25}\approx\frac{25.4}{21}$，$u'_{基}=\frac{1}{u_{基}}$，代入化简得：

$$
L_a=\frac{25.4k}{a}=\frac{4}{7}\times25.4\frac{u_{倍}}{u_{基}}
$$

$$
a=\frac{7k}{4}\cdot\frac{u_{基}}{u_{倍}}
$$

当$k=1$时，a值与$u_{基}$、$u_{倍}$的关系见表2-5。

表2-5　CA6140型车床英制螺纹表

$u_{倍}$　　$a/(牙\cdot in^{-1})$　　$u_{基}$	$\frac{26}{28}$	$\frac{28}{28}$	$\frac{32}{28}$	$\frac{36}{28}$	$\frac{19}{14}$	$\frac{20}{14}$	$\frac{33}{21}$	$\frac{36}{21}$
$\frac{18}{45}\times\frac{15}{48}=\frac{1}{8}$	—	14	16	18	19	20	—	24
$\frac{28}{35}\times\frac{15}{48}=\frac{1}{4}$	—	7	8	9	—	10	11	12

（续）

$u_{倍}$ ＼ $a/(牙·in^{-1})$ ＼ $u_{基}$	$\frac{26}{28}$	$\frac{28}{28}$	$\frac{32}{28}$	$\frac{36}{28}$	$\frac{19}{14}$	$\frac{20}{14}$	$\frac{33}{21}$	$\frac{36}{21}$
$\frac{18}{45}×\frac{35}{28}=\frac{1}{2}$	$3\frac{1}{4}$	$3\frac{1}{2}$	4	$4\frac{1}{2}$	—	5	—	6
$\frac{28}{35}×\frac{35}{28}=1$	—	—	2	—	—	—	—	3

4. 车径节螺纹

径节螺纹主要用于英制蜗杆，其螺距参数以径节 DP 表示。标准径节的数列也是分段等差数列，而螺距和导程的数列则是分段调和数列，螺距和导程值中有特殊因子 25.4，这些都和英制螺纹类似，故可采用英制螺纹的传动路线；但因螺距和导程值中还有一个特殊因子 π，这又和模数螺纹相同，所以需将挂轮换成 $\frac{64}{100}×\frac{100}{97}$，此时运动平衡式为：

$$L_{DP}=\frac{25.4k\pi}{DP}=1_{(主轴)}×\frac{58}{58}×\frac{33}{33}×\frac{64}{100}×\frac{100}{97}×u_{基}×\frac{36}{25}×u_{倍}×12$$

上式中 $\frac{64}{100}×\frac{100}{97}×\frac{36}{25}≈\frac{25.4\pi}{84}$，$u_{基}=\frac{1}{u_{基}}$，代入化简后得：

$$L_{DP}=\frac{25.4\pi}{DP}=\frac{25.4\pi}{7}\frac{u_{倍}}{u_{基}}$$

$$DP=7k\frac{u_{基}}{u_{倍}}$$

当 $k=1$ 时，DP 值与 $u_{基}$、$u_{倍}$ 的关系见表 2-6。

表 2-6 CA6140 型车床径节螺纹表

$u_{倍}$ ＼ $DP/(牙·in^{-1})$ ＼ $u_{基}$	$\frac{26}{28}$	$\frac{28}{28}$	$\frac{32}{28}$	$\frac{36}{28}$	$\frac{19}{14}$	$\frac{20}{14}$	$\frac{33}{21}$	$\frac{36}{21}$
$\frac{18}{45}×\frac{15}{48}=\frac{1}{8}$	—	56	64	72	—	80	88	96
$\frac{28}{35}×\frac{15}{48}=\frac{1}{4}$	—	28	32	36	—	40	44	48
$\frac{18}{45}×\frac{35}{28}=\frac{1}{2}$	—	14	16	18	—	20	22	24
$\frac{28}{35}×\frac{35}{28}=1$	—	7	8	9	—	10	11	12

由前述可知，加工不同标准的螺纹时，进给箱中基本螺距机构运动传动方向的改变，是由离合器 M_3 和轴 XV 上滑移齿轮 z_{25} 实现的，而螺纹进给传动链传动比数值中包含的 25.4、π、25.4π 等特殊因子，则由轴 XII—XIII 间齿轮副 $\frac{25}{36}$，轴 XIV—XIII—XV 间齿轮副 $\frac{25}{36}×\frac{36}{25}$、轴

XIII—XV 间齿轮副$\frac{36}{25}$与挂轮适当组合获得的。进给箱中具有上述功能的离合器、滑移齿轮和定比齿轮传动机构，一般称为移换机构。

5. 车大导程螺纹

对螺纹进给传动链进行上述调整，可以车削公制、英制、模数制和径节制 4 种常用标准螺纹。当需要车削导程超过常用螺纹范围时，例如大导程多头螺纹、油槽等，则必须将轴Ⅸ右端滑移齿轮 z_{58} 向右移动，使之与轴Ⅷ上的齿轮 z_{26} 啮合。于是主轴Ⅵ与丝杠通过下列传动路线实现传动联系：

$$\text{主轴(Ⅵ)} - \frac{58}{26} - \text{V} - \frac{80}{20} - \text{VI} - \begin{bmatrix} \frac{50}{50} \\ \frac{80}{20} \end{bmatrix} - \text{Ⅲ} - \frac{44}{44} - \text{Ⅷ} - \frac{26}{58}$$

（常用螺纹传动路线）

$$\text{Ⅸ} \cdots\cdots\cdots\cdots\cdots\cdots\cdots\cdots \text{XVIII（丝杠）}$$

此时，主轴Ⅵ至轴Ⅸ间的传动比 $u_{扩}$ 为：

$$u_{扩1} = \frac{58}{26} \times \frac{80}{20} \times \frac{50}{50} \times \frac{44}{44} \times \frac{26}{58} = 4$$

$$u_{扩2} = \frac{58}{26} \times \frac{80}{20} \times \frac{80}{20} \times \frac{44}{44} \times \frac{26}{58} = 16$$

而车削常用螺纹时，主轴Ⅵ与轴Ⅸ间的传动比 $u_{常} = \frac{58}{58} = 1$。这表明，当螺纹进给传动链其它调整情况不变时，作上述调整可使主轴与丝杠间的传动比增大 4 倍或 16 倍，从而车出的螺纹导程也相应地扩大 4 倍或 16 倍。因此，一般把上述传动机构称为扩大螺距机构。通过扩大螺距机构，再配合进给箱中的基本螺距机构和增倍机构，机床可以车削导程为 14~192mm 的公制螺纹 24 种，模数为 3.25~48mm 的模数螺纹 28 种，径节为 1~6 牙/in 的径节螺纹 13 种。

必须指出，由于扩大螺距机构的传动比 $u_{扩}$ 是由主运动传动链中背轮机构的齿轮啮合位置确定的，而背轮机构一定的齿轮啮合位置，又对应着一定的主轴转速，因此主轴转速一定时，螺纹导程可能扩大的倍数是确定的。具体地说，主轴转速为 10~32r/min 时，导程可扩大 16 倍；主轴转速为 40~125r/min 时，可以扩大 4 倍；主轴转速更高时，导程不能扩大。这也正好符合实际需要，因为大导程螺纹只能在主轴低转速时车削。

6. 车非标准和较精密螺纹

当需要车削非标准螺纹，用进给箱中的变速机构无法得到所要求的螺纹导程，或者虽然是标准螺纹，但精度要求较高时，可将进给箱中三个离合器 M_3、M_4 和 M_5 全部接合，使轴Ⅻ、轴 XIV、轴 XVII 和丝杠 XVIII 联成一体。这时运动直接从轴Ⅻ传至丝杠，所要求的工件螺纹导程可通过选择挂轮来得到。在这种情况下，由于主轴至丝杠的传动路线大为缩短，减少了传动件制造和装配误差对工件螺纹螺距精度的影响，因此可车出精度较高的螺纹。此时螺纹进给传动链的运动平衡式为：

$$L=1_{(主轴)}\times\frac{58}{58}\times\frac{33}{33}\times u_{挂}\times 12$$

化简后得挂轮换置公式为

$$u_{挂}=\frac{a}{b}\times\frac{c}{d}=\frac{L}{12}$$

三、纵向和横向进给传动链

实现一般车削时刀架机动进给的纵向和横向进给传动链，由主轴至进给箱轴XVII的传动路线与车公制或英制常用螺纹时的传动路线相同，其后运动经齿轮副$\frac{28}{56}$传至光杠XIX（此时离合器M_5脱开，齿轮z_{28}与轴XIX上的齿轮z_{56}啮合），再由光杠经溜板箱中的传动机构，分别传至齿轮齿条机构和横向进给丝杠XXVII，使刀架作纵向或横向机动进给，其传动路线表达式如下：

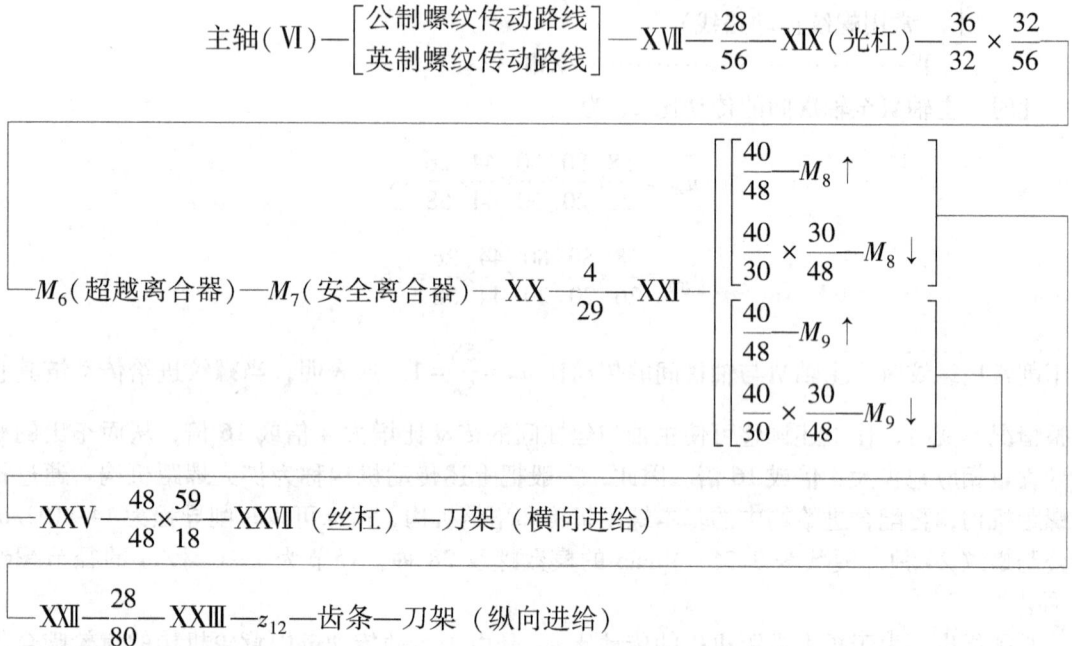

$$主轴（VI）—\begin{bmatrix}公制螺纹传动路线\\英制螺纹传动路线\end{bmatrix}—XVII—\frac{28}{56}XIX（光杠）—\frac{36}{32}\times\frac{32}{56}$$

$$—M_6(超越离合器)—M_7(安全离合器)—XX\frac{4}{29}XXI—\begin{bmatrix}\begin{bmatrix}\frac{40}{48}—M_8\uparrow\\\frac{40}{30}\times\frac{30}{48}—M_8\downarrow\end{bmatrix}\\\begin{bmatrix}\frac{40}{48}—M_9\uparrow\\\frac{40}{30}\times\frac{30}{48}—M_9\downarrow\end{bmatrix}\end{bmatrix}$$

$$—XXV\frac{48}{48}\times\frac{59}{18}—XXVII（丝杠）—刀架（横向进给）$$

$$—XXII\frac{28}{80}—XXIII—z_{12}—齿条—刀架（纵向进给）$$

溜板箱中由双向牙嵌式离合器M_8、M_9和齿轮副$\frac{40}{48}$、$\frac{40}{30}\times\frac{30}{48}$组成的两个换向机构，分别用于变换纵向和横向进给运动的方向。利用进给箱中的基本螺距机构和增倍机构，以及进给传动链的不同传动路线，可获得纵向和横向进给量各64种。

纵向和横向进给传动链两端件的计算位移为：

纵向进给：主轴转1转——刀架纵向移动$f_{纵}$（单位为mm）；

横向进给：主轴转1转——刀架横向移动$f_{横}$（单位为mm）。

下面以纵向进给为例，说明按不同路线传动时进给量的计算。

（1）当运动经车常用公制螺纹传动路线传动时，可得到0.08~1.22mm/r的32种进给量，其运动平衡式为：

$$f_{纵} = 1_{(主轴)} \times \frac{58}{58} \times \frac{33}{33} \times \frac{63}{100} \times \frac{100}{75} \times \frac{25}{36} \times u_{基} \times \frac{25}{36} \times \frac{36}{25} \times u_{倍}$$

$$\times \frac{28}{56} \times \frac{36}{32} \times \frac{32}{56} \times \frac{4}{29} \times \frac{40}{48} \times \frac{28}{80} \times \pi \times 2.5 \times 12$$

化简后得：

$$f_{纵} = 0.71 u_{基}\, u_{倍}$$

（2）当运动经车常用英制螺纹传动路线传动时，类似地有：

$$f_{纵} = 1.474 \frac{u_{倍}}{u_{基}}$$

变换 $u_{基}$，并使 $u_{倍} = 1$，可得到 0.86~1.59mm/r 的 8 种较大进给量。当 $u_{倍}$ 为其它值时，所得到的 $f_{纵}$ 值与上一条传动路线重复。

（3）当主轴为 10~125r/min 时，运动经扩大螺距机构及英制螺纹传动路线传动，可获得 16 种供强力切削或宽刀精车用的加大进给量，其范围为 1.71~6.33mm/r。

（4）当主轴转速为 450~1400r/min（其中 500r/min 除外）时（此时主轴由轴Ⅲ经齿轮副 63/50 直接传动），运动经扩大螺距机构及公制螺纹传动路线传动，可获得 8 种供高速精车用的细进给量，其范围为 0.028~0.054mm/r。

由传动分析可知，横向机动进给在其与纵向进给传动路线一致时，所得的横向进给量是纵向进给量的一半。横向进给量的种数与纵向进给量种数相同。

四、刀架快速移动传动链

刀架快速移动由装在溜板箱内的快速电动机（0.25kW，2800r/min）传动。快速电动机的运动经齿轮副 $\frac{13}{29}$ 传至轴ⅩⅩ，然后再经溜板箱内与机动工作进给相同的传动路线传至刀架，使其实现纵向和横向的快速移动。当快速电动机使传动轴ⅩⅩ快速旋转时，依靠齿轮 z_{56} 与轴ⅩⅩ间的超越离合器 M_6，可避免与进给箱传来的慢速工作进给运动发生矛盾。

超越离合器 M_6 的结构原理如图 2-7 所示。它由空套齿轮 1（即溜板箱中的齿轮 z_{56}）、星轮 2，滚柱 3，顶销 4 和弹簧 5 组成。当空套齿轮 1 为主动并逆时针旋转时，带动滚柱 3 挤向楔缝，使星轮 2 随同齿轮 1 一起转动，再经安全离合器 M_7 带动轴ⅩⅩ转动（见图 2-6），这是机动工作进给的情况。当快速电动机起动，星轮 2 由轴ⅩⅩ带动逆时针方向快速旋转时，由于星轮 2 超越齿轮 1 转动，滚柱 3 退出楔缝，使星轮 2 和齿轮 1 自动脱开，因而由进给箱传动齿轮 1 的慢速转动虽照常进行，却不能传给轴ⅩⅩ；此时轴ⅩⅩ由快速电动机传动作快速转动，使刀架实现快速运动。一旦快速电动机停止转动，超越离合器自动接合，刀架立即恢复正常

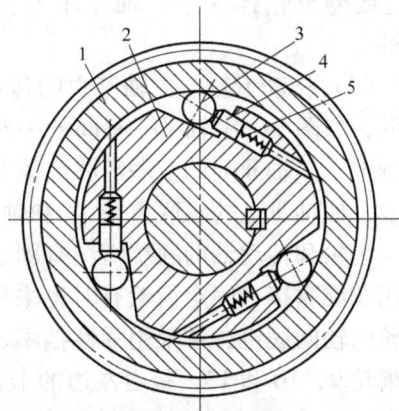

图 2-7 超越离合器
1—空套齿轮 2—星轮 3—滚柱
4—顶销 5—弹簧

的工作进给运动。

第三节　卧式车床的结构

一、主轴箱

主轴箱的功用是支承主轴和传动其旋转，并使其实现起动、停止、变速和换向等。因此，主轴箱中通常包含有主轴及其轴承，传动机构，起动、停止以及换向装置，制动装置，操纵机构和润滑装置等。

1. 传动机构

主轴箱中的传动机构包括定比传动机构和变速机构两部份。定比传动机构仅用于传递运动和动力，一般采用齿轮传动副；变速机构一般采用滑移齿轮变速机构，因其结构简单紧凑，传动效率高，传动比准确。但当变速齿轮为斜齿或尺寸较大时，则采用离合器变速。

为了便于了解主轴箱中各传动件的结构、形状和装配关系以及传动轴的支承结构等，常采用主轴箱展开图。它基本上按主轴箱中各传动轴传动运动的先后顺序，沿其轴线取剖切面展开而绘制成的平面装配图。图2-8 为 CA6140 型卧式车床的主轴箱展开图，它是沿轴Ⅳ—Ⅰ—Ⅱ—Ⅲ（Ⅴ）—Ⅵ—Ⅹ—Ⅸ—Ⅺ的轴线剖切展开的（见图2-9），图中轴Ⅶ和轴Ⅷ是另外单独取剖切面展开的。由于展开图是把立体的传动结构展开在一个平面上绘制成的，其中有些轴之间的距离被拉开了，如轴Ⅶ和轴Ⅰ、轴Ⅳ和轴Ⅲ、轴Ⅸ和轴Ⅵ等，从而使某些原来相互啮合的齿轮副分开了，利用展开图分析传动件的传动关系时，应予注意。下面结合图2-8，将主轴箱传动机构的结构择要说明如下：

（1）卸荷式皮带轮　主轴箱的运动由电动机经皮带传入，为改善主轴箱运动输入轴的工作条件，使传动平稳，主轴箱运动输入轴上的皮带轮常用卸荷式结构（见图2-8）。皮带轮 2 与花键套 1 用螺钉联成一体，支承在法兰 3 内的两个向心球轴承上，而法兰 3 则固定在主轴箱体 4 上。这样皮带轮 2 可通过花键套 1 带动轴Ⅰ旋转，而皮带的张力经法兰 3 直接传至箱体 4 上，轴Ⅰ不受此径向力的作用，弯曲变形减少，并可提高传动的平稳性。

（2）传动齿轮　主轴箱中的传动齿轮大多数是直齿的，为了使传动平稳，也有采用斜齿的，如图 2-8 中轴Ⅴ—Ⅵ间的一对齿轮 15 和 17 就是斜齿轮。多联滑移齿轮有的由整块材料制成，如轴Ⅱ上的双联滑移齿轮 33 和轴Ⅲ上的三联滑移齿轮 12；有的则由几个齿轮拼装而成，如轴Ⅲ上的双联齿轮 14 和轴Ⅳ上的双联滑移齿轮 7。

齿轮和传动轴的联接情况有固定的、空套的和滑移的三种。固定齿轮、滑移齿轮与轴常采用花键联接，固定齿轮有时也采用平键联接，如主轴Ⅵ后部的齿轮 28。固定齿轮和空套齿轮的轴向固定，常采用弹性挡圈、轴肩、隔套、轴承内圈和半圆环等。如轴Ⅱ上的三个固定齿轮 9、10 和 13，是由左边的卡在轴上环槽中并由齿轮 9 箍住的两个半圆环 8，以及中间隔套 11，右边的圆锥滚子轴承内圈来固定它们的轴向位置，轴Ⅷ上的空套齿轮 16 由左右两边的弹性挡圈限定其轴向位置。

为了减少零件的磨损，空套齿轮和传动轴之间，装有滚动轴承或铜套，如轴Ⅰ上的两个空套齿轮 5 和 6 装有滚动轴承、轴Ⅵ、Ⅷ上的齿轮 17 和 16 则装有铜套。空套齿轮的轮毂上钻有油孔，以便润滑油流进摩擦面之间。

（3）传动轴的支承结构　主轴箱中的传动轴由于转速较高，一般采用向心球轴承或圆锥滚子轴承支承。常用的是双支承结构，即在轴的两端各有一个支承，但对于较长的传动轴，为了提高其刚度，则采用三支承结构。如轴Ⅲ、Ⅳ的两端各装有一个圆锥滚子轴承，在中间还装有一个（两个）向心球轴承作为附加支承。

传动轴通过轴承在主轴箱体上实现轴向定位的方式，有一端定位和两端定位两种。图2-8中，轴Ⅰ为一端定位，其左轴承内圈固定在轴上，外圈固定在法兰3内。作用于轴上的轴向力通过轴承内圈、滚球和外圈传至法兰3，然后传至主轴箱体，使轴实现轴向定位。轴Ⅱ、Ⅲ、Ⅳ和Ⅴ等则都是两端定位。以轴Ⅴ为例，向左的轴向力通过左边的圆锥滚子轴承直接作用于箱体轴承孔台阶上，向右的轴向力由右端轴承压盖20、调整螺钉21和盖板19传

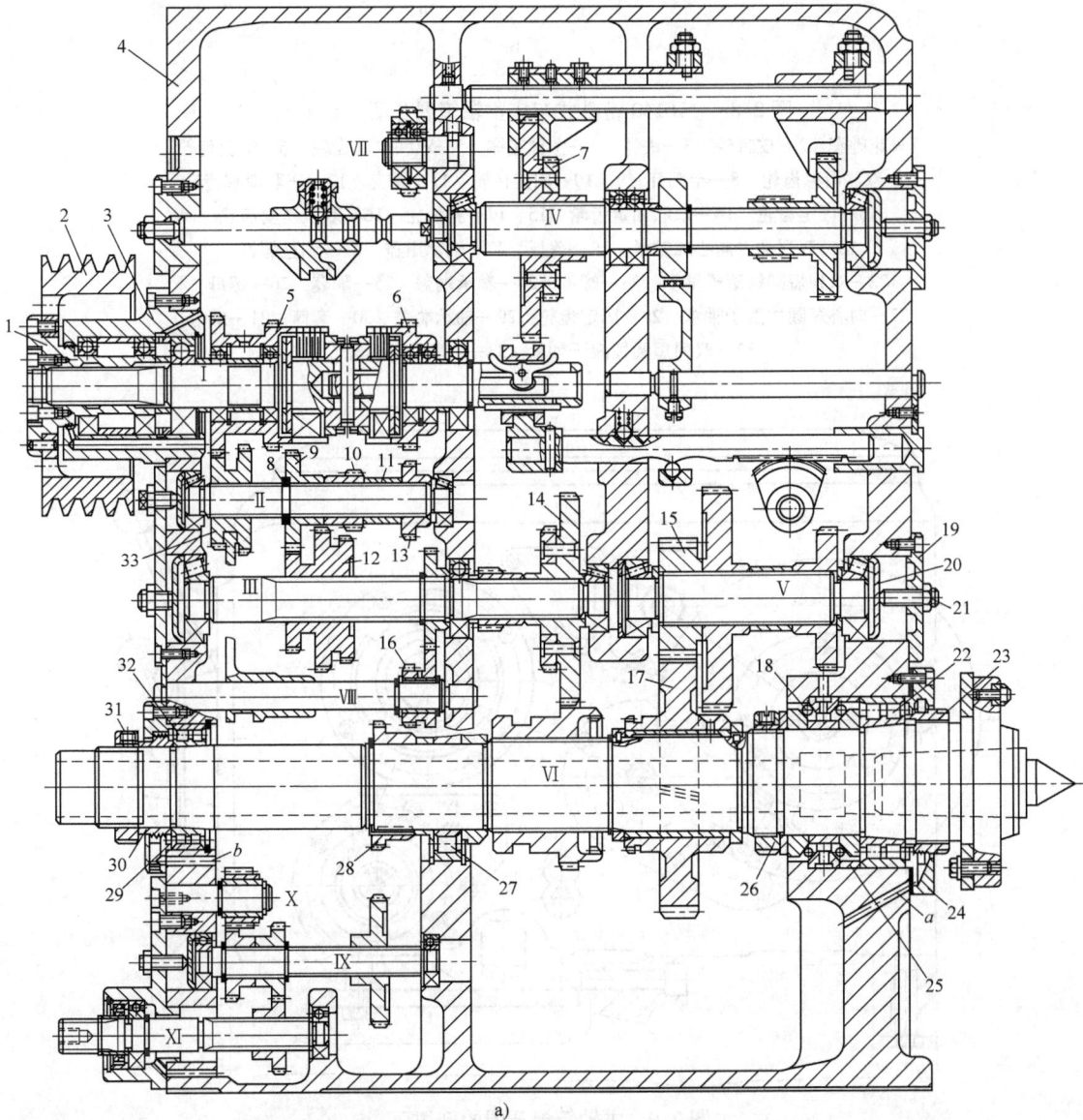

a)

图2-8　CA6140型卧式车床主轴箱展开图

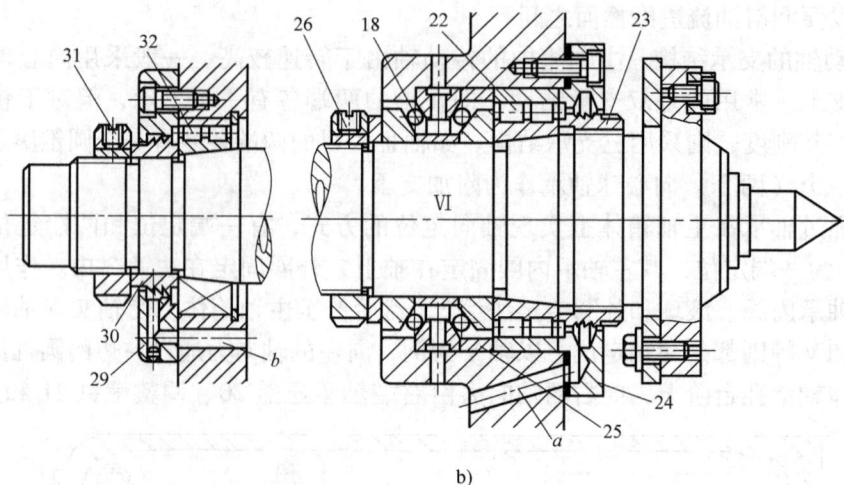

b)

图 2-8　CA6140 型卧式车床主轴箱展开图（续）

1—花键套　2—皮带轮　3—法兰　4—主轴箱体　5—双联空套齿轮　6—空套齿轮
7—双联滑移齿轮　8—半圆环　9、10—固定齿轮　11—隔套　12—三联滑移齿轮
13—固定齿轮　14—双联固定齿轮　15、17—斜齿轮　16—双联空套齿轮
18—双列推力向心球轴承　19—盖板　20—轴承压盖　21—调整螺钉
22—双列短圆柱滚子轴承　23—螺母　24—轴承端盖　25—隔套　26—螺母
27—向心短圆柱滚子轴承　28—固定齿轮　29—轴承端盖　30—套筒　31—螺母
32—双列短圆柱滚子轴承　33—双联滑移齿轮

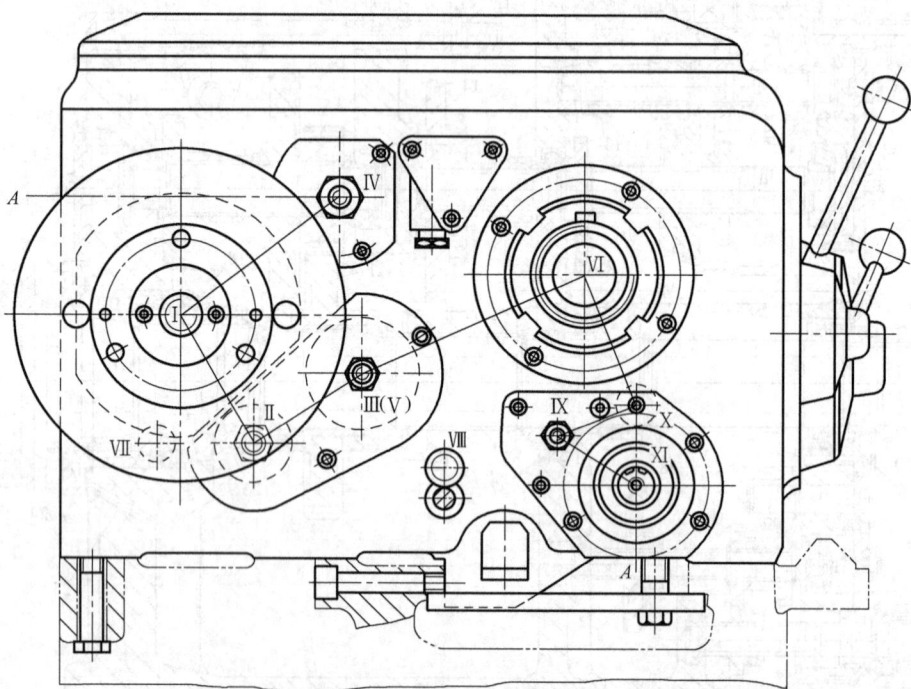

图 2-9　主轴箱展开图的剖切面

至箱体。利用螺钉 21 可调整左右两个圆锥滚子轴承外圈的相对位置，使轴承保持适当间隙，以保证其正常工作。

2. 主轴及其轴承

主轴及其轴承是主轴箱最重要的部份。主轴前端可装卡盘，用于夹持工件，并由其带动旋转。主轴的旋转精度、刚度和抗振性等对工件的加工精度和表面粗糙度有直接影响，因此，对主轴及其轴承要求较高。

卧式车床的主轴支承大多采用滚动轴承，一般为前后两点支承。为了提高刚度和抗振性，有些车床特别是尺寸较大的车床主轴，也有采用三点支承的。例如 CA6140 型车床的主轴部件（见图 2-8），前后支承处各装有一个双列短圆柱滚子轴承 22（D3182121）和 32（E3182115），中间支承处则装有一个单列向心短圆柱滚子轴承 27（E32216），用于承受径向力。由于双列短圆柱滚子轴承的刚度和承载能力大，旋转精度高，且内圈较薄，内孔是锥度为 1：12 的锥孔，可通过相对主轴轴颈轴向移动来调整轴承间隙，因而可保证主轴有较高的旋转精度和刚度。前支承处还装有一个 60° 角接触的双列推力向心球轴承 18，用于承受左右两个方向的轴向力。向左的轴向力由主轴 VI 经螺母 23、轴承 22 的内圈，轴承 18 传至箱体；向右的轴向力由主轴经螺母 26、轴承 18、隔套 25，轴承 22 的外圈和轴承端盖 24 传至箱体。轴承的间隙直接影响主轴的旋转精度和刚度，因此使用中如发现因轴承磨损致使间隙增大时，需及时进行调整。前轴承 22 可用螺母 23 和 26 调整。调整时先拧松螺母 23，然后拧紧带锁紧螺钉的螺母 26，使轴承 22 的内圈相对主轴锥形轴颈向右移动（见图 2-8b）。由于锥面的作用，薄壁的轴承内圈产生径向弹性变形，将滚子与内、外圈滚道之间的间隙消除。调整妥当后，再将螺母 23 拧紧。后轴承 32 的间隙可用螺母 31 调整，调整原理同前轴承。中间轴承 27 的间隙不能调整。一般情况下，只调整前轴承即可，只有当调整前轴承后仍不能达到要求的旋转精度时，才需要调整后轴承。主轴的轴承由油泵供给润滑油进行充分的润滑，为防止润滑油外漏，前后支承处都有油沟式密封装置。在螺母 23 和套筒 30 的外圆上有锯齿形环槽，主轴旋转时，依靠离心力的作用，把经过轴承向外流出的润滑油甩到轴承端盖 24 和 29 的接油槽里，然后经回油孔 a、b 流回主轴箱。

卧式车床的主轴是空心阶梯轴。其内孔用于通过长棒料以及气动、液压等夹紧驱动装置（装在主轴后端）的传动杆，也用于穿入钢棒卸下顶尖。主轴前端有精密的莫氏锥孔，供安装顶尖或心轴之用。主轴前端安装卡盘、拨盘或其它夹具的部份有多种结构形式（见图 2-10）。图 2-10a 为短锥法兰式结构，它以短锥和轴肩端面作定位面。卡盘、拨盘等夹具通过卡盘座 4，用四个螺栓 5 固定在主轴上，由装在主轴轴肩端面上的圆柱形端面键 3 传递转矩。安装卡盘时，只需将预先拧紧在卡盘座上的螺栓 5 连同螺母 6 一起，从主轴轴肩和锁紧盘 2 上的孔中穿过，然后将锁紧盘转过一个角度，使螺栓进入锁紧盘上宽度较窄的圆弧槽内，把螺母卡住（如图中所示位置），接着再把螺母 6 拧紧，就可把卡盘等夹具紧固在主轴上。这种主轴轴端结构的定心精度高，联接刚度好，卡盘悬伸长度小，装卸卡盘也比较方便，因此，在新型号的车床上应用很普遍。图 2-10b 也是短锥法兰式的结构，但采用偏心销锁紧卡盘。拧在卡盘座 4 上的螺栓 8（它们同时也用于传递扭矩），穿在主轴轴肩的孔中，径向安装的偏心销 9 卡在螺栓 8 的圆弧形缺口中。用扳手转动偏心销 9，把螺栓 8 拉紧，便可将卡盘紧固在主轴上。这种主轴端结构装卸卡盘方便，但结构比较复杂，目前用得还不

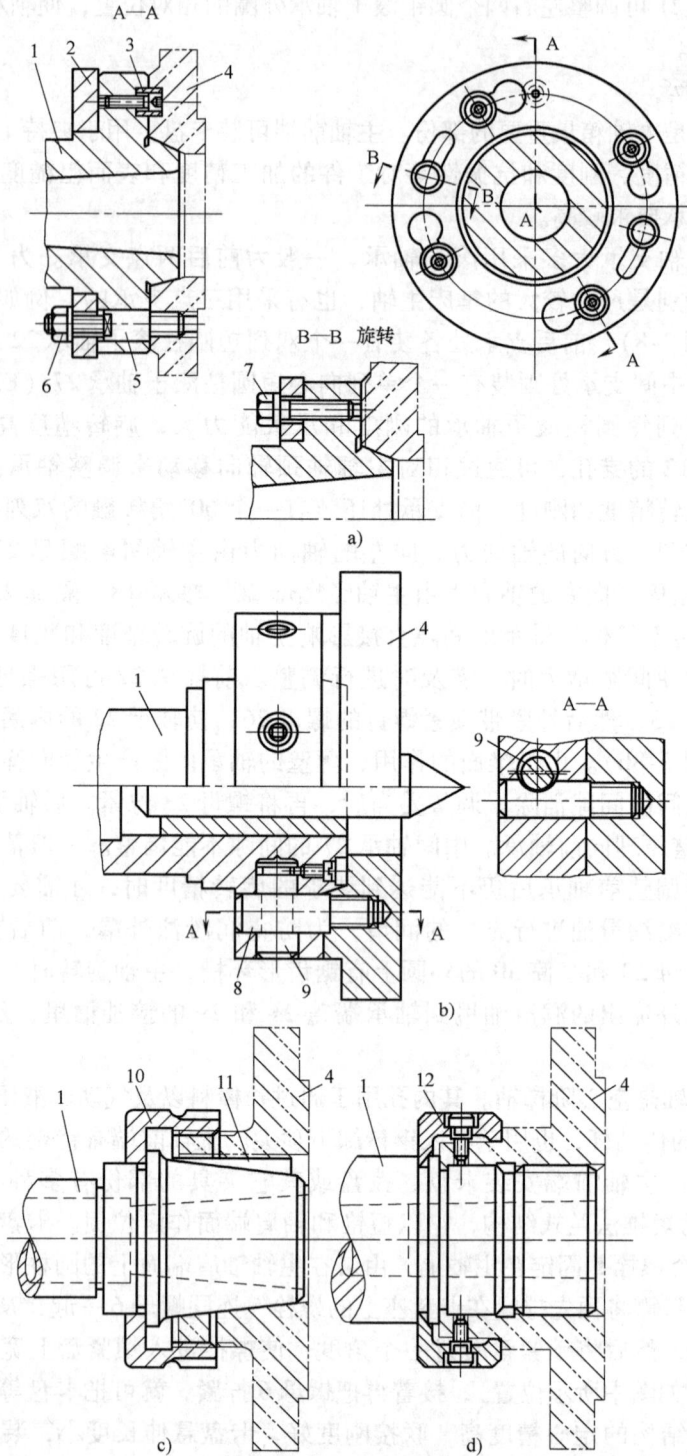

图 2-10 主轴前端结构形式

a)、b) 短锥法兰式结构 c) 长锥带键式结构 d) 螺纹圆柱式结构

1—主轴 2—锁紧盘 3—端面键 4—卡盘座 5—螺栓 6—螺母 7—螺钉 8—螺栓

9—偏心销 10—螺母 11—平键 12—防松压爪

多。图 2-9c 为长锥带键式结构，以较长而锥度较小的圆锥面定位，用套在主轴轴肩后面的环形螺母 10 紧固卡盘，由平键 11 传递扭矩。图 2-10d 为螺纹圆柱式结构，以外圆柱面和轴肩端面定位，用螺纹紧固卡盘并传递扭矩。这种主轴端结构比较简单，装卸卡盘方便，但用圆柱面定位，不可避免会有间隙存在，特别是在磨损后间隙较大，因此定心精度较低，联接刚度也较差。另外，卡盘的悬伸长度较大，且当主轴在高速运转下迅速停车以及反转时，卡盘有自动松脱的危险。为了保证工作安全，需在卡盘座上装置防松压爪 12。这种主轴端结构在旧型号车床上应用很普遍，在新设计的车床上已很少采用。

3. 开停和换向装置

开停装置用于控制主轴的起动和停止。中型车床多用机械式摩擦离合器实现，少数机床也有采用电磁离合器或液压离合器的。尺寸较小的车床，由于电动机功率较小，为简化结构，常直接由电动机开停来实现，如 CM6132，C616 型车床等。

换向装置用于改变主轴旋转方向。若主轴的开停由电动机直接控制，则主轴换向通常采用改变电动机转向来实现；若开停采用摩擦离合器，则换向装置由同一离合器（双向的）和圆柱齿轮组成，大部份中型卧式车床都采用这种换向装置。

图 2-11 为 CA6140 型卧式车床采用的控制主轴开停和换向的双向多片式摩擦离合器结构。它由结构相同的左、右两部份组成，左离合器传动主轴正转，右离合器传动主轴反转。下面以左离合器为例说明其结构原理。多个内摩擦片 3 和外摩擦片 2 相间安装，内摩擦片 3 以花键与轴 I 相联接，外摩擦片 2 以其四个凸齿与空套双联齿轮 1 相联接。内外摩擦片未被压紧时，彼此互不联系，轴 I 不能带动双联齿轮转动。当用操纵机构拨动滑套 13 至右边位置时，滑套将羊角形摆块 6 的右角压下，使它绕销轴 12 顺时针摆动，其下端凸起部份推动拉杆 7 向左，通过固定在拉杆左端的圆销 5，带动压套 8 和螺母 9a，将左离合器内外摩擦片压紧在止推片 10 和 11 上，通过摩擦片间的摩擦力，使轴 I 和双联齿轮联接，于是主轴沿正向旋转。右离合器的结构和工作原理同左离合器一样，只是内外摩擦片数量少一些；当拨动滑套 13 至左边位置时，压套 8 右移，将右离合器的内外摩擦片压紧，空套齿轮 14 与轴 I 联接，主轴起动反转。滑套处于中间位置时，左右两离合器的摩擦片都松开，主轴的传动断开，便停止转动。

摩擦片间的压紧力可用拧在压套上的螺母 9a 和 9b 来调整。压下弹簧销 4，然后转动螺母 9，使其相对压套 8 作小量轴向位移，即可改变摩擦片间的压紧力，从而调整了离合器所能传递的扭矩大小，调妥后弹簧销复位，插入螺母的槽口中，使螺母在运转中不能自行松开。

4. 制动装置

制动装置的功用是在车床停车过程中克服主轴箱中各运动件的惯性，使主轴迅速停止转动，以缩短辅助时间。卧式车床主轴箱中常用的制动装置有闸带式制动器和片式制动器。当直接由电动机控制主轴开停时，也可以采用电机制动方式，如反接制动，能耗制动等。

图 2-12 为 CA6140 型车床上采用的闸带式制动器，它由制动轮 7，制动带 6 和杠杆 4 等组成。制动轮 7 是一个钢制圆盘，与传动轴 8（Ⅳ）用花键联接。制动带为一钢带，其内侧固定着一层铜丝石棉，以增加摩擦面的摩擦系数。制动带绕在制动轮上，它的一端通过调节螺

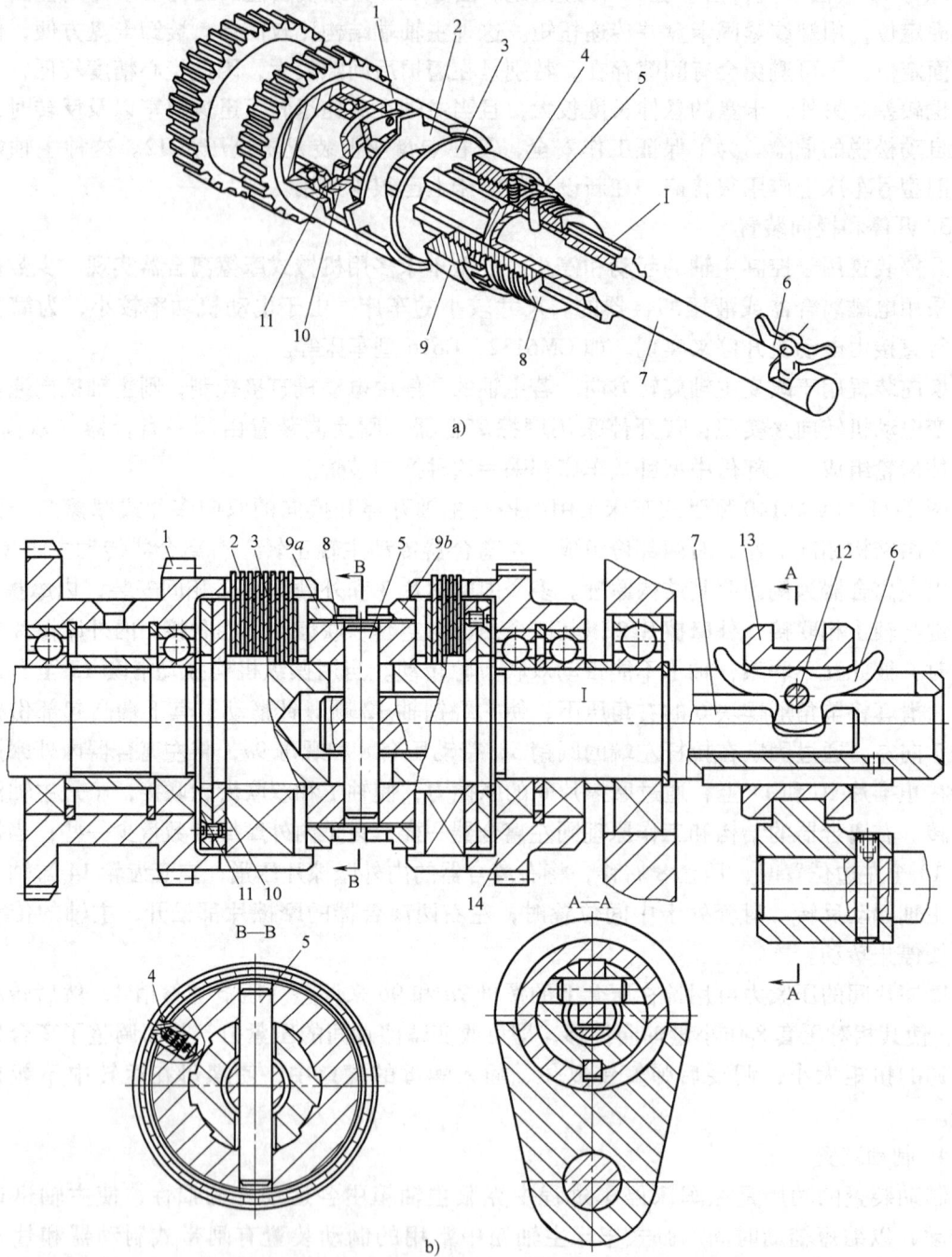

a)

b)

图 2-11　双向多片式摩擦离合器机构（CA6140）

1—双联齿轮　2—外摩擦片　3—内摩擦片　4—弹簧销　5—圆销　6—羊角形摆块　7—拉杆　8—压套　9—螺母
10、11—止推片　12—销轴　13—滑套　14—齿轮钉 5 与主轴箱体 1 连接，另一端固定在杠杆 4 的上端。杠杆 4 可绕轴 3 摆动，当它的下端与齿条轴 2 上的圆弧形凹部 a 或 c 接触时，制动带处于放松状态，制动器不起作用；移动齿条轴 2，其上凸起部分 b 与杠杆 4 下端接触时，杠杆绕轴 3 逆时针摆动，使制动带包紧制动轮，产生摩擦制动力矩，轴 8（Ⅳ）并通过传动齿轮使主轴迅速停止转动。制动时制动带的拉紧程度，可用螺钉 5 进行调整。在调整合适的情况下，应是停车时主轴能迅速停止，而开车时制动带能完全松开。

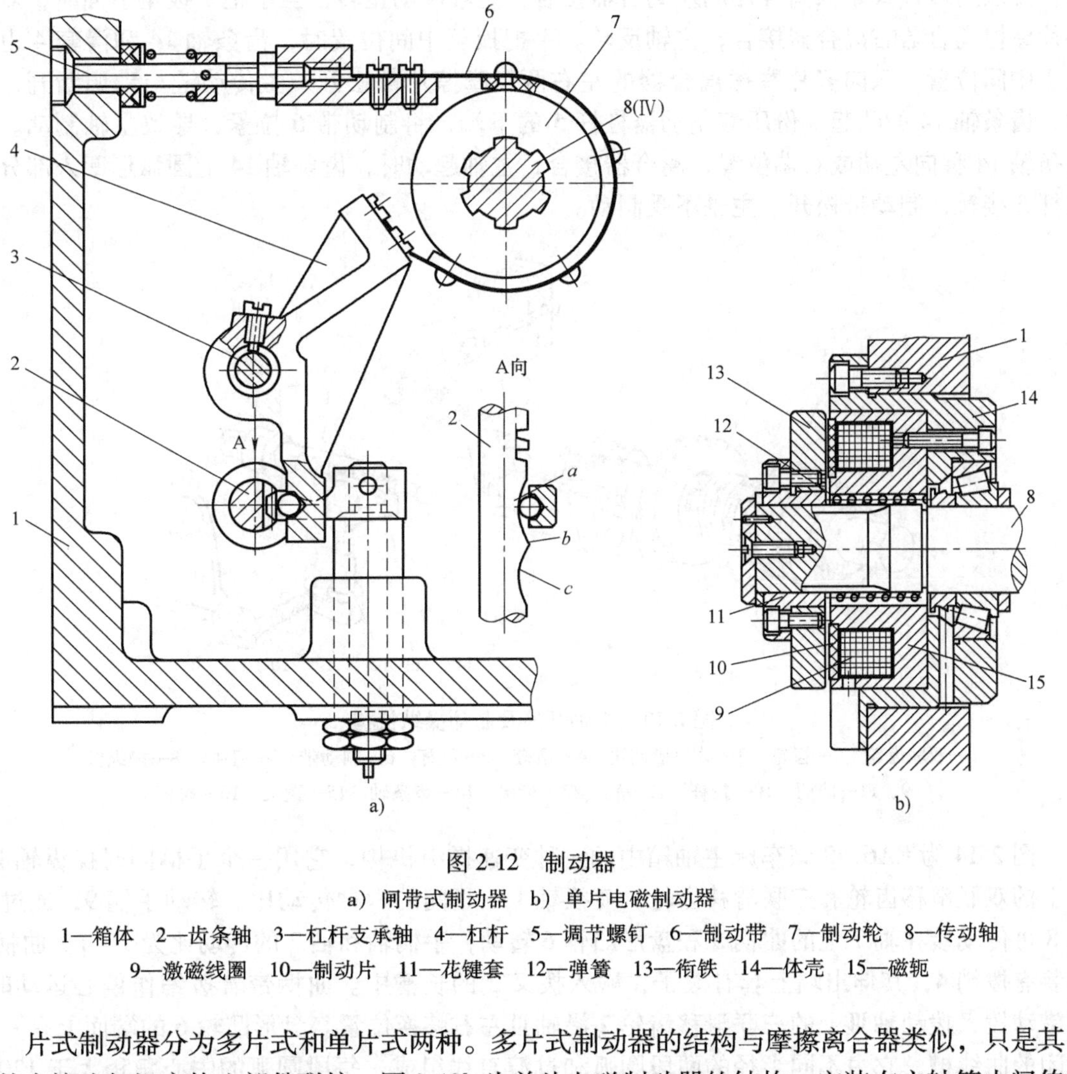

图 2-12　制动器

a）闸带式制动器　b）单片电磁制动器

1—箱体　2—齿条轴　3—杠杆支承轴　4—杠杆　5—调节螺钉　6—制动带　7—制动轮　8—传动轴
9—激磁线圈　10—制动片　11—花键套　12—弹簧　13—衔铁　14—体壳　15—磁轭

片式制动器分为多片式和单片式两种。多片式制动器的结构与摩擦离合器类似，只是其中的外摩擦片与机床静止部份联接。图 2-12b 为单片电磁制动器的结构，它装在主轴箱中间传动轴 8 一端的箱体外面。制动器的磁轭 15 通过体壳 14 固定在箱体 1 上，制动片 10 用环氧树脂粘结在磁轭上，衔铁 13 通过由绝磁材料制造的花键套 11 与轴 8 联接。停车时主运动传动链与动源断开，同时激磁线圈 9 通电，衔铁被吸向右，压紧制动片，产生摩擦制动力矩，使主轴迅速停止转动。开车时激磁电流切断，衔铁在弹簧 12 的作用下复位，制动器松开。

5. 操纵机构

主轴箱中的操纵机构用于控制主轴起动、停止、制动、变速、换向以及变换左、右螺纹等。为使操纵方便，常采用集中操纵方式，即用一个手把操纵几个传动件（滑移齿轮、离合器等），以控制几个动作。

图 2-13 为 CA6140 型车床上控制主轴开停、换向和制动的操纵机构。向上扳动手把 7 时（为了便于操作，在操纵杆 8 上装有两个手把，一个在进给箱右侧，如图中手把 7，另一个在溜板箱右侧（图中未表示），通过由曲柄 9、拉杆 10 和曲柄 11 组成的杠杆机构，使轴 12 和齿扇 13 顺时针转动，传动齿条轴 14 及固定在其左端的拨叉 5 右移，拨叉又带动滑套 4 右移，使双向多片式摩擦离合器的左离合器接合，主轴起动正转；当手把 7 扳至下面时，双向多片摩擦离合器右离合器接合，主轴反转。手把扳至中间位置时，齿条轴 14 和滑套 4 也都处于中间位置，双向多片摩擦离合器的左右两组摩擦片都松开，主传动链与动源断开，此时，齿条轴 14 的凸起部份压着制动器杠杆 5 的下端，将制动带 6 拉紧，导致主轴制动。当齿条轴 14 移向左端或右端位置，离合器接合，主轴起动时，齿条轴 14 上圆弧形凹入部分与杠杆 5 接触，制动带松开，主轴不受制动。

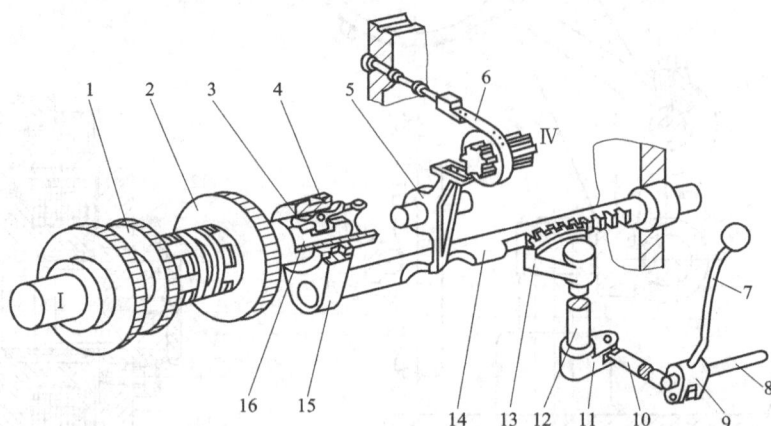

图 2-13　主轴开停及制动操纵机构

1—双联齿轮　2—齿轮　3—羊角形摆块　4—滑套　5—杠杆　6—制动带　7—手把　8—操纵杆
9、11—曲柄　10—拉杆　12—轴　13—齿扇　14—齿条轴　15—拨叉　16—拉杆

图 2-14 为 CA6140 型车床主轴箱中的一种变速操纵机构，它用一个手柄同时操纵轴Ⅱ、Ⅲ上的双联滑移齿轮和三联滑移齿轮，变换轴Ⅰ—Ⅲ间的六种传动比。转动手柄 9，通过链条 8 可传动装在轴 7 上的曲柄 5 和盘形凸轮 6 转动，手柄轴和轴 7 的传动比为 1∶1。曲柄 5 上装有拨销 4，其伸出端上套有滚子，嵌入拨叉 3 的长槽中。曲柄带着拨销作偏心运动时，可带动拨叉拨动轴Ⅲ上的三联滑移齿轮 2 沿轴Ⅲ左右移换位置。盘形凸轮 6 的端面上有一条封闭的曲线槽，它由不同半径的两段圆弧和过渡直线组成，每段圆弧的中心角稍大于 120°。凸轮曲线槽经圆销 10 通过杠杆 11 和拨叉 12，可拨动轴Ⅱ上的双联滑移齿轮 1 移换位置。

曲柄 5 和凸轮 6 有六个变速位置（见图 2-14b），顺次转动变速手柄 9，每次转 60°，使曲柄 5 处于变速位置 a、b、c 时，三联滑移齿轮 2 相应地被拨至左、中、右位置；此时，杠杆 11 短臂上圆销 10 处于凸轮曲线槽大半径圆弧段中的 a'、b'、c' 处，双联滑移齿轮 1 在左端位置。这样，便得到了轴Ⅰ—Ⅲ间三种不同的变速齿轮组合情况。继续转动手柄 9，使曲柄 5 依次处于位置 d、e、f，则齿轮 2 相应地被拨至右、中、左位置；此时，杠杆 11 上的圆销10进入凸轮曲线槽小半径圆弧段中的 d'、e'、f' 处，齿轮1被移换至右端位置，得到轴 I—III 间另外三种不同的变速齿轮组合情况。曲柄和凸轮在不同变速位置时，滑移齿轮1和2轴向位置的组合情况如下：

曲柄 5 位置	a	b	c	d	e	f
三联滑移齿轮 2 位置	左	中	右	右	中	左
圆销 10 在凸轮曲线槽中位置	a'	b'	c'	d'	e'	f'
双联滑移齿轮 1 位置	左	左	左	右	右	右

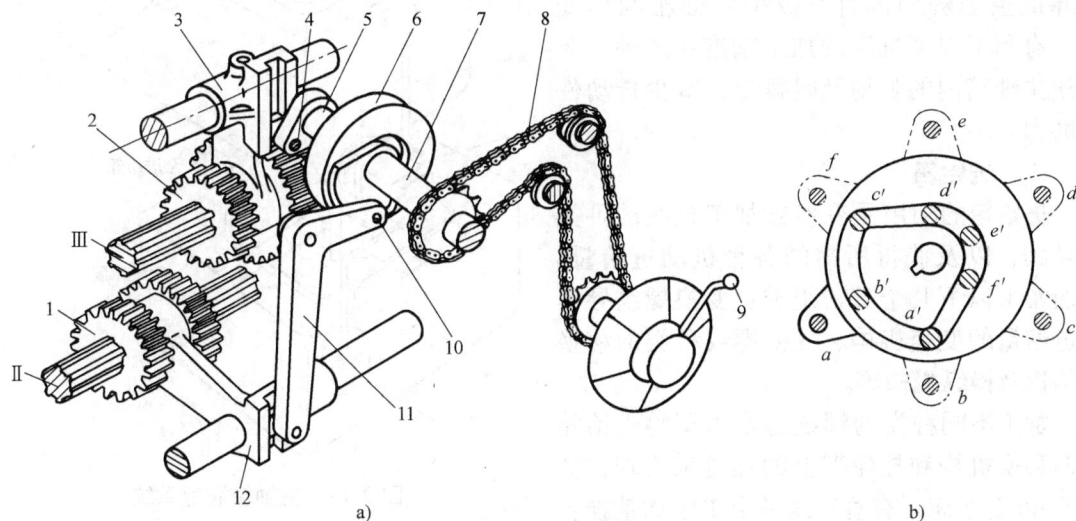

图 2-14　变速操纵机构示意图（CA6140）

1—双联齿轮　2—三联齿轮　3—拨叉　4—拨销　5—曲柄　6—盘形凸轮　7—轴　8—链条　9—变速手柄
10—圆销　11—杠杆　12—拨叉　II、III—传动轴

6. 润滑装置

为了保证机床正常工作和减少零件磨损，对主轴箱中的轴承、齿轮、摩擦离合器等必须进行良好的润滑。常用的润滑方法有以下两种。

（1）溅油润滑　在主轴箱内装入一定高度的润滑油，主轴起动时，依靠高速旋转的齿轮将润滑油飞溅至各处，直接落到各传动件上进行润滑，或者落入专门设置的油盘或油槽内，然后沿油管流到各摩擦面上。这种润滑方法由于存在供油量不能按需要进行控制，齿轮搅油还会引起润滑油发热，润滑油输送到摩擦面之前不能经过滤清等缺点，因此新型号车床上已很少采用。

（2）油泵供油循环润滑　这是比较完善的一种润滑方法，润滑油由油泵从油箱（主轴箱体或设在主轴箱外面的专用油箱）中吸出，经滤油器滤清后输送至分油器，然后由油管送至各摩擦面进行润滑。

图 2-15 为 CA6140 型车床主轴箱的润滑系统。油泵3装在左床腿上，由主电动机经三角带传动其旋转（参看图 2-6）。润滑油装在左床腿中的油池里，由油泵经网式滤油器1吸入后，经油管4、精滤油器5和油管6输送到分油器8。分油器上装有三根输油管，油管9和7

分别对主轴前轴承和轴Ⅰ上的摩擦离合器进行单独供油，以保证其充分润滑和冷却；另一油管 10 则通向油标 11，以观察润滑系统工作情况。分油器上还钻有很多径向油孔，具有一定压力的润滑油从油孔向外喷射时，被高速旋转的齿轮溅至各处，对主轴箱的其他传动件及操纵机构等进行润滑；从各处流回的润滑油集中在主轴箱底部，经回油管流入左床腿的油池中。这一润滑系统采用箱外循环润滑方式，主轴箱中因摩擦而产生的热量由润滑油带至箱体外面，冷却后再送入箱体内，因而可降低主轴箱的温升，减少主轴箱的热变形，有利于保证机床的加工精度；此外，还可使主轴箱内的脏物及时排出，减少传动件的磨损。

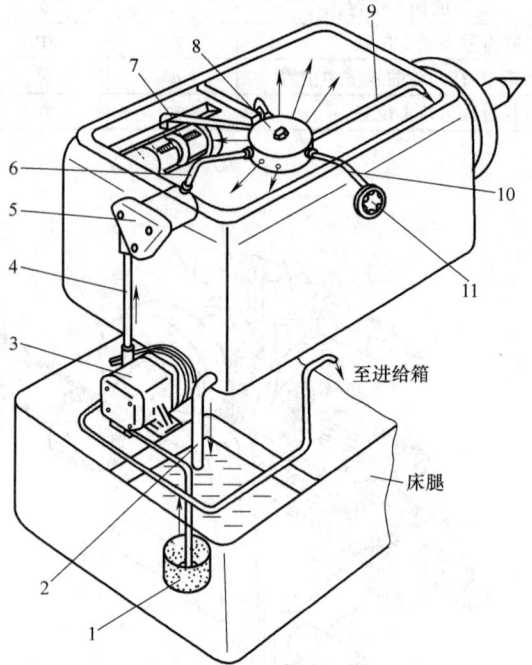

图 2-15　主轴箱润滑系统

1—网式滤油器　2—回油管　3—油泵　4—油管　5—滤油器　6、7、9、10—油管　8—分油器　11—油标

二、进给箱

进给箱的功用是变换被加工螺纹的种类和导程，以及获得所需的各种机动进给量。它通常由以下几个部份组成：变换螺纹导程和进给量的变速机构、变换螺纹种类的移换机构以及操纵机构等。

加工不同种类的螺纹通常由调整进给箱中的移换机构和挂轮架上的挂轮来实现，如 CA6140 型车床。有些车床是由单独调整挂轮（如 C616 车床），或者单独调整进给箱中移换机构（如 CM6136）来实现的。

进给箱中的变速机构分为基本螺距机构和增倍机构两部分。增倍机构一般都采用滑移齿轮变速机构，基本螺距机构则采用双轴滑移齿轮机构、摆移齿轮机构和三轴滑移公用齿轮机构等形式。

图 2-16 为双轴滑移齿轮进给箱（CA6140），它的传动关系以及加工不同螺纹时的调整情况已如前述。这种进给箱的基本螺距机构为双轴滑移齿轮机构，轴ⅩⅣ上的每一个滑移齿轮都分别与轴ⅩⅢ上的两个固定齿轮相啮合，且两轴间的 8 种传动比又必须按严格的规律排列，为使所有相互啮合的齿轮中心距相等，必须采用不同模数和变位系数的齿轮。表 2-7 列出了 CA6140 型车床进给箱中基本螺距机构各齿轮的齿数、模数和变位系数，表中齿轮编号见图 2-16。由于双轴滑移齿轮机构的使用性能、结构刚性和制造工艺性都比较好，因此在新型号机床上应用很普遍。

图 2-17 为摆移齿轮进给箱的传动简图（C620-1），其基本螺距机构采用摆移齿轮机构，移换机构与图 2-16 所示的进给箱相同。摆移齿轮机构由轴Ⅱ上的 8 个固定齿轮 $z_{26} \sim z_{48}$（通常称为塔齿轮）、轴Ⅲ上的滑移齿 z_{28} 以及装在摆移架 A 销轴上的空套齿轮 z_{34} 组成。摆移架 A 可以轴向移动和绕轴Ⅲ摆动，使空套齿轮 z_{34} 能够和塔齿轮中的任意一个齿轮啮合，从而在轴Ⅱ—Ⅲ或Ⅲ—Ⅱ间可变换 8 种不同的传动比。当离合器 M_1 脱开，轴Ⅰ—Ⅱ间齿轮 z_{25} 与

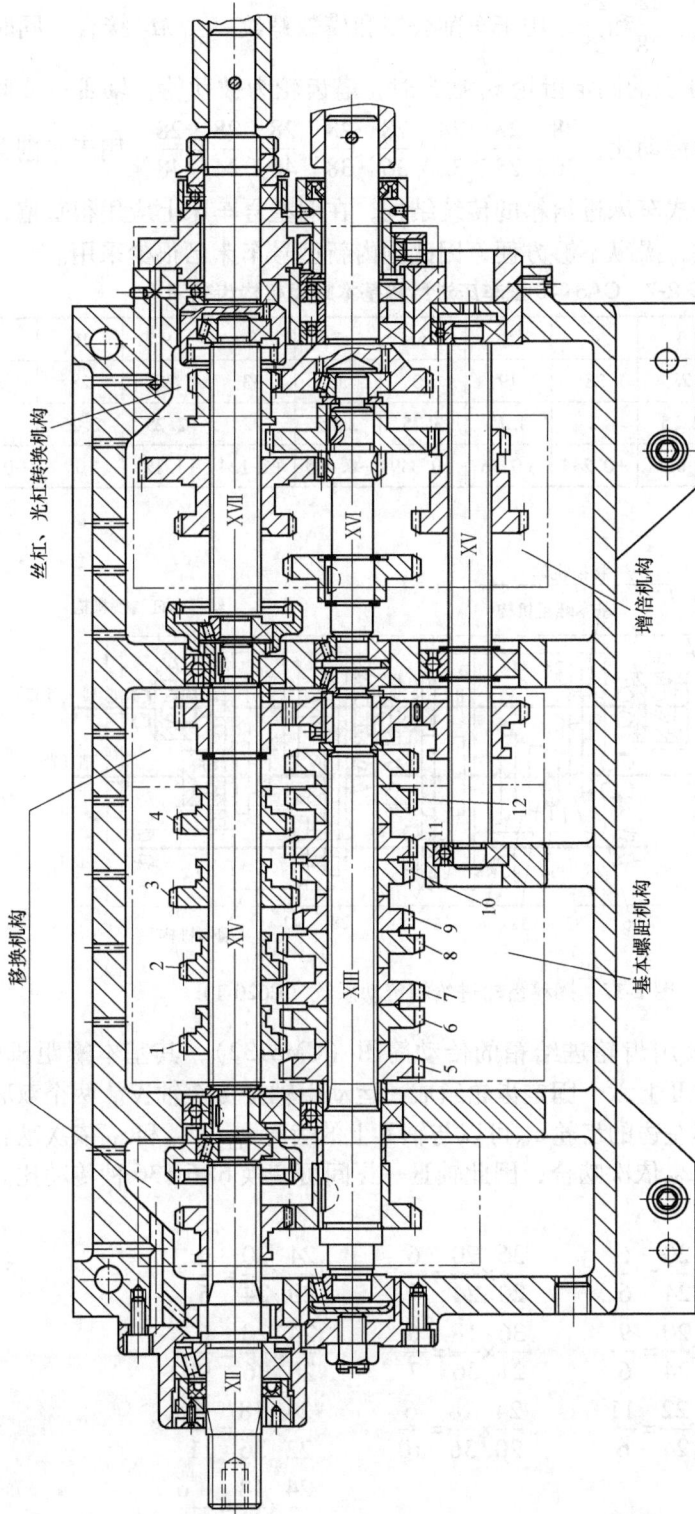

图 2-16 双轴滑移齿轮进给箱 (CA6140)

z_{36}啮合时，塔齿轮为主动轮，轴Ⅱ—Ⅲ间可获得近似按等差数列规律排列的 8 种传动比：$\dfrac{26}{28}$、$\dfrac{28}{28}$、$\dfrac{32}{28}$、$\dfrac{36}{28}$、$\dfrac{38}{28}$、$\dfrac{40}{28}$、$\dfrac{44}{28}$和$\dfrac{48}{28}$，用于车削公制和模数螺纹。当 M_1 接合，同时轴Ⅳ上的滑移齿轮 z_{25} 左移，与轴Ⅱ上的固定齿轮 z_{36} 啮合时，塔齿轮为被动轮，轴Ⅲ—Ⅱ间可获得近似按调和数列排列的 8 种传动比：$\dfrac{28}{26}$、$\dfrac{28}{28}$、$\dfrac{28}{32}$、$\dfrac{28}{36}$、$\dfrac{28}{38}$、$\dfrac{28}{40}$、$\dfrac{28}{44}$和$\dfrac{28}{48}$，用于车削英制和径节螺纹。摆移齿轮机构是卧式车床进给箱的传统结构，在旧型号车床上应用很普遍，但因其结构工艺较复杂，刚性较差，操纵不够方便，因此国内新型号车床已很少采用。

表 2-7　CA6140 型车床进给箱基本螺距机构齿轮表

编号	1	2	3	4	5	6	7	8	9	10	11	12
齿数	14	21	28	28	19	20	36	33	26	28	36	32
模数	3.75	2.25	2.25	2	3.75	3.75	2.25	2.25	2.25	2.25	2	2
变位系数	+0.159	0	0	+0.244	+0.16	-0.349	-0.465	+1.124	+1.124	0	-0.711	+1.5

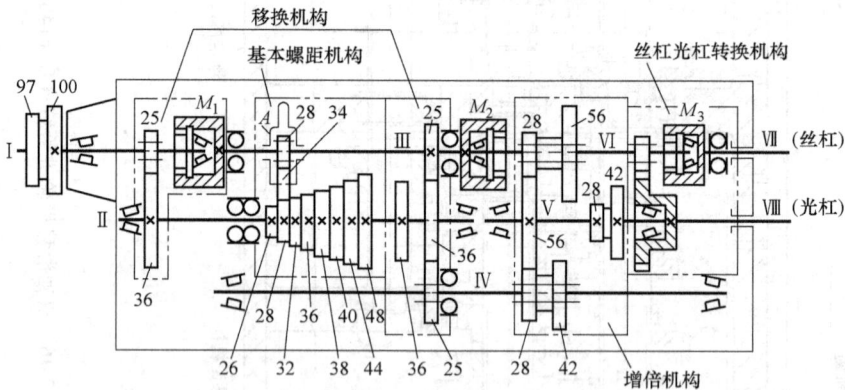

图 2-17　摆移齿轮进给箱传动系统（C620-1）

图 2-18 为三轴滑移公用齿轮进给箱的传动简图（CM6132），其基本螺距机构由轴Ⅲ、Ⅳ上的双联滑移齿轮和轴Ⅱ上六个固定齿轮组成，运动由轴Ⅲ传至轴Ⅳ。两个双联滑移齿轮对应齿轮的齿数相等，其左边的齿轮 z_{36} 可以与轴Ⅱ上的齿轮 z_{21}、z_{20} 和 z_{18} 依次啮合，右边的齿轮 z_{24} 可以同 z_{20}、z_{22} 和 z_{23} 依次啮合，因此轴Ⅲ—Ⅳ间可变换 6×6＝36 种传动比。但实际常用的只有下列几种：

$$\frac{24}{20}\times\frac{20}{36}=\frac{4}{6} \qquad \frac{24}{20}\times\frac{20}{24}=\frac{6}{6} \qquad \frac{36}{20}\times\frac{20}{24}=\frac{6}{6} \qquad \frac{24}{20}\times\frac{20}{24}=\frac{6}{6}$$

$$\frac{36}{18}\times\frac{21}{36}=\frac{7}{6} \qquad \frac{36}{20}\times\frac{20}{24}=\frac{9}{6} \qquad \frac{36}{21}\times\frac{18}{36}=\frac{6}{7} \qquad \frac{24}{20}\times\frac{20}{36}=\frac{6}{9}$$

$$\frac{36}{18}\times\frac{20}{24}=\frac{10}{6} \qquad \frac{36}{18}\times\frac{22}{24}=\frac{11}{6} \qquad \frac{24}{20}\times\frac{18}{36}=\frac{6}{10} \qquad \frac{24}{22}\times\frac{18}{36}=\frac{6}{11}$$

$$\frac{24}{23}\times\frac{18}{36}=\frac{6}{11\frac{1}{2}}$$

以上左右两组传动比互成倒数，左面的一组为近似等差数列，用于车削公制和模数螺纹；右面的一组为近似调和数列，用于车削英制和径节螺纹。因此这种进给箱加工公制和英制螺纹时，不必像前两种进给箱那样需要改变基本螺距机构的运动传递方向。

轴 Ⅳ—Ⅵ 间由两个双联滑移齿轮和一个双联空套齿轮组成的移换机构，与轴 Ⅵ—Ⅶ 间丝杠、光杠转换机构的齿轮副 $\frac{30}{54} \times \frac{54}{29}$ 组合可得到车削不同标准螺纹时导程中的特殊因子"π"、"25.4"和"25.4π"，其调整情况如下：

车公制螺纹时　$u_{(Ⅳ-Ⅵ)} = \frac{29}{41} \times \frac{41}{30}$，则

$$u = \frac{29}{41} \times \frac{41}{30} \times \frac{30}{54} \times \frac{54}{29} = 1$$

车模数螺纹时　$u_{(Ⅳ-Ⅵ)} = \frac{30}{27} \times \frac{41}{30}$，则

$$u_m = \frac{30}{27} \times \frac{41}{30} \times \frac{30}{54} \times \frac{54}{29} \approx \frac{\pi}{2}$$

车英制螺纹时　$u_{(Ⅳ-Ⅵ)} = \frac{29}{41} \times \frac{27}{28}$，则

$$u_a = \frac{29}{41} \times \frac{27}{28} \times \frac{30}{54} \times \frac{54}{29} \approx \frac{25.4}{36}$$

车径节螺纹时　$u_{(Ⅳ-Ⅵ)} = \frac{30}{27} \times \frac{27}{28}$，则

$$u_{DP} = \frac{30}{27} \times \frac{27}{28} \times \frac{30}{54} \times \frac{54}{29} \approx \frac{25.4\pi}{72}$$

三轴滑移公用齿轮进给箱具有双轴滑移齿轮进给箱的优点，即传动链刚性好，制造工艺性好等，它应用在国产的一些车床上，如 CA6140、CY6140、C6150、CM6132 等。

三、溜板箱

溜板箱的功用是：将丝杠或光杠传来的旋转运动转变为直线运动并带动刀架进给，控制刀架运动的接通、断开和换向、机床过载时控制刀架自动停止进给，手动操纵刀架移动和实现快速移动等。因此，溜板箱通常设有以下几种机构：接通丝杠传动的开合螺母机构，将光杠的运动传至纵向齿轮齿条和横向进给丝杠的传动机构，接通、断开和转换纵

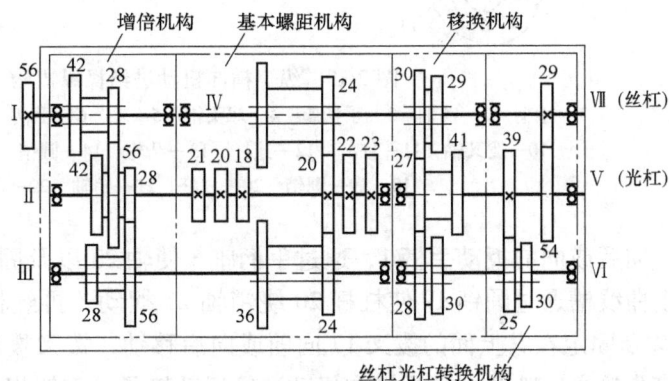

图 2-18　三轴滑移公用齿轮进给箱传动系统（CM6132）

横进给的转换机构，保证机床工作安全的过载保险装置和互锁机构，控制刀架运动的操纵机构；此外，有些车床的溜板箱中还具有改变纵、横机动进给运动方向的换向机构，以及快速空行程传动机构等。下面介绍其中一些主要机构的结构。

1. 纵、横向机动进给操纵机构

图 2-19 所示为 CA6140 型车床的机动进给操纵机构。它利用一个手柄集中操纵纵、横向

机动进给运动的接通、断开和换向，且手柄扳动方向与刀架运动方向一致，使用非常方便。向左或向右扳动手柄 1，使手柄座 3 绕着销轴 2 摆动时（销轴 2 装在轴向位置固定的轴 23 上），手柄座下端的开口槽通过球头销 4 拨动轴 5 轴向移动，再经杠杆 11 和连杆 12 使凸轮 13 转动，凸轮上的曲线槽又通过圆销 14 带动轴 15 以及固定在它上面的拨叉 16 向前或向后移动，拨叉拨动离合器 M_8，使之与轴 XXII 上两个空套齿轮之一啮合，于是纵向机动进给运动接通，刀架相应地向左或向右移动。

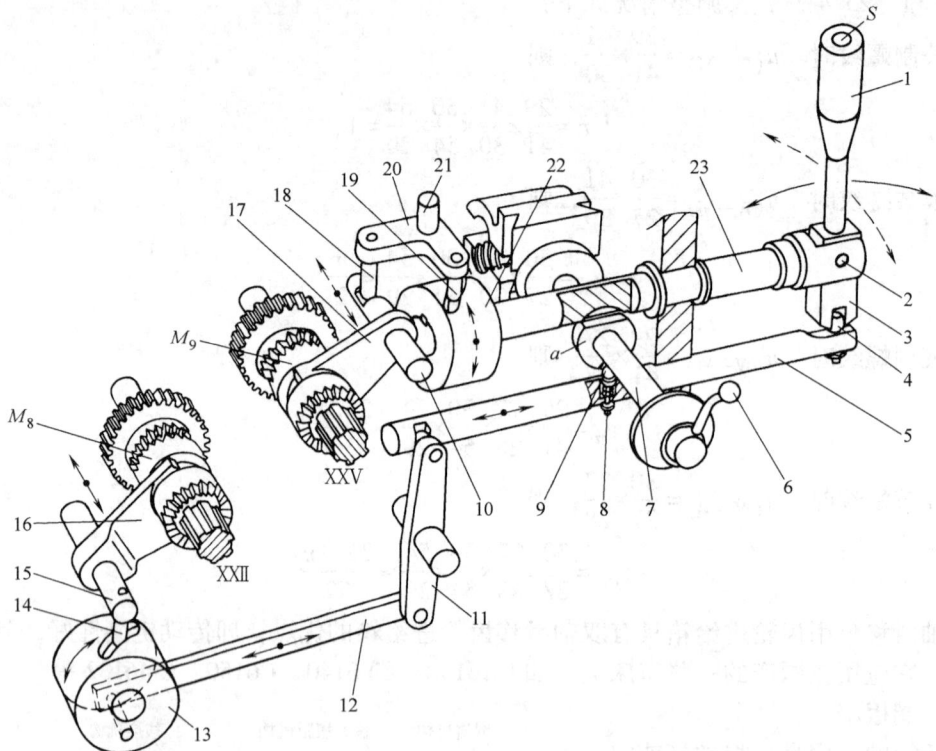

图 2-19 纵、横向机动进给操纵机构（CA6140）
1—手柄 2—销轴 3—手柄座 4—球头销 5—轴 6—手柄 7—轴 8—弹簧销 9—球头销
10—拨叉轴 11—杠杆 12—连杆 13—凸轮 14—圆销 15—拨叉轴 16、17—拨叉
18、19—圆销 20—杠杆 21—销轴 22—凸轮 23—轴

向后或向前扳动手柄 1，通过手柄座 3 使轴 23 以及固定在它左端的凸轮 22 转动时，凸轮上曲线槽通过圆销 19 使杠杆 20 绕销轴 21 摆动，再经杠杆 20 上的另一圆销 18，带动轴 10 以及固定在它上面的拨叉 17 向前或向后移动，拨叉拨动离合器 M_9，使之与轴 XXV 上两空套齿轮之一啮合，于是横向机动进给运动接通，刀架相应地向前或向后移动。

手柄 1 扳至中间直立位置时，离合器 M_8 和 M_9 均处于中间位置，机动进给传动链断开。当手柄扳至左、右、前、后任一位置时，如按下装在手柄 1 顶端的按钮 S，则快速电动机起动，刀架便在相应方向上快速移动。

2. 开合螺母机构

开合螺母机构的结构如图 2-20 所示。开合螺母由上下两个半螺母 26 和 25 组成，装在溜板箱体后壁的燕尾形导轨中，可上下移动。上下半螺母的背面各装有一个圆销 27，其伸出端分别嵌在槽盘 28 的两条曲线槽中。扳动手柄 6，经轴 7 使槽盘逆时针转动时（见图 2-20b），曲线槽迫使两圆销互相靠近，带动上下半螺母合拢，与丝杠啮合，刀架便由丝杠螺母经溜板箱传动进给。槽盘顺时针转动时，曲线槽通过圆销使两半螺母相互分离，与丝杠脱开啮合，刀架便停止进给。开合螺母合上时的啮合位置，由可调节销钉限定（图中未示）。

3. 互锁机构

机床工作时，如因操作错误同时将丝杠传动和纵、横向机动进给（或快速运动）接通，则将损坏机床。为了防止发生上述事故，溜板箱中设有互锁机构，以保证开合螺母合上时，机动进给不能接通；反之，机动进给接通时，开合螺母不能合上。

图 2-21 所示互锁机构由开合螺母操纵轴 7 上的凸肩 a，轴 5 上的球头销 9 和弹簧销 8 以及支承套 24（参看图 2-19、图 2-20）等组成。图 2-19 表示丝杠传动和纵横向机动进给均未接通的情况，此时可扳动手柄 1（图 2-19）至前、后、左、右任意位置，接通相应方向的纵向或横向机动进给，或者扳动手柄 6，使开合螺母合上，此位置称中间位置。

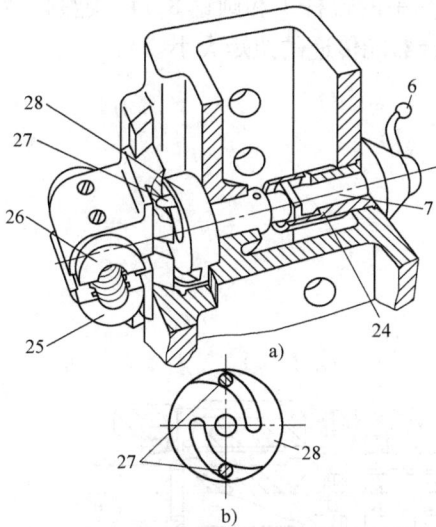

图 2-20 开合螺母机构（CA6140）

6—手柄　7—轴　24—支承套　25—下半螺母
26—上半螺母　27—圆销　28—槽盘

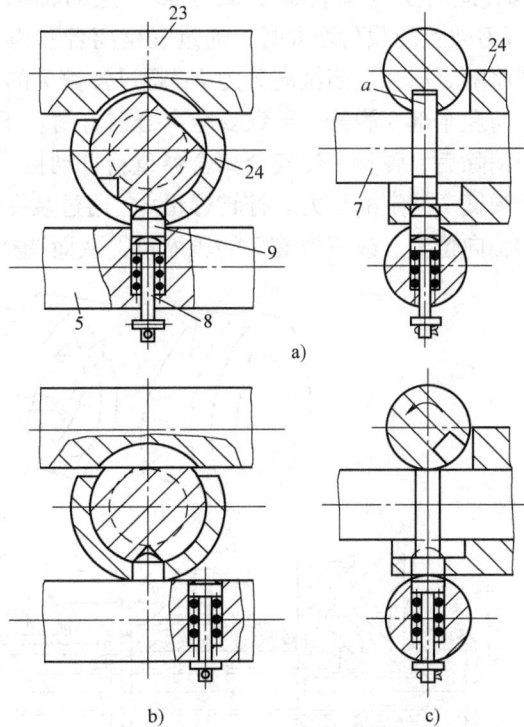

图 2-21 互锁机构工作原理（CA6140）

5、23—轴　7—轴　8—弹簧销
9—球头销　24—支承套

如果向下扳动手柄 6 使开合螺母合上，则轴 7 顺时针转过一个角度，其上凸肩 a 嵌入轴 23 的槽中，将轴 23 卡住，使其不能转动，同时，凸肩又将装在支承套 24 横向孔中的球头销 9 压下，使它的下端插入轴 5 的孔中，将轴 5 锁住，使其不能左右移动（见图 2-21a）。这时纵、横向机动进给都不能接通。如果接通纵向机动进给，则因轴 5 沿轴线方向移动了一定位置，其上的横孔与球头销 9 错位（轴线不在同一直线上），使球头销不能往下移动，因而轴 7 被锁住而无法转动（见图 2-21b）。如果接通横向机动进给时，由于轴 23 转动了位置，其上的沟槽不再对准轴 7 的凸肩 a，使轴 7 无法转动（见图 2-21c），因此，接通纵向或横向机动进给后、开合螺母均不能合上。

4. 过载保险装置

过载保险装置的作用是防止过载和发生偶然事故时损坏机床的机构。卧式车床常用的过载保险装置有脱落蜗杆机构和安全离合器。前者由于结构比较复杂，新型号机床上采用较少；后者结构较简单，且过载消失后能自动恢复正常工作，因此采用较多，其结构形式有多种。

图 2-22 为 CA6140 型车床溜板箱中所采用的安全离合器。它由端面带螺旋形齿爪的左右两半部 5 和 6 组成，其左半部 5 用键装在超越离合器 M_6 的星轮 4 上，且与轴 XX 空套，右半部 6 与轴 XX 用花键联接。在正常工作情况下，在弹簧 7 压力作用下，离合器左右两半部份相互啮合，由光杠传来的运动，经齿轮 z_{56}、超越离合器 M_6 和安全离合器 M_7，传至轴 XX 和蜗杆 10，此时安全离合器螺旋齿面产生的轴向分力 $F_{轴}$，由弹簧 7 的压力来平衡（见图2-23）。刀架上的载荷增大时，通过安全离合器齿爪传递的扭矩以及作用在螺旋齿面上的轴向分力都将随之增大。当轴向分力 $F_{轴}$ 超过弹簧 7 的压力时，离合器右半部 6 将压缩弹簧而向右移动，与左半部 5 脱开，导致安全离合器打滑。于是机动进给传动链断开，刀架停止进给。过载现象消除后，弹簧 7 使安全离合器重新自动接合，恢复正常工作。机床许用的最大进给力，决定于弹簧 7 调定的压力。拧转螺母 3、通过装在轴 XX 内孔中的拉杆 1 和圆销 8，可调整弹簧座 9 的轴向位置，改变弹簧 7 的压缩量，从而调整安全离合器能传递的扭矩大小。

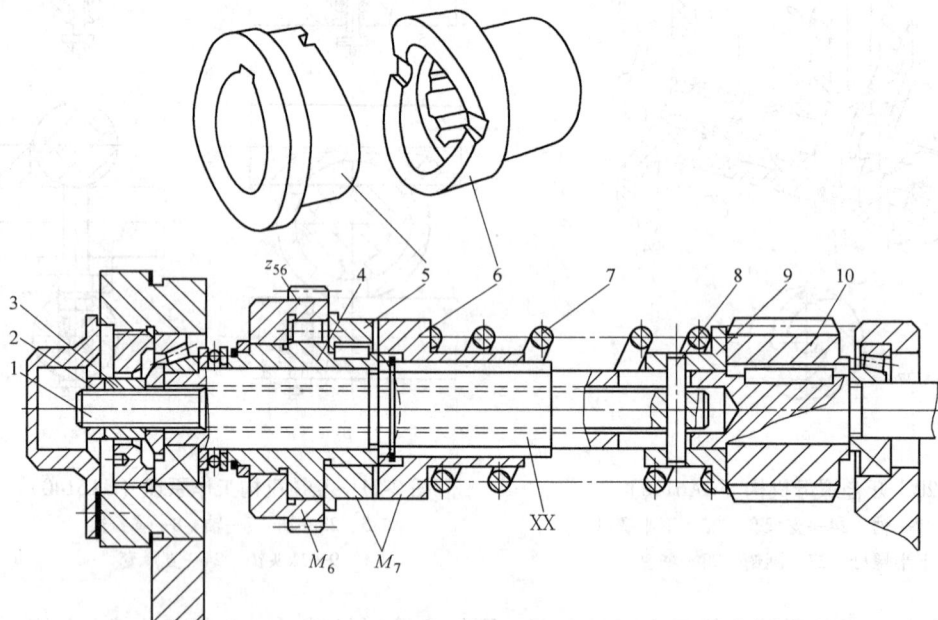

图 2-22 安全离合器
1—拉杆 2—锁紧螺母 3—调整螺母 4—超越离合器的星轮 5—安全离合器左半部
6—安全离合器右半部 7—弹簧 8—圆销 9—弹簧座 10—蜗杆

四、刀架

刀架的功用是安装车刀，并由溜板带动其作纵向、横向和斜向进给运动。它由床鞍、横向溜板、转盘、刀架溜板和方刀架等组成，如图 2-24 所示。

床鞍（又称纵向溜板、大拖板）25装在床身的三角形导轨 M 和矩形导轨 N 上，由它们进行导向，以保证刀架纵向移动轨迹的直线度。为了防止由于切削力的作用而使刀架颠覆，在床鞍的前后侧各装有两块压板 27 和 23。利用螺钉 22 和塞铁 24 可调整矩形导轨的间隙。在床鞍的前侧还装有一个活动压板 29，拧紧螺钉 28，可将床鞍锁紧在床身导轨上，

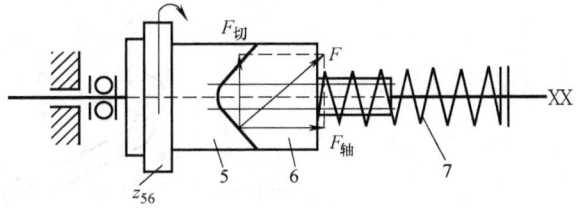

图 2-23　安全离合器工作原理
5—安全离合器左半部　6—安全离合器右半部
7—弹簧

以免车削大尺寸端面过程中刀架发生纵向走动，影响加工精度。床鞍前部底平面 S，供安装溜板箱之用（图中未画出溜板箱）。

横向溜板（又称中托板）2 装在床鞍 25 顶面的燕尾导轨上，可由横向进给丝杠 1 经螺母传动，沿导轨横向移动，燕尾导轨的间隙可用螺钉 14 和 12 使带有斜度的镶条 13 前后移动位置来进行调整。横向进给丝杠 1 的右端支承在滑动轴承 11 和 7 上，实现径向和轴向定位，利用螺母 9 可调整轴承的轴向间隙，机动进给时，丝杠 1 由齿轮 10 传动旋转，手动进给时可用手把 8 摇动。横向进给丝杠的螺母固定在横向溜板 2 的底面上，它由分开的两部分 21 和 18 组成，中间用楔块 26 隔开。当由于磨损致使丝杠螺母之间的间隙过大时，可将螺母 21 的紧固螺钉 20 拧松，然后拧紧螺钉 19，把楔块 26 向上拉紧，依靠斜楔作用将螺母 21 和 18 向两边挤开，使螺母 21 的螺纹左侧面与丝杠螺纹右侧面接触，螺母 18 的螺纹右侧面与丝杠螺纹左侧面接触。这样，丝杠与螺母之间便不会产生相对轴向窜动。

横向溜板的顶面上装有转盘 6，转盘的燕尾导轨上装有刀架溜板（小刀架）3。转盘的底面有圆柱形定心凸台，与横向溜板上的孔配合；松开紧固螺钉 5 后，转盘可绕垂直轴线扳转角度（±90°），使刀架溜板沿一定倾斜方向进给，以便车削圆锥面。刀架溜板由手把 15 经丝杠 16 和螺母 17 传动其移动。燕尾导轨间隙可用斜镶条 4 调整。

方刀架装在刀架溜板 3 的上面，以刀架溜板上的圆柱形凸台定心（见图 2-25a），用拧在轴 37 顶端螺纹上的手把 40 夹紧。方刀架可转动间隔为 90°的四个位置，使装在它四侧的四把车刀依次进入加工位置。每次转位后，定位销 30 插入刀架溜板上的定位孔中进行定位。方刀架换位过程中的松夹、拔销、转位、定位以及夹紧等动作，都由手把 40 操纵。逆时针转动手把 40，使其从轴 37 顶端的螺纹上拧松时，刀架体 39 便被松开。同时，手把通过内花键套 35（用销钉 38 与手把联接）带动外花键套 34 转动，外花键套 34 的下端有锯齿形齿爪与凸轮 31 上的端面齿啮合，因而凸轮也被带动着逆时针转动。凸轮转动时，先由其上的斜面 a 将定位销 30 从定位孔中拔出，接着其缺口的一个垂直侧面 b 与装在刀架体中的销 41 相碰（见图 2-25b），于是带动刀架体 39 一起转动，钢球 42 从定位孔中滑出。当刀架转至所需位置时，钢球 42 在弹簧 43 作用下进入另一定位孔，使刀架体先进行初定位。然后反向转动（顺时针）手把，同时凸轮 31 也被带动一起反转。当凸轮上斜面 a 脱离定位销 30 的钩形尾部时，在弹簧 32 作用下，定位销插入新的定位孔，使刀架实现精确定位；接着凸轮上缺口的另一垂直侧面 c 与销 41 相碰，凸轮便被挡住不再转动。此时手把 40 仍然带着花键套 34 一起继续顺时针转动，直到把刀架体压紧在刀架溜板上为止。在此过程中，由于花键套 34 与凸轮 31 是以端面齿爪的斜面接触，因而套 34 克服弹簧 36 的压力，使其齿爪在固定不转的凸轮 31 的齿爪上滑动。修磨垫圈 33 的厚度，可调整手把 40 在夹紧方刀架后的正确位置。

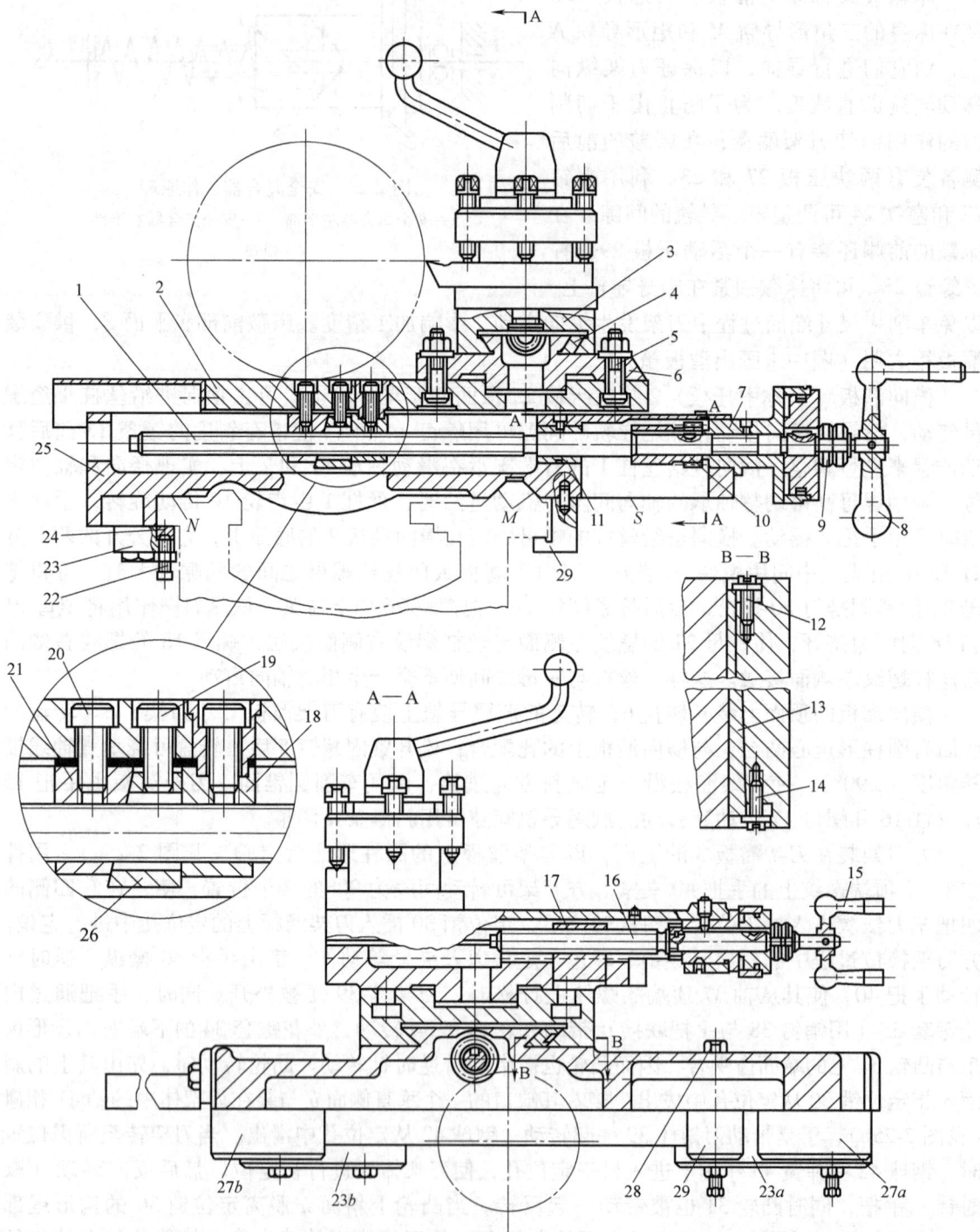

图 2-24 刀架

1—丝杠 2—横向溜板 3—刀架溜板 4—镶条 5—螺钉 6—转盘 7—滑动轴承 8—手把 9—螺母
10—齿轮 11—滑动轴承 12、14—螺钉 13—镶条 15—手把 16—丝杠 17、18—螺母 19、20、22—螺钉
21—螺母 23—压板 24—塞铁 25—床鞍 26—楔块 27—压板 28—螺钉 29—活动压板

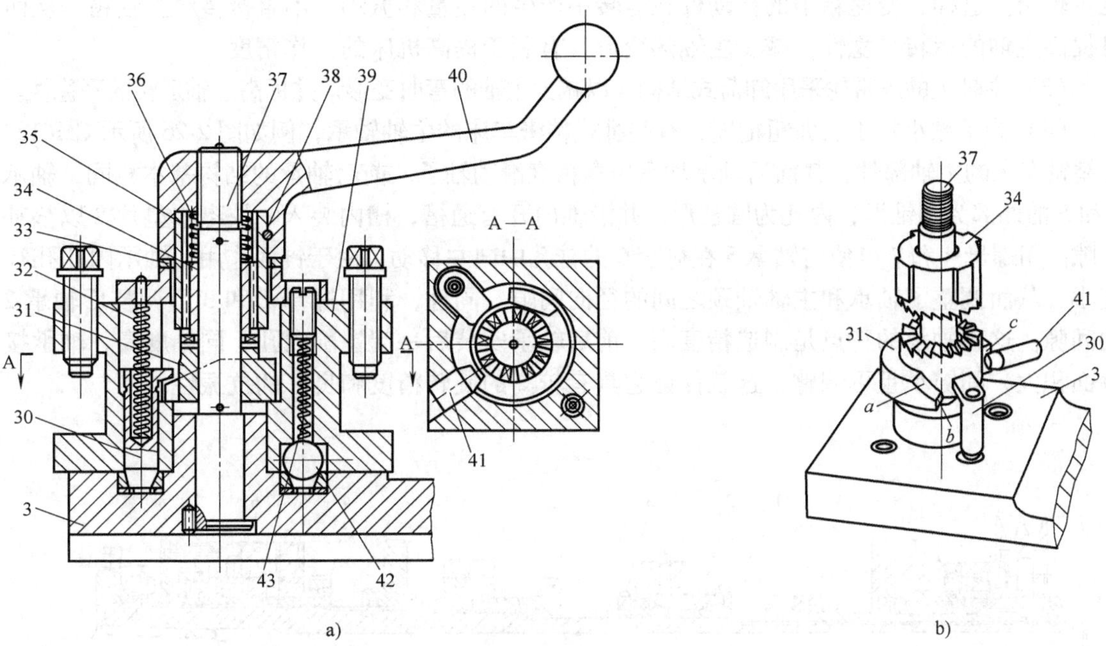

图 2-25　方刀架

3—刀架溜板　30—定位销　31—凸轮　32—弹簧　33—垫圈　34—外花键套　35—内花键套

36—弹簧　37—轴　38—销钉　39—刀架体　40—手把　41—销　42—钢球　43—弹簧

第四节　精密和高精度卧式车床的特点

精密和高精度卧式车床主要用在工具、仪表、仪器及精密机械制造厂中，车削精密和高精度的零件。根据 JB/Z 134—79 标准规定，刀架上最大回转直径为 200mm 的精密和高精度车床应达到的加工精度见表 2-8。

表 2-8　精密和高精度车床的几项主要精度标准

精度项目	精密车床	高精度车床	精度项目	精密车床	高精度车床
精车外圆的圆度	0.0035mm	0.0014mm	加工螺纹的精度	不低于 8 级	不低于 7 级
精车外圆的圆柱度	0.005mm/100mm	0.0018mm/100mm	加工表面粗糙度	$R_a = 1.25 \sim 0.32 \mu m$	$R_a = 0.32 \sim 0.02 \mu m$
精车端面的平面度	0.0085mm/200mm	0.0035mm/200mm			

精密卧式车床通常是在普通精度级卧式车床的基础上加以改进而制成的，其主要之点如下：

（1）提高机床的几何精度。机床的主轴及其轴承、导轨、丝杠和螺母等是直接影响机床加工精度的关键零件，精密车床采用提高主轴及其轴承的精度（对滚动轴承，前后轴承各提高一级，前轴承采用 C 级，后轴承采用 D 级），以提高主轴的旋转精度；提高丝杠和螺母的精度，以提高车螺纹进给传动链的传动精度，从而达到提高加工精度的目的。

（2）主传动链常采用"分离传动"的形式，即把主轴箱和变速箱分开（见图 2-27），把主传动的大部分传动和变速机构安放在远离主轴的单独变速箱中，再通过带传动将运动传至主轴箱。这样，变速箱中的传动件在运转中产生的热量和振动，不直接传给主轴箱，从而可提高主轴的运转平稳性，减少主轴热变形，有利于提高机床的工作精度。

（3）主轴上的皮带轮采用卸荷式结构，以减少主轴的弯曲变形，并提高主轴运转的平稳性。

（4）为了减小加工表面粗糙度，有些卧式精密车床的主轴轴承，例如图 2-26 所示 CM6132 型精密车床的主轴部件，其前后轴承均采用高精度滑动轴承。前后轴承的结构基本相同，轴承 2 和 5 的外部为圆锥形，内孔为圆柱形，并沿轴向开有通槽，槽内装入一块枣木垫片 8 以垫补空隙。用螺母 4 和 7 可使前轴承 5 在衬套 6 的锥孔中向左移动，由于锥面作用，轴承内孔孔径变小，从而调整了轴承和主轴轴颈之间的径向间隙。同理，利用螺母 1 和 3 可调整后轴承 2 的间隙。这种轴承的特点是制造精度高，前后轴承安装后一起镗削内孔，同轴度高，轴承接触面积大，间隙小且可调整，这就保证它具有较高的旋转精度和良好的抗振性。

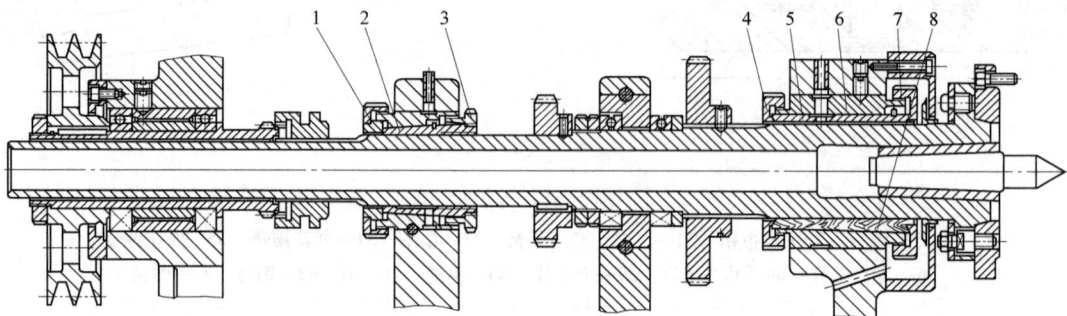

图 2-26　精密卧式车床主轴部件（CM6132）
1、3—螺母　2—后轴承　4—螺母　5—前轴承　6—衬套　7—螺母　8—枣木垫片

为了加工出精度更高和表面粗糙度更小的零件，高精度卧式车床除具有精密车床的相同特点外，还采用了某些保证高加工精度的传动与结构措施。如采用无级变速传动，以获得最合理的切削用量；将主变速箱安装在与机床完全分离的独立地基上，机床本身则安装在有防振沟的隔振地基上，以隔绝外界振动的影响；取消进给箱，将丝杠与主轴直接通过挂轮联系，缩短螺纹进给传动链，以提高传动精度；主轴轴承采用高精度静压轴承以达到很高的旋转精度；另外将机床安装在恒温室内（20±2℃），以减少热变形等。

下面以 CG6125B 型高精度卧式车床为例，简介其传动和结构特点。图 2-27 为该车床的传动系统。机床的主运动与一般车削时的进给运动均采用无级变速。

主运动由双速电动机（1.1/1.5kW，960/1400r·min⁻¹）经锥盘—环盘无级变速器、三角带传至齿轮变速箱，然后再经三角带传动主轴，保证主轴运转平稳，并可无级变速。

锥盘—环盘无级变速器的工作原理如图 2-28 所示。主动锥盘 3 与从动环盘 2 在弹簧 1 的压力作用下相互压紧，依靠接触处的摩擦力传递运动，其传动比 $u=\dfrac{R_3}{R_2}$（R_2、R_3 分别为主动锥盘和从动环盘在接触处的回转半径，称为传动半径）。主动锥盘的传动轴与电动机轴相连，装在斜齿轮 5 偏心孔中的滚动轴承上，利用手轮（图中未画出）转动蜗杆 6，使斜齿轮在固定套 4 内转动时，锥盘的旋转轴线相对环盘的旋转轴线偏移，从而改变了锥盘的传动半

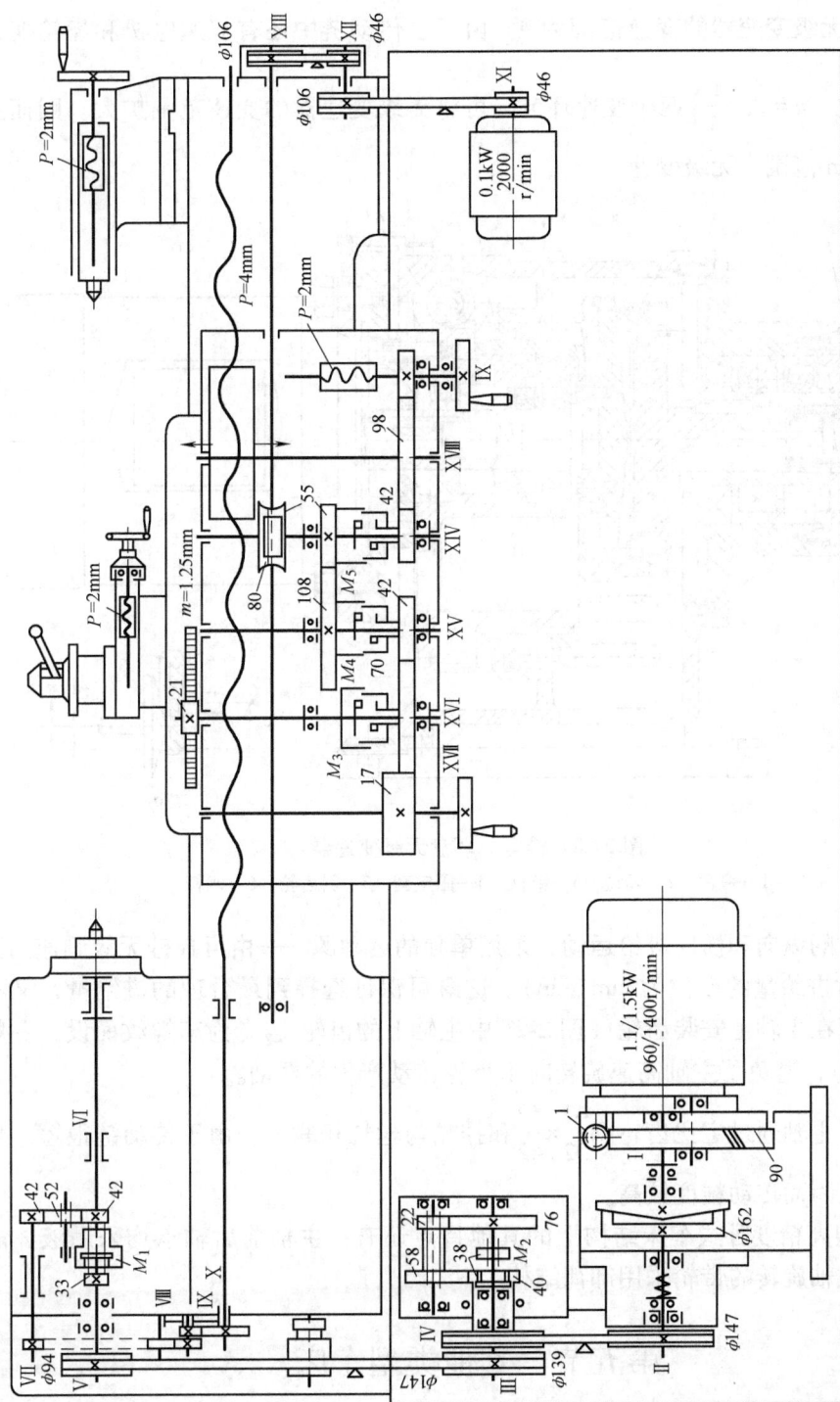

图 2-27　高精度卧式车床的传动系统（CG6125B）

径 R_3，实现无级变速。当主动锥盘与从动环盘的旋转轴线重合时，$R_2=R_3$，$u=1$，此为传动比的最大值；当主动锥盘偏离这一位置后，R_3 将逐渐变小，传动比 u 小于 1，最小可调整至 $u=\dfrac{1}{9}$，因而无级变速器的变速范围为 9。由于主传动链中还有双速电机和齿轮变速箱可变换两种传动比：$u=1$，$\dfrac{1}{5}$）两个变速环节，可将无级变速器的变速范围扩大。因而主轴可在 $40\sim2000\mathrm{r/min}$ 范围内无级变速。

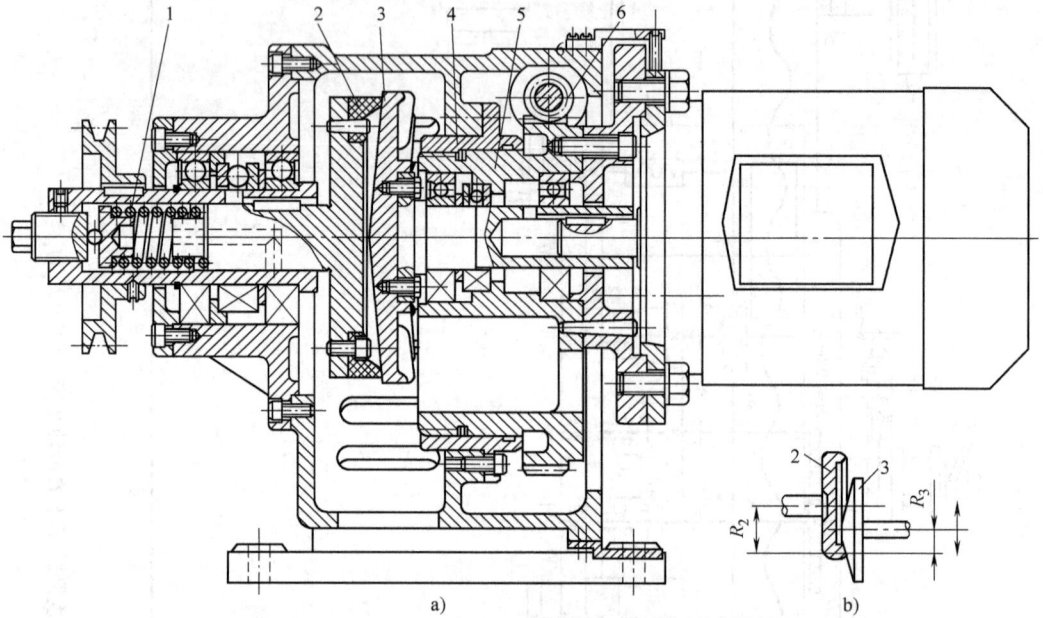

图 2-28 锥盘—环盘无级变速器
1—弹簧 2—环盘 3—锥盘 4—固定套 5—斜齿轮 6—蜗杆

一般车削时的纵向和横向进给运动，采用单独的运动源——由可控硅无级调速的直流电动机驱动（此时进给量的单位为 mm/min）。这既可保证选择到最合理的进给量，又不必为输出进给运动而在主轴上安装齿轮（图 2-27 中主轴上的齿轮 z_{42} 专为车螺纹而设，一般进给时 z_{52} 与 z_{42} 脱开），避免了主轴高速旋转时由齿轮传动产生的振动。

车螺纹时，主轴通过定比齿轮副 $\dfrac{42}{52}\times\dfrac{52}{42}$ 和挂轮与丝杠相联系。由于传动链很短，且采用高精度的齿轮，因而传动精度较高。

CG6125B 型高精度卧式车床结构上的其他特点还有：主轴前后轴承均采用液体静压轴承，直接传动主轴旋转的带轮采用卸荷结构。

第五节 其他类型车床

一、回轮、转塔车床
用卧式车床加工形状比较复杂，特别是带有内孔和内外螺纹的工件，如各种阶梯小轴、套筒、螺钉、螺母、接头和法兰盘等（见图2-29），由于需要使用多种车刀、孔加工刀具和螺纹加工刀具，必须多次装卸刀具，移动尾座，以及频繁对刀、试切和测量尺寸等，生产率很低，工人劳动强度高。回转、转塔车床是在卧式车床的基础上发展起来的，它与卧式车床在结构上的主要区别是，没有尾座和丝杠，在床身尾部装有一个能纵向移动的多工位刀架，其上可安装多把刀具。加工过程中，多工位刀架可周期地转位，将不同刀具依次转到加工位置，顺序地对工件进行加工。因此它在成批生产，特别是在加工形状较复杂的工件时，生产率比卧式车床高。但由于这类机床没有丝杠，所以只能采用丝锥和板牙加工螺纹。根据多工位刀架的结构不同，回轮、转塔车床主要有转塔式和回轮式两种。

1. 滑鞍转塔车床

图2-30a为滑鞍转塔车床的外形，它除有一个前刀架3外，还有一个转塔刀架4（可绕垂直轴线转位）。前刀架与卧式车床的刀架类似，既可纵向进给，切削大直径的外圆柱面，也可以作横向进给，加工端面和内外沟槽。转塔刀架只能作纵向进给，它一般为六角形，可在六个面上各安装一把或一组刀具（见图2-30b）。

图2-29　回轮、转塔车床上加工的典型零件

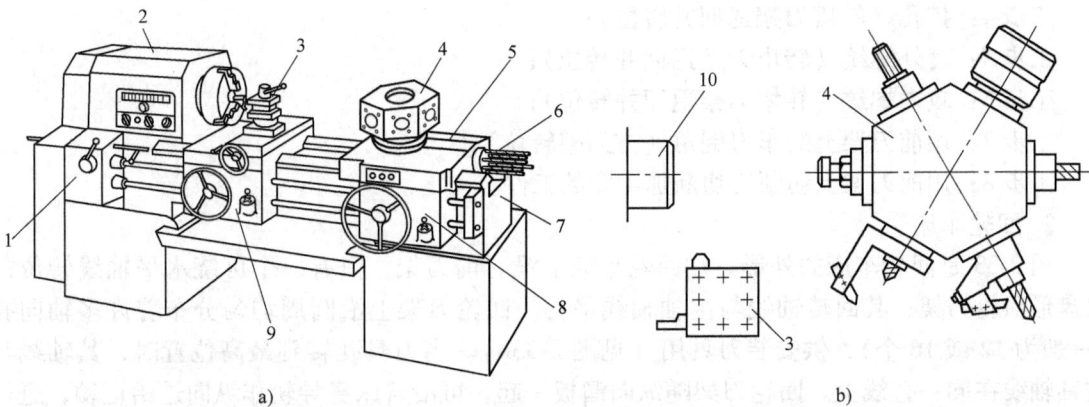

为了在刀架上安装各种刀具以及进行多刀切削，需采用各种辅助工具（见图2-31）。转塔刀架用于车削内外圆柱面，钻、扩、铰和镗孔，攻丝和套丝等，前刀架和转塔刀架各由一个溜板箱来控制它们的运动。转塔刀架设有定程机构，加工过程中当刀架到达预先调定的位置时，可自动停止进给或快速返回原位。

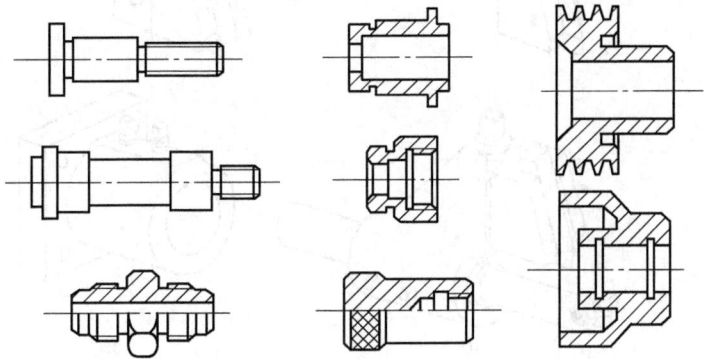

图2-30　滑鞍转塔车床

1—进给箱　2—主轴箱　3—前刀架　4—转塔刀架　5—纵向溜板　6—定程装置　7—床身
8—转塔刀架溜板箱　9—前刀架溜板箱　10—主轴

在滑鞍转塔车床上加工工件时，需根据工件的加工工艺过程，预先将所用的全部刀具装在刀架上，每把（组）刀具只用于完成某一特定工步，并根据工件的加工尺寸调整好位置。同时，还需相应地调整定程装置，以便控制每一刀具的行程终点位置。机床调整妥当后，只需接通刀架的进给运动，以及工作行程终了时将其退回，便可获得所要求的加工尺寸。在加工过程中，每完成一个工步，刀架转位一次，将下一组所需使用的刀具转到加工位置，以进行下一工步。

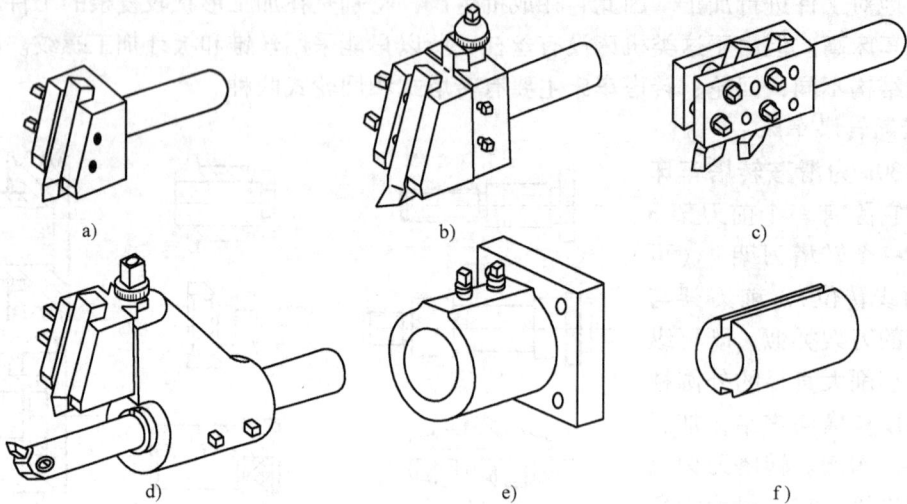

图 2-31　转塔车床的辅助工具

a）单刀刀杆　b）可调式单刀刀杆　c）多刀刀杆　d）复合刀杆　e）装刀座　f）夹紧套

图 2-32 为滑鞍转塔车床的加工实例，工件坯料为圆棒料，加工过程共分 8 个工步：

工步 1　送料至转塔刀架上的挡料杆，控制棒料伸出一定长度（棒料夹紧后，转塔刀架退回并转位）；

工步 2：车外圆、钻中心孔（转塔刀架退回并转位）；

工步 3：钻孔、倒角（转塔刀架退回并转位）；

工步 4：扩孔（转塔刀架退回并转位）；

工步 5：套外螺纹（转塔刀架退回并转位）；

工步 6：攻内螺纹（转塔刀架退回并转位）；

工步 7：用前刀架上的车刀倒角（方刀架转位）；

工步 8；用前刀架上切断刀切断加工完的工件。

2. 回轮车床

图 2-33 是回轮车床的外形。在回轮车床上没有前刀架，只有一个可绕水平轴线转位的圆盘形回轮刀架，其回转轴线与主轴轴线平行。回轮刀架上沿圆周均匀分布着许多轴向孔（一般为 12 或 16 个），供安装刀具用（见图 2-33b）。当刀具孔转到最高位置时，其轴线与主轴轴线在同一直线上。回轮刀架随纵向溜板一起，可沿着床身导轨作纵向进给运动，进行车内外圆、钻孔、扩孔、铰孔和加工螺纹等工序；还可以绕自身轴线缓慢旋转，实现横向进给，以便进行车成形面、沟槽、端面和切断等工序。这种车床加工工件时，除采用复合刀夹进行多刀切削外，还常常利用装在相邻刀孔中的几个单刀刀夹同时进行切削（见图 2-34）。

与卧式车床比较，在回轮、转塔车床上加工工件主要有以下一些特点：

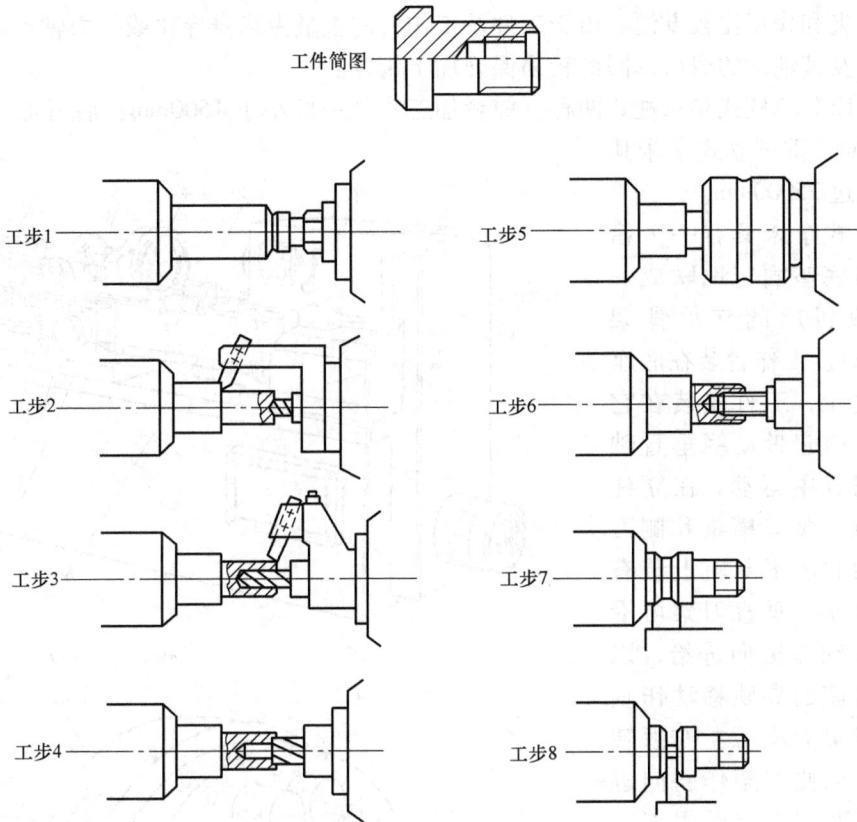

图 2-32　滑鞍转塔车床加工实例

（1）转塔或回轮刀架上可安装很多刀具，加工过程中不需要装卸刀具便能完成复杂的加工工序。利用刀架转位来转换刀具，迅速方便，缩短了辅助时间；

（2）每把刀具只用于完成某一特定工步，可进行合理调整，实现多刀同时切削，缩短机动时间；

（3）由预先调整好的刀具位置来保证工件的加工尺寸，并利用可调整的定程机构控制刀具的行程长度，在加工过程中不需要对刀、试切和测量；

（4）通常采用各种快速夹头以替代普通卡盘，如棒料常用弹簧夹头装夹，铸、锻件用气动或液压卡盘装夹；加工棒料时，还采用专门的送料机构，送夹料迅速方便。

由上述可知，用回轮、转塔车床加工工件，可缩短机动时间和辅助时间，生产率较高。但是，回轮、转塔车床上预先调整刀具和定程机构需要花费较多的时间，不适于单件小批生产，而在大批大量生产中，则应采用生产率更高的自动和半自动车床。因此它只适用于成批生产中加工尺寸不大且形状较复杂的工件。

二、立式车床

立式车床主要用于加工径向尺寸大而轴向尺寸相对较小，且形状比较复杂的大型或重型零件。立式车床是汽轮机、水轮机、重型电机、矿山冶金等重型机械制造厂不可缺少的加工设备，在一般机械制造厂中使用也很普遍。立式车床结构布局上的主要特点是主轴垂直布置，并有一个直径很大的圆形工作台，供安装工件之用；工作台台面处于水平位置，因而笨重工件的装夹和找正比较方便。由于工件及工作台的重量由床身导轨或推力轴承承受，大大减轻了主轴及其轴承的载荷，因此较易保证加工精度。

立式车床分单柱式和双柱式两种，前者加工直径一般小于1600mm；后者加工直径一般大于2000mm，重型立式车床其加工直径超过25000mm。

单柱立式车床具有一个箱形立柱，与底座固定地联成一整体，构成机床的支承骨架（见图2-35a）。工作台装在底座的环形导轨上，工件安装在它的台面上，由它带动绕垂直轴线旋转，完成主运动。在立柱的垂直导轨上装有横梁和侧刀架，在横梁的水平导轨上装有一个垂直刀架。垂直刀架可沿横梁导轨移动作横向进给，以及沿刀架滑座的导轨移动作垂直进给。刀架滑座可左右扳转一定角度，以便刀架作斜向进给。因此，垂直刀架可用来完成车内外圆柱面、内外圆锥面，切端面以及切沟槽等工序。在垂直刀架上通常带有一个五角形的转塔刀架，它除了可安装各种车刀以完成上述工序外，还可安装各种孔加工刀具，以进行钻、扩、铰等工序。侧刀架可以完成车外圆、切端面、切沟槽和倒角等工序。垂直刀架和侧刀架的进给运动或者由主运动传动链传来，或者由装在进给箱上的单独电动机传动。两个刀架在进给运动方向上都能作快速调位移动，以完成快速趋进、快速退回和调整位置等辅助运动，横梁连同垂直刀架一起，可沿立柱导轨上下移动，以适应加工不同高度工件的需要。横梁移至所需位置后，可手动或自动夹紧在立柱上。

双柱式立式车床具有两个立柱（见图2-35b），它们通过底座和上面的顶梁联成一个封

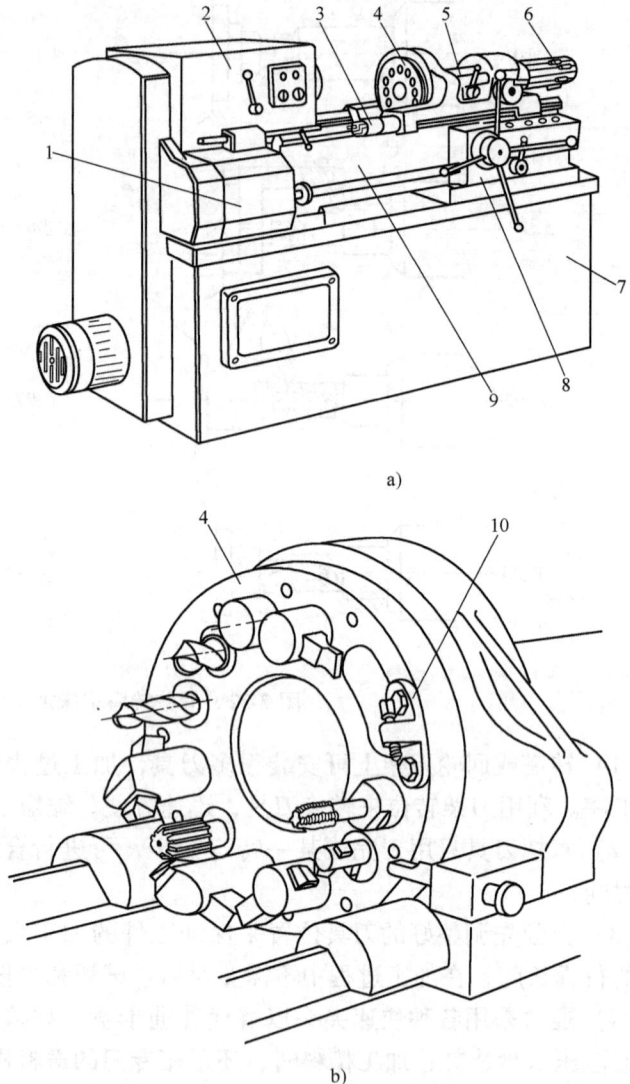

图 2-33　回轮车床的外形

1—进给箱　2—主轴箱　3—刚性纵向定程机构　4—回轮刀架
5—纵向刀具溜板　6—纵向定程机构　7—底座　8—溜板箱
9—床身　10—横向定程机构

闭式框架。横梁上通常装有两个垂直刀架，中等尺寸的立式车床上，其中一个刀架往往也带有转塔刀架。双柱立式车床有一个侧刀架，装在右立柱的垂直导轨上。大尺寸的立式车床一般不带有侧刀架。

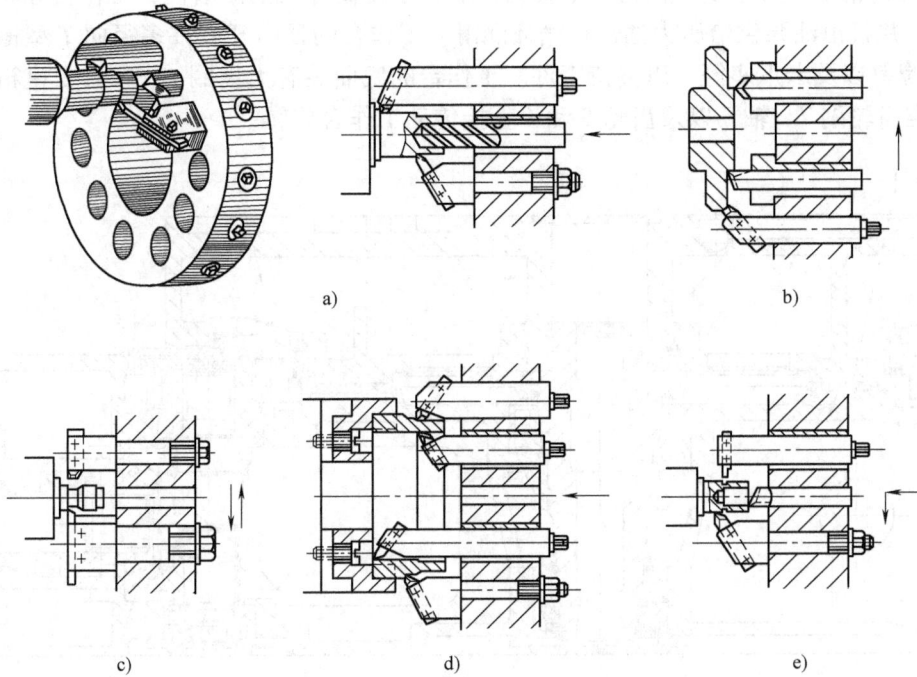

图 2-34　回轮刀架上刀具调整举例

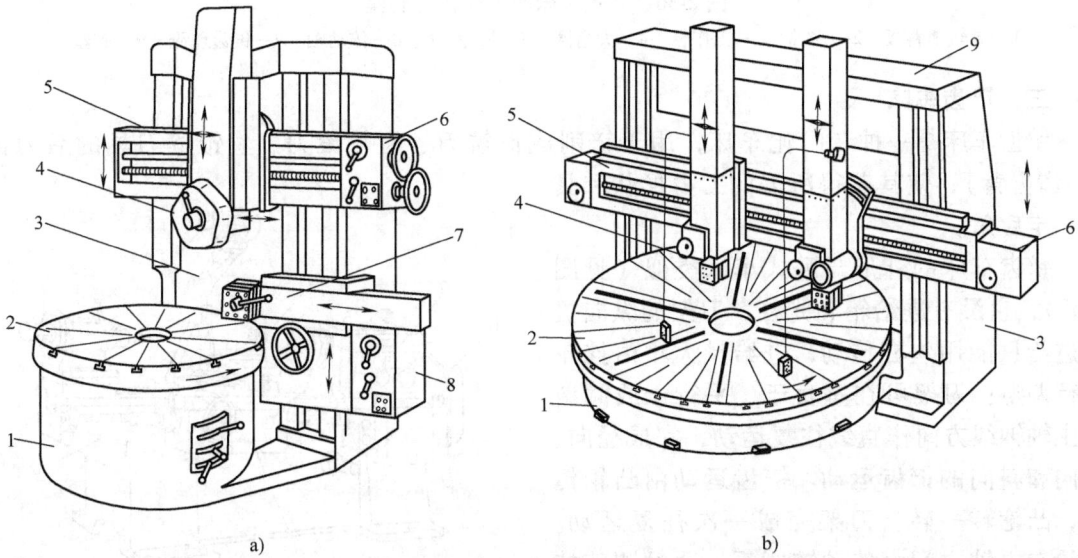

图 2-35　立式车床外形

1—底座　2—工作台　3—立柱　4—垂直刀架　5—横梁　6—垂直刀架进给箱　7—侧刀架
8—侧刀架进给箱　9—顶梁

图 2-36 是立式车床工作台与底座的结构。工作台 3 以其底面上的环形平导轨支承在底座 9 的导轨上，以承受工件和工作台的重力及轴向切削分力，并保证工作台的轴向旋转精度。与工作台固定联接的主轴 2，支承在上下两个双列短圆柱滚子轴承上，由它们保证工作台的径向旋转精度，并承受径向力和颠覆力矩。为了提高导轨的耐磨性，工作台导轨上装有塑料板 1，并且由油泵供给压力油进行循环润滑。工作台的顶面开有许多径向 T 型槽，用来安装压板螺钉以及卡爪座等，以夹持工件。工作台的底面装有大齿圈 4，来自变速箱的运动经轴 6、锥齿轮副 7、轴 8 以及齿轮 5 和 4 直接传动工作台旋转。

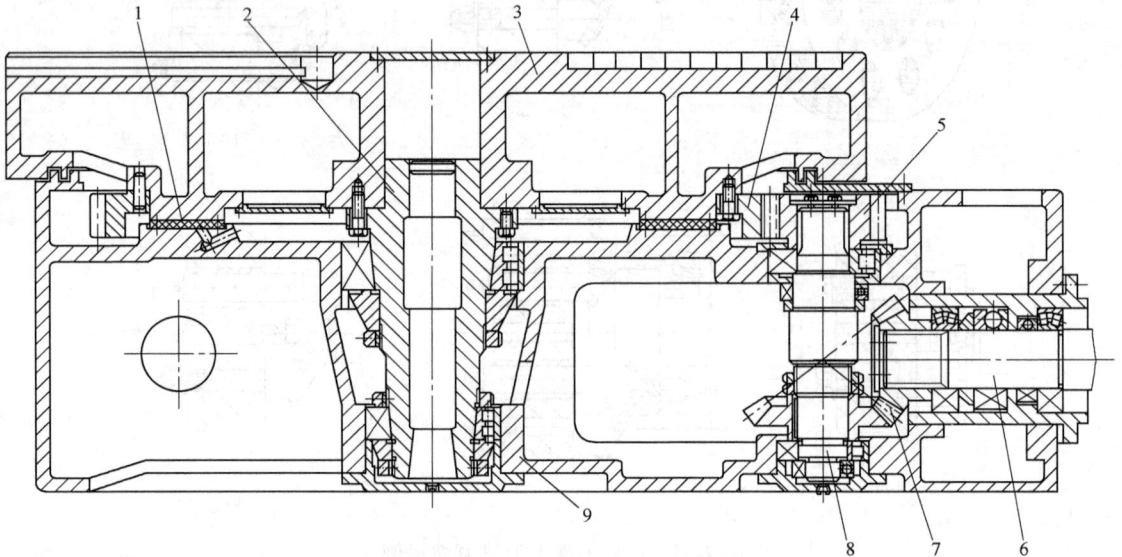

图 2-36　立式车床的工作台与底座

1—导轨塑料板　2—主轴　3—工作台　4—大齿圈　5—齿轮　6、8—传动轴　7—锥齿轮副　9—底座

三、铲齿车床

铲齿车床是一种专门化车床，用于铲削成形铣刀、齿轮滚刀、丝锥等刀具的后刀面（刀齿齿背），使其获得所需的刀刃形状和具有一定后角。

铲齿车床的外形与卧式车床类似（见图 2-37），它没有进给箱和光杠，刀架的纵向机动进给只能用丝杠传动，进给量大小由挂轮进行调整；刀架可在垂直于、平行于或倾斜于主轴轴线方向作直线往复运动，完成径向、轴向和斜向的铲齿运动。铲齿运动由凸轮传动，凸轮转一转，刀架完成一次往复运动。凸轮与主轴之间由传动链联系，通过调整挂轮，可使它们保持一定运动关系。

铲削齿背时，工件（刀具毛坯）通过心轴装夹在机床的前后顶尖上，由主轴带动旋

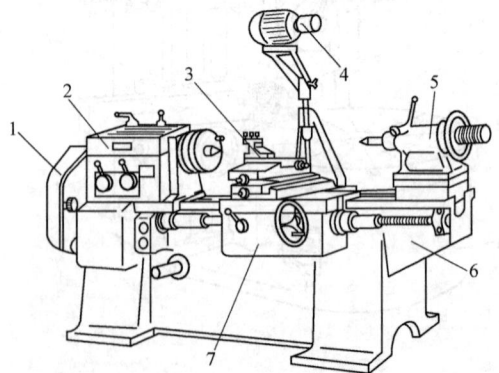

图 2-37　铲齿车床外形图

1—挂轮机构　2—主轴箱　3—刀架　4—带轮
5—尾座　6—床身　7—溜板箱

转；铲齿刀装在刀架上，由凸轮传动沿工件径向往复移动。图 2-38 中表示一个刀齿开始铲削时的情况，此时凸轮 2 的上升曲线推动从动销 1，使刀架带着铲刀向工件中心切入，从齿背上切下一层金属。当凸轮转过 α_1，工件相应地转过角度 β_1 时，铲刀铲至刀齿齿背延长线上的 E 点，一个刀齿齿背铲削完毕。接着从动销与凸轮的下降曲线接触，刀架在弹簧 3 作用下带着铲刀迅速后退。当凸轮转过角度 α_2，工件转过角度 β_2 时，铲刀退至起始位置。此时下一刀齿的前刀面转至水平位置，铲刀又开始切入，重复上述过程。由上述可知，工件每转过一个刀齿，凸轮转一转，铲刀往复运动一次。若工件有 z 个刀齿，则工件每转一转，凸轮应转 z 转。铲削时铲刀径向切入工件的深度为 h，其大小等于凸轮曲线的升程。铲削后所得到的齿背形状，决定于凸轮工作曲线（即上升曲线）的形状。常用的凸轮工作曲线是阿基米德螺旋线。由于齿背的加工余量大且不均匀，需分几次在工件几转中逐步切除，如图 2-38a 右上角附图所示。因此，工件每转一转后，铲刀应周期地切入一定深度，直至达到所需形状和尺寸为止。

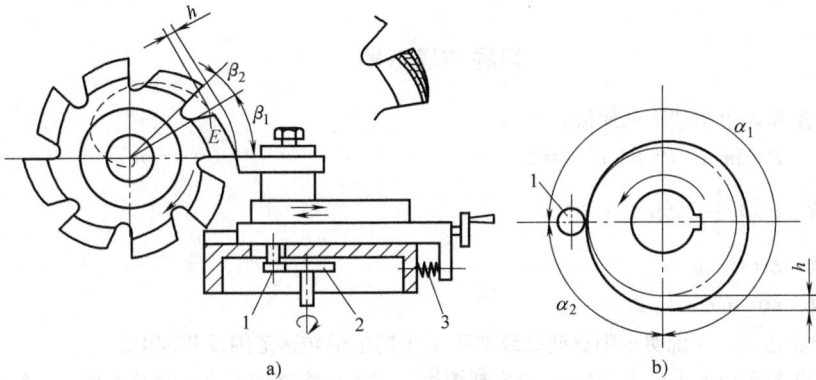

图 2-38　铲齿原理
a) 铲齿运动　b) 凸轮形状
1—从动销　2—凸轮　3—弹簧

工件的形状和结构不同，铲削方法和所需的成形运动也不同。例如，铲削盘形铣刀等薄工件时，多使用成形铲刀以径向铲削方式进行加工，此时只需一个复合成形运动，即工件的旋转运动 v 和铲刀的径向往复运动 f_1，其传动原理如图 2-39a 所示。调整联系电动机和工件的主运动传动链中的换置机构 u_v，可使工件获得所需的转速。调整联系工件和铲刀的分度传动链中的换置机构 u_x，可使工件和铲刀保持确定的运动关系，即工件转一转，铲刀往复运动 z 次或凸轮转 z 转（z 为工件的齿数）。

铲削直槽滚刀、直槽丝锥等长工件时，由于刀齿排列在螺旋线上，因此，除工件旋转和铲刀往复运动外，铲刀还需作纵向进给运动 f_2（见图 2-39b）。这后一个运动也应与工件的旋转运动保持确定的运动关系，即工件转一转，铲刀纵向移动工件螺纹的一个导程 L。调整联系工件与丝杠的传动链中的换置机构 u_y，可达到上述要求。

在铲齿车床的刀架上还可装上铲磨装置，以高速旋转的砂轮代替铲刀对淬硬的工件进行铲磨（图 2-40）。铲磨时砂轮一般由装在刀架上的传动装置（见图 2-37 中的电动机和带轮 4）驱动旋转，其余运动与铲削时相同。

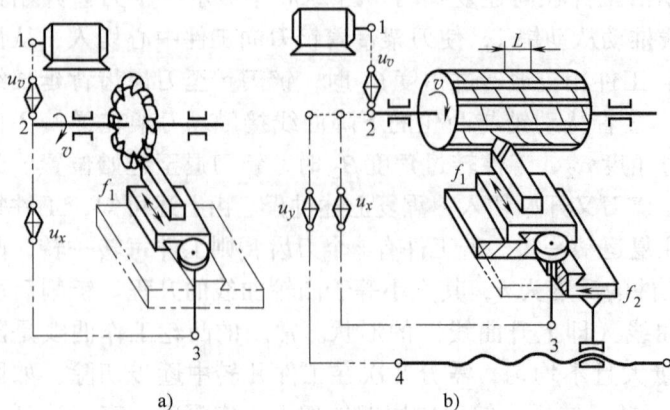

图 2-39 铲削薄工件和直槽形长工件的传动原理

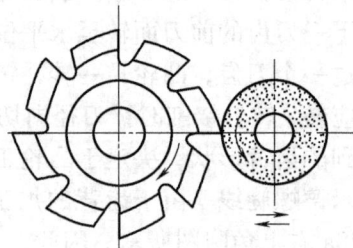

图 2-40 铲磨齿背示意图

习题与思考题

1. 在 CA6140 型车床上车削下列螺纹：

（1）公制螺纹 $P=3$mm；$P=8$mm；$k=2$

（2）英制螺纹 $a=4\frac{1}{2}$牙/in

（3）公制螺纹 $L=48$mm

（4）模数螺纹 $m=4$mm，$k=2$

试写出其传动路线表达式，并说明车削这些螺纹时可采用的主轴转速范围及其理由。

2. 欲在 CA6140 型车床上车削 $L=10$mm 的公制螺纹，试指出能够加工这一螺纹的传动路线有哪几条？

3. 当 CA6140 型车床的主轴转速为 450～1400r/min（其中 500r/min 除外）时，为什么能获得细进给量？在进给箱中变速机构调整情况不变条件下，细进给量与常用进给量的比值是多少？

4. 分析 C620-1 型卧式车床的传动系统（见图 2-41）。

（1）写出车公制和英制螺纹时的传动路线表达式；

（2）是否具有扩大螺距机构，螺距扩大倍数是多少？

（3）纵、横向机动进给运动的开停如何实现？进给运动的方向如何变换？

5. 为什么卧式车床主轴箱的运动输入轴（Ⅰ轴）常采用卸荷式带轮结构？对照图 2-8 说明扭矩是如何传递到轴Ⅰ的？试画出轴Ⅰ采用卸荷带轮结构与采用非卸荷带轮结构的受力情况简图。

6. CA6140 型车床主传动链中，能否用双向牙嵌式离合器或双向齿轮式离合器代替双向多片式摩擦离合器，实现主轴的开停及换向？在进给传动链中，能否用单向摩擦离合器或电磁离合器代替齿轮式离合器 M_3、M_4、M_5？为什么？

7. CA6140 型车床的进给传动系统中，主轴箱和溜板箱中各有一套换向机构，它们的作用有何不同？能否用主轴箱中的换向机构来变换纵、横向机动进给的方向？为什么？C620-1 的情况是否与 CA6140 型车床相同？为什么？

8. 卧式车床进给传动系统中，为何既有光杠又有丝杠来实现刀架的直线运动？可否单独设置丝杠或光杠？为什么？

9. CA6140 型车床主轴前后轴承的间隙怎样调整（见图 2-8）？作用在主轴上的轴向力是怎样传递到箱体上的？

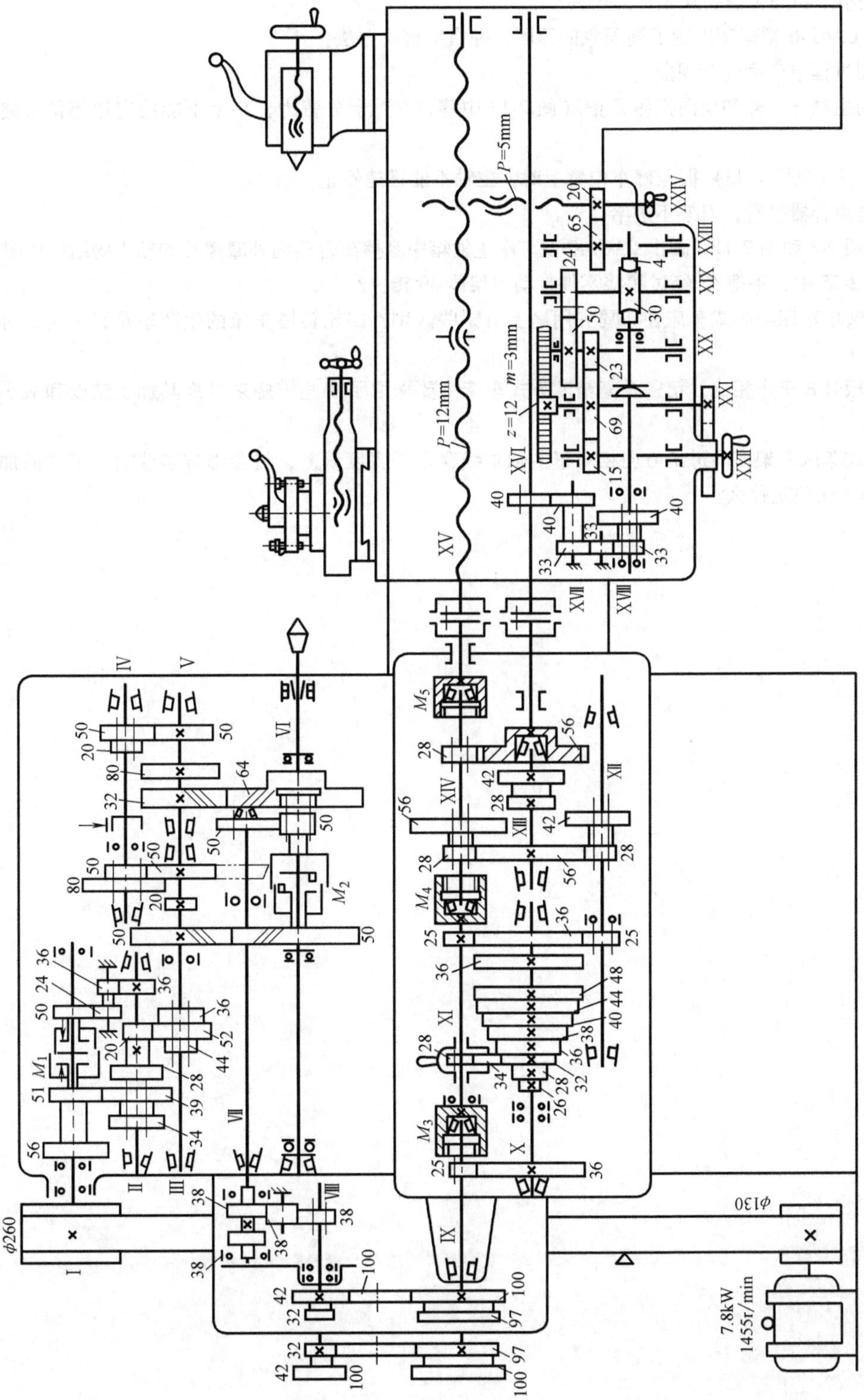

图 2-41 C620-1 型卧式车床传动系统

10. 为什么卧式车床溜板箱中要设置互锁机构？丝杠传动与纵向、横向机动进给能否同时接通？纵向和横向机动进给之间是否需要互锁？为什么？

11. 分析 CA6140 型车床出现下列现象的原因，并指出解决办法：

（1）车削过程中产生闷车现象；

（2）扳动主轴开、停和换向操纵手把（图 2-13 中零件 7）十分费力，甚至不能稳定地停留在终点位置上；

（3）手把 7（见图 2-13）扳至停车位置上时，主轴不能迅速停止；

（4）安全离合器打滑，刀架不进给。

12. 根据图 2-8 和图 2-11，画出 CA6140 型车床主轴箱中摩擦离合器内外摩擦片和轴 I 的结构草图。

13. 在图 2-25 中，手把 40 经过哪些零件带动刀架体 39 转位？

14. 回轮转塔车床与卧式车床在布局和用途上有哪些区别？回轮转塔车床的生产率是否一定比卧式车床高？为什么？

15. 与一般卧式车床相比，精密及高精度卧式车床主要采取了哪些措施来提高其加工精度和减小表面粗糙度？

16. 如卧式车床刀架横向进给方向相对于主轴轴线存在垂直度误差，将会影响哪些加工工序的加工精度？产生的加工误差是什么？

第三章 磨 床

用磨料磨具（砂轮、砂带、油石和研磨料等）为工具进行切削加工的机床，统称磨床。

磨床可以加工各种表面，如内外圆柱面和圆锥面、平面、渐开线齿廓面、螺旋面以及各种成形面等，还可以刃磨刀具和进行切断等，工艺范围十分广泛。

磨床主要用于零件的精加工，尤其是淬硬钢件和高硬度特殊材料零件的精加工。目前也有少数用于粗加工的高效磨床。

由于现代机械对零件的精度要求不断提高，表面粗糙度越来越小，各种高硬度材料的应用日益增多，加上精密毛坯制造工艺的发展，很多零件可以不经其他切削加工工序而直接由磨削加工成成品，因此，磨床在金属切削机床中的比重不断上升。

为了适应磨削各种表面、工件形状和生产批量的要求，磨床的种类很多，主要有：外圆磨床、内圆磨床、平面磨床、工具磨床和专门用来磨削特定表面和工件的专门化磨床，如花键轴磨床、凸轮轴磨床、曲轴磨床等。以上均为使用砂轮作切削工具的磨床；此外，还有以柔性砂带为切削工具的砂带磨床，以油石和研磨剂为切削工具的精磨磨床等。

第一节 外 圆 磨 床

一、外圆磨床的工作方法与主要类型

外圆磨床主要用来磨削外圆柱面和圆锥面，基本的磨削方法有两种：纵磨法和切入磨法。纵磨时（见图 3-1a），砂轮旋转作主运动（n_t），进给运动有：工件旋转作圆周进给运动（n_w），工件沿其轴线往复移动作纵向进给运动（f_a），在工件每一纵向行程或往复行程终了时，砂轮周期地作一次横向进给运动（f_r），全部余量在多次往复行程中逐步磨去。切入磨时（见图 3-1b），工件只作圆周进给（n_w），而无纵向进给运动，砂轮则连续地作横向进给运动（f_r），直到磨去全部余量达到所要求的尺寸为止。在某些外圆磨床上，还可用砂轮端面磨削工件的台阶面（见图 3-1c）。磨削时工件转动（n_w），并沿其轴线缓慢移动（f_a），以完成进给运动。

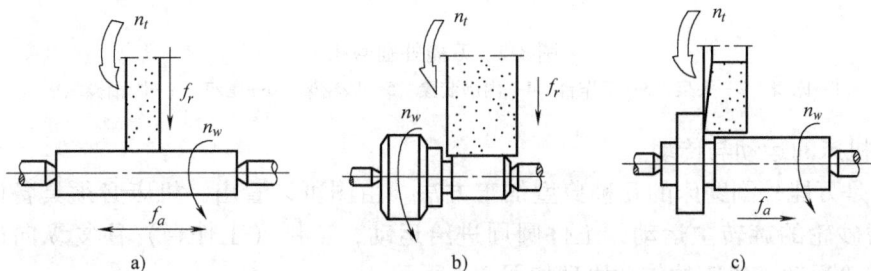

图 3-1 外圆磨床的磨削方法

外圆磨床的主要类型有普通外圆磨床，万能外圆磨床、无心外圆磨床、宽砂轮外圆磨床

和端面外圆磨床等。

二、万能外圆磨床

万能外圆磨床是应用最普遍的一种外圆磨床，其工艺范围较宽，除了能磨削外圆柱面和圆锥面外，还可磨削内孔和台阶面等。

（一）机床的组成

图 3-2 为万能外圆磨床外形。在床身 1 顶面前部的纵向导轨上装有工作台 3，台面上装着头架 2 和尾座 6。被加工工件支承在头架和尾座顶尖上，或夹持在头架主轴上的卡盘中，由头架上的传动装置带动旋转，实现圆周进给运动。尾座在工作台上可左右移动调整位置，以适应装夹不同长度工件的需要。工作台由液压传动沿床身导轨往复移动，使工件实现纵向进给运动；也可用手轮操纵，作手动进给或调整纵向位置。工作台由上下两层组成，其上部（即上工作台）可相对于下部（即下工作台）在水平面内偏转一定角度（一般不大于 ±10°），以便磨削锥度不大的圆锥面。装有砂轮主轴及其传动装置的砂轮架 5，安装在床身顶面后部的横向导轨上，利用横向进给机构可实现周期或连续的横向进给运动以及调整位移。为了便于装卸工件和进行测量，砂轮架还可以作定距离的快进快退运动。装在砂轮架上的内磨装置 4 中，装有供磨削内孔用的砂轮主轴部件（通常称为内圆磨具）。万能外圆磨床的砂轮架和头架，都可绕垂直轴线转动一定角度，以便磨削锥度较大的圆锥面。

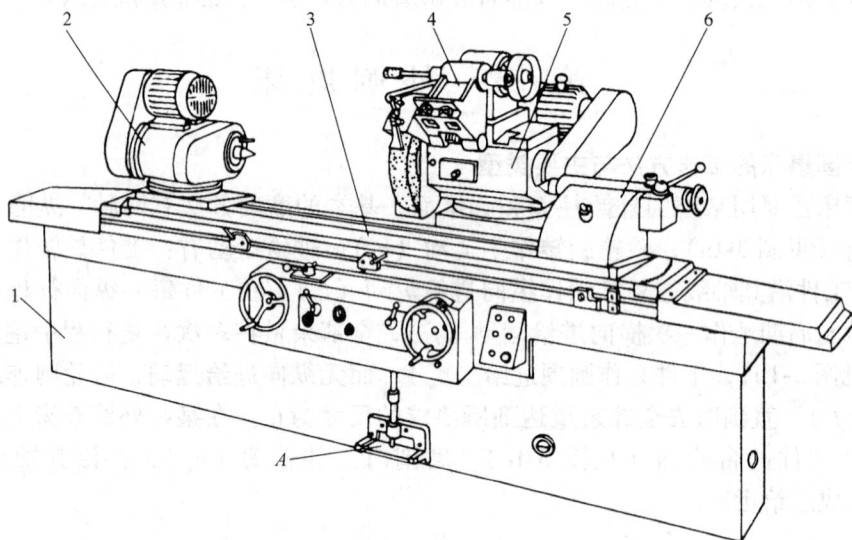

图 3-2　万能外圆磨床

1—床身　2—头架　3—工作台　4—内磨装置　5—砂轮架　6—尾座　A—脚踏操纵板

（二）机床的运动与传动

图 3-3 是万能外圆磨床的几种典型加工方法。由图可以看出，机床必须具备以下运动：外磨和内磨砂轮的旋转主运动，工件圆周进给运动，工件（工作台）往复纵向进给运动，砂轮横向进给运动。机床的传动原理如图 3-4 所示。

砂轮旋转主运动 n_f（单位为 r/min）——转速较高，通常由电动机通过三角带直接带动砂轮主轴旋转。由于采用不同的砂轮磨削不同材料的工件时，磨削速度的变化范围不大，故主运动一般不变速。但砂轮直径因修整而减小较多时，为获得所需的磨削速度，可采用更换带轮变速。近来有些外圆磨床的砂轮主轴采用直流电动机驱动，可以无级调速，以保证砂轮直径变小时始终保持合理的磨削速度，实现所谓的恒速磨削。

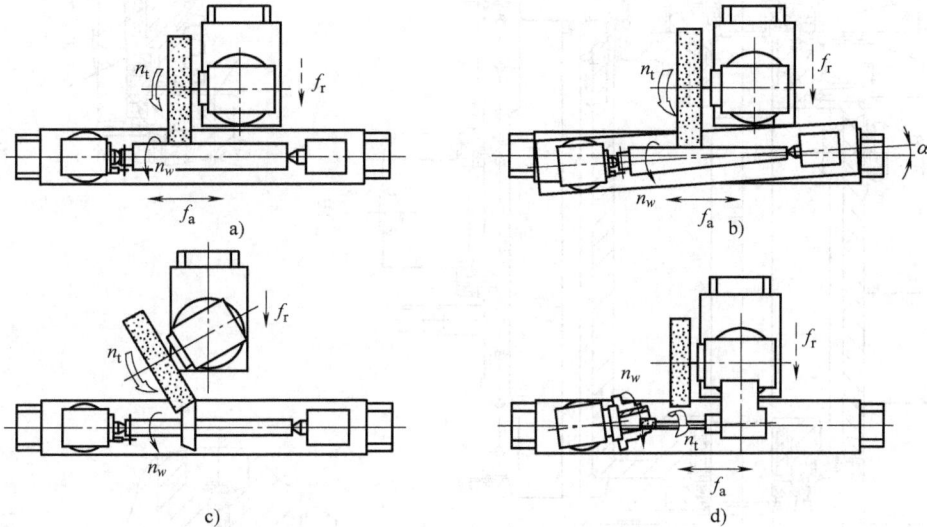

图 3-3　万能外圆磨床加工示意图

a）纵磨法磨外圆柱面　b）扳转工作台用纵磨法磨长圆锥面
c）扳转砂轮架用切入法磨短圆锥面　d）扳转头架用纵磨法磨内圆锥面

工件圆周进给运动 n_w（单位为 r/min）——转速较低，通常由单速或多速异步电动机经塔轮变速机构传动，也有采用电气或机械无级变速装置传动的。

工件纵向进给运动 f_a（单位为 mm/min）——通常采用液压传动，以保证运动的平稳性，并便于实现无级调速和往复运动循环的自动化。

砂轮周期或连续横向进给运动 f_r（单位为 mm/工作行程、mm/往复行程或 mm/min）——由横向进给机构用手动或液动实现。

此外，机床还有两个辅助运动：砂轮架横向快速进退和尾座套筒缩回，以利装卸工件。这两个运动通常都用液压传动。

（三）主要部件的结构

1. 砂轮架

砂轮架由壳体、砂轮主轴及其轴承、传动装置与滑鞍等组成。砂轮主轴及其支承部分的结构将直接影响工件的加工精度和表面粗糙度，是砂轮架部件的关键部分。它应保证砂轮主轴具有较高的旋转精度、刚度、抗振性及耐磨性。

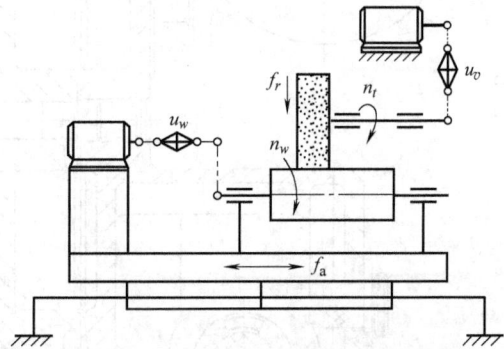

图 3-4　万能外圆磨床的传动原理

图 3-5 所示的砂轮架中，砂轮主轴 3 的前、后支承均采用"短三瓦"动压滑动轴承。每

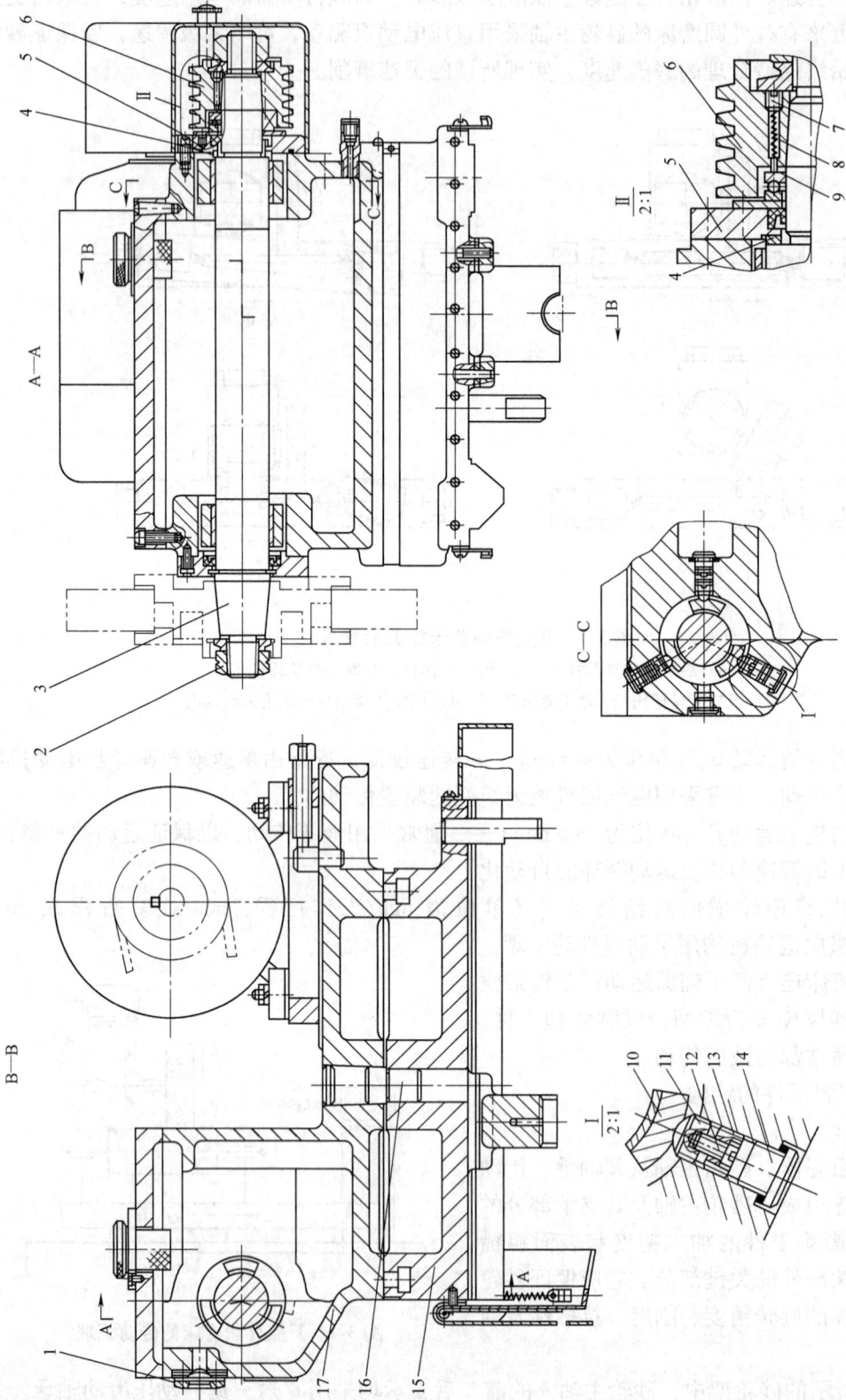

图 3-5　砂轮架（M1432A）

1—油标　2—螺母　3—砂轮主轴　4—止推环　5—轴承盖　6—带轮　7—螺钉　8—弹簧　9—销钉　10—轴瓦
11—球头螺钉　12—拉紧螺钉　13—通孔螺钉　14—封口螺塞　15—滑鞍　16—柱销　17—壳体

个轴承由均布在圆周上的三块扇形轴瓦 10 组成（其长径比为 0.75），每块轴瓦都支承在球头螺钉 11 的球形端头上，由于球头中心在周向偏离轴瓦对称中心，当主轴高速旋转时，在轴瓦与主轴颈之间形成三个楔形压力油膜，将主轴悬浮在轴承中心而呈纯液体摩擦状态。调整球头螺钉的位置，即可调整主轴轴颈与轴瓦之间的间隙，通常间隙应保持为 0.01 ~ 0.02mm。调整好以后，用通孔螺钉 13 和拉紧螺钉 12 锁紧，以防止球头螺钉 11 松动而改变轴承间隙，最后用封口螺塞 14 密封。

砂轮主轴的轴向定位是这样的：向右的轴向力通过主轴右端轴肩作用在装入轴承盖 5 中的止推环 4 上。向左的轴向力则由固定在主轴右端的带轮 6 中的六个螺钉 7，经弹簧 8 和销钉 9 以及推力球轴承，最后也传递到轴承盖 5 上，弹簧 8 的作用是可给推力球轴承预加载荷，并且当止推环 4 磨损后自动进行补偿，消除止推滑动轴承的间隙。

砂轮的圆周速度很高（一般为 35m/s 左右），为了保证砂轮运转平稳，装在主轴上的零件都经仔细校静平衡，整个主轴部件还要校动平衡。此外砂轮周围必须安装防护罩，以防止意外碎裂时损伤工人及设备。

砂轮架壳体内装润滑油以润滑主轴的轴承，油面高度可通过油标 1 观察。主轴两端用橡胶油封实现密封。

砂轮架壳体 17 用 T 形螺钉紧固在滑鞍 15 上，它可绕滑鞍上的柱销 16 转动，其范围为 ±30°。磨削时，滑鞍带着砂轮架沿垫板上的滚动导轨（图中未示）作横向进给运动（由横向进给机构实现）。

2. 头架

头架由壳体、头架主轴及其轴承、工件传动装置与底座等组成。图 3-6 为 M1432A 型万能外圆磨床的头架结构。头架主轴 10 支承在四个 D 级精度的角接触球轴承上，靠修磨垫圈 4、5 和 9 的厚度，可对轴承进行预紧，以保证主轴部件的刚度和旋转精度。轴承用锂基脂润滑，主轴的前后端用橡胶油封密封。双速电动机经塔轮变速机构和两组带轮带动工件转动，使传动平稳，而主轴按需要可以转动或不转动。带的张紧分别靠转动偏心套 11 和移动电机座实现。主轴上的带轮 7 采用卸荷结构，以减少主轴的弯曲变形。

根据不同加工需要，头架主轴有三种工作方式：

（1）工件支承在前后顶尖上磨削时，需拧动螺杆 1 顶紧摩擦环 2（见图 3-6a），使头架主轴和顶尖固定不能转动。工件则由与带轮 7 相联接的拨盘 8 上的拨杆，通过夹头带动旋转，实现圆周进给运动。由于磨削时顶尖固定不转，所以可避免因顶尖的旋转误差而影响磨削精度。

（2）用三爪或四爪卡盘夹持工件磨削时，应拧松螺杆 1，使主轴可自由转动。卡盘装在法兰盘 12 上（见图 3-6b），而法兰盘以其锥柄安装在主轴锥孔内，并用通过主轴通孔的拉杆拉紧。旋转运动由拨盘 8 上的螺钉传给法兰盘 12，同时主轴也随着一起转动。

（3）自磨主轴顶尖时，也应将主轴放松，同时用连接板 6 将拨盘 8 与主轴相连（见图 3-6c），使拨盘直接带动主轴和顶尖旋转，依靠机床自身修磨顶尖，以提高工件的定位精度。

头架壳体 15 可绕底座 14 上柱销 13 转动，调整头架主轴在水平面内的角向位置，其范围为逆时针方向 0~90°。

3. 尾座

尾座的功用是利用安装在尾座套筒上的顶尖（后顶尖），与头架主轴上的前顶尖一起支

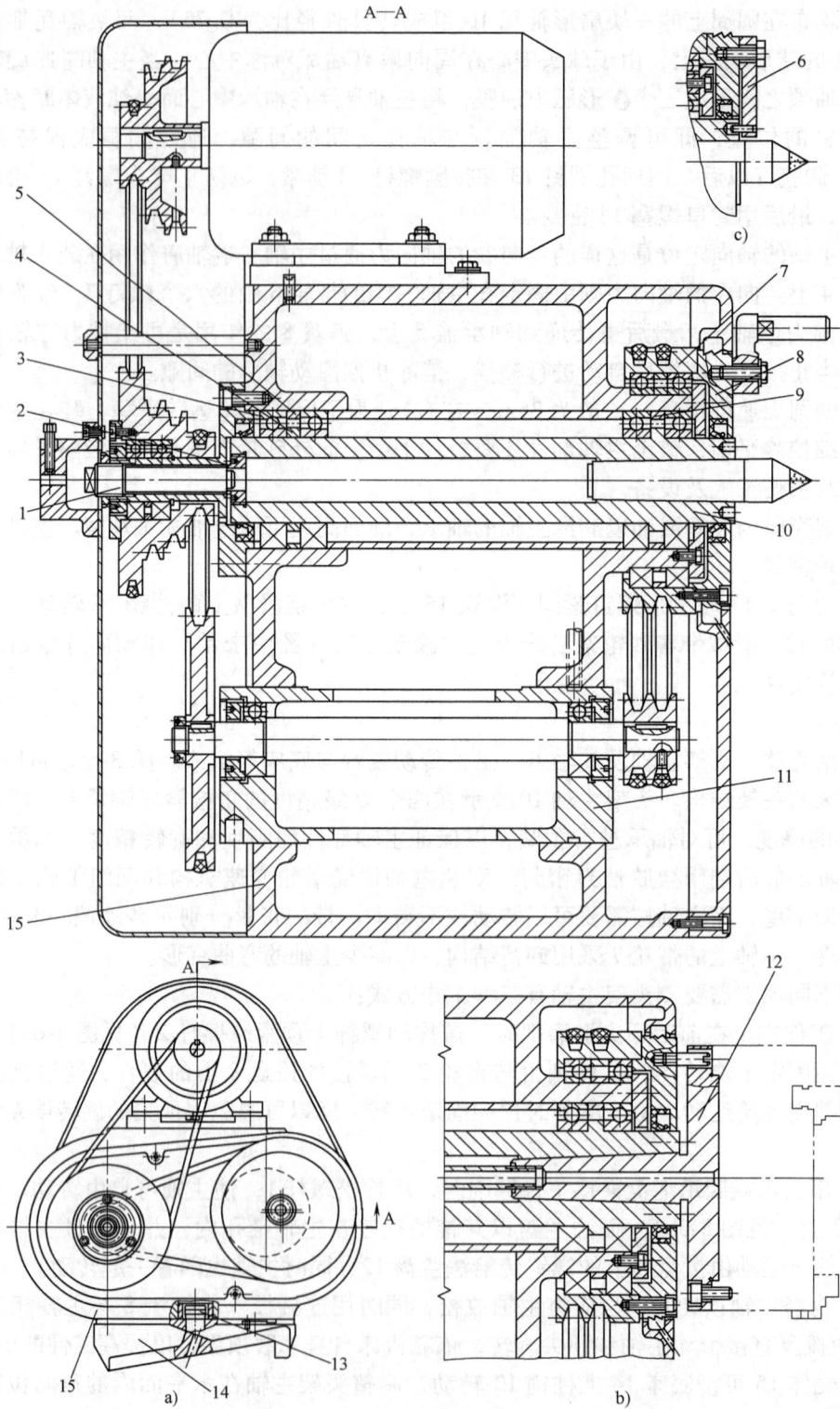

图 3-6 头架（M1432A）

1—螺杆 2—摩擦环 3、4、5、9—垫圈 6—连接板 7—带轮 8—拨盘 10—头架主轴
11—偏心套 12—法兰盘 13—柱销 14—底座 15—壳体

承工件，使工件实现准确定位。某些外圆磨床的尾架可在横向作微量位移调整，以便精确地控制工件的锥度。

中小型外圆磨床的尾座，一般都用弹簧力预紧工件（见图 3-7），以便磨削过程中工件因热胀而伸长时，可自动进行补偿，避免引起工件弯曲变形和顶尖孔过分磨损。顶紧力的大小可以调节。利用手把 12 转动丝杠 13，使螺母 14 左右移动（螺母 14 由于受销子 11 的限制，不能转动），改变弹簧 10 的压缩量，便可调整顶尖对工件的预紧力。

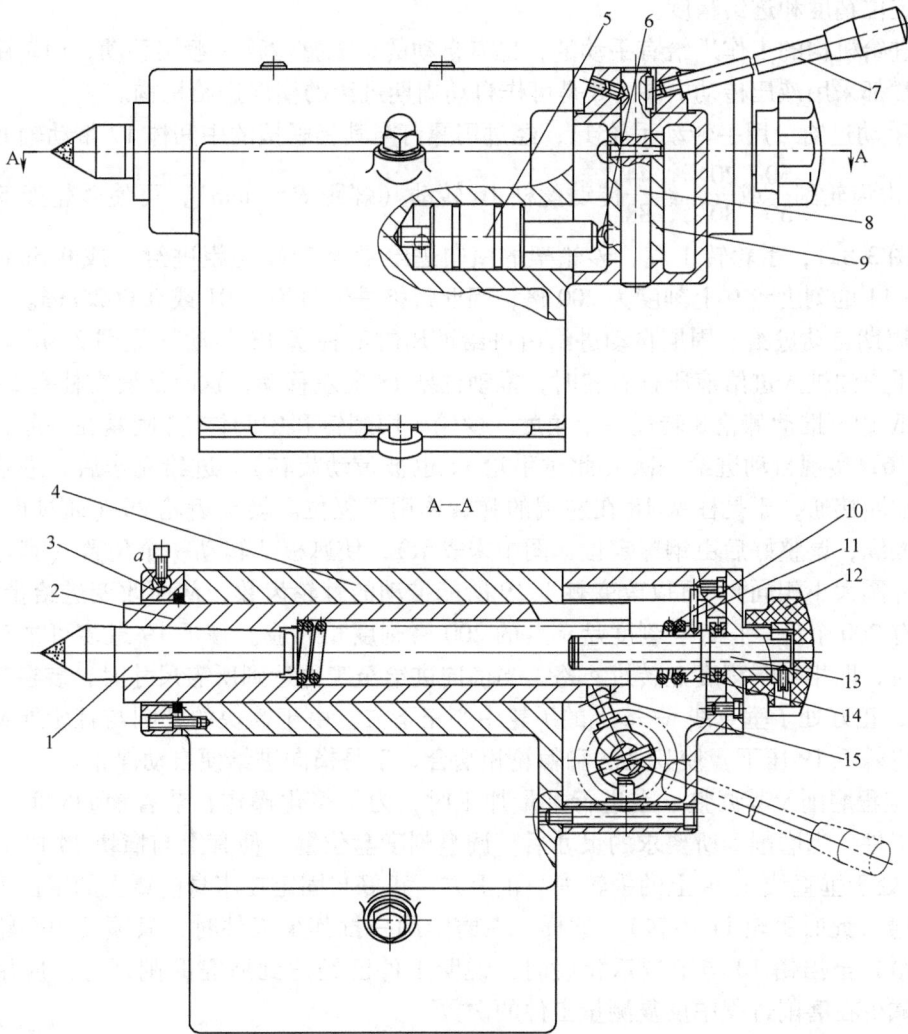

图 3-7　尾座

1—顶尖　2—尾座套筒　3—密封盖　4—壳体　5—活塞　6—下拨杆　7—手柄　8—轴　9—轴套
10—弹簧　11—销子　12—手把　13—丝杠　14—螺母　15—上拨杆

尾座套筒 2 在装卸工件时的退回，可以手动，也可以液动。手动时，可顺时针转动手柄 7，通过轴 8 和轴套 9，由上拨杆 15 拨动尾座套筒 2，连同顶尖 1 一起向后退回。液动时，用脚踏"脚踏操纵板"（见图 3-2 中 A），操纵液压系统中的换向滑阀，使压力油进入液压缸（直接加工在尾座壳体 4 上）左腔，推动活塞 5 右移，通过下拨杆 6 和轴套 9 带动上拨杆 15 顺时针转动，拨动尾座套筒和顶尖退回。

尾座套筒前端的密封盖 3 上有一斜孔 a，用于安装修整砂轮的金刚石杆。

4. 横向进给机构

横向进给机构用于实现砂轮架的周期或连续横向工作进给，调整位移和快速进退，以确定砂轮和工件的相对位置，控制被磨削工件的直径尺寸。因此，对它的基本要求是保证砂轮架有高的定位精度和进给精度。

横向进给机构的工作进给有手动的，也有自动的，调整位移一般用手动，而定距离的快速进退通常都采用液压传动。图 3-8 是可作自动周期进给的横向进给机构。

（1）手动进给　用手转动手轮 11，经过用螺钉与其相联接的中间体 17 带动轴 II（见图 3-8b），再由齿轮副 $\frac{50}{50}$ 或 $\frac{20}{80}$，经 $\frac{44}{88}$ 传动丝杠 16 转动（螺距 $P=4\text{mm}$），可使砂轮架 5 作横向进给（见图 3-8a），手轮转 1 周，砂轮架的横向进给量为 2mm（粗进给）或 0.5mm（细进给），手轮 11 的刻度盘 9 上刻度为 200 格，因此每格进给量为 0.01 或 0.0025mm。

（2）周期自动进给　周期自动进给由进给液压缸的柱塞 18 驱动（见图 3-8b）。当工作台换向，压力油进入进给液压缸右腔时，推动柱塞 18 向左移动，这时活套在柱塞 18 槽内销轴上的棘爪 19，推动棘轮 8 转过一个角度。棘轮 8 用螺钉和中间体 17 固紧在一起，因此能传动丝杠 16，实现自动进给一次（此时手轮 11 也被带动旋转）。进给完毕后，进给液压缸右腔与回油路接通，于是柱塞 18 在左端的弹簧作用下复位。转动齿轮 20（通过齿轮 20 轴上的手把操纵，调整好后由钢球定位，图中未表示），使遮板 7 转动一个位置（其短臂的外圆与棘轮外圆大小相同），可以改变棘爪 19 所能推动的棘轮齿数，从而改变进给量的大小。棘轮 8 上有 200 个齿，正好与刻度盘 9 上的 200 格刻度相对应。棘爪 19 最多可推动棘轮转过 4 个棘齿，即相当于刻度盘转过 4 格。当横向进给至工件达到所需尺寸时，装在刻度盘上的撞块 14，正好处于垂直线 a—a 上的手轮中心正下方。由于撞块的外圆与棘轮外圆大小相同，因此将棘爪 19 压下，使其无法和棘轮相啮合，于是横向进给便自动停止。

（3）定程磨削及其调整　在进行批量加工时，为了简化操作，节省辅助时间，通常先试磨一个工件，当磨削到所要求的尺寸后，调整刻度盘位置，使其上与撞块 14 成 180° 安装的挡销 10 处于垂直线 a—a 上的手轮中心正上方，正好与固定在床身前罩上的定位爪（图中未表示）相碰（此时手轮 11 不转）。这样，在磨削同一批其余工件时，只须转动手轮（或液压自动进给）至挡销 10 与定位爪相碰时，说明工件已经达到所需磨削尺寸。应用这种方法，可以减少在磨削过程中反复测量工件的次数。

当砂轮磨损或修正后，由挡销 10 控制的工件直径将变大。这时，必须重新调整砂轮架的行程终点位置。为此需调整刻度盘 9 上挡销 10 与手轮的相对位置。调整的方法是：拔出旋钮 13，使它与手轮 11 上的销钉 12 脱开后顺时针转动，经齿轮副 $\frac{48}{50}$ 带动齿轮 z_{12} 旋转，z_{12} 与刻度盘 9 上的内齿轮 z_{110} 相啮合（见图 3-8a），于是便使刻度盘 9 连同挡销 10 一起逆时针转动。刻度盘转过的格数（角度），应根据砂轮直径减小所引起的工件尺寸变化量确定。调整妥当后，将旋钮 13 推入，手轮 11 上的销钉 12 插入它后端面上的销孔中，使刻度盘 9 和

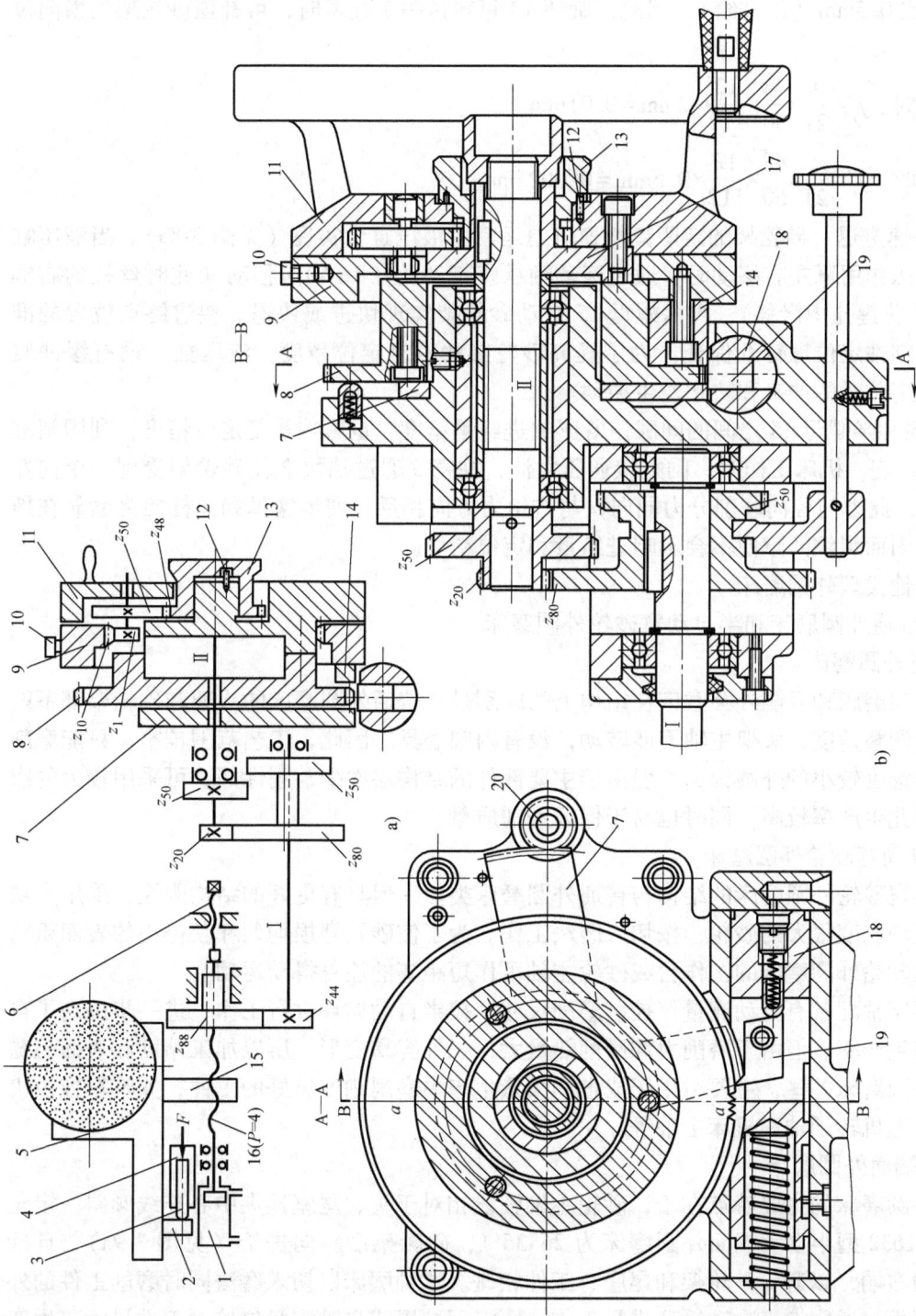

图 3-8　横向进给机构（M1432A）

1—液压缸　2—挡铁　3—柱塞　4—闸缸　5—砂轮架　6—定位螺钉　7—遮板　8—离轮　9—刻度盘　10—挡销

11—手轮　12—销钉　13—旋钮　14—撞块　15—半螺母　16—丝杠　17—中间体　18—柱塞　19—棘爪　20—齿轮

a)

b)

手轮 11 联成一个整体。

由于在旋钮后端面上沿周向均布 21 个销孔，而手轮 11 每转一转的横向进给量为 2mm（粗进给）或 0.5mm（细进给），因此，旋钮 13 每转过一个孔距时，可补偿砂轮架的横向位移量 f_r 为：

粗进给时：$f_r' = \frac{1}{21} \times \frac{48}{50} \times \frac{12}{112} \times 2\text{mm} = 0.01\text{mm}$。

细进给时：$f_r' = \frac{1}{21} \times \frac{48}{50} \times \frac{12}{112} \times 0.5\text{mm} = 0.0025\text{mm}$。

（4）快速进退　砂轮架的定距离快速进退运动由液压缸 1 实现（见图 3-8a）。当液压缸的活塞在油压作用下左右移动时，通过滚动轴承座带动丝杠 16 轴向移动（此时丝杠的右端在齿轮 z_{88} 的花键孔中滑移），再由螺母 15 带动砂轮架实现快进或快退。快进终点位置的准确定位，由刚性定位螺钉 6 保证。为了提高砂轮架的重复定位精度，液压缸 1 设有缓冲装置，以减小定位时的冲击和防止发生振动。

丝杠 16 和半螺母 15 之间的间隙，既影响进给量精度，也影响重复定位精度，利用闸缸 4 可消除其影响。机床工作时，闸缸接通压力油，柱塞 3 通过挡块 2 使砂轮架受到一个向左的作用力 F，此力与径向磨削分力同向，与进给力方向相反，使半螺母和丝杠始终紧靠在螺纹的一侧，因而螺纹间隙便不会影响进给量和定位精度。

三、其他类型外圆磨床

（一）普通外圆磨床和半自动宽砂轮外圆磨床

1. 普通外圆磨床

普通外圆磨床和万能外圆磨床在结构上的区别是：普通外圆磨床的头架和砂轮架都不能绕垂直轴线调整角度，头架主轴不能转动，没有内圆磨具。因此，工艺范围较窄，只能磨削外圆柱面和锥度较小的外圆锥面。但由于主要部件的结构层次少，刚性好，可采用较大的磨削用量，因此生产率较高，同时也易于保证磨削质量。

2. 半自动宽砂轮外圆磨床

半自动宽砂轮外圆磨床的结构与普通外圆磨床类似，但具有更好的结构刚性，采用大功率电动机驱动宽度很大的砂轮，按切入磨法工作。为了使砂轮磨损均匀和获得小的表面粗糙度，某些宽砂轮外圆磨床的工作台或砂轮主轴可作短距离的往复抖动运动。

这种磨床常配备有自动测量仪控制磨削尺寸，按半自动循环进行工作，进一步提高了自动化程度和生产率。但由于磨削力和磨削热量大，工件容易变形，所以加工精度和表面粗糙度比普通外圆磨床差些，主要适用于成批和大量生产中磨削刚度较好的工件，如汽车拖拉机的驱动轴、电机转子轴和机床主轴等。

（二）端面外圆磨床

端面外圆磨床的主要特点在于，砂轮主轴轴线相对于头、尾座顶尖中心连线倾斜一定角度（如 MB1632 型半自动端面外圆磨床为 26°36′），砂轮架沿斜向进给（见图 3-9a），且砂轮装在主轴右端，以避免砂轮架和尾座、工件相碰。这种磨床以切入磨法同时磨削工件的外圆和台阶端面，通常按半自动循环进行工作，由定程装置或自动测量仪控制工件尺寸，生产率较高，且台阶端面由砂轮锥面进行磨削（见图 3-9b），砂轮和工件的接触面积较小，能保证较高的加工质量。这种磨床主要用于大批量生产中磨削带有台阶的轴类和盘类零件。

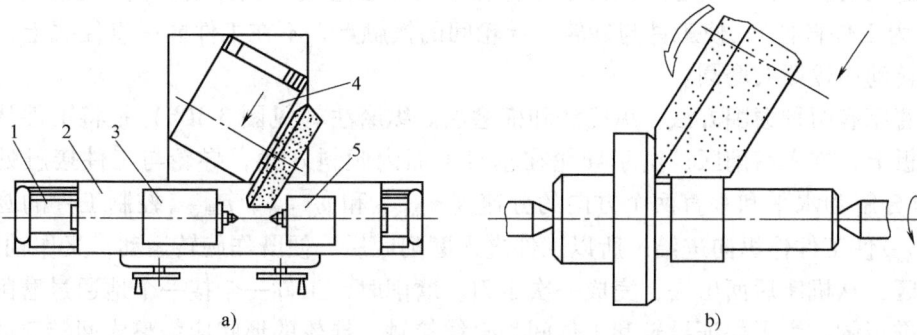

图 3-9　端面外圆磨床
1—床身　2—工作台　3—头架　4—砂轮架　5—尾座

（三）无心外圆磨床

无心外圆磨床进行磨削时，工件不是支承在顶尖上或夹持在卡盘中，而直接放在砂轮和导轮之间，由托板和导轮支承，工件被磨削外圆表面本身就是定位基准面（见图 3-10）。

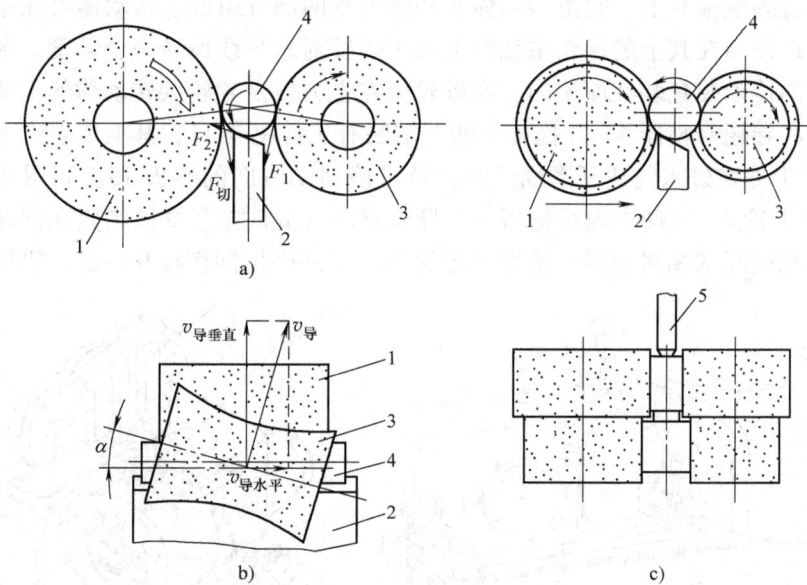

图 3-10　无心外圆磨床工作原理
1—砂轮　2—托板　3—导轮　4—工件　5—挡块

磨削时工件在磨削力以及导轮和工件间摩擦力的作用下被带动旋转，实现圆周进给运动。导轮是摩擦系数较大的树脂或橡胶结合剂砂轮，其线速度一般在 $10 \sim 50 \mathrm{m/min}$ 范围内，它不起磨削作用，而是用于支承工件和控制工件的进给速度。在正常磨削情况下，高速旋转的砂轮通过磨削力 $F_{切}$ 带动工件旋转，导轮则依靠摩擦力 F_1 对工件进行"制动"，限制工件的圆周速度，使之基本上等于导轮的圆周线速度，从而在砂轮和工件间形成很大的速度差，产生磨削作用。改变导轮的转速，便可调节工件的圆周进给速度。

无心磨削时，工件的中心必须高于导轮和砂轮中心连线（高出的距离一般等于 $0.15d \sim 0.25d$，d 为工件直径），使工件与砂轮、导轮间的接触点，不在工件同一直径线上，从而工件在多次转动中逐渐被磨圆。

无心磨床有两种磨削方法：纵磨法和横磨法。纵磨法（见图 3-10b）是将工件从机床前面放到导板上，推入磨削区；由于导轮在垂直平面内倾斜 α 角，导轮与工件接触处的线速度 $v_{导}$，可分解为水平和垂直两个方向的分速度 $v_{导水平}$ 和 $v_{导垂直}$，$v_{导垂直}$ 控制工件的圆周进给运动；$v_{导水平}$ 使工件作纵向进给。所以工件进入磨削区后，便既作旋转运动，又作轴向移动，穿过磨削区，从机床后面出去，完成一次走刀。磨削时，工件一个接一个地通过磨削区，加工是连续进行的。为了保证导轮和工件间为直线接触，导轮的形状应修整成回转双曲面。这种磨削方法适用于不带台阶的圆柱形工件。横磨法（见图 3-10c）是先将工件放在托板和导轮上，然后由工件（连同导轮）或砂轮作横向进给。此时导轮的中心线仅倾斜微小的角度（约 $30'$），以便对工件产生一不大的轴向推力，使之靠住挡块 5，得到可靠的轴向定位。此法适用于具有阶梯或成形回转表面的工件。

图 3-11 是目前生产中使用最普遍的无心外圆磨床的外形。砂轮架 3 固定在床身 1 的左边，装在其上的砂轮主轴通常是不变速的，由装在床身内的电动机经皮带直接传动。导轮架装在床身 1 右边的拖板 9 上，它由转动体 5 和座架 6 两部分组成。转动体可在垂直平面内相对座架转位，以使装在其上的导轮主轴根据加工需要对水平线偏转一个角度。导轮可有级或无级变速，它的传动装置装在座架内。在砂轮架左上方以及导轮架转动体的上面，分别装有砂轮修整器 2 和导轮修整器 4。在拖板 9 的左端装有工件座架 11，其上装着支承工件用的托板 16，以及使工件在进入与离开磨削区时保持正确运动方向的导板 15。利用快速进给手柄 10 或微量进给手轮 7，可使导轮沿拖板 9 上导轨移动（此时拖板 9 被锁紧在回转底座 8 上），以调整导轮和托板间的相对位置；或者使导轮架、工件座架同拖板 9 一起，沿回转底座 8 上

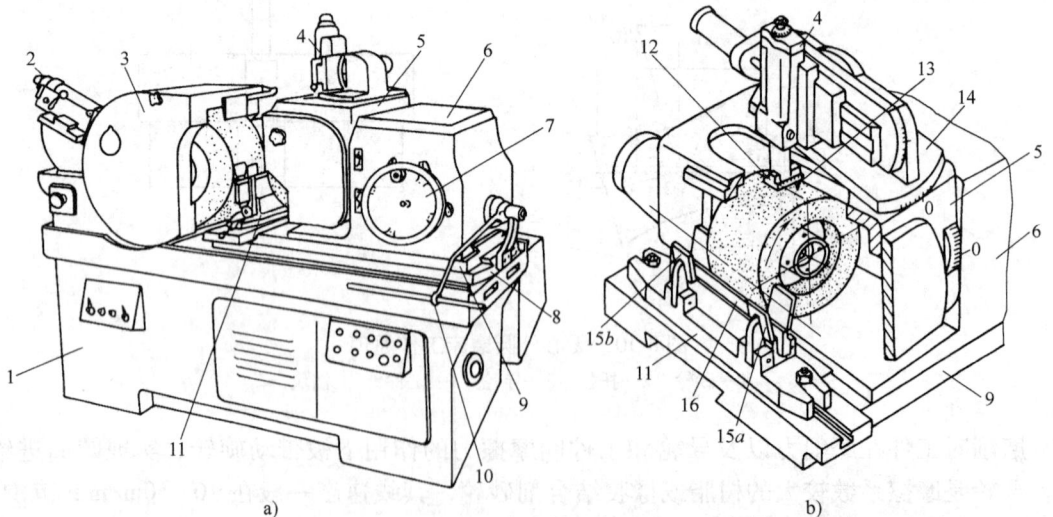

a)   b)

图 3-11　无心外圆磨床

1—床身　2—砂轮修整器　3—砂轮架　4—导轮修整器　5—转动体　6—座架　7—微量进给手轮　8—回转底座
9—拖板　10—快速进给手柄　11—工件座架　12—直尺　13—金刚石　14—底座　15—导板　16—托板

导轨移动（此时导轮架被锁紧在拖板 9 上），实现横向进给运动。回转底座 8 可在水平面内扳转角度，以便磨削锥度不大的圆锥面。

修整导轮时，将导轮修整器 4 的底座 14 相对导轮转动体 5 偏转一角度（应等于或略小于导轮在垂直平面内倾斜的角度），并移动直尺 12，使金刚石 13 的尖端偏离导轮轴线一距离（应等于或略小于工件与导轮接触线在两轮中心连线上的高度），使金刚石尖端的移动轨迹与工件在导轮上的接触线相吻合。

第二节　其他类型磨床

一、内圆磨床

内圆磨床用于磨削各种圆柱孔（通孔、盲孔、阶梯孔和断续表面的孔等）和圆锥孔，其磨削方法有下列几种：

（1）普通内圆磨削（见图 3-12a）磨削时，工件用卡盘或其他夹具装夹在机床主轴上，由主轴带动旋转作圆周进给运动（n_w），砂轮高速旋转实现主运动（n_t），同时砂轮或工件往复移动作纵向进给运动（f_a），在每次（或 n 次）往复行程后，砂轮或工件作一次横向进给（f_r）。这种磨削方法适用于形状规则，便于旋转的工件。

（2）无心内圆磨削（见图 3-12b）磨削时，工件支承在滚轮 1 和导轮 3 上，压紧轮 2 使工件紧靠导轮，工件即由导轮带动旋转，实现圆周进给运动（n_w）。砂轮除了完成主运动（n_t）外，还作纵向进给运动（f_a）和周期横向进给运动（f_r）。加工结束时，压紧轮沿箭头 A 方向摆开，以便装卸工件。这种磨削方式适用于大批大量生产中，加工外圆表面已经精加工过的薄壁工件，如轴承套圈等。

（3）行星内圆磨削（见图 3-12c）磨削时，工件固定不转，砂轮除了绕其自身轴线高速旋转实现主运动（n_t）外，同时还绕被磨内孔的轴线作公转运动，以完成圆周进给运动（n_w）。纵向往复运动（f_a）由砂轮或工件完成。周期地改变砂轮与被磨内孔轴线间的偏心距，即增大砂轮公转运动的旋转半径，可实现横向进给运动（f_r）。这种磨削方式适用于磨削大型或形状不对称，不便于旋转的工件。

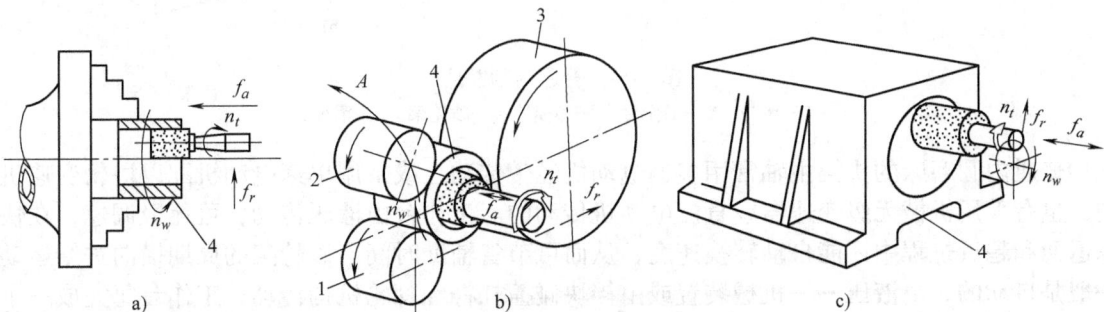

图 3-12　内圆磨削方式
1—滚轮　2—压紧轮　3—导轮　4—工件

内圆磨床的主要类型有普通内圆磨床、无心内圆磨床、行星式内圆磨床和坐标磨床等。一般机械制造厂中以普通内圆磨床应用最普遍。磨削时，根据工件形状和尺寸不同，可采用纵磨法或切入磨法（见图 3-13a、b）。有些普通内圆磨床上备有专门的端磨装置，可在工件一次装夹中磨削内孔和端面（见图 3-13c、d），这样不仅易于保证内孔和端面的垂直度，而且生产率较高。

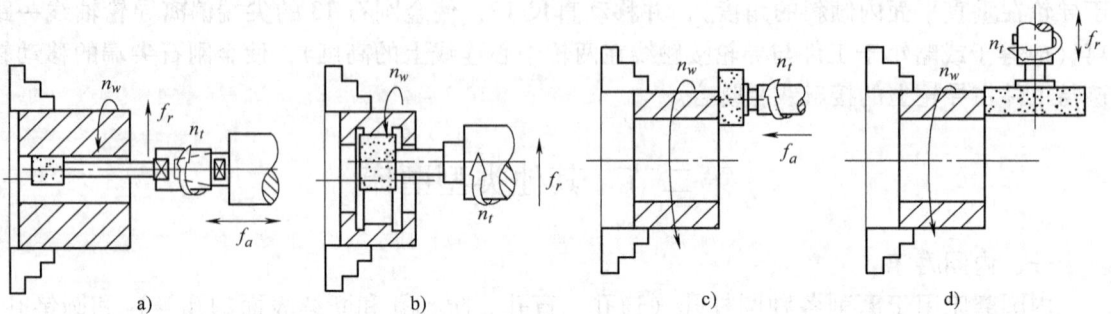

图 3-13　普通内圆磨床的磨削方法

图 3-14 是常见的两种普通内圆磨床布局型式。图 3-14a 所示磨床的工件头架安装在工作台上，随工作台一起往复移动，完成纵向进给运动。图 3-14b 所示磨床砂轮架安装在工作台上作纵向进给运动。两种磨床的横向进给运动都由砂轮架实现。工件头架都可绕垂直轴线调整角度，以便磨削锥孔。

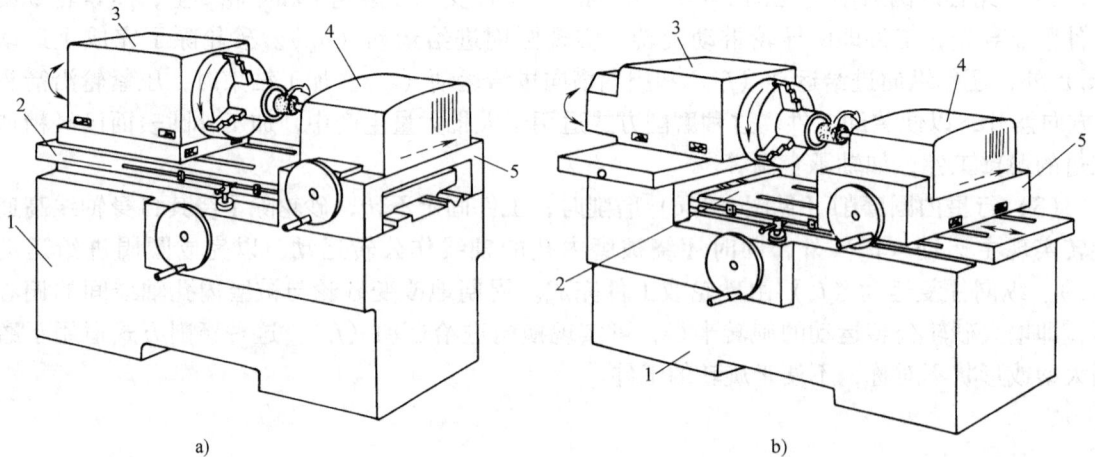

图 3-14　普通内圆磨床
1—床身　2—工作台　3—头架　4—砂轮架　5—滑座

普通内圆磨床的头架主轴常用多速电动机经带传动，或采用单速电动机配以塔轮变速机构，也有采用机械无级变速器或直流电动机传动的。工作台由液压传动，可无级调速，在快速退回和趋近过程中还能自动转换速度，从而可节省辅助时间。砂轮架的周期横向进给运动一般是自动的，由液压——机械装置或由挡块碰撞杠杆经棘轮机构传动，工作台每完成一个往复行程，砂轮架进给一次。

砂轮主轴部件（内圆磨具）是内圆磨床的关键部分。由于砂轮外径受被加工孔径的限制，尺寸较小，为了达到有利的磨削线速度，砂轮主轴的转速必须很高。如何保证砂轮主轴在高转速情况下有稳定的旋转精度、足够的刚度和寿命，是目前内圆磨床发展中仍需进一步解决的问题。

目前，应用较普遍的中型内圆磨床砂轮主轴，转速一般在10，000~20，000r/min左右，常由普通的交流异步电动机经平带传动。这种内圆磨具构造简单、维护方便、成本低，所以应用仍较广泛。但是，在磨削小孔（例如直径小于10mm）时，要求砂轮主轴的转速高达80，000~120，000r/min或更高，此时带易产生打滑、发热和振动等现象，同时力学强度也有一定限制，所以带传动就不适用了。为了满足磨削小孔的需要，目前常采用内连式中频（或高频）电动机驱动的内圆磨具。由于没有中间传动件，可达到的转速较高，同时它还具有输出功率大、短时间过载能力强、速度特性硬、振动小等优点，所以近年来应用日益广泛，特别是在磨削轴承小孔中，应用更多。

为了保证砂轮主轴在高转速下精确平稳地运转，并具有一定寿命，主轴支承一般采用多列高精度向心推力球轴承，高转速的内圆磨具也有采用静压轴承的。

图3-15为内连中频电动机驱动的内圆磨具的一种结构。电动机的转子5和定子4分别固定在主轴2上和体壳7中，由中频机组经电源插件11供给高频电源，直接驱动主轴高速旋转。主轴的径向轴承3和8以及推力轴承1和9都是空气静压轴承，压缩空气从管接头10经体壳上的孔道进入各轴承，在轴和轴承间形成承载气膜。在壳体7和隔水套6之间有U形冷却水腔，工作时可通入循环冷却液以带走电动机散发的热量。

内圆磨具除上述两种传动方式外，也有采用空气涡轮或油涡轮传动的，即用压缩空气和压力油推动叶轮，直接带动主轴高速旋转。用空气涡轮传动并以空气静压轴承作支承的内圆磨具，砂轮可达到极高的转速，目前最高可达400000r/min。但这种传动方式输出功率小，且机械特性软，故只适用于磨削直径非常小的微小孔。

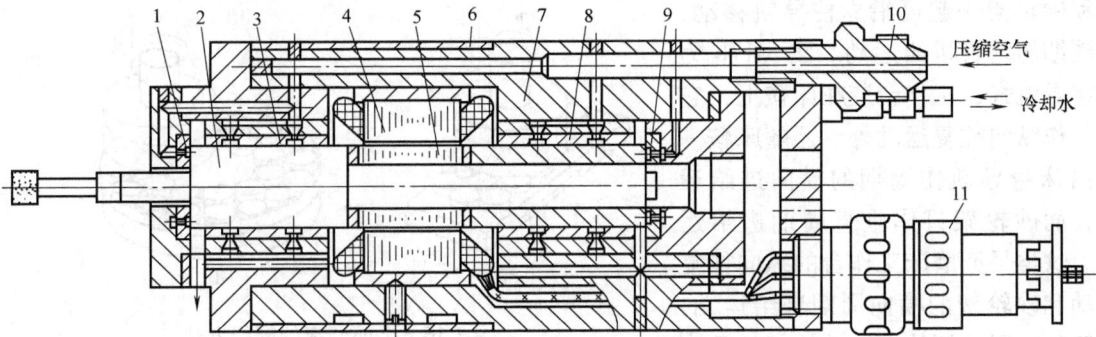

图3-15　内连中频电动机驱动的内圆磨具

1、9—推力轴承　2—主轴　3、8—径向轴承　4—定子　5—转子　6—隔水套　7—壳体　10—管接头　11—电源插件

二、平面磨床

平面磨床主要用于磨削各种工件上的平面，其磨削方式如图3-16所示。工件安装在矩形或圆形工作台上，作纵向往复直线运动或圆周进给运动（f_1），用砂轮的周边或端面进行磨削。用砂轮周边磨削时（见图3-16a、b），由于砂轮宽度的限制。需要沿砂轮轴线方向作横向进给运动（f_2）。为了逐步地切除全部余量并获得所要求的工件尺寸，砂轮还需周期地沿垂直于工件被磨削表面的方向进给（f_3）。

根据磨削方法和机床布局不同，平面磨床主要有以下四种类型，卧轴矩台平面磨床、卧轴圆台平面磨床、立轴矩台平面磨床和立轴圆台平面磨床。其中前两种磨床用砂轮的周边磨削（磨削方法见图 3-16a、b），后两种磨床用砂轮的端面磨削（磨削方法见图 3-16c、d）。

在上述四类平面磨床中，用砂轮端面磨削的平面磨床与用周边磨削的平面磨床相比较，由于端面磨削的砂轮直径往往比较大，能一次磨出工件的全宽，磨削面积较大，所以生产率较高，但端面磨削时砂轮和工件表面是成弧形线或面接触，接触面积大，冷却困难，且切屑不易排除，所以加工精度较低，表面粗糙度较大。而用砂轮周边磨削，由于砂轮和工件接触面较小，发热量少，冷却和排屑条件较好，可获得较高的加工精度和较小的表面粗糙度。另外，采用卧轴矩台的布局形式时，工艺范围较广，除了用砂轮周边磨削水平面外，还可用砂轮的端面磨削沟槽、台阶等的垂直侧平面。

圆台平面磨床与矩台平面磨床相比，圆台式的生产率稍高些，这是由于圆台式是连续进给，而矩台式有换向时间损失。但是圆台式只适于磨削小零件和大直径的环形零件端面，不能磨削窄长零件。而矩台式可方便地磨削各种零件，包括直径小于矩台宽度的环形零件。

目前，最常见的平面磨床为卧轴矩台式平面磨床和立轴圆台式平面磨床。

图 3-17 是最常见的两种卧轴矩台平面磨床布局型式。图 3-17a 为砂轮架移动式，工作台只作纵向往复运动，而由砂轮架沿滑鞍上的燕尾导轨移动来实现周期的横向进给运动；滑鞍和砂轮架一起可沿立柱导轨移动，作周期的垂直进给运动。图 3-17b 为十字导轨式，工作台装在床鞍上，它除了作纵向往复运动外，还随床鞍一起沿床身导轨作周期的横向进给运动，而砂轮架只作垂直周期进给运动。这类平面磨床工作台的纵向往复运动和砂轮架的横向周期进给运动，一般都采用液压传动。砂轮架的垂直进给运动通常是手动的。为了减轻工人的劳动强度和节省辅助时间，有些

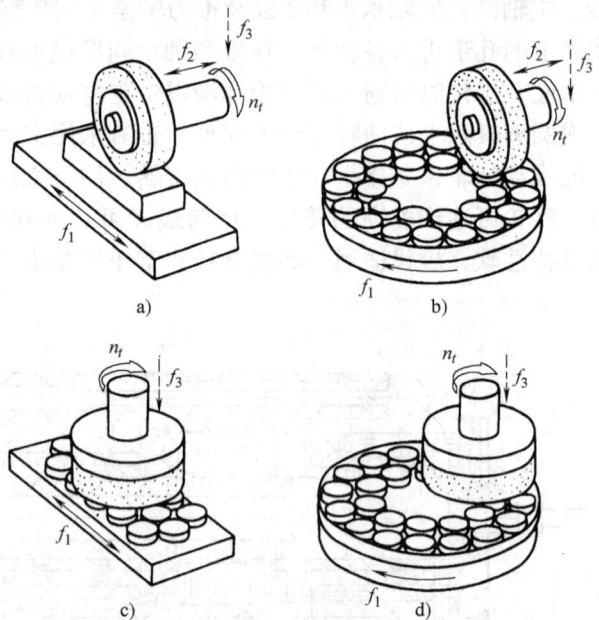

图 3-16　平面磨床的磨削方法
a）周边磨削：工件往复运动　b）周边磨削：工件圆周进给
c）端面磨削：工件往复运动　d）端面磨削：工件圆周进给

机床具有快速升降机构，用以实现砂轮架的快速机动调位运动。砂轮主轴采用内连电动机直接传动。

图 3-18 是立轴圆台平面磨床的外形。圆形工作台装在床鞍上，它除了作旋转运动实现圆周进给外，还可以随同床鞍一起，沿床身导轨纵向快速退离或趋近砂轮，以便装卸工件。砂轮的垂直周期进给，通常由砂轮架沿立柱导轨移动来实现，但也有采用移动装在砂轮架体壳中的主轴套筒来实现的。砂轮架还可作垂直快速调位运动，以适应磨削不同高度工件的需要。以上这些运动，都由单独电动机经机械传动装置传动。这类磨床的砂轮主轴轴线位置可根据加工要求进行微量调整，使砂轮端面和工作台台面平行或倾斜一个微小的角度（一般

小于 10′)。粗磨时，常采用较大的磨削用量以提高磨削效率，为避免发热量过大而使工件产生热变形和表面烧伤，需将砂轮端面倾斜一些，以减少砂轮与工件的接触面积。精磨时，为了保证磨削表面的平面度与平行度，需使砂轮端面与工作台台面平行或倾斜一极小的角度。此外，磨削内凹或内凸的工作表面时，也需使砂轮端面在相应方向倾斜。砂轮主轴轴线位置可通过砂轮架相对立柱，或立柱相对于床身底座偏斜一个角度来进行调整。

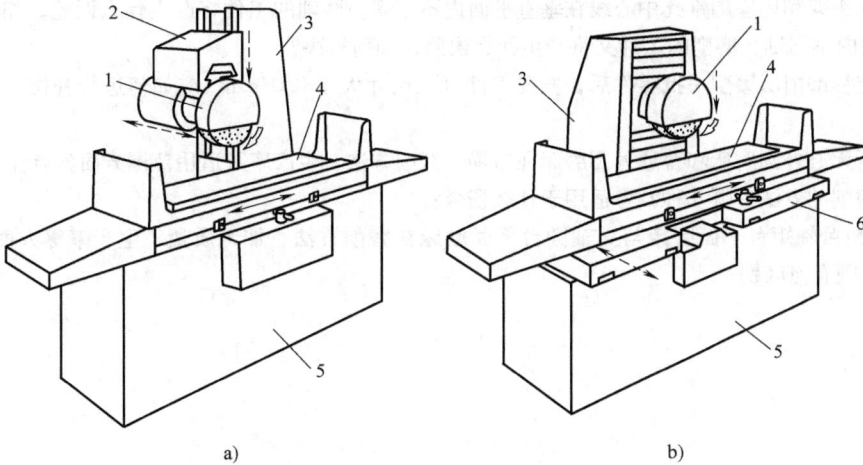

图 3-17　卧轴矩台平面磨床
1—砂轮架　2—滑鞍　3—立柱　4—工作台　5—床身　6—床鞍

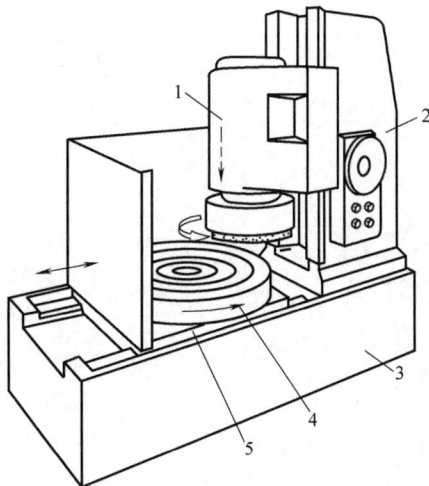

图 3-18　立轴圆台平面磨床
1—砂轮架　2—立柱　3—床身　4—工作台　5—床鞍

习题与思考题

1. 以 M1432A 型磨床为例，说明为保证加工质量（尺寸精度，几何形状精度和表面粗糙度），万能外圆磨床在传动与结构方面采取了哪些措施？（注：可与卧式车床进行比较）

2. 万能外圆磨床上磨削圆锥面有哪几种方法？各适用于什么场合？

3. 图 3-5 所示砂轮主轴承受径向和轴向力的轴承各有什么特点？使用这种轴承的基本条件是什么？并说明其理由；轴承间隙如何调整？

4. 在万能外圆磨床上磨削内外圆时，工件有哪几种装夹方法？各适用于何种场合？采用不同装夹方法时，头架的调整状况有何不同？工件怎样获得圆周进给（旋转）运动？

5. 为什么中型万能外圆磨床的尾架顶尖通常采用弹簧顶紧？而卧式车床则采用丝杠螺母顶紧？

6. 如磨床头架和尾座的锥孔中心线在垂直平面内不等高，磨削的工件将产生什么误差，如何解决？如两者在水平面内不同轴，磨削的工件又将产生什么误差，如何解决？

7. 采用定程磨削法磨削一批零件后，发现工件直径尺寸大了 0.03mm，应如何进行补偿？并说明调整步骤？

8. 试分析无心外圆磨床和普通外圆磨床在布局、磨削方法、生产率及适用范围方面各有什么区别？

9. 内圆磨削的方法有哪几种？各适用于什么场合？

10. 试分析卧轴矩台平面磨床与立轴圆台平面磨床在磨削方法、加工质量、生产率等方面有何不同？它们的适用范围有何区别？

第四章　齿轮加工机床

第一节　概　述

齿轮加工机床是用来加工齿轮轮齿的机床。齿轮传动在各种机械及仪表中的广泛应用，以及现代工业的发展对齿轮传动在圆周速度和传动精度等方面的要求越来越高，促进了齿轮加工机床的发展，使齿轮加工机床成为机械制造业中一种重要的加工设备。

一、齿轮加工机床的工作原理

齿轮加工机床的种类繁多，构造各异，加工方法也各不相同，但就其加工原理来说，不外是成形法和范成法两类。

成形法加工齿轮，要求所用刀具的切削刃形状与被切齿轮的齿槽形状相吻合。例如，在铣床上用盘形或指形齿轮铣刀铣削齿轮，在刨床或插床上用成形刀具刨削或插削齿轮等。通常采用单齿廓成形刀具加工齿轮，它的优点是机床较简单，也可以利用通用机床加工。缺点是对于同一模数的齿轮，只要齿数不同，齿廓形状就不相同，需采用不同的成形刀具；在实际生产中，为了减少成形刀具的数量，每一种模数通常只配有八把刀，各自适应一定的齿数范围，因而加工出来的齿形是近似的，加工精度较低；而且，每加工完一个齿槽后，工件需要周期地分度一次，生产率也较低。因此，用单齿廓成形刀具加工齿轮的方法，通常多用于修配行业中加工精度要求不高的齿轮，以及用于重型机器制造业中，以解决缺乏大型齿轮加工机床的问题。采用多齿廓成形刀具时，在一个工作循环中即可加工出全部齿槽，生产率很高，但刀具制造复杂，仅用于大量生产中。

范成法加工齿轮是利用齿轮的啮合原理进行的，即把齿轮啮合副（齿条——齿轮、齿轮——齿轮）中的一个转化为刀具，另一个转化为工件，并强制刀具和工件作严格的啮合运动而范成切出齿廓。

范成法切齿所用刀具切削刃的形状相当于齿条或齿轮的齿廓，它与被切齿轮的齿数无关，因此每一种模数，只需用一把刀具就可以加工各种不同齿数的齿轮。这种方法的加工精度和生产率一般比较高，因而在齿轮加工机床中应用最广。

二、齿轮加工机床的类型

按照被加工齿轮种类不同，齿轮加工机床可分为圆柱齿轮加工机床和锥齿轮加工机床两大类。圆柱齿轮加工机床主要有滚齿机、插齿机、车齿机等；锥齿轮加工机床有加工直齿锥齿轮的刨齿机、铣齿机、拉齿机和加工弧齿锥齿轮的铣齿机；此外，还有加工齿线形状为长幅外摆线或延伸渐开线的锥齿轮铣齿机。用来精加工齿轮齿面的机床有珩齿机、剃齿机和磨齿机等。

第二节　滚　齿　机

滚齿机是齿轮加工机床中应用最广泛的一种。它多数是立式的，用来加工直齿和斜齿的外啮合圆柱齿轮及蜗轮；也有卧式的，用于仪表工业中加工小模数齿轮和在一般机械制造业中加工轴齿轮、花键轴等。

一、滚齿原理

滚齿加工是由一对交错轴斜齿轮啮合传动原理演变而来的。将这对啮合传动副中的一个齿轮的齿数减少到几个或一个，螺旋角 β 增大到很大（即螺旋升角 ω 很小），它就成了蜗杆。再将蜗杆开槽并铲背，就成为齿轮滚刀。在齿轮滚刀按给定的切削速度作旋转运动，工件轮坯按一对交错轴斜齿轮啮合传动的运动关系，配合滚刀一起转动的过程中，就在齿坯上滚切出齿槽，形成渐开线齿面（见图 4-1a）。在滚切过程中，分布在螺旋线上的滚刀各刀齿相继切去齿槽中一薄层金属，每个齿槽在滚刀旋转中由几个刀齿依次切出，渐开线齿廓则由刀刃一系列瞬时位置包络而成，如图 4-1b 所示，所以，滚齿时齿廓的成形方法是范成法，成形运动是滚刀旋转运动和工件旋转运动组成的复合运动（$B_{11}+B_{12}$），这个复合运动称为范成运动。当滚刀与工件连续不断地旋转时，便在工件整个圆周上依次切出所有齿槽。也就是说，滚齿时齿面的成形过程与齿轮的分度过程是结合在一起的，因而范成运动也就是分度运动。

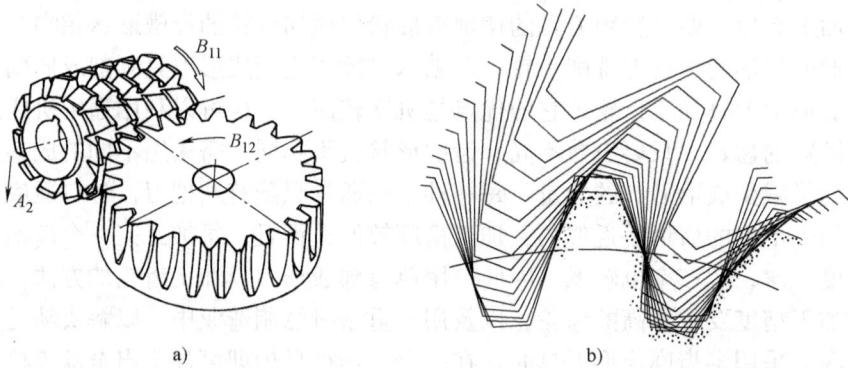

图 4-1　滚齿原理

由上述可知，为了得到所需的渐开线齿廓和齿轮齿数，滚齿时滚刀和工件之间必须保持严格的相对运动关系为：当滚刀转过 1 转时，工件应该相应地转 k/z 转（k 为滚刀头数，z 为工件齿数）。

（一）加工直齿圆柱齿轮时的运动和传动原理

根据表面成形原理，加工直齿圆柱齿轮时的成形运动应包括，形成渐开线齿廓（母线）的运动和形成直线形齿线（导线）的运动。渐开线齿廓由范成法形成，靠滚刀旋转运动 B_{11} 和工件旋转运动 B_{12} 组成的复合成形运动——范成运动实现；直线形齿线由相切法形成，靠滚刀旋转运动 B_{11} 和滚刀沿工件轴线的直线运动 A_2 来实现，这是两个简单运动（见图 4-1a）。这里，滚刀的旋转运动既是形成渐开线齿廓的运动，又是形成直线形齿线的运动。所以，滚切直齿圆柱齿轮实际只需要两个独立的成形运动：一个复合成形运动（$B_{11}+B_{12}$）和一个简单成形运动 A_2。但是，习惯上常常根据切削中所起作用来称呼滚齿时的运动，即称工件的旋转运动为范成运动，滚刀的旋转运动为主运动，滚刀沿工件轴线方向的移动为轴向进给运动，并据此来命名实现这些运动的传动链。

实现滚切直齿圆柱齿轮所需成形运动的传动原理如图 4-2 所示。联系滚刀主轴（滚刀转

动 B_{11}）和工作台（工件转动 B_{12}）的传动链"4—5—u_x—6—7"为范成运动传动链，由它来保证滚刀和工件旋转运动之间的严格运动关系。传动链中的换置机构 u_x 用于适应工件齿数和滚刀头数的变化。显然，这是一条内联系传动链，不仅要求它的传动比数值绝对准确，而且还要求滚刀和工件两者的旋转方向互相配合，即必须符合一对交错轴斜齿轮啮合传动时的相对运动方向。当滚刀旋转方向一定时，工件的旋转方向由滚刀螺旋方向确定。

为使滚刀和工件能实现范成运动，需有传动链"1—2—u_v—3—4"把运动源 M 与范成运动传动链联系起来。它是范成运动的外联系传动链，使滚刀和工件共同获得一定速度和方向的运动。通常称联系运动源 M 与滚刀主轴的传动链为主运动传动链，传动链中的换置机构 u_v 用于调整渐开线齿廓的成形速度，以适应滚刀直径、滚刀材料、工件材料、硬度以及加工质量要求等的变化，即根据工艺条件所确定的滚刀转速来调整其传动比。

滚刀的轴向进给运动是由滚刀刀架沿立柱移

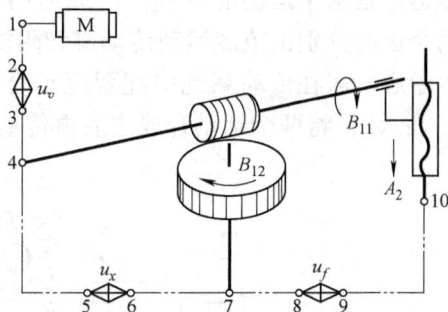

图 4-2 滚刀直齿圆柱齿轮的传动原理

动实现的。为使刀架得到运动，用轴向进给运动传动链"7—8—u_f—9—10，将工作台（工件转动）与刀架（滚刀移动）联系起来。传动链中的换置机构 u_f 用于调整轴向进给量的大小和进给方向，以适应不同加工表面粗糙度的要求。需要明确的是，由于轴向进给运动是简单运动，所以轴向进给运动传动链是外联系传动链。这里所以用工作台作为间接运动源，是因为滚齿时的进给量通常以工件每转一转时，刀架的位移量来计量，且刀架运动速度较低，采用这种传动方案，不仅可满足工艺上的需要，又能简化机床的结构。

（二）加工斜齿圆柱齿轮时的运动和传动原理

斜齿圆柱齿轮与直齿圆柱齿轮不同之处是齿线为螺旋线，因此，滚切斜齿齿轮时，除了与滚切直齿一样，需要有范成运动，主运动和轴向进给运动外，为了形成螺旋线齿线，在滚刀作轴向进给运动的同时，工件还应作附加旋转运动 B_{22}（简称附加运动），而且这两个运动之间必须保持确定的关系，即滚刀移动一个工件螺旋线导程 L 时，工件应准确地附加转过一转，对此我们用图 4-3a 来加以说明，设工件螺旋线为右旋，当刀架带着滚刀沿工件轴向进给 f（单位为 mm），滚刀由 a 点到 b 点时，为了能切出螺旋线齿线，应使工件的 b' 点转到 b 点，即在工件原来的旋转运动 B_{12} 的基础上，再附加转动 $\overparen{bb'}$。当滚刀进给至 c 点时，工件应附加转动 $\overparen{cc'}$。依此类推，当滚刀进给至 p 点，即滚刀进给一个工件螺旋线导程 L 时，工件上的 p' 点应转到 p 点，就是说工件应附加转 1 转。附加运动 B_{22} 的方向，与工件在范成运动中的旋转运动 B_{12} 方向或者相同，或者相反，这取决于工件螺旋线方向及滚刀进给方向；如果 B_{22} 和 B_{12} 同向，计算时附加运动取+1 转，反之，若 B_{22} 和 B_{12} 方向相反，则取-1 转。由上述分析可知，滚刀的轴向进给运动 A_{21} 和工件的附加运动 B_{22} 是形成螺旋线齿线所必需的运动，它们组成一个复合运动——螺旋轨迹运动。

实现滚切斜齿圆柱齿轮所需成形运动的传动原理如图 4-3b 所示。其中范成运动、主运动以及轴向进给运动传动链与加工直齿圆柱齿轮时相同，只是在刀架与工件之间增加了一条附加运动传动链："刀架（滚刀移动 A_{21}）—12—13—u_y—14—15—[合成]—6—7—u_x—8—

9—工作台（工件附加转动 B_{22}）"，以保证刀架沿工件轴线方向移动一个螺旋线导程 L 时，工件附加转 1 转，形成螺旋线齿线。显然，这条传动链属于内联系传动链。传动链中的换置机构 u_y 用于适应工件螺旋线导程 L 和螺旋方向的变化。由于滚切斜齿圆柱齿轮时，工件旋转运动既要与滚刀旋转运动配合，组成形成齿廓的范成运动，又要与滚刀刀架直线进给运动配合，组成形成螺旋线齿线的螺旋轨迹运动，而且它们又是同时进行的，所以加工时工件的旋转运动是两个运动的合成：范成运动中的旋转运动 B_{12} 和螺旋轨迹运动的附加运动 B_{22}。这两个运动分别由范成运动传动链和附加运动传动链传来，为使工件同时接受两个运动而不发生矛盾，需在传动系统中配置运动合成机构（图 4-3b 以及其他传动原理图中均用〔合成〕表示），将两个运动合成之后再传给工件。

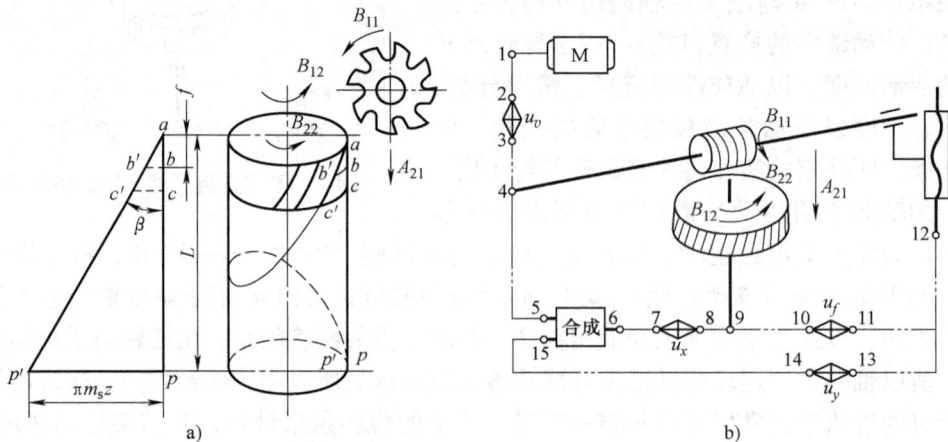

图 4-3 滚切斜齿圆柱齿轮的传动原理

（三）加工蜗轮时的运动和传动原理

用蜗轮滚刀滚切蜗轮时，齿廓的形成方法及成形运动与加工圆柱齿轮是相同的，但齿线是当滚刀切至全齿深时，在范成齿廓的同时形成的。因此，滚切蜗轮需有范成运动，主运动以及滚刀切入工件的切入进给运动。根据切入进给方法不同，滚切蜗轮的方法有以下两种：

1. 径向进给法

这种加工方法在一般滚齿机上都可进行。加工时，由滚刀旋转运动 B_{11} 和工件旋转运动 B_{12} 范成齿形的同时，还应由滚刀或工件沿工件径向作切入进给运动 A_2（见图 4-4a），使滚刀从蜗轮齿顶逐渐切入至全齿深。采用这种方法加工蜗轮时，机床的传动原理见图 4-4b（图中表示由滚刀实现切入进给运动）。

2. 切向进给法

这种加工方法只有在滚刀刀架上具备切向进给溜板的滚齿机上方能进行，同时需要采用带切削锥的蜗轮滚刀（见图 4-4c）。加工前，预先按蜗杆蜗轮副的啮合状态，调整好滚刀与工件轴线之间的距离。加工时，滚刀沿工件切线方向（即滚刀轴向）缓慢移动，完成切向进给运动，滚刀在进给过程中，先是切削锥部，继而圆柱部分逐渐切入工件，当滚刀的圆柱部分完全切入工件时（见图 4-4c 中假想线所示位置），就切到了全齿深。加工过程中，由于滚刀沿工件切线方向移动，破坏了它和工件的正常"啮合传动"关系，所以工件必须相应地作附加旋转运动 B_{22} 与之严格配合。它们的运动关系应与蜗杆轴向移动时带动蜗轮转动一样，即滚刀切向移动一个齿距的同时，工件必须附加转动一个齿，附加运动的方向则与滚刀切向进给方向相对应。由于工件的附加运动 B_{22} 与范成运动中工件的旋转运动 B_{12} 是同时进行的，因此，与滚切斜齿圆柱齿轮相似，加工时工件的旋转运动是 B_{22} 和 B_{12} 的合成运动。在传动系统中也需要配置运动合成机构。图 4-4d 为用切向进给法滚切蜗轮时的传动原理。机床的主运动及范成运动传动链与加工直齿圆柱齿轮相同。联系工作台（工件旋转运动）与滚刀切向进给溜板（滚刀移动）的传动链"7—u_f—2—1"为切向进给传动链，它是外联系传动链。联系切向进给溜板（滚刀移动 A_{21}）和工作台（工件附加旋转运动 B_{22}）的传动链"1—2—3—u_y—4—5—[合成]—6—u_x—7"为附加运动传动链，它是内联系传动链。范成运动和附加运动由运动合成机构合成后传给工件。

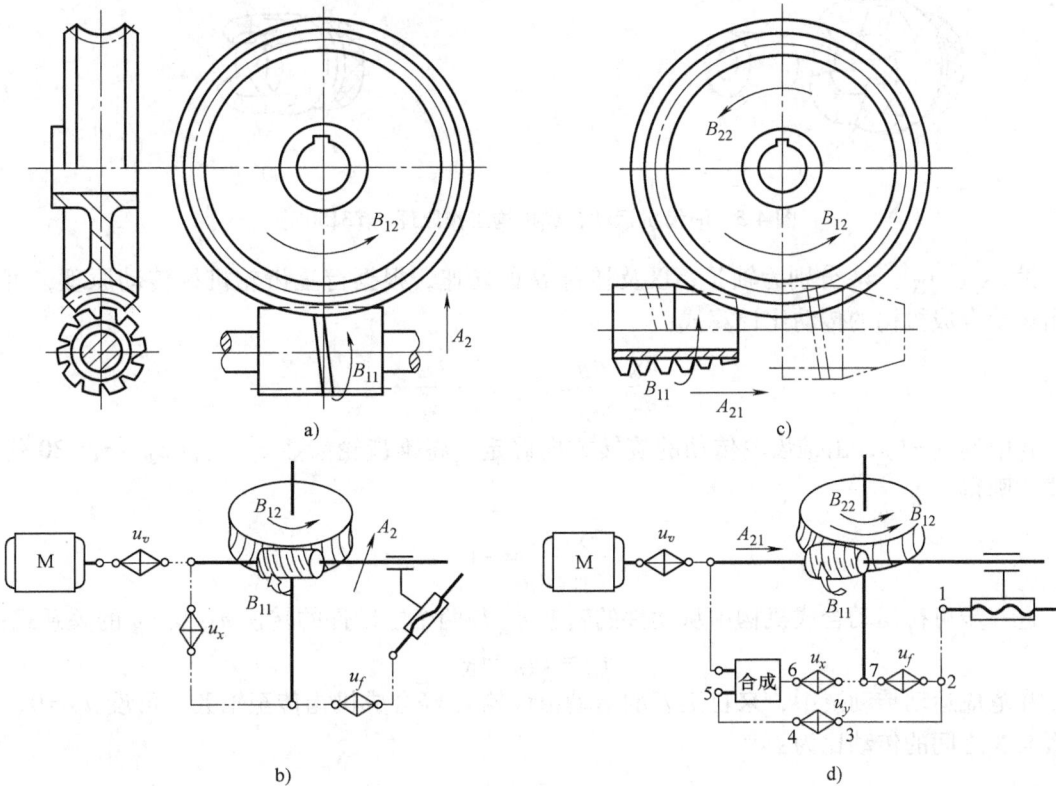

图 4-4 蜗轮加工原理及机床传动原理

（四）滚齿机的运动合成机构

滚齿机上加工斜齿圆柱齿轮、大质数齿轮（详见后）以及用切向进给法加工蜗轮时，都需要通过运动合成机构将范成运动中工件的旋转运动和工件的附加运动合成后传到工作台，使工件获得合成运动。

滚齿机所用的运动合成机构通常是圆柱齿轮或锥齿轮行星机构。图 4-5 为 Y3150E 型滚齿机所用的运动合成机构，由模数 $m=3$，齿数 $z=30$、螺旋角 $\beta=0°$ 的四个弧齿锥齿轮组成。

当需要附加运动时（见图 4-5a），在轴 X 上先装上套筒 G（用键与轴连接），再将离合器 M_2 空套在套筒 G 上。离合器 M_2 的端面齿与空套齿轮 z_y 的端面齿以及转臂 H 右部套筒上的端面齿同时啮合，将它们联接在一起，因而来自刀架的运动可通过齿轮 z_y

传递给转臂 H。

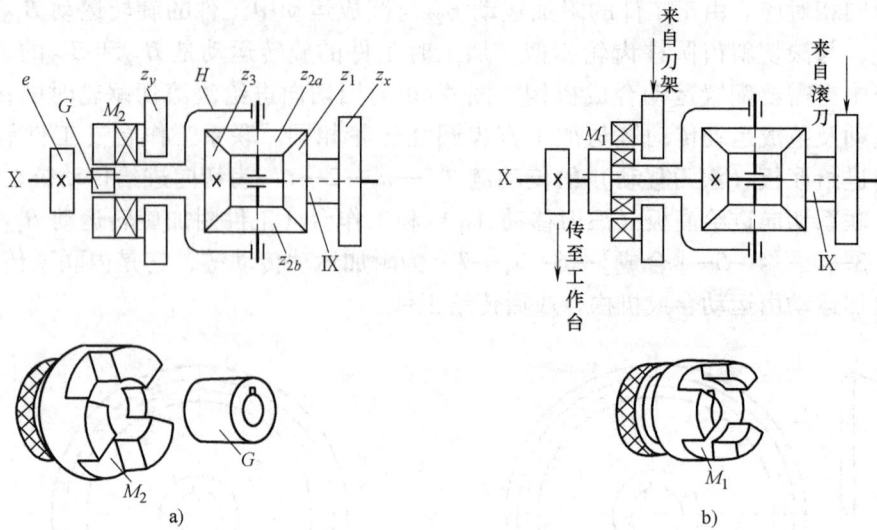

图 4-5　滚齿机运动合成机构工作原理（Y3150E）

设 n_X、n_{IX}、n_H 分别为轴 X、IX 及转臂 H 的转速，根据行星齿轮机构传动原理，可以列出运动合成机构的传动比计算式：

$$\frac{n_X - n_H}{n_{IX} - n_H} = (-1)\frac{z_1}{z_{2a}}\frac{z_{2a}}{z_3}$$

式中的（-1），由锥齿轮传动的旋转方向确定。将锥齿轮齿数 $z_1 = z_{2a} = z_{2b} = z_3 = 30$ 代入上式，则得

$$\frac{n_X - n_H}{n_{IX} - n_H} = -1$$

进一步可得运动合成机构中从动件的转速 n_X 与两个主动件的转速 n_{IX} 及 n_H 的关系式：

$$n_X = 2n_H - n_{IX}$$

在范成运动传动链中，来自滚刀的运动由齿轮 z_x 经合成机构传至轴 X；可设 $n_H = 0$，则轴 IX 与 X 之间的传动比为：

$$u_{合1} = \frac{n_X}{n_{IX}} = -1$$

在附加运动传动链中，来自刀架的运动由齿轮 z_y 传给转臂 H，再经合成机构传至轴 X；可设 $n_{IX} = 0$，则转臂 H 与轴 X 之间的传动比为：

$$u_{合2} = \frac{n_X}{n_H} = 2$$

综上所述，加上斜齿圆柱齿轮，大质数齿轮以及用切向法加工蜗轮时，范成运动和附加运动同时通过合成机构传动，并分别按传动比 $u_{合1} = -1$ 及 $u_{合2} = 2$ 经轴 X 和齿轮 e 传往工作台。

加工直齿圆柱齿轮时，工件不需要附加运动。为此需卸下离合器 M_2 及套筒 G，而将离合器 M_1 装在轴 X 上（见图 4-3b）。M_1 通过键和轴 X 连接，其端面齿爪只和转臂 H 的端面齿

爪连接，所以此时

$$n_H = n_X$$
$$n_X = 2n_X - n_{IX}$$
$$n_X = n_{IX}$$

范成运动传动链中轴 X 与轴 IX 之间的传动比为：

$$u'_{合1} = \frac{n_X}{n_{IX}} = 1$$

实际上，在上述调整状态下，转臂 H、轴 X 与轴 IX 之间都不能作相对运动，相当于联成一整体，因此在范成运动传动链中，运动由齿轮 z_x 经轴 IX 直接传至轴 X 及齿轮 e，即合成机构传动比 $u'_{合1} = 1$。

二、滚齿机传动系统及其调整计算

中型通用滚齿机常见的布局形式有立柱移动式和工作台移动式两种。Y3150E 型滚齿机属于后者，图 4-6 为该机床的外形。

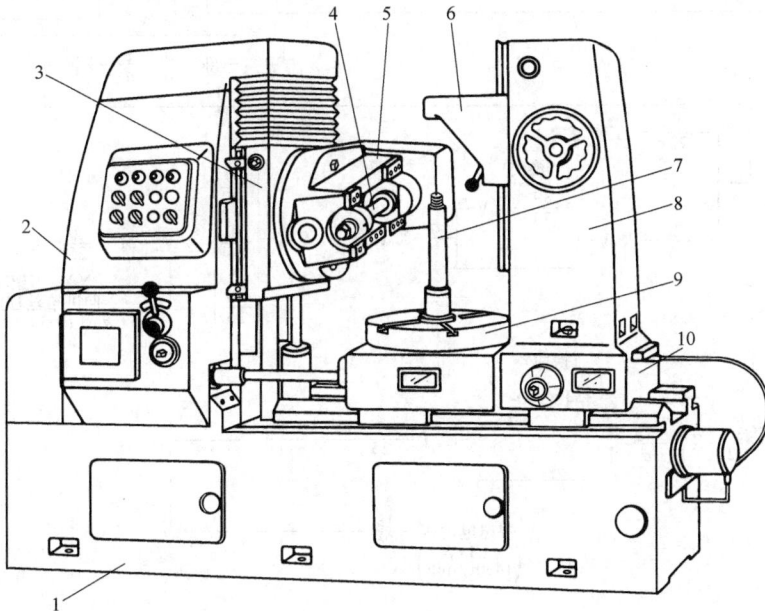

图 4-6　Y3150E 型滚齿机

1—床身　2—立柱　3—刀架溜板　4—刀杆　5—刀架体　6—支架　7—心轴
8—后立柱　9—工作台　10—床鞍

床身 1 上固定有立柱 2。刀架溜板 3 可沿立柱上的导轨垂直移动，滚刀用刀杆 4 安装在刀架体 5 中的主轴上。工件安装在工作台 9 的心轴 7 上，随同工作台一起旋转。后立柱 8 和工作台装在床鞍 10 上，可沿床身的水平导轨移动。用于调整工件的径向位置或作径向进给运动。后立柱上的支架 6 可用轴套或顶尖支承工件心轴上端。

通用滚齿机一般要求它能加工直齿、斜齿圆柱齿轮和蜗轮，因此，其传动系统应具备下列传动链：主运动传动链、范成运动传动链、轴向进给传动链、附加运动传动链、径向进给传动链和切向进给传动链，其中前四种传动链是所有通用滚齿机都具备的，后两种传动链只有部分滚齿机具备。此外，大部分滚齿机还具备刀架快速空行程传动链，用于传动刀架溜板快速移动。

图 4-7 为 Y3150E 型滚齿机的传动系统。该机床主要用于加工直齿和斜齿圆柱齿轮，也可用径向切入法加工蜗轮，但径向进给只能手动。因此，传动系统中只有主运动、范成运动、轴向进给和附加运动传动链；另外，还有一条刀架空行程传动链。传动系统的传动路线表达式如下：

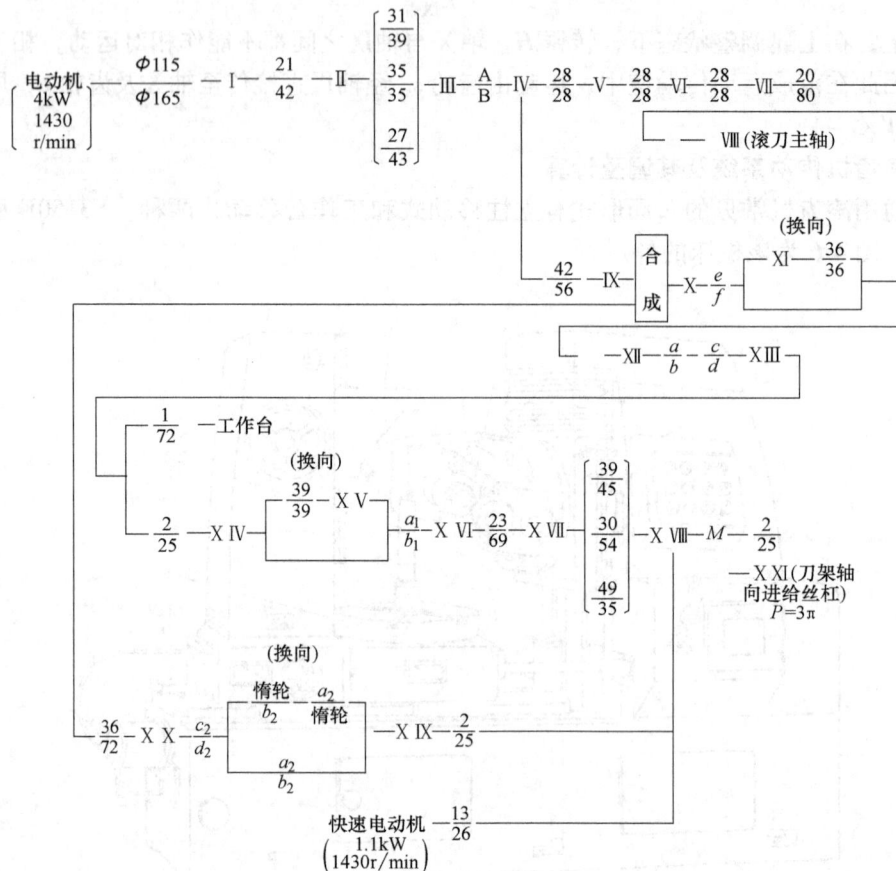

$$\left[\begin{array}{c}\text{电动机}\\4\text{kW}\\1430\\\text{r/min}\end{array}\right]\frac{\varPhi115}{\varPhi165}-\text{I}-\frac{21}{42}-\text{II}-\left[\begin{array}{c}\frac{31}{39}\\\frac{35}{35}\\\frac{27}{43}\end{array}\right]-\text{III}\frac{A}{B}-\text{IV}-\frac{28}{28}-\text{V}-\frac{28}{28}-\text{VI}-\frac{28}{28}-\text{VII}-\frac{20}{80}$$

$$-\text{VIII(滚刀主轴)}$$

$$\frac{42}{56}-\text{IX}-\boxed{\text{合成}}-\text{X}-\frac{e}{f}-\text{XI}-\frac{36}{36}\text{(换向)}$$

$$-\text{XII}-\frac{a}{b}-\frac{c}{d}-\text{XIII}$$

$$\frac{1}{72}-\text{工作台}$$

$$\frac{2}{25}-\text{XIV}-\frac{39}{39}\text{(换向)}-\frac{a_1}{b_1}-\text{XVI}-\frac{23}{69}-\text{XVII}-\left[\begin{array}{c}\frac{39}{45}\\\frac{30}{54}\\\frac{49}{35}\end{array}\right]-\text{XVIII}-M-\frac{2}{25}$$

$$-\text{XXI(刀架轴向进给丝杠)}\ P=3\pi$$

$$\frac{36}{72}-\text{XX}-\frac{c_2}{d_2}-\left[\begin{array}{c}\text{惰轮}-\frac{a_2}{b_2}-\text{惰轮}\\\frac{a_2}{b_2}\end{array}\right]-\text{XIX}-\frac{2}{25}\quad\text{(换向)}$$

$$\left[\begin{array}{c}\text{快速电动机}\\1.1\text{kW}\\1430\text{r/min}\end{array}\right]\frac{13}{26}$$

下面具体分析滚切直齿、斜齿圆柱齿轮时各运动链的调整计算。

(一) 加工直齿圆柱齿轮的调整计算

1. 主运动传动链

主运动传动链的两端件是电动机——滚刀主轴 VIII，计算位移是：电动机 $n_{电}$（单位为 r/min）——滚刀主轴（滚刀转动）$n_{刀}$（单位为 r/min），其运动平衡式：

$$1430\times\frac{115}{165}\times\frac{21}{42}\times u_{\text{II-III}}\frac{A}{B}\times\frac{28}{28}\times\frac{28}{28}\times\frac{28}{28}\times\frac{20}{80}=n_{刀}$$

由上式可得换置公式

$$u_v=u_{\text{II-III}}\frac{A}{B}=\frac{n_{刀}}{124.583}$$

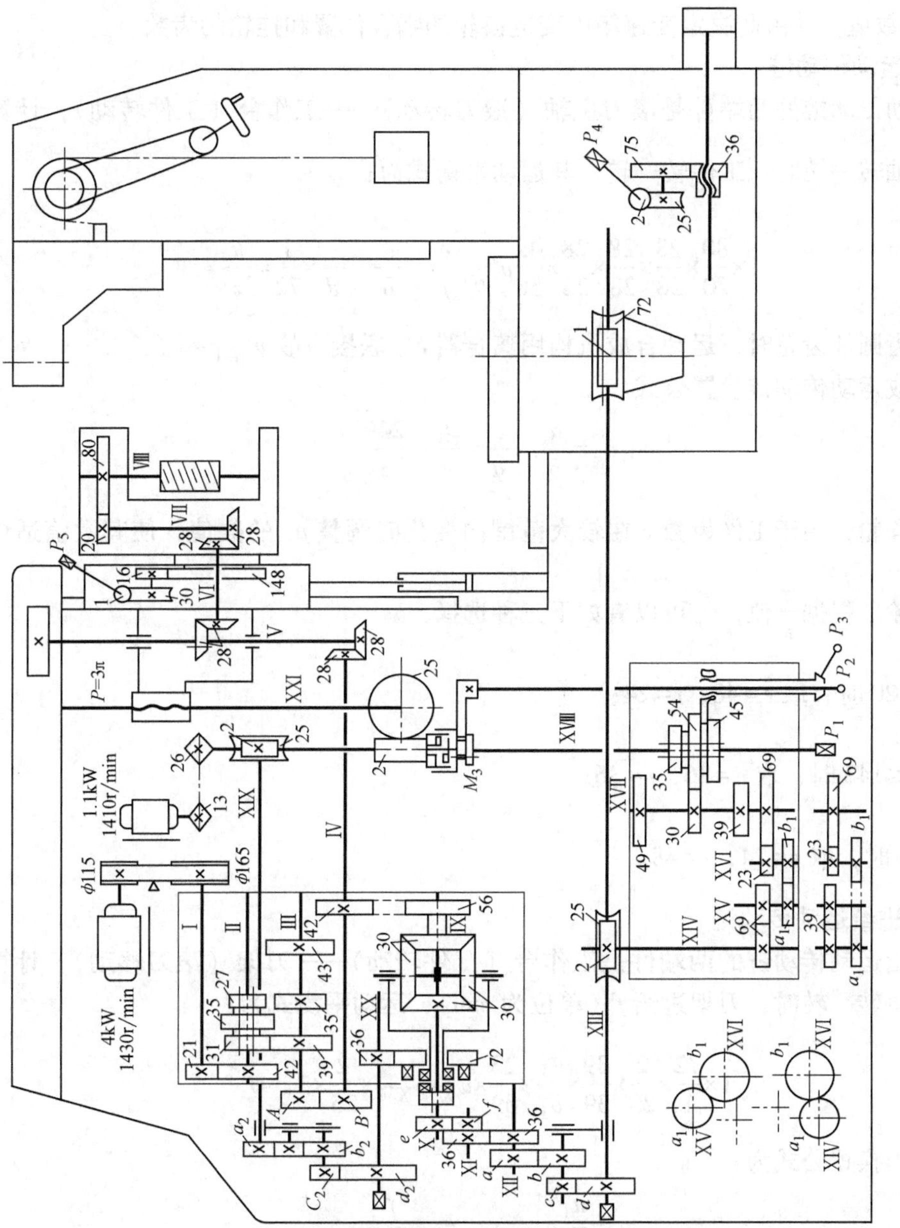

图 4-7 Y3150E 型滚齿机传动系统图

式中　$u_{\text{II-III}}$——轴II-III之间的可变传动比；共三种：$u_{\text{II-III}} = \dfrac{27}{43}$；$\dfrac{31}{39}$；$\dfrac{35}{35}$；

$\dfrac{A}{B}$——主运动变速挂轮齿数比；共三种：$\dfrac{A}{B} = \dfrac{22}{44}$；$\dfrac{33}{33}$；$\dfrac{44}{22}$。滚刀的转速确定后，就

可算出 u_v 的数值，并由此决定变速箱中变速齿轮的啮合位置和挂轮的齿数。

2. 范成运动传动链

范成运动传动链的两端件是滚刀主轴（滚刀转动）——工作台（工件转动），计算位移
是：滚刀主轴转一转时，工件转 $\dfrac{k}{z}$ 转，其运动平衡式为：

$$1 \times \frac{80}{20} \times \frac{28}{28} \times \frac{28}{28} \times \frac{42}{56} u'_{合1} \frac{e}{f} \quad \frac{a}{b} \quad \frac{c}{d} \times \frac{1}{72} = \frac{k}{z}$$

滚切直齿圆柱齿轮时，运动合成机构用离合器 M_1 联接，故 $u'_{合1} = 1$。
由上式得范成运动传动链换置公式

$$u_x = \frac{a}{b} \quad \frac{c}{d} = \frac{f}{e} \quad \frac{24k}{z}$$

上式中的 $\dfrac{e}{f}$ 挂轮，用于工件齿数 z 在较大范围内变化时调整 u_x 的数值，使其数值适中，以

便于选取挂轮。根据 $\dfrac{z}{k}$ 值，$\dfrac{e}{f}$ 可以有如下三种选择：

$5 \leqslant \dfrac{z}{k} \leqslant 20$ 时，取 $e=48$，$f=24$；

$21 \leqslant \dfrac{z}{k} \leqslant 142$ 时，取 $e=36$，$f=36$；

$\dfrac{z}{k} \geqslant 143$ 时，取 $e=24$，$f=48$。

3. 轴向进给运动传动链

轴向进给运动传动链的两端件是工作台（工件转动）——刀架（滚刀移动），计算位移
是：工作台每转一转时，刀架进给 f（单位为 mm），运动平衡式为：

$$1 \times \frac{72}{1} \times \frac{2}{25} \times \frac{39}{39} \times \frac{a_1}{b_1} \times \frac{23}{69} \times u_{\text{XVII-XVIII}} \times \frac{2}{25} \times 3\pi = f$$

整理上式得出换置公式为：

$$u_f = \frac{a_1}{b_1} u_{\text{XVII-XVIII}} = \frac{f}{a4608\pi}$$

式中　f——轴向进给量，单位为 mm/r；根据工件材料、加工精度及表面粗糙度等条件选定；

$\dfrac{a_1}{b_1}$——轴向进给挂轮；

$u_{\text{XVII-XVIII}}$——进给箱轴XVII-XVIII之间的可变传动比，共三种：$u_{\text{XVII-XVIII}} = \dfrac{49}{35}$；$\dfrac{30}{54}$；$\dfrac{39}{45}$。

（二）加工斜齿圆柱齿轮的调整计算

1. 主运动传动链

加工斜齿圆柱齿轮时，机床主运动传动链的调整计算和加工直齿圆柱齿轮时相同。

2. 范成运动传动链

加工斜齿圆柱齿轮时，虽然范成运动传动链的传动路线以及两端件计算位移都和加工直齿圆柱齿轮时相同，但这时因运动合成机构用离合器 M_2 联接，其传动比为 $u_{合1} = -1$，代入运动平衡式后得出的换置公式为：

$$u_x = \frac{a}{b} \quad \frac{c}{d} = -\frac{f}{e} \quad \frac{24k}{z}$$

上式中负号说明范成运动链中轴X与IX的转向相反，而在加工直齿圆柱齿轮时两轴的转向相同（换置公式中符号为正）。因此，在调整范成运动挂轮时，必须按机床说明书规定配加惰轮。

3. 轴向进给运动传动链

轴向进给传动链及其调整计算和加工直齿圆柱齿轮相同。

4. 附加运动传动链

附加运动传动链的两端件是滚刀刀架（滚刀移动）—工作台（工件附加转动），计算位移是：刀架沿工件轴向移动一个螺旋线导程 L 时，工件应附加转±1 转，其运动平衡式为：

$$\frac{L}{3\pi} \times \frac{25}{2} \times \frac{2}{25} \quad \frac{a_2}{b_2} \quad \frac{c_2}{d_2} \times \frac{36}{72} u_{合2} \frac{e}{f} \quad \frac{a}{b} \quad \frac{c}{d} \times \frac{1}{72} = \pm 1$$

式中　3π——轴向进给丝杠的导程，单位为 mm；

$u_{合2}$——运动合成机构在附加运动传动链中的传动比，$u_{合2} = 2$；

$\dfrac{a}{b} \quad \dfrac{c}{d}$——范成运动链挂轮传动比，$\dfrac{a}{b} \quad \dfrac{c}{d} = -\dfrac{f}{e} \quad \dfrac{24k}{z}$；

L——被加工齿轮螺旋线的导程，单位为 mm，$L = \dfrac{\pi m_n z}{\sin\beta}$；

m_n——法向模数，单位为 mm；

β——被加工齿轮的螺旋角，单位为度。

代入上式，得

$$u_y = \frac{a_2}{b_2} \quad \frac{c_2}{d_2} = \pm 9 \frac{\sin\beta}{m_n k}$$

对于附加运动传动链的运动平衡式和换置公式，作如下分析：

（1）附加运动传动链是形成螺旋线齿线的内联系传动链，其传动比数值的精确度，影响着工件齿轮的齿向精度，所以挂轮传动比应配算准确。但是，换置公式中包含有无理数 $\sin\beta$，这就给精确配算挂轮 $\dfrac{a_2}{b_2} \quad \dfrac{c_2}{d_2}$ 带来困难，因为挂轮个数有限，且与范成运动传动链共用一套挂轮。为保证范成挂轮传动比绝对准确，一般先选定范成挂轮，剩下的供附加运动挂轮选择，所以往往无法配算得非常准确，只能近似配算，但误差不能太大。选配的附加运动挂轮传动比与按换置公式计算所要求的传动比之间的误差，对于8级精度的斜齿轮，要准确到小数点后第四位数字（即小数点后第五位数字才允许有误差），对于7级精度的斜齿轮，要准确到小数点后第五位数字，才能保证不超过精度标准中规定的齿向允差。

（2）运动平衡式中，不仅包含了 u_y 而且还包含有 u_x，这是因为附加运动传动链与范成运动传动有一公用段（轴X至工作台）的结果。这样的安排方案，可以经过代换使附加运动传动链换置公式中不包含工件齿数 z 这个参数，就是说配算附加运动挂轮与工件齿数无关。它的好处在于：一对互相啮合的斜齿轮，由于其模数相同，螺旋角绝对值也相同，当用一把滚刀加工一对斜齿轮时，虽然两轮的齿数不同，但是可以用相同的附加运动挂轮，因而只需计算和调整挂轮一次。更重要的是，由于附加运动挂轮近似配算所产生的螺旋角误差，对两个斜齿轮是相同的，因此仍可获得良好的啮合。

（3）刀架的传动丝杠采用模数螺纹，其导程为 3π。由于丝杠的导程值中包含 3π 这个因子，可消去运动平衡式中工件齿轮螺旋线导程 L 里的 π，使得到的换置公式中不含因子 π，计算简便。

（4）左旋和右旋螺旋齿线是两个不同的运动轨迹，是靠附加运动挂轮改变传动方向，即在附加运动挂轮中配加惰轮，改变附加运动 B_{22} 的方向而获得的。

（三）滚切齿数大于 100 的质数直齿圆柱齿轮的调整计算

1. 加工原理

由前述范成运动传动链换置公式可知，当被加工齿轮的齿数 z 为质数时，范成运动挂轮 $\dfrac{a}{b}\ \dfrac{c}{d}$ 的 b、d 两个齿轮中，必须有一个齿轮的齿数选用这个质数或它的整数倍，才能加工出这个质数齿轮。由于滚齿机通常不具备齿数大于 100 的质数挂轮，为了加工齿数大于 100 的质数齿轮，可用两条传动链并通过运动合成机构来实现所需范成运动。其工作原理说明如下：首先选择一接近于所需加工的齿数 z 的数值 z_0 来调整范成运动传动链（z_0 应是能够利用机床现有挂轮的数值）。显然，这时范成运动传动链两端件运动关系改变为：滚刀主轴转 1 转，工件转 k/z_0 转。因而，在范成运动中，滚刀转 1 转时，工件产生运动误差（$k/z—k/z_0$）转。为了补偿这一误差，可利用附加运动传动链，在工件转 k/z 转过程中，使工件得到附加的（$k/z—k/z_0$）转，从而加工出齿轮齿数为 z 的直齿圆柱齿轮。此处的附加运动链，其两端件是工作台（工件转动）——工作台（工件附加转动），运动联系路线为"9—10—u_f—11—13—u_y—14—15—[合成]—6—7—u_x—8—9"（见图 4-3b）。

2. 传动链的调整计算

（1）主运动和轴向进给运动传动链　与滚切直齿圆柱齿轮时相同。

（2）范成运动传动链　由于加工齿数大于 100 的质数齿轮时，范成运动传动链两端件的计算位移改变为，滚刀主轴转 1 转，工作台转 k/z_0 转，所以，其运动平衡式为：

$$1\times\frac{80}{20}\times\frac{28}{28}\times\frac{28}{28}\times\frac{28}{28}\times\frac{42}{56}u_{合1}\frac{e}{f}\ \frac{a}{b}\ \frac{c}{d}\times\frac{1}{72}=k/z_0$$

式中　$u_{合1}=-1$，将其代入上式，得换置公式

$$u_x=\frac{a}{b}\ \frac{c}{d}=-\frac{f}{e}\ \frac{24k}{z_0}$$

$z\leqslant142$ 时，取 $\dfrac{e}{f}=\dfrac{36}{36}$，$u_x=\dfrac{a}{b}\ \dfrac{c}{d}=-\dfrac{24k}{z_0}$；

$z\geqslant143$ 时，取 $\dfrac{e}{f}=\dfrac{24}{48}$，$u_x=\dfrac{a}{b}\ \dfrac{c}{d}=-\dfrac{48k}{z_0}$；

（3）附加运动传动链　附加运动传动链的两端件是工作台——工作台，计算位移是：

工作台转 k/z 转，工作台附加转（$k/z-k/z_0$）转，其运动平衡式为：

$$\frac{k}{z}\times\frac{72}{1}\times\frac{2}{25}\times\frac{39}{39}\quad\frac{a_1}{b_1}\times\frac{23}{69}u_{\text{XVI-XVII}}\times\frac{2}{25}\quad\frac{a_2}{b_2}\quad\frac{c_2}{d_2}\times\frac{36}{72}\times u_{\text{合2}}\frac{e}{f}\quad\frac{a}{b}\quad\frac{c}{d}\times\frac{1}{72}=\frac{k}{z}-\frac{k}{z_0}$$

式中

$$u_{\text{合2}}=2$$

$$\frac{a}{b}\quad\frac{c}{d}=-\frac{f}{e}\quad\frac{24k}{z_0}$$

$$\frac{a_1}{b_1}u_{\text{XVI-XVII}}=u_f=\frac{f}{0.4608\pi}$$

代入运动平衡式，经整理后得：

$$u_y=\frac{a_2}{b_2}\quad\frac{c_2}{d_2}=\frac{9\pi(z_0-z)}{fk}$$

式中　z_0——所选的接近被加工齿数 z 的数值（z 与 z_0 的差值为任意一个很小的数，可正可负，通常取差值为 $1/5\sim1/50$）；

　　　f——刀架轴向进给量，单位为 mm/r。

工件附加运动的方向与所选定的 z_0 的大小有关，当 $z_0>z$ 时，由于 $k/z_0<k/z$，造成被加工齿轮的转速较所需的转速慢，应通过附加运动使其加快一些以达到所需转速，所以附加运动的方向与范成运动的方向相同；反之，若 $z_0<z$，则两运动方向相反。

计算实例： 在 Y3150E 型滚齿机上加工大质数齿轮，已知被加工齿轮的齿数 $z=103$，滚刀头数 $k=1$，轴向进给量 $f=1.41$ mm/r。试确定范成运动和附加运动挂轮的齿数。

解：

（1）计算范成运动挂轮　选定：$z_0=103+\frac{1}{25}$，并取挂轮 $e=36$，$f=36$。

将其代入范成运动传动链换置公式，得：

$$u_x=\frac{a}{b}\quad\frac{c}{d}=-\frac{24k}{z_0}=-\frac{24\times1}{103+\frac{1}{25}}=-0.232919254$$

查挂轮选用表，选取挂轮齿数：

$$\frac{a}{b}\quad\frac{c}{d}=\frac{30\times25}{46\times70}(=0.232919254)$$

（2）计算附加运动挂轮　题中给定的轴向进给量 $f=1.41$ mm/r 是标称值，按此标称值查机床说明书，得 $u_f=\frac{a_1}{b_1}u_{\text{XVII-XVIII}}=\frac{32}{46}\times\frac{49}{35}$，据此可计算出机床实际轴向进给量 f'：

$$f'=0.4608\pi u_f\text{mm/r}=0.4608\pi\times\frac{32}{46}\times\frac{49}{35}\text{mm/r}=1.409881219\text{mm/r}$$

以 f' 代替 f 代入附加运动传动换置公式，可减少计算误差。

现将 f'、z、z_0 和 k 的数值代入附加运动传动链换置公式，得：

$$u_y=\frac{a_2}{b_2}\quad\frac{c_2}{d_2}=\frac{9\pi(z_0-z)}{f'k}=\frac{9\pi\left(103+\frac{1}{25}-103\right)}{1.409881219\times1}=0.802176339$$

选择挂轮齿数为：

$$\frac{a_2}{b_2}\frac{c_2}{d_2}=\frac{41}{25}\times\frac{45}{92}(=0.802173913)$$

误差为-2.43×10^{-6}，其值很小，故选取的附加运动挂轮可以使用。

由于本例取$z_0>z$，附加运动方向应与范成运动方向相同。

（四）刀架快速移动的传动路线

利用快速电动机可使刀架作快速升降运动，以便调整刀架位置及在进给前后实现快进和快退。此外，在加工斜齿圆柱齿轮时，起动快速电动机，可经附加运动传动链传动工作台旋转，以便检查工作台附加运动的方向是否正确。

刀架快速移动的传动路线如下：快速电动机—$\frac{13}{26}$—M—$\frac{2}{25}$—XXI（刀架轴向进给丝杠）。

刀架快速移动的方向可通过控制快速电动机的旋转方向来变换。在Y3150E型滚齿机上，起动快速电动机之前，必须先用操纵手柄P_3将轴XⅧ上的三联滑移齿轮移到空挡位置，以脱开XⅦ和XⅧ之间的传动联系（见图4-7）。为了确保操作安全，机床设有电气互锁装置，保证只有当操纵手柄P_3放在"快速移动"的位置上时，才能起动快速电动机。

使用快速电动机时，主电动机开动或不开动都可以。以滚切斜齿圆柱齿轮第一刀后，刀架快速退回为例，如主电动机仍然转动，这时刀架带着以B_{11}旋转的滚刀退刀，而工件以$(B_{12}+B_{22})$的合成运动转动；如主电动机停止，则范成运动停止，当刀架快退时，刀架上的滚刀不转，但是工作台上的工件还是会转动，这是由附加运动传动链传来的B_{22}。在加工一个斜齿圆柱齿轮的整个过程中，范成运动链和附加运动传动链都不可脱开。例如，在第一刀初切完毕后，需将刀架快速向上退回，以便进行第二次切削时，绝不可分开范成运动传动链和附加运动传动链中的挂轮或离合器，否则将会使工件产生乱牙及斜齿被破坏等现象，并可能造成刀具及机床的损坏。

三、滚刀刀架结构和滚刀的安装调整

（一）滚刀刀架的结构

滚刀刀架的作用是支承滚刀主轴，并带动安装在主轴上的滚刀作沿工件轴向的进给运动。由于在不同加工情况下，滚刀旋转轴线需对工件旋转轴线保持不同的相对位置，或者说滚刀需有不同的安装角度，所以，通用滚齿机的滚刀刀架都由刀架体和刀架溜板两部分组成。装有滚刀主轴的刀架体可相对刀架溜板转一定角度，以便使主轴旋转轴线处于所需位置，刀架溜板则可沿立柱导轨作直线运动（参看图4-6）。

图4-8为Y3150E型滚齿机滚刀刀架的结构。刀架体1用装在环形T型槽内的六个螺钉4固定在刀架溜板（图中未示出）上。调整滚刀安装角时，应先将螺钉4松开，然后用扳手转动刀架溜板上的方头P_5（见图4-7），经蜗杆蜗轮副1/30及齿轮z_{16}，带动固定在刀架体上的齿轮z_{148}，使刀架体回转至所需的位置。

主轴14前（左）端用内锥外圆的滑动轴承13支承，以承受径向力，并用两个推力球轴承11承受轴向力。主轴后（右）端通过铜套8及套筒9支承在两个圆锥滚子轴承6上。轴承13及11安装在轴承座15内，15用六个螺钉2通过两块压板压紧在刀架上。主轴以其后端的花键与套筒9内的花键孔联接，由齿轮5带动旋转。

当主轴前端的滑动轴承13磨损，引起主轴径向跳动超过允许值时，可以拆下垫片10及12，磨去相同的厚度，调配至符合要求时为止。如需调整主轴的轴向窜动，则可将垫片10适当磨薄。

安装滚刀的刀杆17（见图4-8b）用锥柄安装在主轴前端的锥孔内，并用方头螺杆7将其拉紧。刀杆左端装在支架16上的内锥套支承孔中，支架16可在刀架体上沿主轴轴线方向调整位置，并用压板固定在所需位置上。

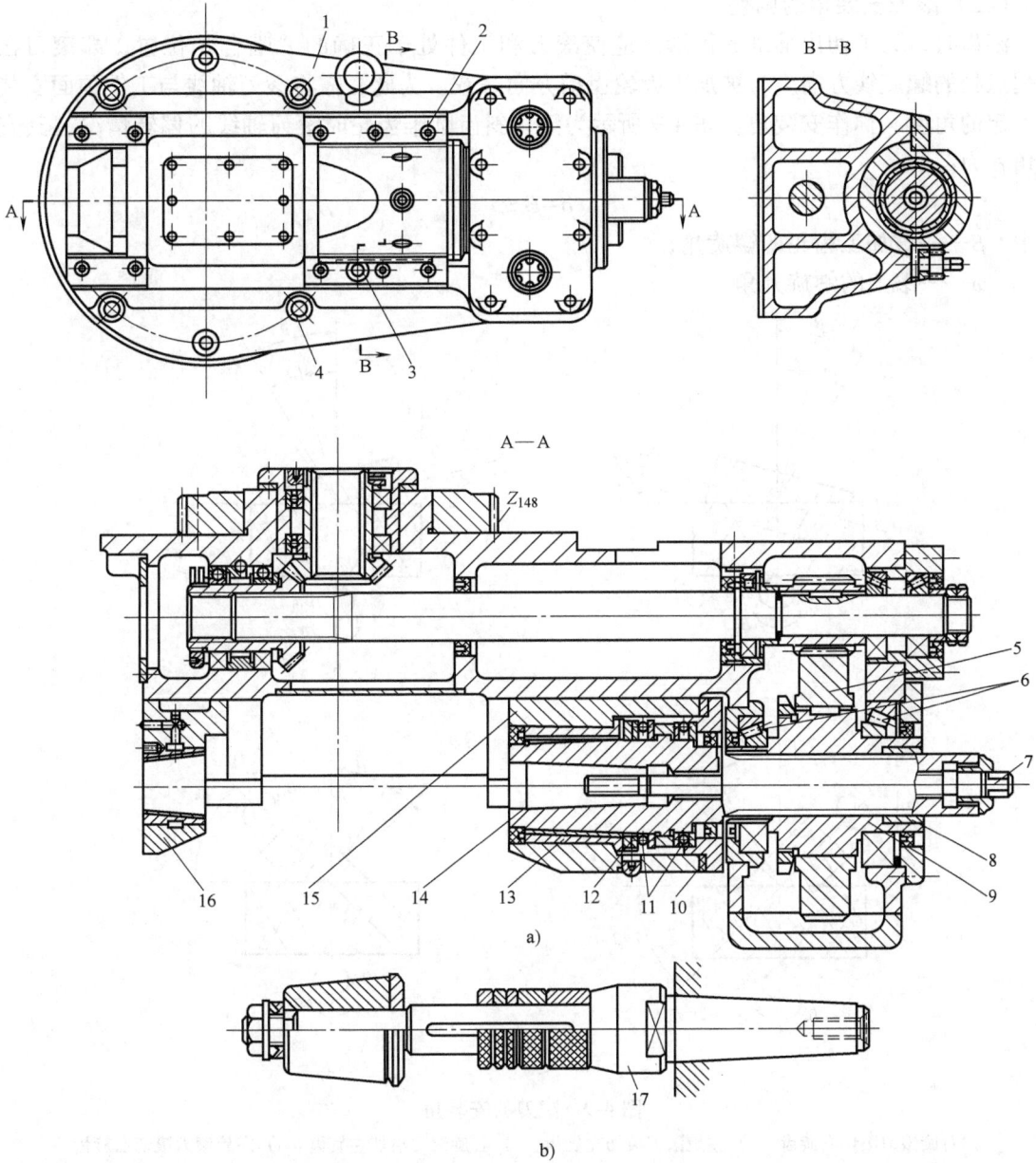

图4-8 Y3150E型滚齿机滚刀刀架

1—刀架体 2、4—螺钉 3—方头轴 5—齿轮 6—圆锥滚子轴承 7—方头螺杆 8—铜套 9—套筒
10、12—垫片 11—推力球轴承 13—滑动轴承 14—主轴 15—轴承座 16—支架 17—刀杆

安装滚刀时，为使滚刀的刀齿（或齿槽）对称于工件的轴线，以保证加工出的齿廓两侧齿面对称；另外，为了使滚刀的磨损不致集中在局部长度上，而是沿全长均匀地磨损，以提高滚刀使用寿命，都需调整滚刀轴向位置，这就是所谓串刀。调整时，先放松压板螺钉

2，然后用手柄转动方头轴 3，通过方头轴 3 上的齿轮，经轴承座 15 上的齿条，带动轴承座连同滚刀主轴一起轴向移动。调整妥当后，应扳紧压板螺钉。Y3150E 型滚齿机滚刀最大串刀范围为 55mm。

（二）滚刀安装角的调整

滚齿时，为了切出准确的齿形，应使滚刀和工件处于正确的"啮合"位置，即滚刀在切削点处的螺旋线方向应与被加工齿轮齿槽方向一致。为此，需将滚刀轴线与工件顶面安装成一定的角度，称作安装角。图 4-9 所示为滚切斜齿圆锥齿轮时滚刀轴线的偏转情况，其安装角 δ 为：

$$\delta = \beta \pm \omega$$

式中　β——被加工齿轮的螺旋角；

　　　ω——滚刀的螺旋升角。

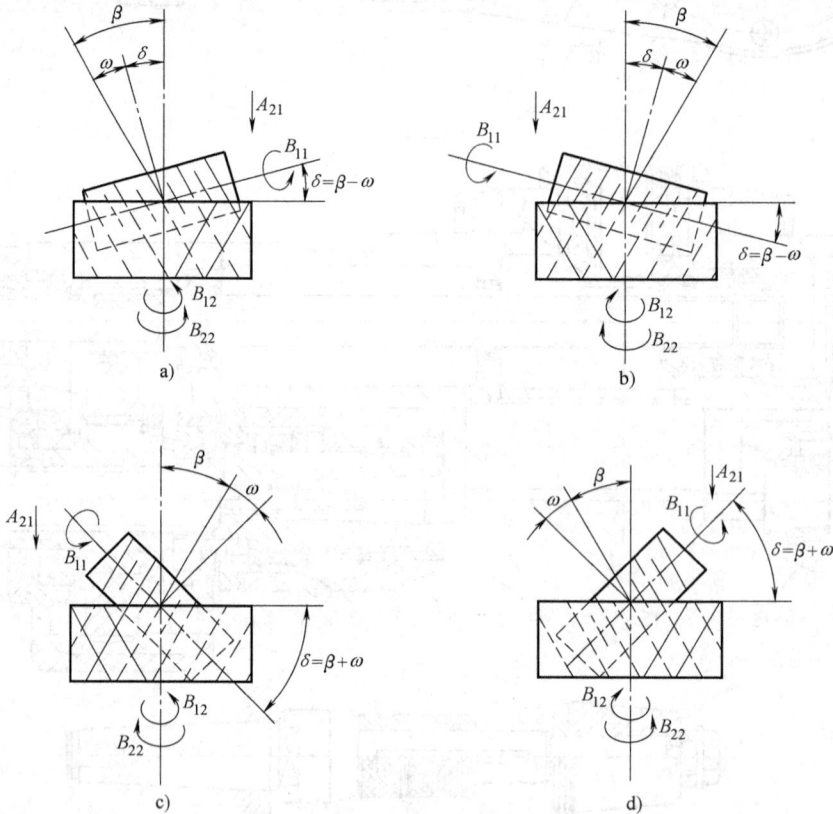

图 4-9　滚刀的安装角

a）右旋滚刀滚切右旋齿　b）左旋滚刀滚切左旋齿　c）右旋滚刀滚切左旋齿　d）左旋滚刀滚切右旋齿

上式中，当被加工的斜齿轮与滚刀的螺旋线方向相反时取"+"号，螺旋线方向相同时取"–"号。

滚切斜齿轮时，应尽量采用与工件螺旋方向相同的滚刀，使滚刀安装角较小，有利于提高机床运动平稳性及加工精度。

当加工直齿圆柱齿轮时，因 $\beta = 0$，所以滚刀安装角 δ 为：

$$\delta = \pm \omega$$

这说明在滚齿机上切削直齿圆柱齿轮时，滚刀的轴线也是倾斜的，与水平面成 ω 角（对立式滚齿机而言）倾斜方向则决定于滚刀的螺旋线方向。

第三节 其他类型齿轮加工机床

一、插齿机

常用的圆柱齿轮加工机床除滚齿机外，还有插齿机。插齿机主要用于加工直齿圆柱齿轮，尤其适用于加工在滚齿机上不能加工的内齿栓和多联齿轮。

（一）插齿原理

插齿刀实质上是一个端面磨有前角，齿顶及齿侧均磨有后角的齿轮（见图 4-10a）。插齿时，插齿刀沿工件轴向作直线往复运动以完成切削主运动，在刀具与工件轮坯作"无间隙啮合运动"过程中，在轮坯上渐渐切出齿廓。加工过程中，刀具每往复一次，仅切出工件齿槽的一小部份，齿廓曲线是在插齿刀刀刃多次相继切削中，由刀刃各瞬时位置的包络线所形成的（见图 4-10b）。

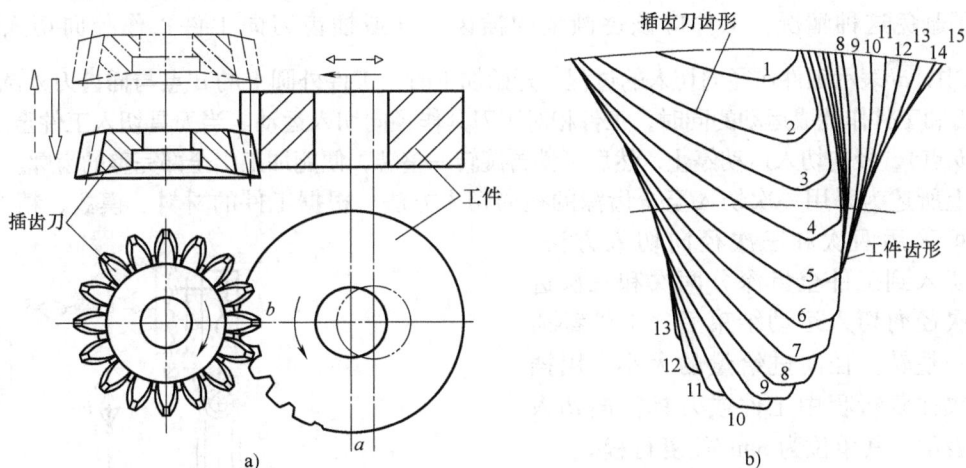

图 4-10 插齿原理

（二）插齿机的运动

加工直齿圆柱齿轮时，插齿机应具有以下运动（见图 4-10）。

1. 主运动

插齿机的主运动是插齿刀沿其轴线（也是工件的轴线）所作的直线往复运动。在一般立式插齿机上，刀具垂直向下时为工作行程，向上为空行程。

若切削速度 v（单位为 m/min）及行程长度 L（单位为 mm）已确定，则可按下式计算出插齿刀每分钟往复行程数：

$$n_{刀} = \frac{1000v}{2L}$$

2. 范成运动

加工过程中，插齿刀和工件轮坯应保持一对圆柱齿轮的啮合运动关系，即在插齿刀转过一个齿时，工件也转过一个齿；或者说，插齿刀转过 $1/z_{刀}$ 转（$z_{刀}$ 为插齿刀齿数）时，工

件转 $1/z_工$ 转（$z_工$ 为工件的齿数），这两个运动组成一个复合运动——范成运动。

3. 圆周进给运动

插齿刀转动的快慢决定了工件轮坯转动的快慢，同时也决定了插齿刀每一次切削的切削负荷，所以我们称插齿刀的转动为圆周进给运动。圆周进给运动的大小，用插齿每次往复行程中，刀具在分度圆圆周上所转过的弧长表示，即圆周进给量的单位为 mm/往复行程。显然，降低圆周进给量将会增加形成齿廓的刀刃切削次数，从而提高齿廓曲线精度。

4. 让刀运动

插齿刀向上运动（空行程）时，为了避免擦伤工件齿面和减少刀具磨损，刀具和工件之间应该让开，使之产生一定间隙，而在插齿刀向下开始工作行程之前，应迅速恢复到原位，以便刀具进行下一次切削，这种让开和恢复原位的运动称为让刀运动。

插齿机的让刀运动可以由安装工件的工作台移动来实现，也可由刀具主轴摆动得到。由于工件和工作台的惯量比刀具主轴大，由让刀运动产生的振动也大，不利于提高切削速度，所以大尺寸及新型号的中、小尺寸插齿机，普遍采用刀具主轴摆动来实现让刀运动。

5. 径向切入运动

开始插齿时，如插齿刀立即径向切入工件至全齿深，将会因切削负荷过大而损坏刀具和工件。为了避免这种情况，工件应该逐渐地向插齿刀（或插齿刀向工件）作径向切入运动。

图 4-10a 中，$\overset{\frown}{ab}$ 表示工件作径向切入的过程。开始加工时，工件外圆上的 a 点与插齿刀外圆相切，在插齿刀和工件作范成运动的同时，工件相对于刀具作径向切入运动。当刀具切入工件至全齿深后（至 b 点），径向切入运动停止，然后工件再旋转一整转，便能加工出全部完整的齿廓。

以上所述为采用一次切入至全齿深的径向切入方法。根据工件的材料、模数、精度等条件，也可采用两次和三次径向切入方法，即刀具切入到工件全齿深分两次和三次进行。每次径向切入运动结束后，工件都需要转过一整转。径向进给量的大小，用插齿刀每次往复行程中工件或刀具径向切入的距离表示，其单位为 mm/往复行程。

（三）插齿机的传动原理

插齿机的传动原理如图 4-11 所示。图中"电动机 M—1—2—u_v—3—4—5—曲柄偏心盘 A—插齿刀主轴（插齿刀往复直线运动）"为主运动传动链，u_v 为调整插齿刀每分钟往复行程数的换置机构。"曲柄偏心盘 A（插齿刀往复移动）—5—4—6—u_f—7—8—9—蜗杆蜗轮副 B—插齿刀主轴（插齿刀转动）"为圆周进给运动传动链，u_f 为调整插齿刀圆周进给量大小的换置机构。"插齿刀主轴（插齿刀转动）—蜗杆蜗轮副 B—9—8—10—u_x—11—12—蜗杆蜗轮副 C—工作台（工件转动）"为范成运动传动链，u_x 为调整插齿刀与工件轮坯之间传动比的换

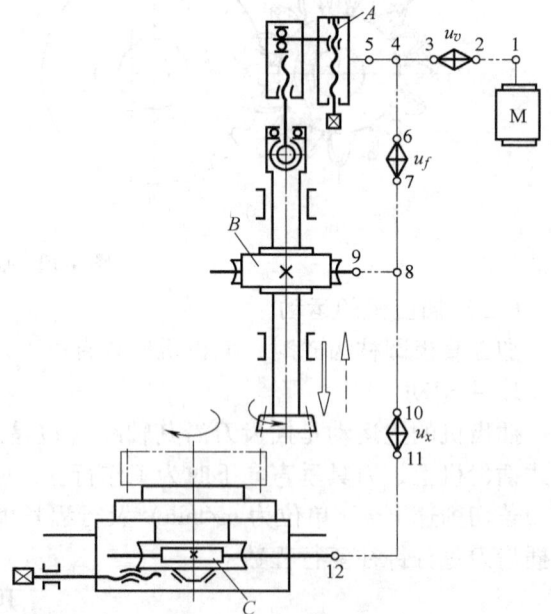

图 4-11　插齿机的传动原理

置机构，用以适应插齿刀和工件齿数的变化。

让刀运动及径向切入运动不直接参与工件表面的形成过程，因此没有在图中表示。

（四）插齿机的布局

插齿机按其径向切入运动和径向调位运动的分配方案不同，基本上有两种布局形式：工作台移动式和刀架移动式。图4-12所示插齿机属于前一种布局形式。插齿刀2装在刀具主轴1上作上下往复运动并旋转，工件4装在回转工作台5上作旋转运动，并可随同床鞍6一起，沿床身7的导轨，在水平方向作直线移动，实现径向切入运动，以及调整工件和刀具之间的距离。

二、圆柱齿轮磨齿机

磨齿机是用磨削方法对齿轮齿面进行精加工的精密机床，主要用于淬硬齿轮的精加工，齿轮精度可达6级或更高。一般先由滚齿机或插齿机切出轮齿后再磨齿，有的磨齿机也可直接在齿轮坯件上磨出轮齿，但只限于模数较小的齿轮。

按齿廓的形成方法，磨齿也有成形法和范成法两种，但大多数类型的磨齿机均以范成法来加工齿轮。下面介绍常用的几种磨齿机的工作原理及其特点。

（一）蜗杆砂轮型磨齿机

蜗杆砂轮型磨齿机用直径很大的修整成蜗杆形的砂轮磨削齿轮，其工作原理和滚齿机相同，但形成齿线的轴向进给运动一般由工件完成（见图4-13a）。这类机床在加工过程中因是连续磨削，其生产率在各类磨齿机中是最高

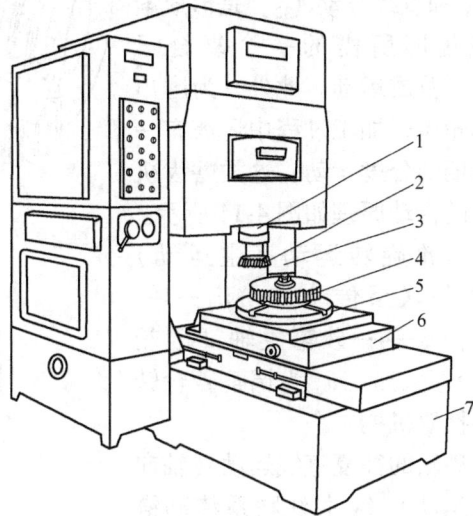

图4-12 工件径向进给和调位型插齿机

1—刀具主轴 2—插齿刀 3—立柱 4—工件
5—回转工作台 6—床鞍 7—床身

的；对于模数较小的齿轮，也可直接从轮坯上磨出轮齿。其缺点是砂轮修整困难，不易达到高的精度，磨削不同模数的齿轮时需要更换砂轮；联系砂轮与工件的内联系传动链中的各个传动环节转速很高，用机械传动易产生噪声，磨损较快。为克服这一缺点，目前有的机床已采用同步电动机驱动，靠电气系统保证砂轮和工件之间的严格运动关系。这种机床适用于中小模数齿轮的成批和大量生产。

（二）锥形砂轮型磨齿机

锥形砂轮型磨齿机是利用齿条和齿轮啮合原理来磨削齿轮的，它所使用的砂轮截面形状是按照齿条的齿廓修整的。当砂轮按切削速度旋转，并沿工件齿线方向作直线往复运动时，砂轮两侧锥面的母线就形成了假想齿条的一个齿廓（见图4-13b），如果强制被磨削齿轮在此假想齿条上作无间隙的啮合滚转运动，即被磨削齿轮转动一个齿（$1/z$ 转）的同时，其轴心线移动一个齿距（πm）的距离，便可磨出工件上一个轮齿一侧的齿面。因此，渐开线齿廓由工件转动 B_{31} 和移动 A_{32} 所组成的复合运动（即范成运动）用范成法形成，而齿线则由砂轮旋转 B_1 和直线移动 A_2 用相切法形成。

在这类机床上磨削齿轮时，一个齿槽的两侧齿面是分别进行磨削的。工件向左滚动时，磨削左侧的齿面，向右滚动时，磨削右侧的齿面。工件往复滚动一次，磨完一个齿槽的两侧

齿面后，工件滚离砂轮，并进行分度，即工件在不作直线移动的情况下绕其轴线转过一个齿。然后，再重复上述过程，磨削下一个齿槽。可见，工件上全部轮齿齿面需经多次分度和磨削后才能完成。

由上述可知，锥形砂轮型磨齿机的成形运动有：砂轮旋转 B_1 和直线移动 A_2，这是形成齿线所需的两个简单运动；工件转动 B_{31} 和直线移动 A_{32}，是形成渐开线齿廓所需的一个复合运动——范成运动。此外，为磨出全部轮齿，加工过程中还需有一个周期的分度运动。这类磨齿机典型的传动原理如图 4-14 所示。

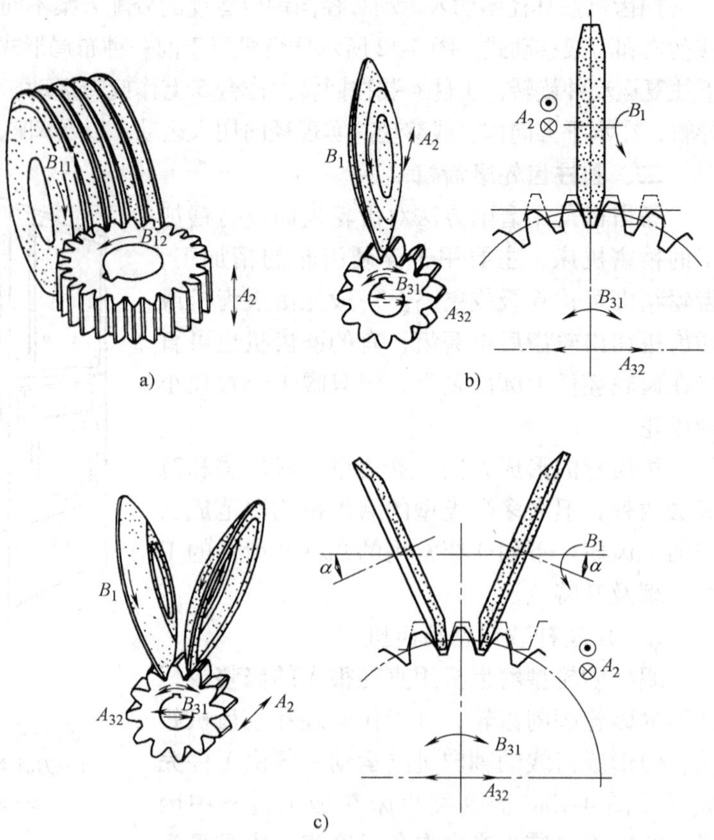

砂轮旋转运动（主运动）B_1 由外联系传动链 "M_1—1—2—u_v—3—4—砂轮主轴（砂轮转动）" 实现，u_v 为调整砂轮转速的换置机构。

砂轮的往复直线运动（轴向进给运动）A_2 由外联系传动链 "M_2—8—7—u_{f1}—6—5—曲柄偏心盘机构 P—砂轮架溜板（砂轮移动）" 实现。u_{f1} 为调整砂轮轴向进给速度的换置机构。

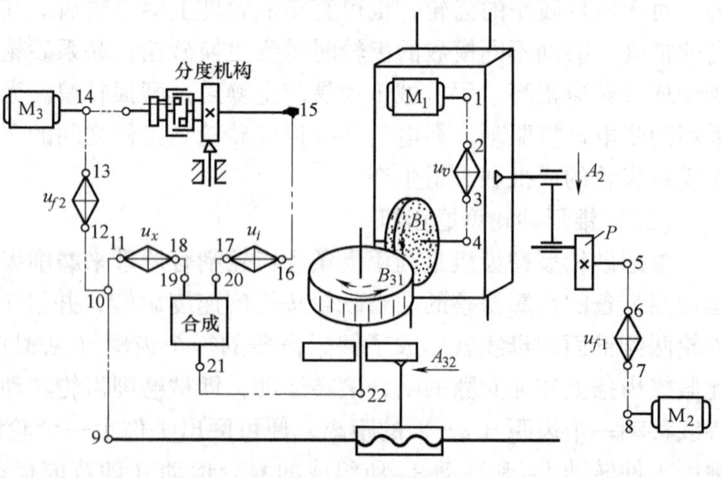

范成运动（$B_{31}+A_{32}$）由内联系传动链 "回转工作台（工件旋转 B_{31}）—22—21—[合成]—19—18—u_x—11—10—9—纵向工作台（工件直线移动 A_{32}）" 和外联系传动链 "M_3—14—13—u_{f2}—12—10" 来实现。前者保证范成运动的运动轨迹，即工件转动与移动之间的严格运动关系，后者使工件获得一定速度和方向的范成运动。换置机构 u_{f2} 中除变速机构外，还有自动换向机构，使工件在加工

图 4-13　范成法磨齿机的工作原理

图 4-14　锥形砂轮型磨齿机的传动原理

过程中能来回滚转，依次完成各个齿的磨齿工作循环。u_x 是用来调节工件齿数和模数变化的换置机构。工件的分度运动由分度运动传动链 "分度机构—15—16—u_i—17—20—[合

成]—21—22—回转工作台"实现。分度时,机床的自动控制系统将分度机构离合器接合,使分度机构在旋转一定角度后即脱开,并由分度盘准确定位。在分度机构接合一次的过程中,工件在范成运动的基础上,附加转过一个齿,这是由调整换置机构 u_i 来保证的。

这种机床的优点是万能性高,砂轮形状简单;缺点是内联系传动链长,砂轮形状不易修整得准确,精度难以提高,生产率也较低。主要用于小批和单件生产。

(三) 双碟形砂轮型磨齿机

双碟形砂轮型磨齿机用两个碟形砂轮的端平面(实际是宽度约为 0.5mm 的工作棱边所构成的环形平面)来形成假想齿条的一轮齿两侧齿面(见图 4-13c),同时磨削齿槽的左右齿面。磨削过程中的成形运动和分度运动,与锥形砂轮型磨齿机基本相同,但轴向进给运动通常是由工件来完成。由于砂轮的工作棱边很窄,且为垂直于砂轮轴线的平面,易于获得高的修整精度;磨削接触面积小,磨削力和磨削热很小;机床具有砂轮自动修整与补偿装置,使砂轮能始终保持锐利和良好的工作精度,因而磨齿精度较高,最高可达 4 级,是各类磨齿机中磨齿精度最高的一种。其缺点是砂轮刚性较差,磨削用量受到限制,所以生产率较低。

为了提高磨齿精度,这类磨齿机一般采用钢带滚圆盘机构实现范成运动。这种机构的工作原理如图 4-15 所示。纵向溜板 8 上固定有支架 7,横向溜板 11 上装有工件主轴 3,其前端安装工件 2,后端通过分度机构 4 与滚圆盘 6 连接。钢带 5 及 9 的一端固定在滚圆盘 6 上,另一端固定在支架 7 上,并沿水平方向张紧。当横向溜板 11 由曲柄盘 10 驱动作横向直线往复运动时,滚圆盘 6 因受钢带 5 及 9 约束而转动,从而工件主轴一边随横向溜板移动,一边转动,带动工件 2 沿假想齿条(由砂轮工作面形成)

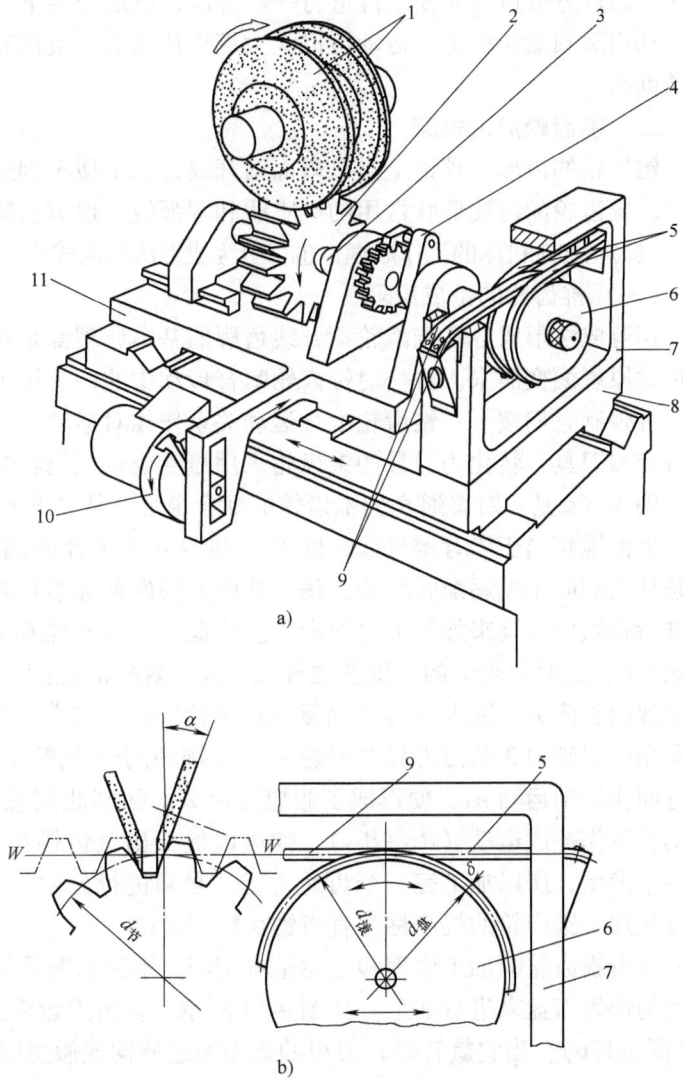

图 4-15 滚圆盘机构工作原理

1—碟形砂轮 2—工件 3—工件主轴 4—分度机构 5、9—钢带
6—滚圆盘 7—支架 8—纵向溜板 10—曲柄盘 11—横向溜板

的节线作纯滚动（见图 4-15b），实现了范成运动。根据材料力学分析，钢带绕在滚圆盘外圆上时，它的外层是伸长的，内层是缩短的，而中间层长度则基本上不变。所以通常把水平张紧的钢带厚度的中间层作为纯滚动的节线 $W-W_0$ 而把与这条线相切的圆（就是以滚圆盘回转中心为中心，由该中心到钢带厚度中间层的距离为半径的圆）叫做"磨削节圆"，也有把它叫做"滚圆"的。滚圆盘直径 $d_{盘}$ 和滚圆直径 $d_{滚}$ 以及钢带厚度 δ 的关系为：

$$d_{滚}=d_{盘}+\delta$$

工件来回滚动一次，完成两个齿面的磨削后，继续滚动至脱离砂轮，随即由分度传动链传动，通过分度机构 4 使工件进行一次分度，然后开始下一个齿槽的磨削循环。

利用滚圆盘实现范成运动可以大大缩短传动链，且没有传动间隙，从而传动误差小，加工精度高。

三、锥齿轮加工机床

锥齿轮的齿形，理论上应是球面渐开线，为了便于制造，实际上采用近似的背锥上的渐开线。锥齿轮的齿线形状常用的有直线和圆弧线，也有长幅外摆线和延伸渐开线。

锥齿轮加工机床的工作原理，也可分为成形法和范成法两种，其中以范成法应用较普遍。

（一）锥齿轮的范成原理

用范成法形成各种锥齿轮渐开线齿廓的基本原理都是相同的，即都是由一对锥齿轮的啮合传动原理演变而来。将一对锥齿轮啮合传动中的一个锥齿轮转化为刀具，另一个转化为工件，并强制它们按一对锥齿轮啮合运动关系作相对运动，便能范成切出渐开线齿廓。为了简化机床和刀具，转化为刀具的锥齿轮采用冠轮或近似冠轮的形式。

图 4-16a 是一对普通直齿锥齿轮的啮合情形。从"机械原理"中知道，锥齿轮的端面齿廓，近似地相当于以背锥母线长度 O_1a 和 O_2a 为半径的圆柱齿轮的齿廓。由于锥齿轮的轮齿是从大端向小端逐渐收缩的，每个截面上的齿廓都不相同，因此不能像插齿刀那样，把一个锥齿轮做成刀具来加工工件锥齿轮。为此，使这对锥齿轮中的一个齿轮 2 的节锥角 δ_2^1 增大至 90°，这时齿轮 2 的节锥变成环形平面，这样的锥齿轮称作冠轮（见图 4-16b）。冠轮背锥母线的长度为无限大，其"当量圆柱齿轮"变为齿条，因此任意截面上的齿廓都是直线。如果用两把刨刀 3 的刀刃代替冠轮一个齿槽的两个齿廓（见图 4-16c），并使刨刀沿冠轮半径方向作切削运动 A_1，便形成了假想冠轮 $2'$。强制此假想冠轮和工件（锥齿轮坯）按啮合传动关系作范成运动 $(B_{21}+B_{22})$，就可以加工出直齿锥齿轮的一个齿。由于假想冠轮上只有一个齿槽，所以加工完一个齿后，工件必须进行分度运动 B_3，才能加工另一个齿。按这种方法加工锥齿轮的机床称为直齿锥齿轮刨齿机。

弧齿锥齿轮的加工原理和上述基本相同，不过这时冠轮齿线形状为圆弧，需采用作旋转运动的切齿刀盘来进行加工。如图 4-17 所示，切齿刀盘 4 上交错地装有内、外切齿刀 6 和 5（见图 4-17b），当它旋转时，刀刃的运动轨迹就构成假想冠轮 2 的一个轮齿两侧齿面，刀具摇台 1 绕其自身轴线的缓慢回转，则相当于假想冠轮的旋转运动 B_{21}。如果把工件看作为与它啮合的齿轮作旋转运动 B_{22}，且 B_{22} 和 B_{21} 保持冠轮与锥齿轮啮合传动的运动关系，即刀具摇台转动 $1/z_{冠}$ 转（$z_{冠}$ 为假想冠轮的齿数）时，工件转动 $1/z_{工}$ 转（$z_{工}$ 为工件齿轮齿数），则在两者作对滚运动过程中，就加工出弧齿锥齿轮一个齿槽的两侧渐开线齿廓。由于假想冠轮上只有一个轮齿，因而刀具摇台与工件需上下来回摆动，以便每切完一个齿槽，刀具摇台往回摆动，使假想冠轮上的齿——切齿刀盘返回至起始位置，待工件完成分度运动后，再继续下一个切齿循环，加工另一个齿槽。按上述方法加工弧齿锥齿轮的机床，称为弧齿锥齿轮铣齿机。

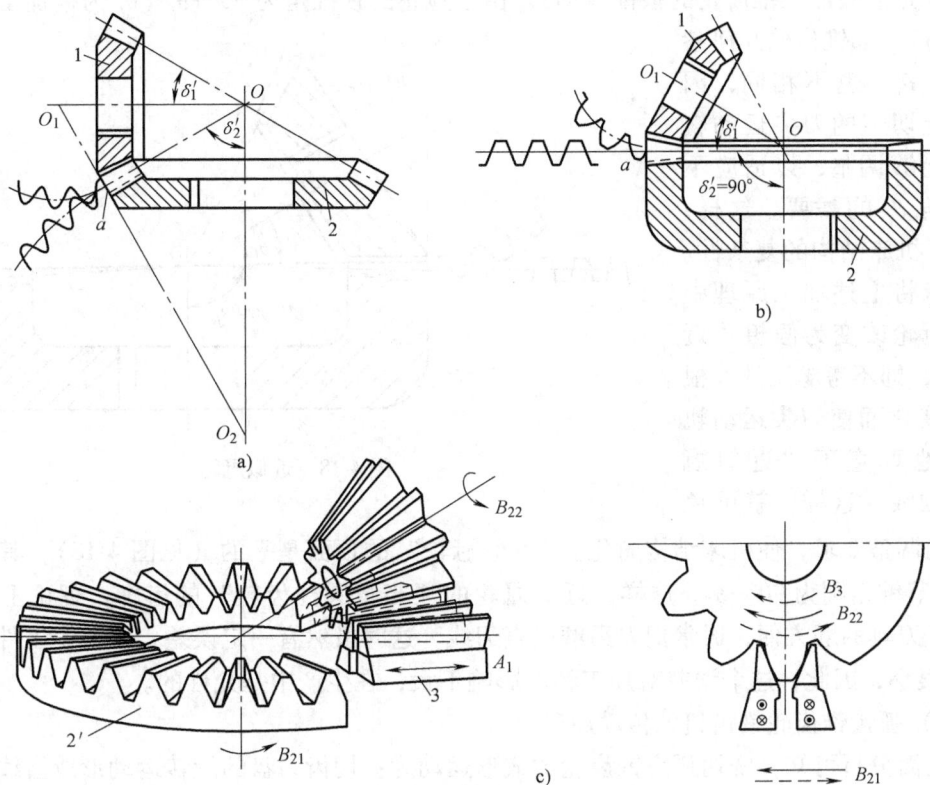

图 4-16 锥齿轮的范成原理

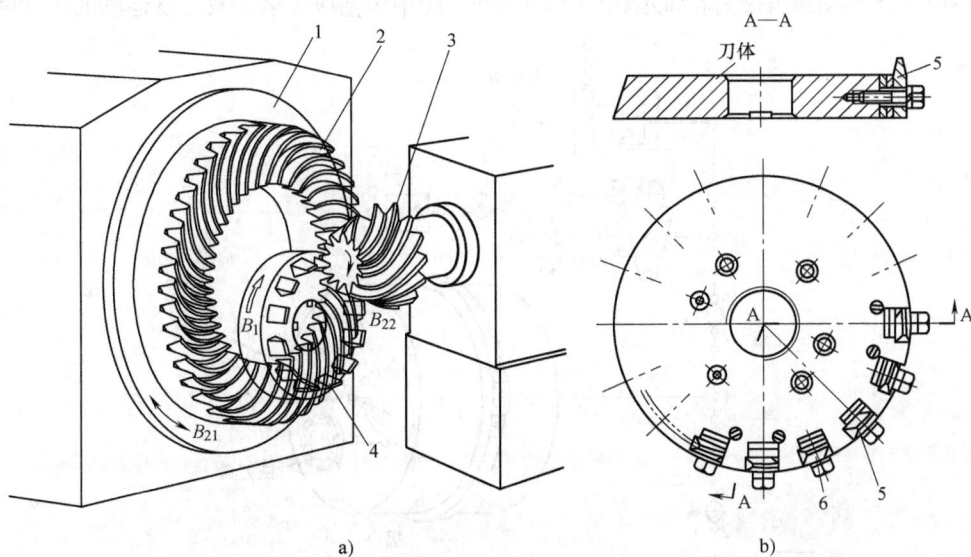

图 4-17 弧齿锥齿轮的加工原理

1—刀具摇台 2—假想冠轮 3—工件 4—切齿刀盘 5—外切刀 6—内切刀

按照假想冠轮原理设计的机床，摇台切齿刀盘上切刀的刀尖，必须沿假想冠轮的顶锥运动（实际是沿被加工锥齿轮的根锥运动）。由于冠轮的顶锥角为 $90°+\theta_f$（θ_f 为被加工锥齿轮的齿根角），如锥齿轮几何参数不同，θ_f 也不相同，因而摇台上切刀的刀尖运动轨迹必须能够调整，以适应不同齿根角 θ_f 的需要。这样，就增加了机床结构的复杂性。有些机床将上述加工原理中的假想冠轮改变为假想"近似冠轮"，即不考虑工件齿根角 θ_f 的变化而使刀尖运动轨迹固定地垂直于"近似冠轮"的轴线。这样，就可免

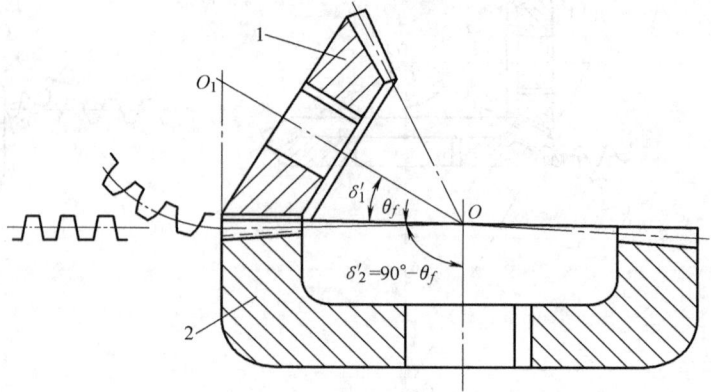

图 4-18　近似冠轮

除上述的调整要求，使机床结构简化。"近似冠轮"的顶面是平的（见图 4-18），其顶锥角是 $90°$，节锥角则为 $90°-\theta_f$。这样，近似冠轮的"当量圆柱齿轮"的齿廓，理论上应为曲线。为了刀具的磨方便，通常把刀刃磨成直刃线，这时虽然有一定误差，但由于工件的齿根角 θ_f 都很小，因此，这个误差对加工精度影响不大，在生产中是允许的。

（二）弧齿锥齿轮铣齿机的传动原理

由上面分析可知，铣切弧齿锥齿轮的成形运动为：切齿刀盘的旋转运动形成齿线，它是一个简单运动——主运动；摇台与工件的对滚运动形成渐开线齿廓，是一个复合运动——范成运动。分度运动为工件周期地转过一定角度。此外，还有其他一些辅助运动。

图 4-19 是 116 型弧齿锥齿轮铣齿机的传动原理，图中包括成形运动及分度运动的传动联系。

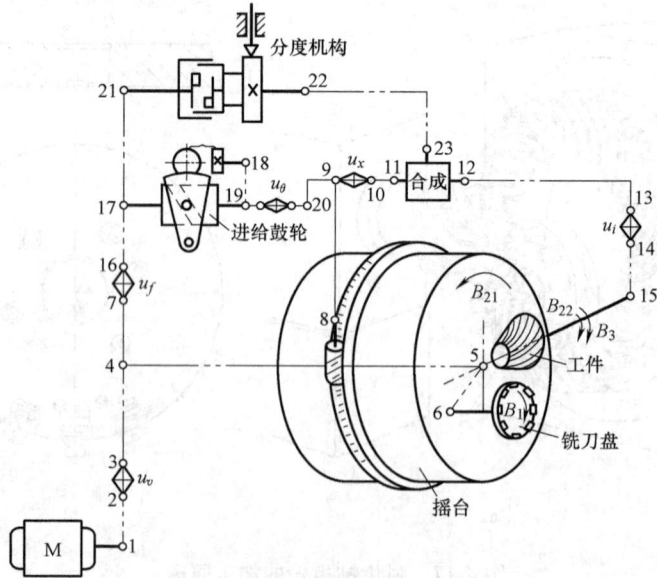

图 4-19　弧齿锥齿轮铣齿机的传动原理（格里逊）

范成运动传动链"摇台（假想近似冠轮转动 B_{21}）—8—9—u_x—10—11—[合成]—12—13—u_i—14—15—工件主轴（工件转动 B_{22}）"保证刀具（假想近似冠轮）与工件之间的啮合运动关系，即保证摇台摆动 B_{21} 和工件转动 B_{22} 之间的严格运动关系：摇台转过 $1/z_冠$ 转时，工件转过 $1/z_工$ 转。范成运动的速度，可由外联系传动链"M—1—2—u_v—3—4—7—u_f—16—17—进给鼓轮—齿扇齿轮—18—19—u_θ—20—9"中的换置机构 u_f 进行调整。进给鼓轮在一转过程中，通过曲线槽和滚子使齿扇来回摆动一次，再经相应传动链使摇台和工件也往复摆动一次，完成一个齿槽的加工循环。摇台和工件摆动角的大小（即范成运动的行程大小），由换置机构 u_θ 来调整。

主运动传动链"M—1—2—u_v—3—4—5—6—切齿刀盘主轴（铣刀盘转动 B_1）"使切齿刀盘按所需的转速旋转，实现主切削运动。转速大小由换置机构 u_v 调整。

分度运动由分度传动链"分度机构—22—23—[合成]—12—13—u_i—14—15—工件主轴（工件转动 B_3）"实现。分度过程与前述锥形砂轮型磨齿机（见图4-14）相同。

习题与思考题

1. 分析比较应用范成法与成形法加工圆柱齿轮各有何特点？

2. 在滚齿机上加工直齿和斜齿圆柱齿轮、大质数直齿圆柱齿轮、用切向法加工蜗轮时，分别需要调整哪几条传动链？画出传动原理图，并说明各传动链的两端件及计算位移是什么？

3. 滚齿机上加工斜齿圆柱齿轮时，工件的范成运动（B_{12}）和附加运动（B_{22}）的方向如何确定？以Y3150E滚齿机为例，说明在操作使用中如何检查这两种运动方向是否正确？

4. 滚齿机上加工直齿和斜齿圆柱齿轮时，如何确定滚刀刀架板转角度与方向？如板转角度有误差或方向有误，将会产生什么后果？

5. 在滚齿机上加工齿轮时，如果滚刀的刀齿相对于工件的轴心线不对称，将会产生什么后果？如何解决？

6. 在滚齿机上加工一对斜齿轮时，当一个齿轮加工完成后，在加工另一个齿轮前应当进行哪些挂轮计算和机床调整工作？

7. 在其他条件不变，而只改变下列某一条件的情况下，滚齿机上哪些传动链的换向机构应变向：

（1）由滚切右旋齿改变为滚切左旋齿；

（2）由逆铣滚齿改为顺铣滚齿（改变轴向进给方向）；

（3）由使用右旋滚刀改变为左旋滚刀；

（4）由加工直齿齿轮改变为加工斜齿齿轮。

8. 根据Y38型滚齿机传动系统图（见图4-20），回答下列问题：

（1）写出该机床的传动路线表达式；

（2）推导范成运动传动链及附加运动传动链换置机构 u_x、u_y 的换置公式。

9. 在Y38型滚齿机上加工齿数 $z=113$ 的质数直齿圆柱齿轮，采用右旋单头滚刀，进给量 $f=1\text{mm}/\text{r}$，试选配范成运动挂轮和附加运动挂轮。

注：Y38型滚齿机随机备有的挂轮齿数有：20（两件）、23、24、25（两件）、30、33、34、35、37、40、41、43、45、47、48、50、53、55、57、58、59、60、61、62、65、67、70、71、73、75、79、80、83、85、90、92、95、97、98、100。

10. 对比滚齿机和插齿机的加工方法，说明它们各自的特点及主要应用范围。

11. 磨齿有哪些方法？各有什么特点？

12. 锥齿轮加工机床的工作原理有采用假想冠轮和假想近似冠轮之分，它们在机床上是如何体现的？怎样把工件的全部轮齿切出？采用这种不同的假想齿轮对机床结构和加工质量各有什么影响？

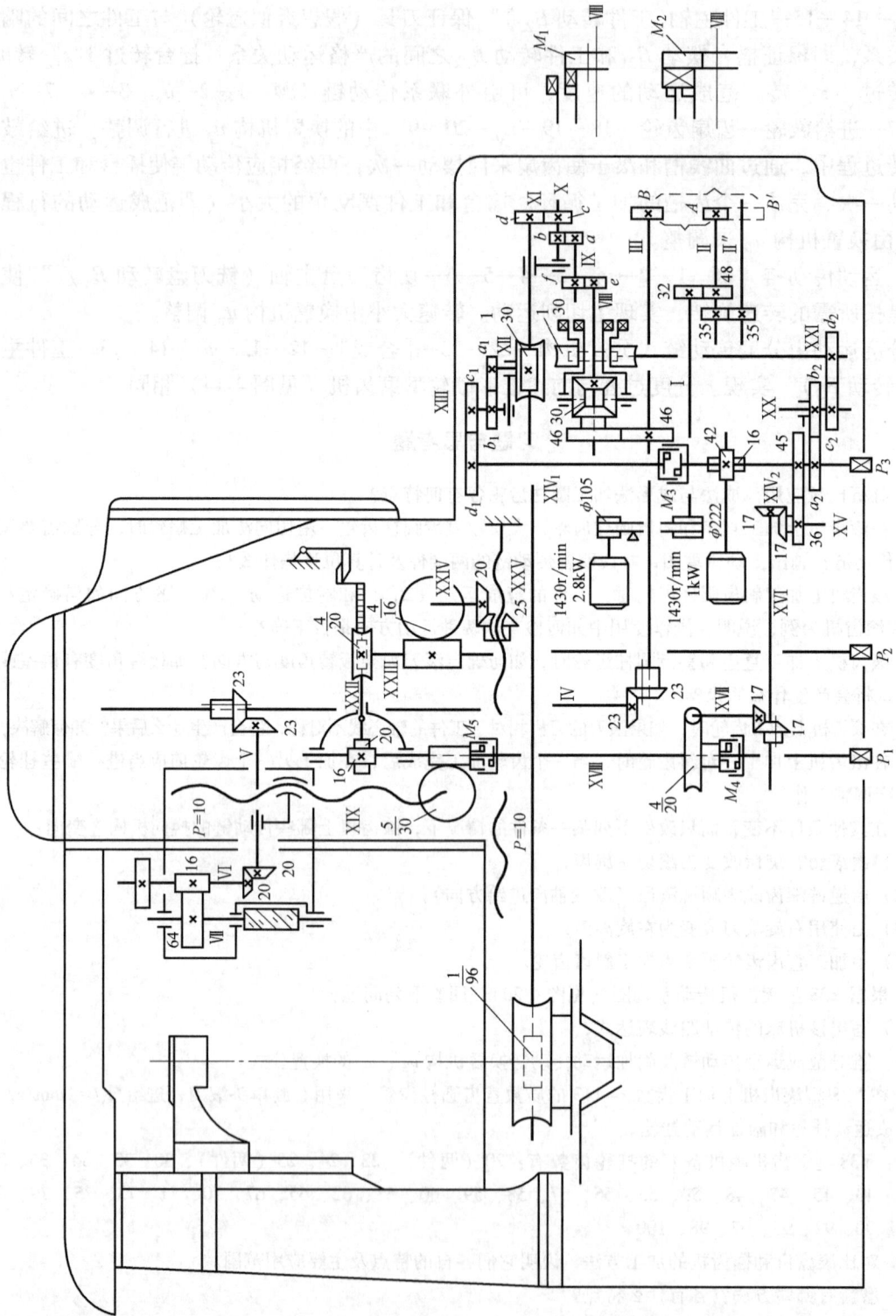

图 4-20　Y38 型滚齿机传动系统图

第五章　其他类型通用机床

第一节　钻床和镗床

钻床和镗床都是加工内孔的机床，主要用于加工外形复杂、没有对称旋转轴线的工件，如杠杆、盖板、箱体、机架等零件上的单孔或孔系。

一、钻床

钻床一般用于加工直径不大、精度要求较低的孔。其主要加工方法是用钻头在实心材料上钻孔，此外还可进行扩孔、铰孔、攻螺纹等加工。加工时，工件固定不动，刀具旋转作主运动，同时沿轴向移动作进给运动（见图5-1）。

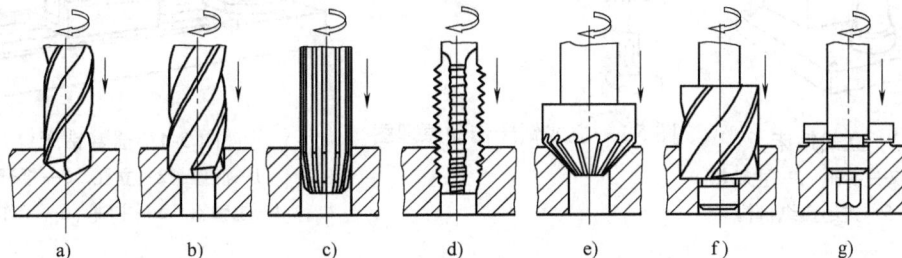

图5-1　钻床的加工方法
a）钻孔　b）扩孔　c）铰孔　d）攻螺纹　e）、f）锪埋头孔　g）锪端面

钻床的主要类型有台式钻床、立式钻床、摇臂钻床以及专门化钻床等。

1. 立式钻床

立式钻床是钻床中应用较广的一种，其特点为主轴轴线垂直布置，而且其位置是固定的。加工时，为使刀具旋转中心线与被加工孔的中心线重合，必须移动工件（相当于调整坐标位置），因此立式钻床只适于加工中小型工件上的孔。

图5-2是方柱立式钻床的外形。主轴箱3中装有主运动和进给运动变速传动机构、主轴部件以及操纵机构等。加工时，主轴箱固定不动，而由主轴随同主轴套筒在主轴箱中作直线移动来实现进给运动。利用装在主轴箱上的进给操纵机构5，可以使主轴实现手动快速升降、手动进给和接通、断开机动进给。被加工工件直接或通过夹具安装在工作台1上。工作台和主轴箱都装在方形立柱4的垂直导轨上，并可上下调整位置，以适应加工不同高度的工件。

立式钻床的传动原理如图5-3所示。主运动一般采用单速电动机经齿轮分级变速机构传动，也有采用机械无级变速器传动的；主轴旋转方向的变换，靠电动机正反转实现。钻床的进给量用主轴每转一转时，主轴的轴向移动量来表示，另外攻丝时进给运动和主运动之间也需要保持一定关系，因此，进给运动由主轴传出，与主运动共用一个动源。进给运动传动链中的换置（变速）机构 u_f 通常为滑移齿轮变速机构。

2. 摇臂钻床

由于大而重的工件移动费力，找正困难，加工时希望工件固定，主轴可调整坐标位置，因而产生了摇臂钻床（见图 5-4）。

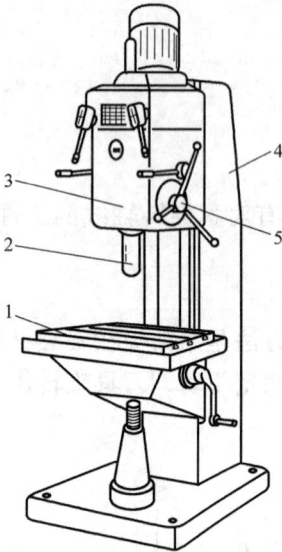

图 5-2　立式钻床

1—工作台　2—主轴　3—主轴箱

4—立柱　5—进给操纵机构

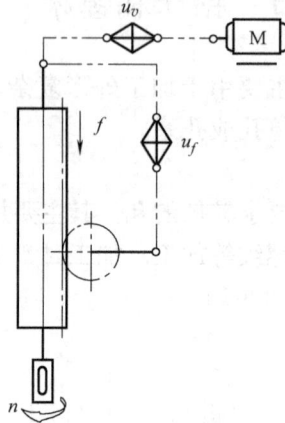

图 5-3　立式钻床传动原理图

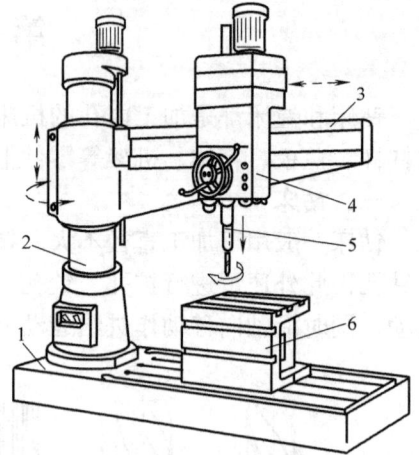

图 5-4　摇臂钻床

1—底座　2—立柱　3—摇臂

4—主轴箱　5—主轴　6—工作台

摇臂钻床的主轴箱 4 装在摇臂 3 上，可沿摇臂上导轨作水平移动，而摇臂 3 又可绕立柱 2 的轴线转动，因而可以方便地调整主轴的坐标位置，使主轴旋转轴线与被加工孔的中心线重合；摇臂还可以沿立柱升降，以适应对不同高度工件进行加工的需要。为使机床在加工时有足够刚度，并使主轴调整好的位置保持不变，机床设有立柱、摇臂及主轴箱的夹紧机构，当主轴的位置调整妥当后，可以快速地将它们夹紧。摇臂钻床的传动原理与立式钻床相同。

图 5-5 为摇臂钻床主轴部件的结构。主轴 1 支承在主轴套筒 2 上、下端的滚动轴承上，在套筒内作旋转主运动。套筒外圆的一侧铣有齿条，由齿轮传动，连同主轴一起作轴向进给运动。主轴的旋转运动由主轴箱内的齿轮，经主轴尾部（上端）的花键传入，而该传动齿轮则通过轴承直接支承在主轴箱箱体上，使主轴卸荷。这样既可减少主轴的弯曲变形，又可使主轴移动轻便。主轴的头部（下端）有莫氏锥孔，用于安装和紧固刀具，还有两个并列的横向腰形孔，用于传递扭矩和卸下刀具。

由于主轴部件是垂直布置的，需要有平衡装置平衡其重力，使上、下移动时的操纵力基本相同，并得到平稳的轴向进给。图 5-5 所示主轴部件采用弹簧凸轮平衡装置。压力弹簧 3 的上端是固定的，下端通过套筒 6 与链条的一端相连，链条的另一端绕过链轮与凸轮 4 相连。弹簧 3 的弹力经链条、凸轮和一对齿轮传至主轴套筒上，与主轴部件重力相平衡。

当主轴部件上下移动时，由于其所处位置的变化，改变了弹簧的压缩量，致使弹力发生变化；另一方面，由于链条绕在凸轮上，凸轮随主轴上下移动而转动时，凸轮曲线使链条对凸轮的拉力作用线位置发生相应的变化，从而作用在凸轮上的平衡力矩始终保持恒定，即主轴部件处在任何位置上都呈平衡状态。

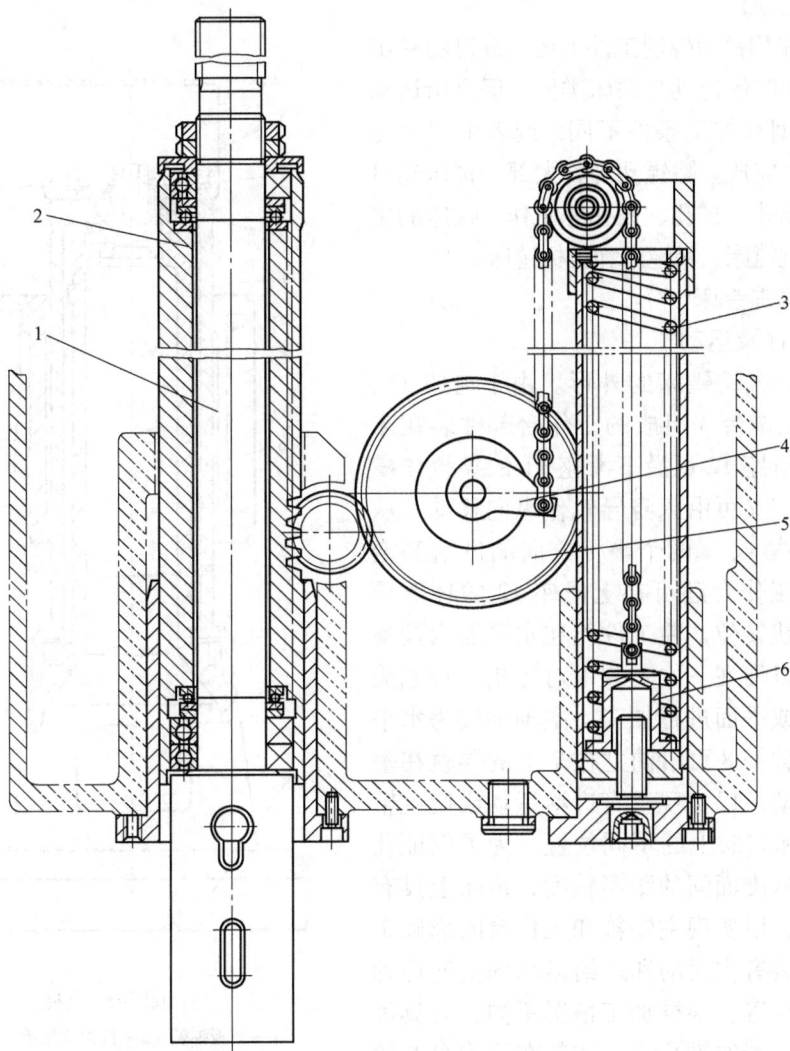

图 5-5 主轴部件
1—主轴 2—主轴套筒 3—弹簧 4—凸轮 5—齿轮 6—套筒

立柱是摇臂钻床的主要支承件，它承受着摇臂和主轴箱的全部重力以及加工时的切削力，并需保证摇臂能实现升降和旋转运动。其结构类型有多种，目前普遍采用圆形双柱式结构，这种立柱结构由圆柱形的内外两层立柱组成（见图5-6）。内立柱4用螺钉紧固在机床底座8上，外立柱6通过向心球轴承3和下部的滚柱链7以及推力球轴承2支承在内立柱上。摇臂5以其一端的套筒部分套在外立柱上，并以导键与立柱联接（图中未示出）。调整主轴位置时，摇臂和外立柱一起绕内立柱转动；同时，摇臂又可相对外立柱作升降运动。摇臂转到所需位置后，利用夹紧机构产生的向下夹紧力，迫使平板弹簧1变形，导致外立柱向下移动，并压紧在圆锥面 A 上，依靠锥面间的摩擦力将外立柱紧固在内立柱上。

二、镗床

镗床通常用于加工尺寸较大且精度要求较高的孔，特别是分布在不同表面上，孔距和位置精度（平行度、垂直度和同轴度等）要求很严格的孔系，如各种箱体、汽车发动机缸体等零件上的孔系加工。

镗床主要是用镗刀镗削工件上铸出或已粗钻出的孔。机床加工时的运动与钻床类似，但进给运动则根据机床类型和加工条件不同，或者由刀具完成，或者由工件完成。除镗孔外，大部分镗床还可以进行铣削、钻孔、扩孔、铰孔等工作。镗床的主要类型有卧式铣镗床、精镗床和坐标镗床。

（一）卧式铣镗床

1. 组成部件及运动

图 5-7 为卧式铣镗床的外形。由下滑座 11、上滑座 12 和工作台 3 组成的工作台部件装在床身导轨上。上滑座 12 可沿下滑座 11 的导轨作横向移动，下滑座又可沿床身导轨作纵向移动，从而组成水平面内 x、y 两个坐标方向的进给和定位移动系统。工作台还可在上滑座 12 的环形导轨上绕垂直轴线转位，使工件能在水平面内调整至一定角度，以便在一次安装中对互相平行或成一定角度的孔或平面进行加工。主轴轴线为水平方向布置，主轴箱 8 可沿前立柱 7 上的导轨在垂直方向上下移动，以实现垂直进给运动或使主轴轴线处在 z 坐标方向上的不同位置。为了保证孔与孔以及孔与基准面间的距离精度，机床上具有坐标测量装置，以实现主轴箱和工作台的准确定位。主轴箱内装有主运动和进给运动的变速传动机构及操纵机构等。根据加工情况不同，刀具可以装在镗轴 4 前端的锥孔中，或装在平旋盘 5 的径向刀具溜板 6 上。加工时，镗轴 4 旋转完成主运动，并可沿其轴线移动作轴向进给运动（由装在主轴箱 8 后部后尾筒 9 内的轴向进给机构完成）；平旋盘 5 只能作旋转主运动，装在平旋盘导轨上的径向刀具溜板 6，除了随平旋盘一起旋转外，还可沿导轨移动作径向进给运动。装在后立柱 2 垂直导轨上可上下移动的后支承架 1，用以支承长刀杆（镗杆）的悬伸端，以增加其刚性。后立柱可沿床身导轨调整纵向位置，以适应支承不同长度的刀杆。

综上所述，卧式铣镗床的主运动有：镗轴和平旋盘的旋转运动；进给运动有：镗轴的轴向运动，平旋盘刀具溜板的径向进给运动，主轴箱的垂直进给运动，工作台的纵向和横向进给运动；辅助运动有：工作台的转位，后立柱纵向调位，后支承架的垂直方向调位，以及主轴箱沿垂直方向和工作台沿纵、横方向的快速调位运动。

图 5-8 为卧式铣镗床的几种典型加工方法：图 5-8a 为用装在镗轴上的悬伸刀杆镗孔，由镗轴移动完成纵向进给运动（f_1）；图 5-8b 为利用后支承架支承的长刀杆镗削同一轴线上的

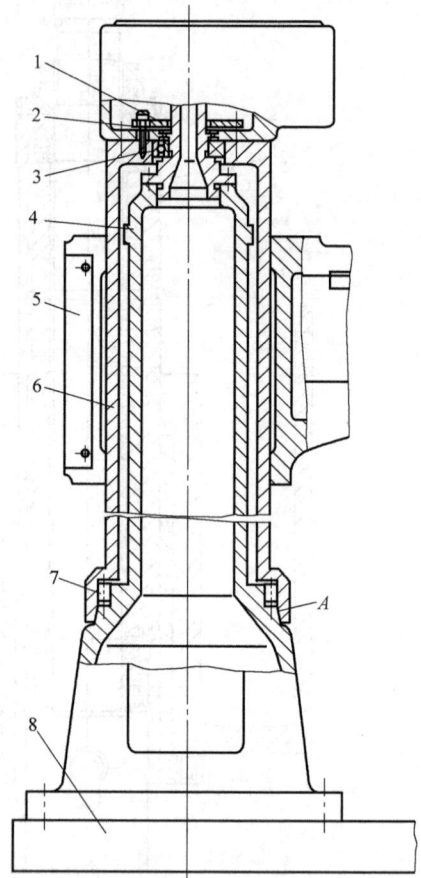

图 5-6 立柱

1—平板弹簧 2—推力球轴承 3—向心球轴承 4—内立柱 5—摇臂 6—外立柱 7—滚柱链 8—底座

两孔，由工作台移动完成纵向进给运动（f_3）；图5-8c为用装在平旋盘上的悬伸刀杆镗削大直径的孔，由工作台移动完成纵向进给运动（f_3）；图5-8d为用装在镗轴上的端铣刀铣平面，由主轴箱移动完成垂直进给运动（f_2）；图5-8e和f为用装在平旋盘刀具溜板上的车刀车内沟槽和端面，由刀具溜板移动完成径向进给运动（f_4）。

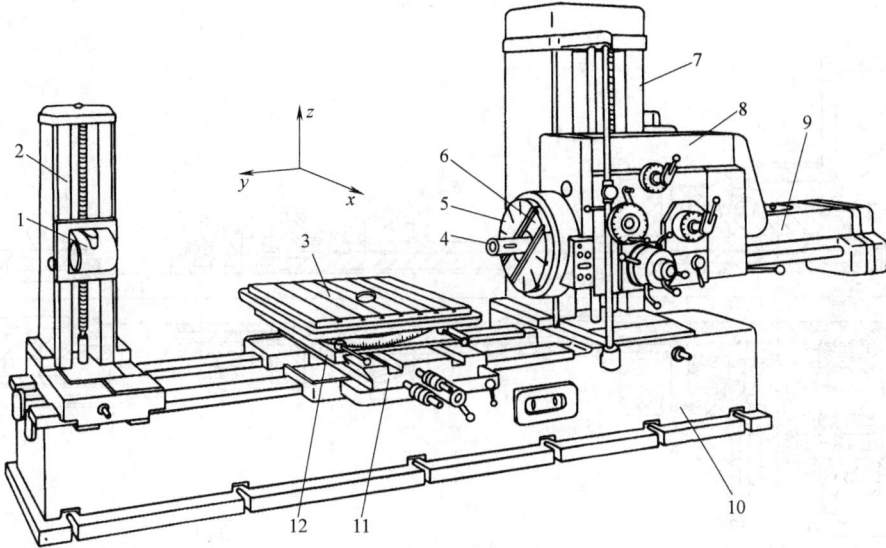

图 5-7　卧式铣镗床

1—后支承架　2—后立柱　3—工作台　4—镗轴　5—平旋盘　6—径向刀具溜板
7—前立柱　8—主轴箱　9—后尾筒　10—床身　11—下滑座　12—上滑座

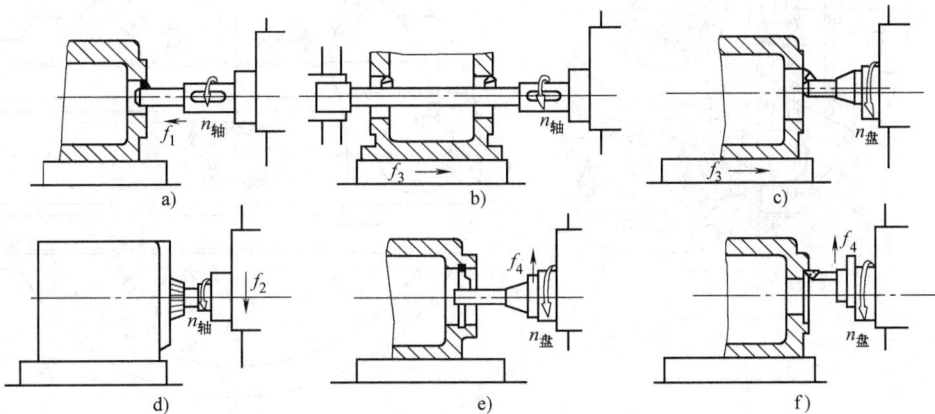

图 5-8　卧式铣镗床的典型加工方法

2. 主轴部件结构

卧式铣镗床主轴部件的结构形式较多。图5-9为三层主轴带固定式平旋盘的主轴部件，它由层层套装的镗轴6、空心主轴5和平旋盘主轴4组成。镗轴和平旋盘主轴用来安装刀具并带动其旋转，两者可单独转动，也可以不同转速同时转动。空心主轴用作镗轴的支承和导向，并传动其旋转。平旋盘主轴4由装在主轴箱体左壁和中间壁孔内的两个精密圆锥滚子轴承支承，轴承间隙可用螺母7调整。空心主轴5同样用两个圆锥滚子轴承支承，其前轴承装在平旋盘主轴前端的孔中，后轴承装在主轴箱体右壁的孔中，轴承间隙可用螺母9调整。在空心主轴的内孔中，装有三个淬硬的精密衬套 16、15 和 13，用以支承镗轴 6。镗轴用 38CrMoAlA 钢经氮化处理制成，具有很高的表面硬度（1000~1200HV），它和衬套的配合间隙很小（约 0.01mm 左右），而前后衬套间的距离较大，因而可长期地保持较高的导向精度，并使主轴部件有较高的刚度。

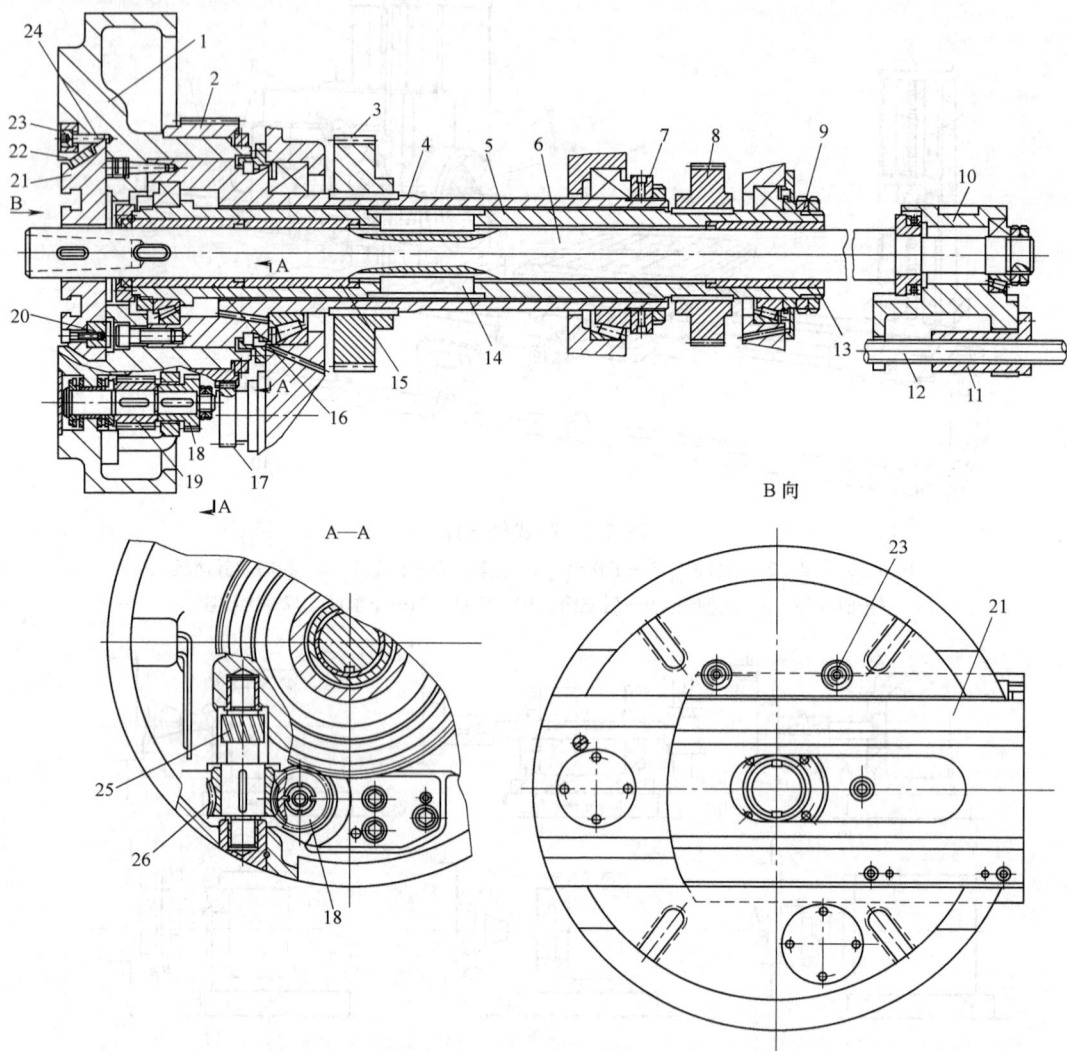

图 5-9 三层主轴带固定式平旋盘的主轴部件（T68）

1—平旋盘 2、3、8、17、18、25—齿轮 4—平旋盘主轴 5—空心主轴 6—镗轴 7、9—调整螺母
10—支承座 11—螺母 12—丝杆 13、15、16—衬套 14—导键 19—蜗杆 20—齿条
21—径向刀具溜板 22—镶条 23—螺塞 24—销钉 26—蜗轮

镗轴 6 的前端有精密的莫氏锥孔，供安装刀具和刀杆用。它由齿轮 8 经空心主轴 5 和两个导键 14 传动旋转。导键固定在空心主轴 5 上，其突出部分嵌在镗轴的两条长键槽内，使镗轴既能由空心主轴带动旋转，又可在衬套中沿轴向移动。镗轴的后端通过推力球轴承和圆锥滚子轴承与支承座 10 连接。支承座装在后尾筒的水平导轨上，可由丝杠 12 经螺母 11 传

动移动，带动镗轴作轴向进给运动。镗轴不作轴向进给时（例如铣平面或由工作台进给镗孔时），利用支承座中的推力球轴承和圆锥滚子轴承使镗轴实现轴向定位。其中圆锥滚子轴承还可以作为镗轴的附加径向支承，以免镗轴后部的悬伸端下垂。

平旋盘主轴 4 的前端，用螺钉和定位销固定地安装着平旋盘 1，它由齿轮 3 传动旋转。平旋盘的端面上铣有四条径向 T 型槽，供紧固刀夹或刀盘之用；在它的燕尾导轨上，装有径向刀具溜板 21。刀具溜板的左侧面上铣有两条供紧固刀夹用的 T 型槽，右侧面的矩形槽中固定着齿条 20，由与其啮合的齿轮 25 传动，使刀具溜板作径向进给运动。燕尾导轨的间隙可用镶条 22 进行调整。当加工过程中刀具溜板不需作径向进给时（例如镗大直径孔或车外圆柱面时），可拧紧螺塞 23，通过销钉 24 将其锁紧在平旋盘上。

平旋盘上装有刀具溜板的进给机构。运动由齿轮 2 传入，然后经齿轮 18、蜗杆 19、蜗轮 26、齿轮 25 和齿条 20 传动刀具溜板 21 移动（参阅图 5-10）。上述这

些齿轮、蜗杆和蜗轮等，在工作过程中一面随平旋盘一起绕它的轴线旋转——公转运动，一面绕其自身的轴线旋转——自转运动。齿轮 2 空套在平旋盘 1 的轮毂上，由伸出在主轴箱体外面的齿轮 17 传动旋转。当齿轮 2 的转速、转向与平旋盘相同时，由于齿轮 18 与 2 之间无相对运动，齿轮 18、蜗杆 19 和蜗轮 26 等不能产生自转运动，因而刀具溜板不作进给运动。当齿轮 2 的转速与平旋盘不相等时，则齿轮 18 将沿着齿轮 2 滚动，产生自转运动。于是蜗杆 19、蜗轮 26 和齿轮 25 等也都被带动作自转运动，从而传动刀具溜板进给。

由上述可知，平旋盘旋转时，不管刀具溜板进给与否，齿轮 2 都需以一定转速旋转：刀具溜板不需进给时，齿轮 2 必须与平旋盘同步旋转；需作径向进给时，齿轮 2 与平旋盘应保持一定转速差。为了实现这一运动要求，齿轮 2 由两条传动链经行星齿轮机构传动（见图 5-10b）。其中一条传动链由平旋盘主轴经齿轮 z_{58}（即图 5-9 中齿轮 3）和 z_{22} 将运动传至行

星机构的转臂，另一条传动链由平旋盘主轴经 a—b—u_f—c—d 将运动传至行星机构的右中心齿轮 z_{20}（u_f 为进给变速机构），两条传动链传入的运动，由行星齿轮机构合成后，从左中心齿轮 z_{24} 传出，然后经齿轮 17（z_{24}）传至齿轮 2（z_{116}）。

设行星齿轮机构转臂的转速为 n_0，右中心齿轮 z_{20} 的转速为 n_1，左中心齿轮 z_{24} 的转速为 n_4，根据行星齿轮传动原理，可得

$$\frac{n_4-n_0}{n_1-n_0}=(-1)^3\times\frac{20}{19}\times\frac{19}{15}\times\frac{15}{24}=-\frac{5}{6}$$

化简后得

$$n_4=\frac{11n_0-5n_1}{6}$$

因

$$n_0=n_盘\times\frac{58}{22}$$

故

$$n_4=\frac{29n_盘-5n_1}{6}$$

又因

$$n_{116}=n_4\times\frac{24}{116}$$

故

$$n_{116}=n_盘-\frac{5}{29}n_1$$

当 $n_1=0$ 时

$$n_{116}=n_盘$$

式中　$n_盘$——平旋盘（主轴）的转速；

n_{116}——空套在平旋盘上的齿轮 z_{116} 的转速。

从上述公式可知，平旋盘主轴至行星齿轮机构转臂这条传动链的作用是使齿轮 2（z_{116}）与平旋盘保持同步旋转，而另一条传动链——刀具溜板径向进给运动传动链的作用则是使齿轮 2 获得一个附加的转速 $\left(-\frac{5}{29}n_1\right)$。这一附加的转速也就是齿轮 2 与平旋盘的转速差，它使刀具溜板产生径向进给运动。因此，刀具溜板的进给量可按下式计算：

$$f_4=1_{（平旋盘）}\times u_0u_fu_{行星}\times\frac{24}{116}\times\frac{116}{22}\times\frac{1}{22}\times\frac{3\pi}{\cos\beta}\times16$$

式中　f_4——刀具溜板的径向进给量，单位为 mm/r；

u_0——径向进给传动链中定比机构的传动比；

u_f——径向进给传动链中变速机构的传动比；

$u_{行星}$——行星齿轮机构在刀具溜板径向进给运动传动链中的传动比，$u_{行星}=\frac{n_4}{n_1}=-\frac{5}{6}$；

β——齿条齿轮的螺旋角，$\beta=18°25'$。

显然，刀具溜板径向进给量的大小和进给方向，完全决定于径向进给传动链的调整状况。如将这一传动链断开，刀具溜板便停止进给。

（二）坐标镗床

1. 应用范围

坐标镗床主要用于孔本身精度及位置精度要求都很高的孔系加工，例如钻模、镗模和量具等零件上的精密孔加工。坐标镗床除主要零部件的制造和装配精度很高，具有良好的刚度和抗振性外，其主要特点是具有坐标位置的精密测量装置。依靠坐标测量装置，能精确地确

定工作台、主轴箱等移动部件的位移量，实现工件和刀具的精确定位。例如，工作台面宽 200～300mm 的坐标镗床，坐标定位精度可达 0.002mm。坐标镗床除镗孔外，还可进行钻、扩和铰孔，锪端面以及铣平面和沟槽等加工。此外，因其具有很高的定位精度，故还可用于精密刻线，精密划线，孔距及直线尺寸的精密测量等。所以，坐标镗床是一种用途比较广泛的精密机床。

坐标镗床过去主要在工具车间用作单件生产。近年来也逐渐应用到生产车间中，成批地加工具有精密孔系的零件。例如，在飞机、汽车、内燃机和机床等行业中加工某些箱体零件（可以省掉钻模、镗模等夹具）。

2. 主要类型

坐标镗床按其布局形式有单柱、双柱和卧式等主要类型。

（1）单柱坐标镗床　这类坐标镗床的布局形式与立式钻床类似（见图5-11），带有主轴部件的主轴箱装在立柱的垂直导轨上，可上下调整位置，以适应加工不同高度的工件。主轴由精密轴承支承在主轴套筒中（其结构形式与钻床主轴相同，但旋转精度和刚度要高得多），由主传动机构传动其旋转，完成主运动。当进行镗孔、钻孔、铰孔等工序时，主轴由主轴套筒带动，在垂直方向作机动或手动进给运动。镗孔坐标位置由工作台沿床鞍导轨的纵向移动和床鞍沿床身导轨的横向移动来确定。当进行铣削时，则由工作台在纵向或横向移动完成进给运动。

单柱坐标镗床的工作台三面敞开，操作比较方便，但主轴箱悬臂安装，机床尺寸大时，将会影响刚度。因此，单柱式一般为中、小型机床（工作台宽度小于630mm）。

（2）双柱坐标镗床　这类坐标镗床具有由两个立柱、顶梁和床身构成的龙门框架（见图5-12），主轴箱装在可沿立柱导轨上下调整位置的横梁2上，工作台则直接支承在床身导轨上。镗孔坐标位置由主轴箱沿横梁导轨移动和工作台沿床身导轨移动来确定。

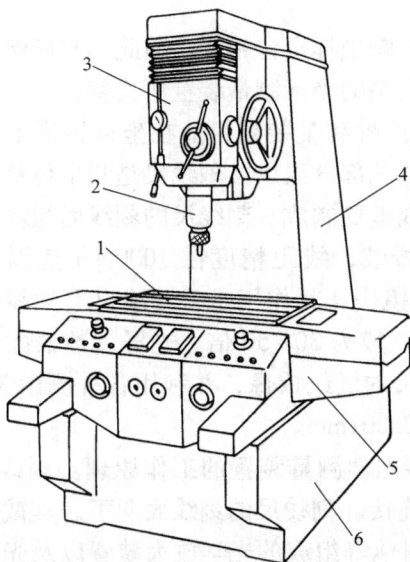

图5-11　单柱坐标镗床
1—工作台　2—主轴　3—主轴箱
4—立柱　5—床鞍　6—床身

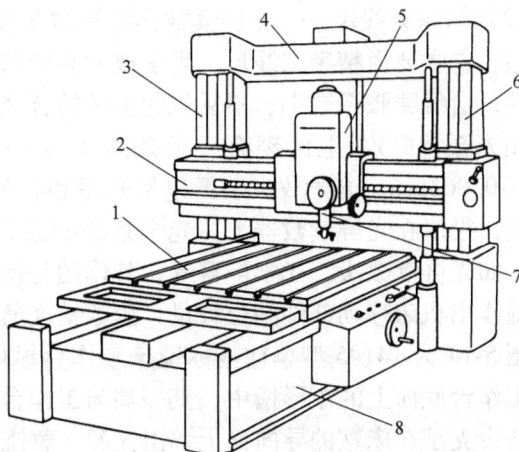

图5-12　双柱坐标镗床
1—工作台　2—横梁　3、6—立柱
4—顶梁　5—主轴箱　7—主轴　8—床身

双柱坐标镗床主轴箱悬伸距离小，且装在龙门框架上，较易保证机床刚度；另外，工作台和床身之间层次少，承载能力较强。因此，双柱式一般为大、中型机床。

（3）卧式坐标镗床　这类坐标镗床的特点是其主轴水平布置，与工作台台面平行（见图5-13）。安装工件的工作台由下滑座、上滑座以及可作精密分度的回转工作台等三层组成。镗孔坐标位置由下滑座沿床身导轨的纵向移动和主轴箱沿立柱导轨的垂直方向移动来确定。机床进行孔加工时的进给运动，可由主轴轴向移动完成，也可由上滑座横向移动完成。

卧式坐标镗床具有较好的工艺性能，工件高度不受限制，且安装方便，利用回转工作台的分度运动，可在工件一次安装中完成几个面上孔与平面等的加工。所以，近年来这种类型的坐标镗床应用得越来越多。

3. 坐标测量装置

坐标测量装置的种类很多，并且随着科学技术的进步在不断发展，向着实现更高的定位精度迈进。下面介绍目前常用的几种。

（1）带校正尺的精密丝杠测量装置　这种测量装置以传动工作台、滑座、主轴箱等运动的精密丝杠作测量位移的基准元件，利用装在丝杠上的刻度盘和游标装置读出位移量。为了提高测量精度，常采用校正尺补偿丝杠的制造误差。

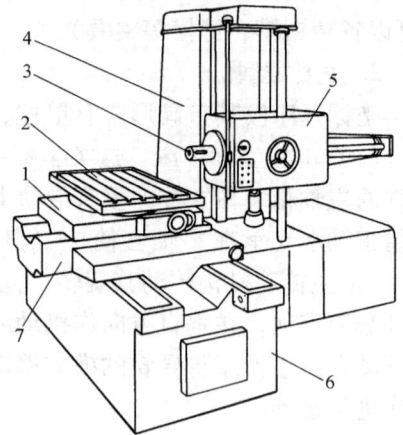

图 5-13　卧式坐标镗床
1—上滑座　2—回转工作台　3—主轴
4—立柱　5—主轴箱　6—床身
7—下滑座

这种测量装置结构简单，成本较低，但由于精密丝杠既是测量基准又是传动元件，它的磨损必然直接影响坐标定位精度。因此，它虽然目前在一些中小型坐标镗床中仍有应用，但已逐渐被其他类型的坐标测量装置所代替。

（2）精密刻线尺——光屏读数器坐标测量装置　这种测量装置目前在坐标镗床上应用最普遍，它主要由精密刻线尺、光学放大装置和读数器三部分组成。刻线尺是测量位移的基准元件，由线膨胀系数小、不易氧化生锈的合金金属或玻璃制成。刻线尺的刻线面粗糙度极小（抛光至镜面），上面刻有一条条间隔为 1mm 的线纹，线距精度在 1000mm 范围内为 0.001~0.003mm。光学放大装置包括光源和各种光学镜头，其作用是将刻线尺上的线纹间距放大，投影在光屏读数器上。光学系统的放大倍数一般为 30~50 倍。光屏读数器的形式很多，如光屏读数头，光学屏幕等，其作用是使刻线尺的线纹成像，并利用各种测微装置，精确地读出机床移动部件的位移量，读数精度通常为 0.001mm。

图 5-14 为 T4145 型单柱坐标镗床工作台纵向位移光学测量装置的工作原理。刻线尺 3 装在工作台底面上的矩形槽中，其一端与工作台保持连接。刻线尺的刻线面向下，其截面两侧的凸边支承在床鞍的导向面上。由光源、物镜、反射镜等组成的光学放大装置以及光屏读数头装在床鞍上。由光源 8 经聚光镜 7 射出的平行光束，通过滤色镜片 6、反光镜 5 和前组物镜 4 投射到刻线尺 3 的刻线面上。刻线尺上被照亮的线纹，通过前组物镜 4、反光镜 9、后组物镜 10、反光镜 13、12 和 11，成像于光屏读数头的光屏 1 上，通过目镜 2 可以清晰地观察到

放大的线纹像。物镜的总放大倍率为 40 倍，因此，间距为 1mm 的刻线尺线纹，投影在光屏上的距离为 40mm。

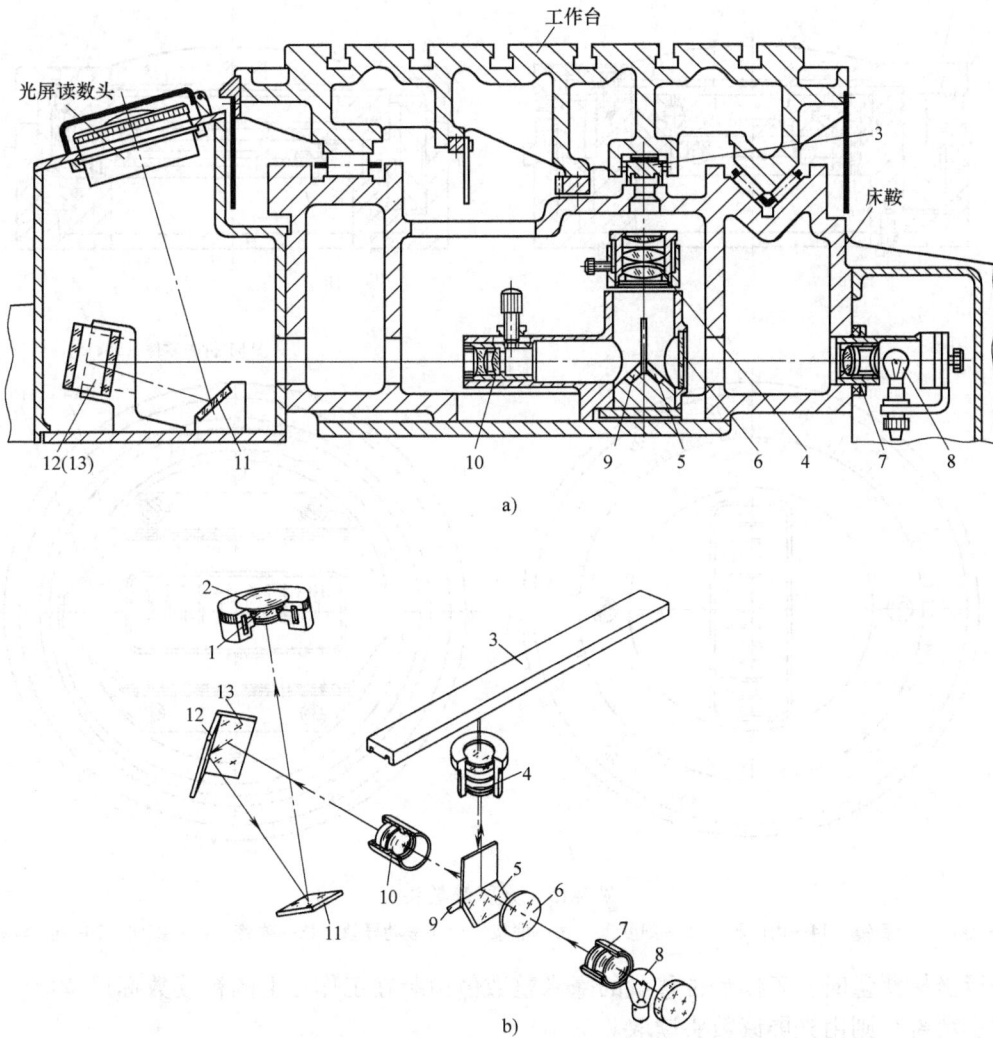

图 5-14　T4145 型单柱坐标镗床工作台纵向位移光学测量装置
1—光屏　2—目镜　3—刻线尺　4—前组物镜　5、9、11、12、13—反光镜
6—滤色镜　7—聚光镜　8—光源　10—后组物镜

　　光屏读数头的光屏上，刻有 0~10 共 11 组等距离的双刻线（见图 5-15），相邻两双刻线之间的距离为 4mm，这相当于刻线尺 3 上的距离为 $4\times\dfrac{1}{40}=0.1$mm。光屏 1 镶嵌在可沿滚动导轨 17 移动的框架 16 中。由于弹簧 18 的作用，框架 16 通过装在其一端孔中的钢球 19，始终顶紧在阿基米德螺旋线内凸轮 14 的工作表面上。用刻度盘 15 带动内凸轮 14 转动时，可推动框架 16 连同光屏 1 一起，沿着垂直于双刻线的方向作微量移动。刻度盘 15 的端面上，刻有 100 格圆周等分线。当其每转过 1 格时，内凸轮 14 推动光屏移动 0.04mm，这相当于刻线尺（亦即工作台）的位移量为：$0.04\times\dfrac{1}{40}$mm$=0.001$mm。

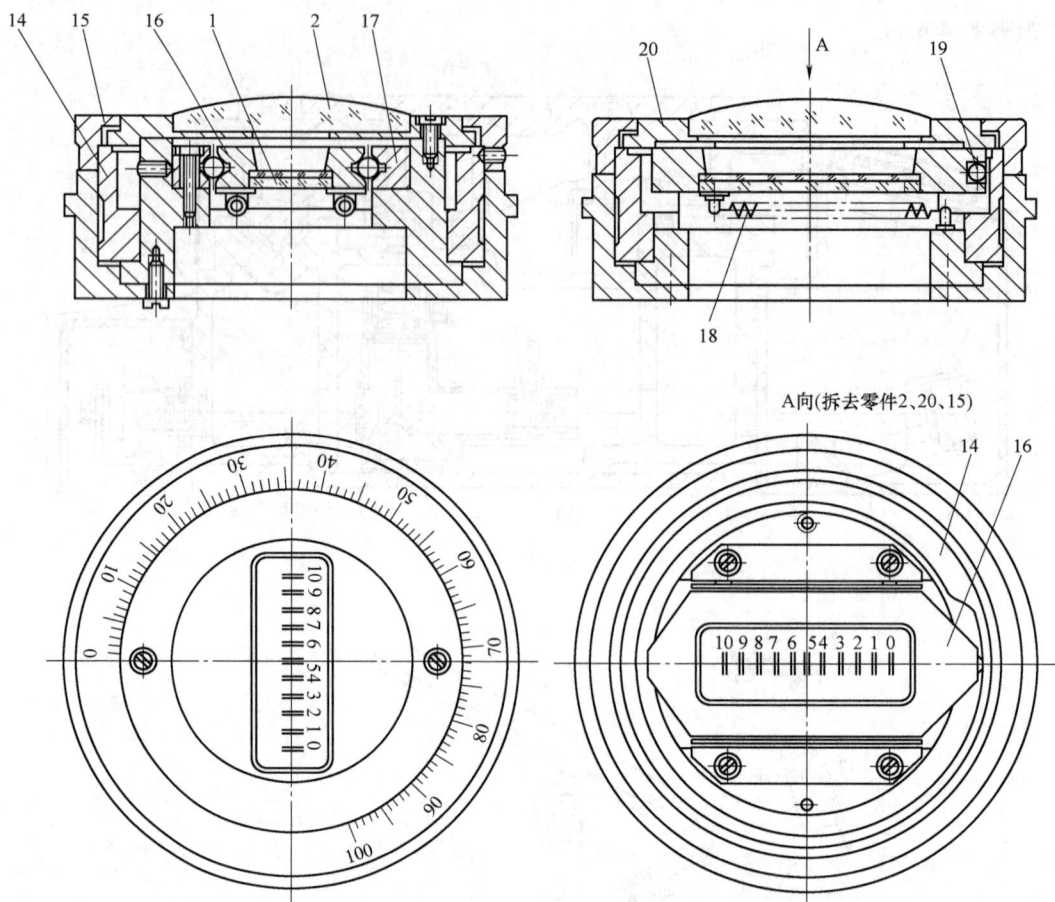

图 5-15　光屏读数头

1—光屏　2—目镜　14—内凸轮　15—刻度盘　16—框架　17—滚动导轨　18—弹簧　19—钢球　20—目镜座

进行坐标测量时，工作台位移量的毫米整数值由装在工作台上的粗读数标尺读取，毫米以下的小数部分则由光屏读数头读取。

上述光学读数器的读数精度虽为 0.001mm，但由于测量元件（精密刻线尺和刻度盘）、光学系统及导轨直线度等误差，以及加工时的切削力作用、热变形及部件夹紧变形等影响，因此，实际定位精度低于读数精度。

随着新技术的发展，应用于坐标镗床的测量装置的类型越来越多，如光栅、感应同步器、激光干涉仪等。光栅测量是利用两个平行放置的光栅所形成的莫尔条线来测量机床部件的位移量。感应同步器以平面绕组作测量位移的基准元件，利用感应原理来测量机床部件的位移量。激光干涉测量是利用光波干涉原理，以激光波长作为测量基准来测量机床部件的位移量，测量的精度可达 0.1μm。这些新型测量装置的突出特点是，可以把机床部件的位移量通过光、电、磁等直接转换为电信号，因此易于实现数字显示和定位自动控制。

坐标镗床是精密机床，一般要求在恒温条件下工作，但对恒温要求的严格程度，则根据机床的精度及加工要求而有所不同，机床精度和加工要求高时，应安放在专用的恒温室内，并采用防振地基。

第二节　铣　床

铣床是一种用途广泛的机床。它可以加工平面（水平面、垂直面等）、沟槽（键槽、T型槽、燕尾槽等）、多齿零件上齿槽（齿轮、链轮、棘轮、花键轴等）、螺旋形表面（螺纹和螺旋槽）及各种曲面（见图5-16）。此外，它还可用于加工回转体表面及内孔，以及进行切断工件等。

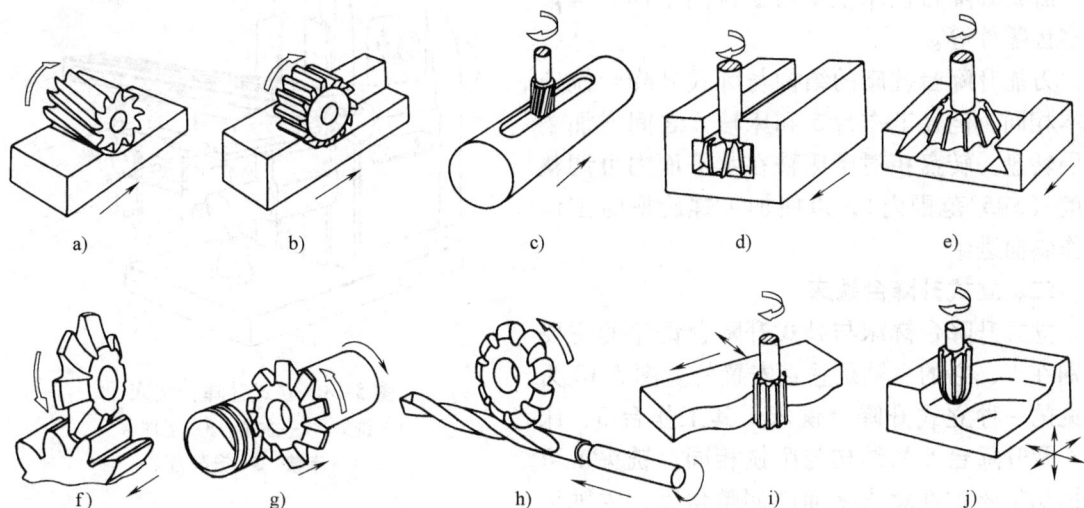

图 5-16　铣床加工的典型表面

由于铣床使用旋转的多齿刀具加工工件，同时有数个刀齿参加切削，所以生产率较高。但是，由于铣刀每个刀齿的切削过程是断续的，且每个刀齿的切削厚度又是变化的，这就使切削力相应地发生变化，容易引起机床振动，因此，铣床在结构上要求有较高的刚度和抗振性。

铣床的类型很多，主要类型有：卧式升降台铣床、立式升降台铣床、龙门铣床、工具铣床和各种专门化铣床等。

一、卧式升降台铣床和万能升降台铣床

卧式升降台铣床（见图5-17）习惯上常称为卧铣，它的主轴位置是水平的。床身1固定在底座8上，用于安装和支承机床各部件。床身内装有主运动变速传动机构、主轴部件以及操纵机构等。床身1顶部的导轨上装有悬梁2，可沿主轴轴线方向调整其前后位置，悬梁上装

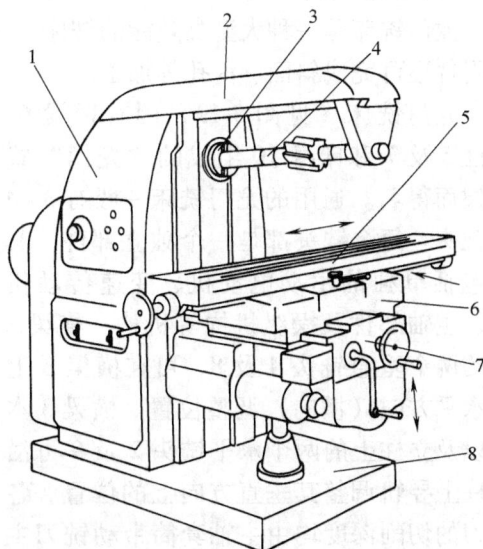

图 5-17　卧式升降台铣床
1—床身　2—悬梁　3—主轴　4—铣刀心轴
5—工作台　6—床鞍　7—升降台　8—底座

有刀杆支架，用于支承刀杆的悬伸端。升降台 7 安装在床身 1 的垂直导轨上，可以上下（垂直）移动，升降台内装有进给运动变速传动机构以及操纵机构等。升降台的水平导轨上装有床鞍 6，可沿平行于主轴 3 的轴线方向（横向）移动。工作台 5 装在床鞍 6 的导轨上，可沿垂直于主轴轴线方向（纵向）移动。因此，固定在工作台上的工件，可在相互垂直的三个方向之一实现进给运动或调整位移。

卧式升降台铣床主要用于铣削平面、沟槽和多齿零件等。

万能升降台铣床的结构与卧式升降台铣床基本相同，但在工作台 5 和床鞍 6 之间增加了一层转盘。转盘相对于床鞍在水平面内可调整角度（±45°范围内），以便加工螺旋槽时工作台作斜向进给。

二、立式升降台铣床

立式升降台铣床与卧式升降台铣床的主要区别在于，它的主轴是垂直安置的。图 5-18 为常见的一种立式升降台铣床，其工作台 3、床鞍 4 及升降台 5 的结构与卧铣相同。铣头 1 可根据加工要求在垂直平面内调整角度，主轴可沿其轴线方向进给或调整位置。这种铣床可用端铣刀或立铣刀加工平面、斜面、沟槽、台阶、齿轮、凸轮等表面。

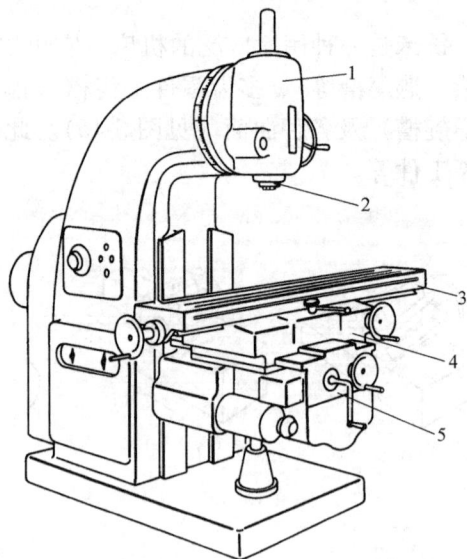

图 5-18　立式升降台铣床
1—铣头　2—主轴　3—工作台
4—床鞍　5—升降台

三、龙门铣床

龙门铣床是一种大型高效能的铣床，主要用于加工各类大型工件上的平面和沟槽，借助于附件还可完成斜面、内孔等加工。

龙门铣床（见图 5-19）因有顶梁 6、立柱 5 及 7 和床身 10 组成的"龙门"式框架而得名。通用的龙门铣床一般有 3~4 个铣头。每个铣头都是一个独立部件，其中包括单独的驱动电动机、变速传动机构、主轴部件及操纵机构等机构。横梁 3 上的两个垂直铣头 4 及 8，可在横梁 3 上沿水平方向（横向）调整位置。横梁 3 本身以及立柱上的两个水平铣头 2 及 9 可沿立柱上导轨调整其垂直方向上的位置。各铣刀的切削深度均由主轴套筒带动铣刀主轴沿轴向移动来实现。加工时，工作台 1 连同工件作纵向进给运动。龙门铣床可用多把铣刀同时加工几个表面，所以生产率

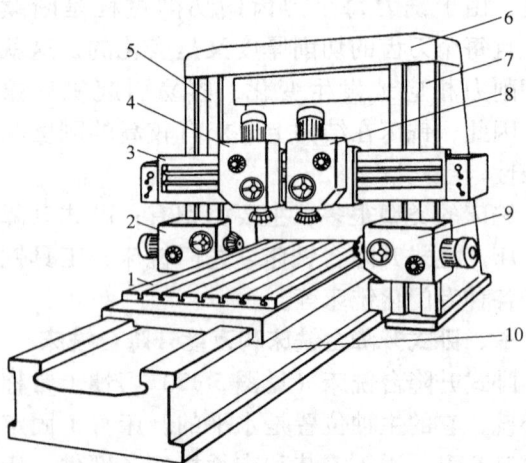

图 5-19　龙门铣床
1—工作台　2、9—水平铣头　3—横梁　4、8—垂直铣头
5、7—立柱　6—顶梁　10—床身

较高。它在成批和大量生产中得到广泛应用。

第三节　刨床和拉床

刨床和拉床的主运动都是直线运动，所以常称它们为直线运动机床。

一、刨床

刨床类机床主要用于加工各种平面（如水平面、垂直面及斜面等）和沟槽（如 T 形槽、蒸尾槽、V 形槽等）。

刨床类机床的主运动是刀具或工件所作的直线往复运动。它只在一个运动方向上进行切削，称为工作行程，返回时不进行切削，称为空行程。进给运动由刀具或工件完成，其方向与主运动方向相垂直，它是在空行程结束后的短时间内进行的，因而是一种间歇运动。

刨床类机床由于所用刀具结构简单，在单件小批量生产条件下，加工形状复杂的表面比较经济，且生产准备工作省时。此外，用宽刃刨刀以大进给量加工狭长平面时的生产率较高，因而在单件小批量生产中，特别在机修和工具车间，是常用的设备。但这类机床由于其主运动反向时需克服较大的惯性力，限制了切削速度和空行程速度的提高，同时还存在空行程所造成的时间损失，因此在多数情况下生产率较低，在大批大量生产中常被铣床和拉床所代替。

刨床类机床主要有牛头刨床、龙门刨床和插床三种类型，现分别介绍如下：

1. 牛头刨床

牛头刨床（见图 5-20）因其滑枕刀架形似"牛头"而得名，它主要用于加工小型零件。机床的主运动机构装在床身 4 内，传动装有刀架 1 的滑枕 3 沿床身顶部的水平导轨作往复直线运动。刀架可以沿刀架座上的导轨移动（一般为手动），以调整刨削深度，以及在加工垂直平面和斜面时作进给运动。调整转盘 2，可使刀架左右回转 60°，以便加工斜面或斜槽。加工时，工作台 6 带动工件沿横梁 5 作间歇横向进给运动。横梁可沿床身的垂直导轨上下移动，以调整工件与刨刀的相对位置。

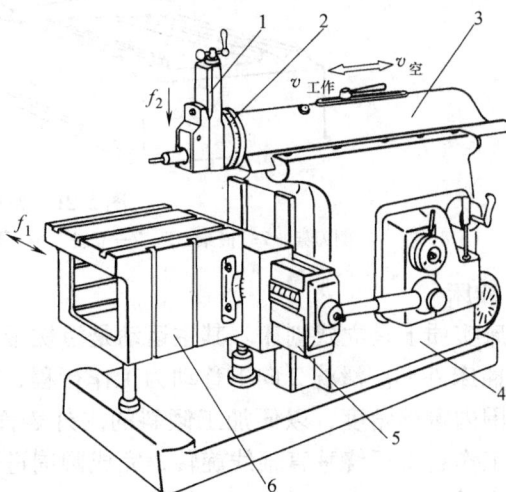

图 5-20　牛头刨床
1—刀架　2—转盘　3—滑枕　4—床身
5—横梁　6—工作台

牛头刨床主运动的传动方式有机械和液压两种。机械传动常用曲柄摇杆机构，因其结构简单，工作可靠，维修方便。液压传动能传递较大的力，可实现无级调速，运动平稳，但结构复杂，成本高，一般用于规格较大的牛头刨床。

牛头刨床工作台的横向进给运动是间歇进行的。它可由机械或液压传动实现。机械传动一般采用棘轮机构。

2. 龙门刨床

龙门刨床主要用于加工大型或重型零件上的各种平面、沟槽和各种导轨面，也可在工作台上一次装夹数个中小型零件进行多件加工。

图 5-21 为龙门刨床的外形。龙门刨床的主运动是工作台 9 沿床身 10 水平导轨所作的直线运动。床身 10 的两侧固定有左右立柱 3 及 7，两立柱顶部用顶梁 4 连接，形成结构刚性较好的龙门框架。横梁 2 上装有两个垂直刀架 5 及 6，可在横梁导轨上作水平方向（横向）进给运动。横梁 2 可沿左右立柱的导轨作垂直升降，以调整垂直刀架位置，适应不同高度工件的加工需要，加工时由夹紧机构夹紧在两个立柱上。左右立柱上分别装有左右侧刀架 1 及 8，可分别沿垂直方向作进给运动，以加工侧平面。

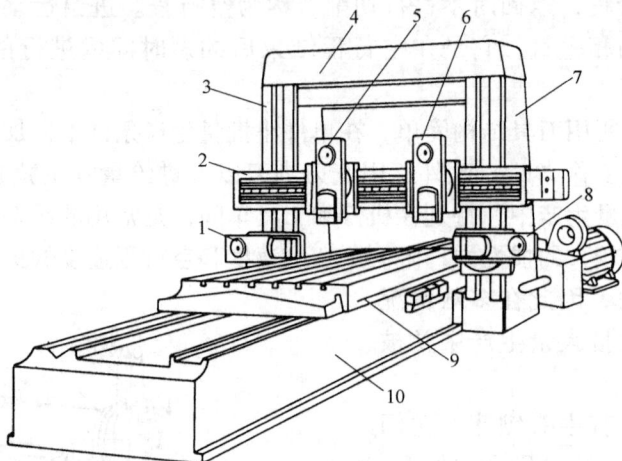

图 5-21　龙门刨床

1、8—左、右侧刀架　2—横梁　3、7—立柱　4—顶梁　5、6—垂直刀架　9—工作台　10—床身

3. 插床

插床实质上是立式刨床。其主运动是滑枕带动插刀沿垂直方向所作的直线往复运动。图 5-22 为插床外形。滑枕 2 向下移动为工作行程，向上为空行程。滑枕导轨座 3 可以绕销轴 4 在小范围内调整角度，以便加工倾斜的内外表面。床鞍 6 及溜板 7 可分别作横向及纵向进给，圆工作台 1 可绕垂直轴线旋转，完成圆周进给或进行分度。圆工作台在上述各方向的进给运动也是在滑枕空行程结束后的短时间内进行的。圆工作台的分度用分度装置 5 实现。

插床主要用于加工工件的内表面，如内孔中键槽及多边形孔等，有时也用于加工成形内外表面。

二、拉床

拉床是用拉刀进行加工的机床，可加工各种形状的通孔、平面及成形表面等。图 5-23 是适用于拉削的一些典型表面形状。

拉床的运动比较简单，它只有主运动而没有进给运动。拉削时，一般由拉刀作低速直线运动，被加工表面在一次走刀中形成。考虑到拉刀承受的切削力很大，同时为了获得平稳的切削运动，所以拉床的主运动通常采用液压驱动。

拉床按用途可分为内拉床及外拉床，按机床布局可分为卧式、立式、链条式等，如图 5-24 所示。图中链条式拉床的工作原理是，在机床的左端将毛坯装入到夹具中，然后由链条带动等速地向右运动。当工件经过拉刀下方时进行拉削，工件移动到机床右端时，加工完毕，工件从夹具中卸下。图中曲轴拉床应用于加工曲轴轴颈，拉削时工件由机床的传动装置带动，作缓慢的旋转运动。

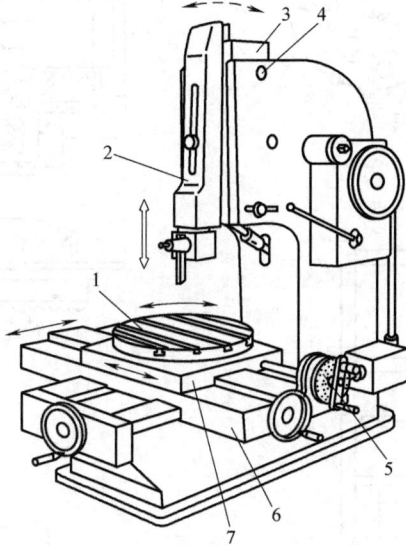

图 5-22　插床
1—圆工作台　2—滑枕　3—滑枕导轨座　4—销轴　5—分度装置　6—床鞍　7—溜板

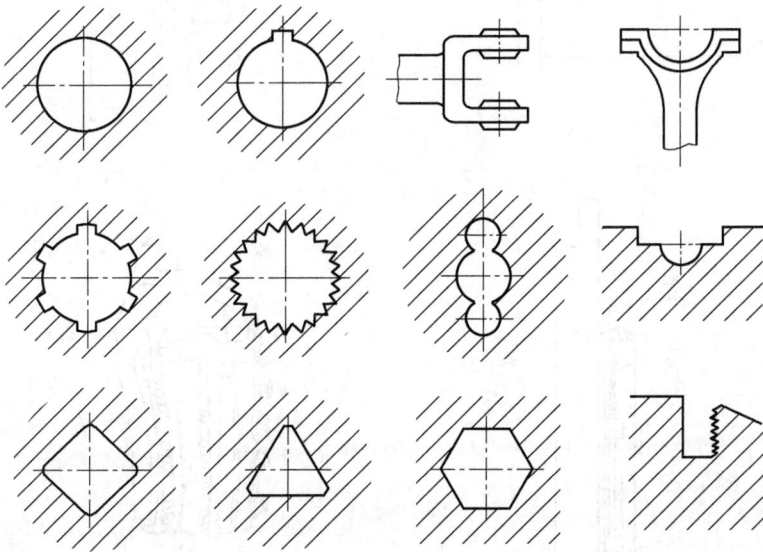

图 5-23　适用于拉削的典型表面形状

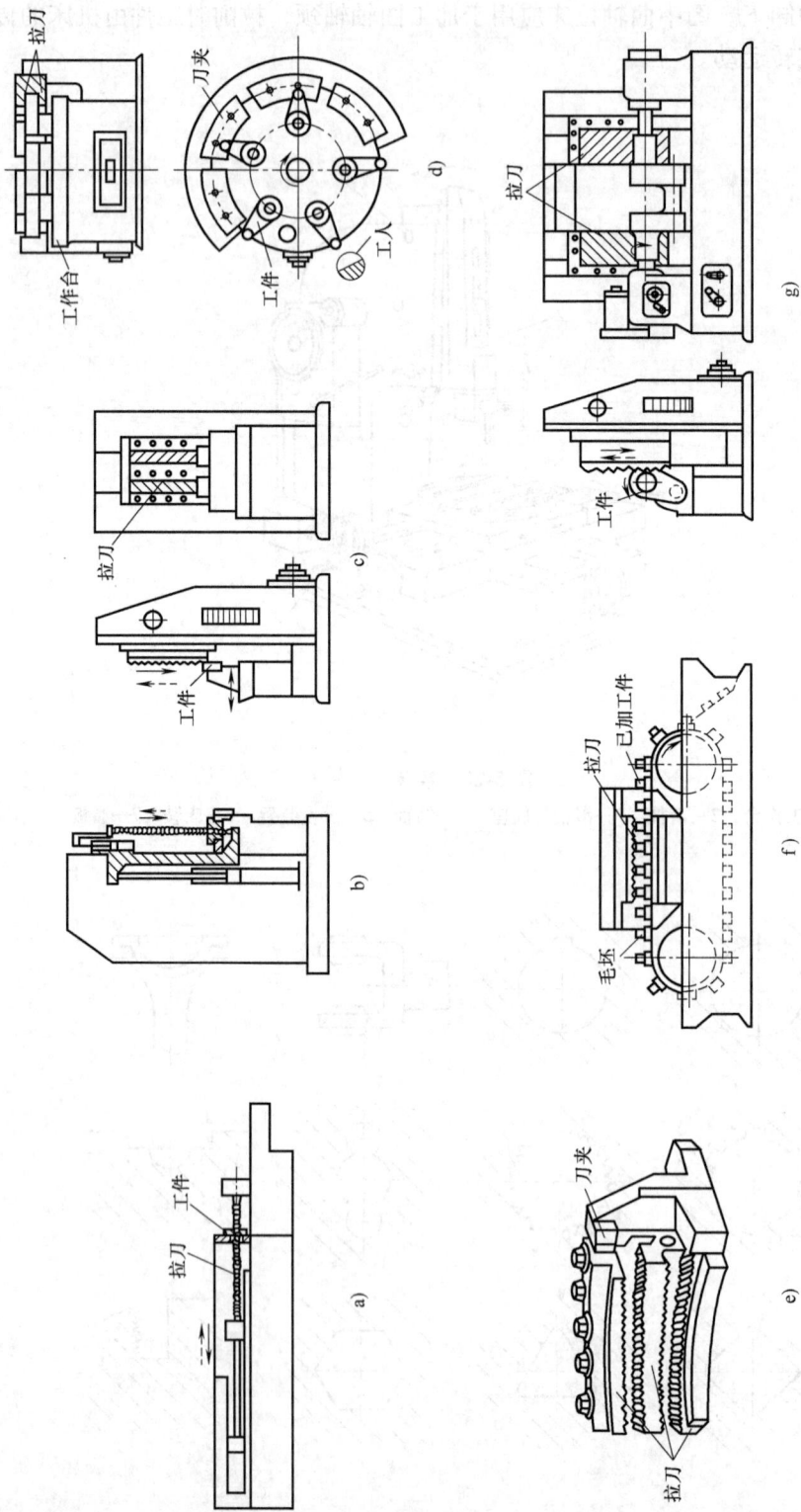

图 5-24 拉床的主要类型

a) 卧式内拉床　b) 立式内拉床　c) 立式外拉床　d) 转台式拉床

e) 转台式拉床的拉刀　f) 链条式拉床　g) 曲轴拉床

拉削加工的生产率高,并可获得较高的加工精度和较小的表面粗糙度。但刀具结构复杂,制造与刃磨费用较高,因此仅适用于大批大量生产中。

第四节　螺纹加工机床

一、螺纹加工机床的用途与类型

螺纹加工机床用于加工各种螺纹零件上的内外螺纹。

机械制造中使用的螺纹有联接螺纹和传动螺纹两类。前者以三角牙形小螺距为主,精度要求一般不高,后者以梯形大螺距为主,一般精度要求较高。加工螺纹的方法很多,除车削外,还有铣削、磨削、滚压以及攻丝、套丝等,其相应的机床则有螺纹车床、螺纹铣床、螺纹磨床、滚丝机、攻丝机和套丝机等。

螺纹车床的主要类型有丝杠车床、短螺纹车床和螺母车床等,它们的布局与卧式车床相似。螺纹车床使用车刀和梳刀加工螺纹,刀具结构比较简单,通用性好,但生产率较低,主要用于加工丝杠、螺母等零件上的传动螺纹。

螺纹铣床的主要类型有丝杠铣床、短螺纹铣床和蜗杆铣床等。丝杠铣床使用盘形铣刀加工螺纹(见图5-25a),铣刀轴线相对工件轴线偏转一螺纹升角的角度。铣削过程中,铣刀高速旋转作主运动(n_t),工件慢速旋转作圆周进给运动(n_w),同时铣刀沿工件轴线方向移动,完成纵向进给运动(f_a),这一运动与工件的旋转运动组成一个复合运动——螺旋轨迹运动,因此它们之间必须保持严格的运动关系:工件每转一转,刀具移动被加工螺纹一个导程的距离。这种机床主要用于加工长度较大的丝杠上的传动螺纹,也可用来加工键槽、花键轴和齿轮等。

短螺纹铣床使用梳形铣刀加工外螺纹和内螺纹(见图5-25b、c)。铣刀宽度略大于工件螺纹的长度,铣刀轴线与工件轴线平行。加工开始时,刀具沿工件径向作切入运动,当切至所需螺纹深度后,工件再继续转一整转,铣刀沿工件轴线移动一个导程,便可切完全部螺纹。整个切削过程中,工件共需旋转1.15~1.25转,其中0.15~0.25转是切入过程所转过的部分。这种铣床可以加工长度不大的外螺纹和内螺纹,其生产率较高,适用于大批大量生产。

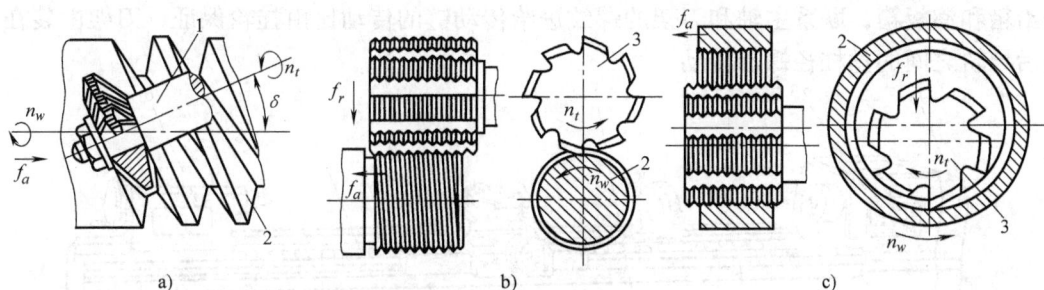

图5-25　铣削螺纹
1—盘形铣刀　2—工件　3—梳形铣刀

螺纹磨床是用砂轮来磨削螺纹的精密机床。它用于淬硬精密螺纹的精加工,如传动丝杠(特别是滚珠丝杠和螺母)、用作测量基准的丝杠或螺杆以及丝锥、螺纹梳刀、螺纹滚子、螺纹量规等精密螺纹工具。对于螺距不大的精密螺纹,也可直接在工件毛坯上磨出螺纹。

磨削螺纹的方法有两种；单线砂轮磨削和多线砂轮磨削。磨削时，机床的运动与螺纹铣床相似，所不同的是，纵向运动通常由工件来完成（见图5-26）。单线砂轮磨削的加工精度较高，砂轮修整简单，且通用性好，适于对较长的螺纹工件进行精加工。多线砂轮磨削的生产率高，但砂轮修整复杂，加工精度较低，适于加工批量大而长度较短的工件。

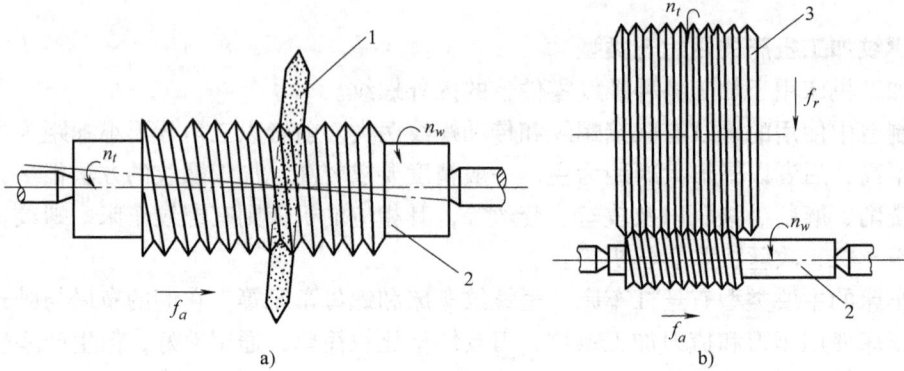

图 5-26　磨削螺纹
1—单线砂轮　2—工件　3—多线砂轮

螺纹磨床的主要类型有万能螺纹磨床、丝杠磨床和内螺纹磨床等。生产中以万能螺纹磨床应用最普遍，它可用于磨削内外圆柱形螺纹、圆锥螺纹、蜗杆、环形沟槽、铲磨丝锥和小模数滚刀等；可用单线砂轮磨削，也可用多线砂轮磨削。这种螺纹磨床的总布局类似于万能外圆磨床，但工作台的纵向运动，是由丝杠螺母机构传动，头架主轴与工作台之间由传动链联系，使两者保持严格的运动关系。砂轮架除了可作横向切入进给和调整位移外，铲磨刀具齿背时，还可作横向往复直线运动——铲磨运动。这一运动与头架主轴的旋转运动之间，也应保持确定的运动关系，即头架主轴转一转，砂轮架往复 Z 次，Z 为被铲磨刀具的齿数。

二、高精度丝杠车床

高精度丝杠车床用于非淬硬精密丝杠的精加工，所加工的螺纹精度可达 6 级或更高，表面粗糙度可达 $Ra = 0.32 \sim 0.63 \mu m$。这种机床的总布局与卧式车床相似（见图5-27），但它没有进给箱和溜板箱，联系主轴和刀架的螺纹进给传动链的传动比由挂轮保证，刀架由装在床身前后导轨之间的丝杠径螺母传动。

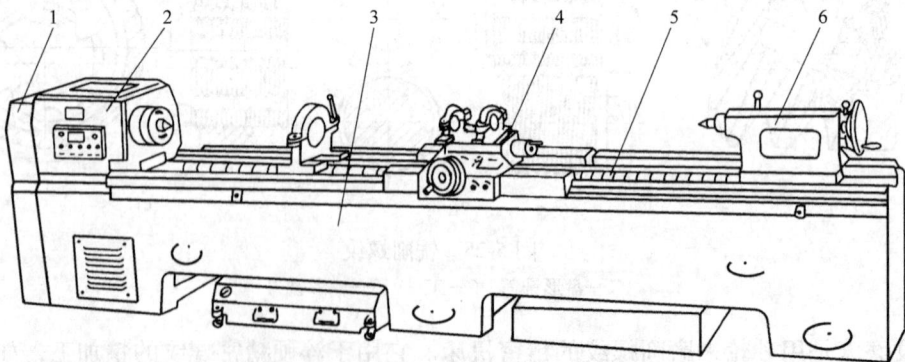

图 5-27　高精度丝杠车床（SG8630）
1—挂轮机构　2—主轴箱　3—床身　4—刀架　5—丝杠　6—尾座

　　为了保证高的螺纹加工精度（主要是中径圆度和螺距精度）和小的表面粗糙度，高精度丝杠车床在布局、传动、结构、制造与使用条件等方面，采用了一系列与高精度卧式车床相同的措施，以尽量提高几何精度与传动精度（参见第二章第四节）。

　　高精度丝杠车床除尽量缩短传动链（例如，SG8630 型高精度丝杠车床的螺纹进给传动链中只有两对挂轮，如图 5-28 所示），提高传动件，特别是丝杠和螺母的制造精度，以提高螺纹进给传动链的传动精度外，通常还需采用螺距校正装置。这是因为高精度丝杠车床上加工的螺纹精度要求很高，相应地对机床传动精度的要求也就非常高，单纯靠提高丝杠和其他传动件的制造精度来达到这样的要求相当困难，而且也不经济；再者，在机床使用过程中，传动机构不可避免地要产生磨损和变形，加上工作环境的不稳定，要保持精度的持久性和稳定性也是困难的。如果采用按误差正负变化作反向补偿的误差校正装置——螺距校正装置，则可使机床大部分传动件按经济加工精度制造的条件下，有效地提高传动精度，并保持良好的精度稳定性。

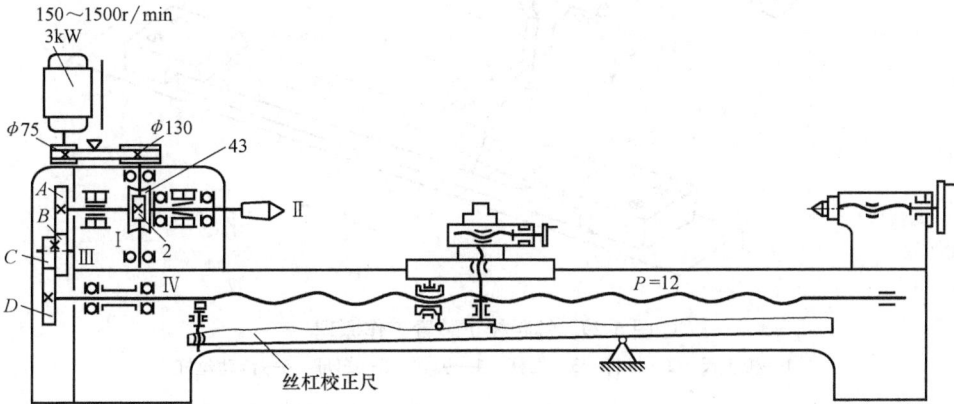

图 5-28　高精度丝杠车床传动系统图（SG8630）

　　螺距校正装置的工作原理见图 5-29。校正尺 1 固定在床身上。校正尺工作面的曲线形状，是根据丝杠 6 各处的实际误差按比例放大后制成的，即尺面各曲线段的凹凸量与丝杠相应位置上的螺距误差值相对应。螺母 5 装在刀架的床鞍上，相对于床鞍轴向固定，而周向可自由摆动。弹簧 4 力图使螺母 5 顺时针摆动，经齿轮副 z_2 与 z_1 以及杠杆 3，使推杆 2 始终抵紧在校正尺尺面上。当丝杠经螺母带动床鞍纵向移动时，推杆的前端沿尺面滑动。根据校正尺尺面凹凸变化情况，推杆传动螺母 5 作相应的周向摆动，使床鞍得到附加的纵向位移，此附加位移刚好补偿丝杠的螺距误差，从而使刀架与主轴能保持准确的运动关系。

　　若丝杠有螺距误差 ΔP，需用螺母正反转动一角度 $\Delta\theta$ 进行补偿，则 $\Delta\theta$ 与床鞍的附加位移量 Δf（应等于螺距误差 ΔP）有如下关系。

$$\Delta f = \Delta P = \frac{\Delta\theta}{2\pi}P$$

$$\Delta\theta = 2\pi\frac{\Delta f}{P} = 2\pi\frac{\Delta P}{P}$$

式中　Δf——床鞍的附加位移量，单位为 mm；

$\Delta\theta$——螺母附加转动角度，单位为 rad；

P——丝杠螺距，单位为 mm；

ΔP——螺距误差，单位为 mm。

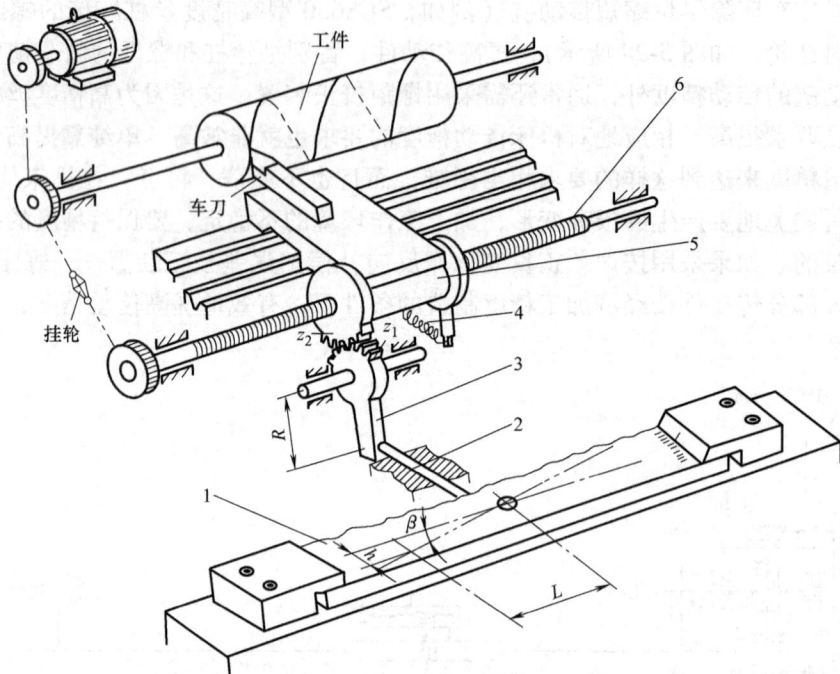

图 5-29　螺距校正装置工作原理

1—校正尺　2—推杆　3—杠杆　4—弹簧　5—螺母　6—传动丝杠

由图 5-29 可知，欲使螺母 8 转过 $\Delta\theta$，推杆 2 需有位移 Δh。

$$\Delta h = R\Delta\theta\frac{z_2}{z_1}$$

将 $\Delta\theta$ 代入上式，经整理可得：

$$\Delta h = \frac{2\pi R}{P}\frac{z_2}{z_1}\Delta P$$

式中　Δh——校正尺校正曲线的修正量，单位为 mm，其正负（凸起或凹下）由螺距误差情况及具体结构决定；

R——杠杆 3 的工作臂长，单位为 mm；

z_1、z_2——杠杆 3 及螺母 5 上的齿轮齿数。

由上式可知：

$$\frac{\Delta h}{\Delta P} = \frac{2\pi R}{P}\frac{z_2}{z_1} = K$$

K 称为放大比或校正比。对一种型号的机床来说，K 为常数。例如 $SG8630$ 型机床的 $R=38.2$mm，$z_1=16$，$z_2=160$，$P=12$mm，因此其校正比 $K=200$。若需校正某一点处螺距误差 $\Delta P=0.01$mm，尺面相应点的修正量应为：

$$\Delta h = K\Delta P = 200 \times 0.01\text{mm} = 2\text{mm}$$

螺距校正装置还能校正因机床丝杠本身的累积误差和工件在加工过程中因热变形等因素所产生的累积误差。校正累积误差的方法是将校正尺相对丝杠轴线偏转一定角度 β（见图5-29），结果在距离校正尺偏转中心 L（单位为 mm）处，校正尺尺面产生位移量 $h = L\text{tg}\beta$，从而使床鞍产生附加位移量 Δf

$$\Delta f = \frac{h}{2\pi R} \frac{z_1}{z_2} P$$

附加位移量 Δf 应等于丝杠在长度 L 内的累积误差。实际应用时，由于 β 值不易测量准确，而 h 值可很容易地由千分表测量。所以，通常用 h 值来准确地确定校正尺的偏转位置。

习题与思考题

1. 各类机床中，可用来加工外圆表面、内孔、平面和沟槽的各有哪些机床？它们的适用范围有何区别？

2. 对比图 5-5 和图 5-9，说明摇臂钻床和卧式铣镗床这两种机床的主轴部件在结构上的主要区别是什么？

3. 单柱、双柱及卧式坐标镗床在布局上各有什么特点？它们各适用于什么场合？

4. 为了加工出精确的孔间距，坐标镗床在结构和使用条件等方面采取了哪些措施？

5. 利用图 5-14、图 5-15 所示坐标测量装置，使工作台移动 125.637mm，试说明调整方法。

6. 写出图 5-16 所示被加工表面的名称及所使用的刀具，并分别说明加工这些表面可采用哪种（或哪几种）类型的铣床为宜？

7. 为了获得高的螺纹加工精度，高精度丝杠车床采取了哪些区别于卧式车床的传动与结构上的措施？

8. 画示意图说明螺距校正装置是怎样校正螺距误差和累积误差的？

第六章 自动化机床

第一节 概　　述

前几章讲述的大部分机床，如卧式车床、立式车床、万能外圆磨床、摇臂钻床、卧式铣镗床和卧式升降台铣床等，它们在加工过程中的工作行程运动（即表面成形运动），如主运动、进给运动等，虽然是由机床来完成的，但空行程运动（即辅助运动），如装卸工件、刀架换位或更换刀具，刀具和工件的快速趋近与退回，各工作部件运动的开、停、变速、变向以及冷却液的开、闭等，其全部或大部则必须由工人来操作；此外，工人还需根据工件加工工艺的要求，确定机床各工作部件动作的先后顺序和位移量，判断加工是否符合图纸技术要求，并及时发出操作指令（用手操纵手柄或按钮等），机床才能按预定工作循环进行工作，加工出所需形状和尺寸的工件。由于这类机床必须在工人看管操作下才能完成加工过程，因而是非自动的，通常称其为普通机床。

如果机床能自动完成所有工作行程和空行程运动，并能根据加工工艺要求，自动地控制各运动（动作）的先后顺序，以及控制各运动部件的位移量或运动轨迹，即在没有工人直接参与的情况下，自动地按规定的程序进行动作，完成整个加工循环，这样的机床，称为自动化机床。

自动化机床有（全）自动和半自动之分。两者的区别在于：自动机床在一个工作循环结束后，能自动卸下加工完的工件，装上待加工的坯件，并继续进行同样的工作循环，直至装在机床上的一批坯件加工完为止；半自动机床则在每完成一个工作循环后，需由人工进行卸装工件和坯件（有的机床还需重新起动），然后才开始下一个工作循环。无论是自动机床还是半自动机床，在机床开始工作之前，都必须根据工件加工工艺的要求，对机床进行全面调整；而在加工过程中，则仅需观察机床工作情况，检查工件加工质量，更换磨损的刀具，以及进行必要的局部调整等。

机床自动化不仅能有效地提高劳动生产率，减轻工人的劳动强度，而且还可保证工件质量稳定，精度一致性好。此外，机床自动化还能减少设备数量，缩减生产面积，减少在制品数量，降低生产成本。因而，机床自动化是提高综合技术经济效果的有效途径。图 6-1 表示在大批大量生产中加工同样的工件，分别采用卧式车床、转塔车床、单轴自动车床和多轴自动车床的经济效果对比。机床自动化也是实现机械制造工艺过程自动化，以及进一步实现机械工业生产过程全盘自动化的基础。因此是机床发展的主要方向之一。

自动化机床所以能够自动工作，首先是它具有能代替手工操作的各种自动化空行程机构，如自动送夹料机构、自动转位和定位机构、自动夹紧机构以及自动换刀机构等；其次是它具有能代替工人控制机床工作过程的自动控制系统。自动控制系统可以根据加工工艺的要求，控制机床各运动（动作）的先后顺序以及各运动部件的位移量或运动轨迹，使机床实现预定的自动工作循环。

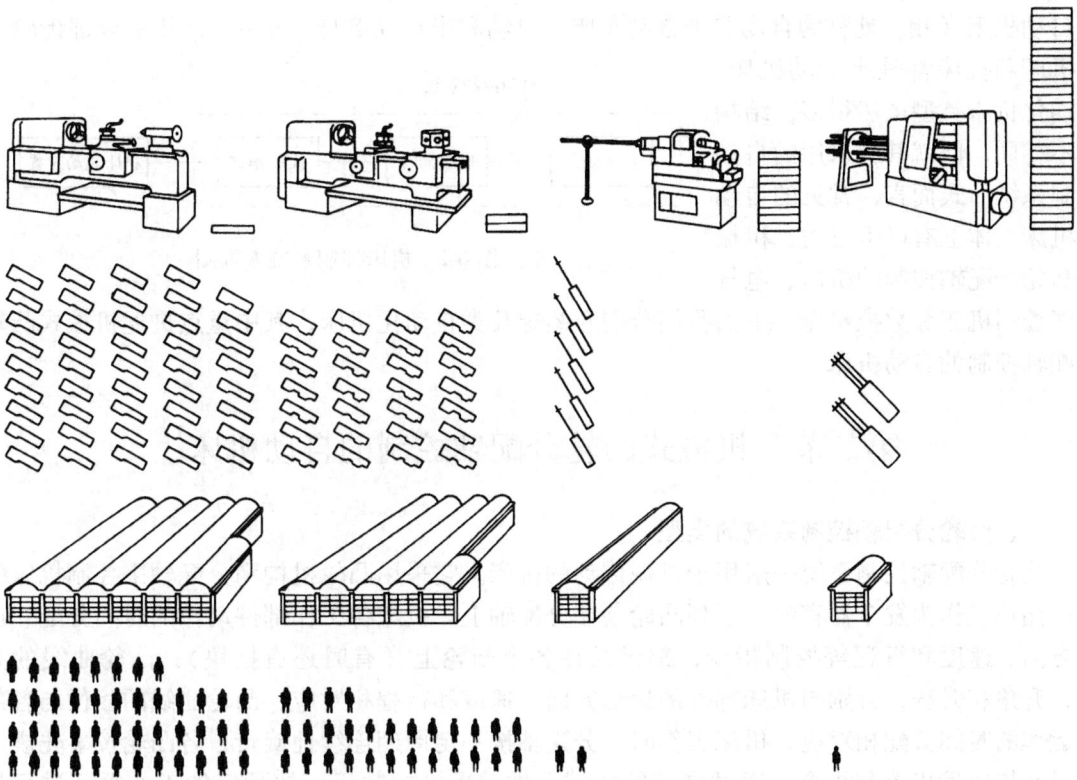

图 6-1 使用自动化机床的经济效果

机床自动控制系统的种类繁多，根据不同原则分类，可以有各种不同的类别。例如，按控制的能量形式，控制系统可分为：机械控制、液压控制、电气控制、光电控制以及它们的组合控制（如电气—液压控制、电气—机械控制等）；按控制指令排列方式，控制系统可分为：时间控制系统（控制指令按预先确定的时间依次发出）和继动控制系统（控制指令按逻辑次序规定的先后顺序依次发出）；按工作原理，控制系统可分为：凸轮分配轴控制系统、电气或电气—液压程序控制系统、随动控制系统和数字控制系统等。

不论哪一种控制系统，一般都由下列三部分组成：

（1）发令器官　其作用是在出现规定的物理量（时间、速度、力、尺寸以及形状变化等）时发出信号或脉冲——控制指令。机床上常用的发令器官有：凸轮、挡铁、行程开关、压力继电器、自动量仪、靠模、穿孔纸带和磁带等。

（2）执行器官　它的作用是控制传输给机床驱动装置（电动机、液压缸、液压马达等）的能量，以改变机床工作部件原先的工作状态。机床上常用的执行器官有：拨叉、电磁铁、离合器、液压阀、接触器和伺服电机等。

（3）转换器官　它的作用是将发令器官发出的控制指令进行适当转换，使之成为执行器官所需的工作信号，如各种机械传动机构、电器控制装置和数控装置等。

图 6-2 为机床控制系统的方框图。

随着科学技术的进步和生产的不断发展，机床的自动化程度在不断提高并日趋完善，自动化机床的品种日益扩大。目前，车床、磨床、铣床、钻床、镗床等各类机床中均有自动和半自动机床（相应地称为自动和半自动车床、自动和半自动磨床、……），几乎全部齿轮加工机床和拉床都是半自动机床。

自动化机床类型虽然很多，结构各不相同，但就其所采用的自动控制系统形式而言，常见的自动化机床大体上有以下三类：机械式凸轮分配轴控制的机床、电气

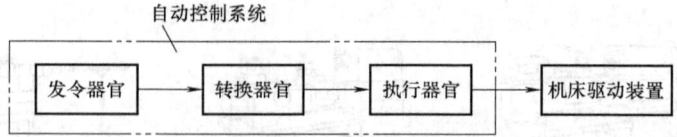

图 6-2　机床控制系统方框图

程序控制机床和数控机床。下面我们分别介绍这几类自动化机床，其中重点讲述机械式凸轮分配轴控制的自动机床。

第二节　机械式凸轮分配轴控制的自动机床

一、凸轮分配轴控制系统的类型

凸轮分配轴控制系统一般用于机械传动的机床。它采用凸轮机构和分配轴来控制机床的工作循环。作为发令器官的一系列凸轮装在分配轴上。机床各工作部件动作的时间分配、运动方向、速度和行程等控制指令，都记录在各个凸轮上（有时还有挡块）；凸轮曲线的升降、升角和升程，分别与机床部件的运动方向、速度和行程相对应，凸轮曲线的相位与各部件运作的时间分配相对应。机床工作时，分配轴按一定周期连续地旋转，各凸轮按事先规定的时间依次发出控制指令，通过杠杆等机械元件，操纵控制机床按预定的工作循环进行加工。分配轴每转一转，机床实现一个自动工作循环，完成一个工件的加工过程。

为了适应加工周期长短不同的各种自动机床的要求，这类控制系统有几种不同的型式。

1. 不变速的单一分配轴控制系统

在这种控制系统中，控制机床全部运动的所有凸轮，都装在一根分配轴上（见图6-3a）。在整个加工循环中，分配轴以调定的转速等速旋转。根据循环周期的不同（机床完成一个工作循环的时间，等于工作行程时间和空行程时间的总和），可用换置机构 u_f 来调整分配轴的转速。

这类控制系统由于只有一根分配轴，且加工过程中转速固定不变，因而结构简单，设计制造方便，但空行程时间随循环周期不同而变化，当循环周期较长时，空行程时间损失较大，影响生产率。所以仅适用于循环周期较短的小型自动机床，例如加工仪表零件用的各种自动机床；生产中使用非常普遍的单轴横切和单轴纵切自动车床采用的控制系统即属此类。

2. 变速的单一分配轴控制系统

这种控制系统中的分配轴，工作行程期间以预先调整好的转速慢速旋转，控制机床的执行机构（如刀架等）作工作进给，而在空行程期间，则以恒定的转速快速旋转，控制机床完成快进、快退、送料、夹料、转位与定位等空行程运动。多轴自动车床的控制系统一般都属此类。如图 6-3b 所示，当分配轴上的离合器 M 向右接合时，分配轴由电动机经换置机构 u_f 传动，以根据切削时间调整好的转速旋转，而当离合器向左接合时，分配轴由电动机经快速空行程传动链传动，快速旋转。

这种控制系统的分配轴，在空行程期间可按机构允许的最高转速旋转，从而可最大限度

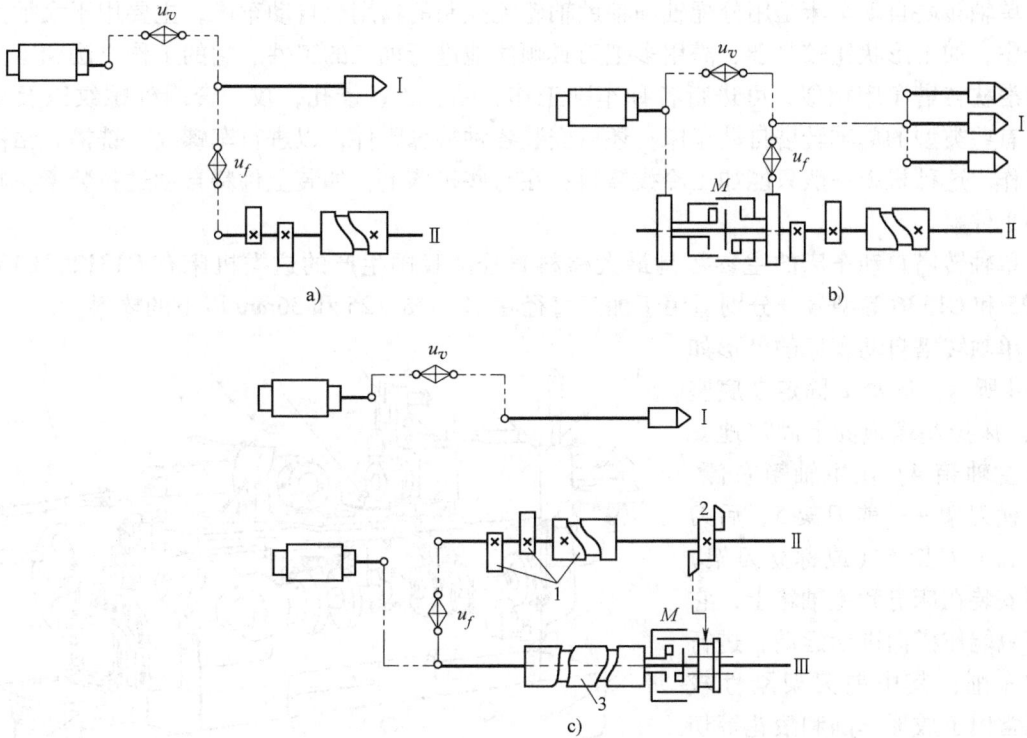

图 6-3 凸轮分配轴控制系统

Ⅰ—主轴　　Ⅱ—分配轴　　Ⅲ—辅助轴　　M—离合器

地缩短空行程时间，生产率较高，但构造较复杂；适用于循环周期较长，且工作行程工步和空行程工步集中，从而不需分配轴经常变速的多轴自动机床。

3. 分配轴和辅助轴轮流控制的控制系统

这种控制系统中，除分配轴外，还具有一根辅助轴。分配轴用于控制机床所有工作进给和部分空行程运动，其转速是根据循环周期调整的，速度较低；辅助轴用于控制其余的空行程运动，如送料和夹料运动，刀架转位和定位等，其转速是固定不变的，速度较高。图 3-3c 为这种控制系统的传动原理。分配轴Ⅱ上的凸轮 1 用于控制各刀架的运动循环——快进、工进和快退；定时轮 2 的作用是发出接通离合器 M 的指令，然后由辅助轴Ⅲ通过凸轮 3 及其他传动机构实现送夹料、转塔刀架换位等空行程运动。

这种控制系统的优点是辅助轴上凸轮数量较少，辅助轴惯性小，转速可以较高，空行程时间可大为缩减，因而可提高机床的生产率，但其结构比较复杂，适用于空行程工步较多且又分散，循环周期较长的自动机床；例如，绝大多数单轴转塔自动车床都采用这种控制系统。

凸轮分配轴控制系统是发展最早的一种自动控制系统，因其工作稳定可靠，所以至今应用仍很普遍，但加工对象改变时，必须另行设计制造一套凸轮，并重新调整机床，停机调整机床的时间又比较长，所以它主要适用于大批大量生产的自动机床。例如，在各种单轴和多轴自动车床上应用较普遍，在齿轮加工机床和螺纹加工机床中也有应用。

二、单轴转塔自动车床

（一）机床的用途、总布局与工作循环

单轴转塔自动车床是用分配轴和辅助轴轮流控制的通用全自动车床，主要用于大批大量生产中，加工形状比较复杂、需用多把刀具顺序地进行加工的工件。它的工作方法和工艺范围与滑枕转塔车床相似，可进行各种车削工作，钻、扩、铰孔，攻、套内外螺纹以及切断等。有些类型的单轴转塔自动车床，还可安装各种特殊附件，以进行车螺纹、铣槽和钻横孔等工作。这种机床一般只能加工冷拔棒料；在有些机床上，如装上件料自动送料装置，则也可加工件料。

单轴转塔自动车床的主参数是最大棒料直径。我国生产的这类机床有 C1312、C1318、C1325 和 C1336 等型号，分别适用于加工直径在 12、18、25 和 36mm 以下的棒料。

单轴转塔自动车床的外形如图 6-4 所示。床身 2 固定在底座 1 上。床身左端顶面上固定地安装着主轴箱 4。在主轴箱右侧，三个横刀架——前刀架 5、后刀架 7 和上刀架 6（或称立刀架）分别安装在床身和主轴箱上，它们都只能作横向进给运动，进行横向车削；其中前刀架刚性较好，常用于成形车削和滚花等切削负荷较大的工序，后刀架则用于切槽、倒角等切削负荷较小的工序，上刀架一般用于完成切断等工作。床身右部的顶面上，装有只可作纵向进给运动的转塔刀架 8。在转塔刀架的转塔周面上，有六个沿圆周均布的径向刀具安装孔，通过刀夹可安装五组刀具和一个挡料杆；机床加工过程中，转塔可周期转位，依次使用各组刀具进行加工，完成挡料、车内外圆、钻孔、扩孔、铰孔、攻内螺纹、套外螺纹等工作。装在床身前侧的分配轴 3 和

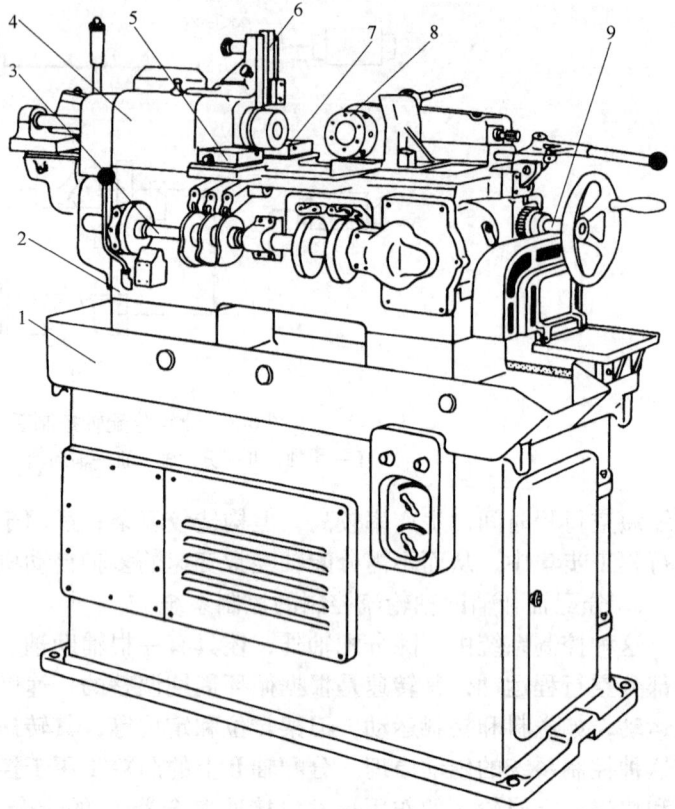

图 6-4 单轴转塔自动车床外形
1—底座 2—床身 3—分配轴 4—主轴箱 5—前刀架 6—上刀架
7—后刀架 8—转塔刀架 9—辅助轴

装在床身后侧的辅助轴 9，用于控制机床各部件的运动，实现自动工作循环。在机床左边，还有用于支承棒料毛坯的料管支架（图中未表示出来）。

单轴转塔自动车床在每个自动工作循环中，各部件顺序地完成下列工作：

（1）送料和夹料 自动工作循环的起始点为送料机构开始复位的瞬时，复位结束并将棒料松开后，送料机构随即将棒料自动地从主轴孔中送出，并由转塔刀架上的挡料杆限定送料长度。送料至预定长度后，夹料机构将棒料夹紧。

（2）各刀架顺序工作，按加工工艺要求依次加工工件各表面 通常总是转塔刀架先工

作，其运动循环为：快速趋近工件（快进）——工作进给（工进）——快速退回（快退）——转塔换位。机床一个自动工作循环中，转塔刀架可完成六次运动循环。在转塔刀架工作的同时，根据工件的加工工艺，前、后刀架也在预定时间分别进行工作，它们只能完成一次运动循环：快进——工进——快退。

（3）切断和接料工件各表面加工完后，装在上刀架上的切断刀开始切断工件，同时装在刀架下方床身上的接料盘抬起，使切下的工件沿着接料盘落入成品盒，与切屑分开。工件切下后，上刀架快速退回至原位。接着，下一个工作循环开始。

机床就这样一个循环接一个循环，周而复始地连续进行加工，直到一根棒料用完时，机床自动停车。

由上述可知，机床在加工过程中需完成以下运动：工作行程运动——主轴旋转主运动，前、后、上刀架横向进给运动，转塔刀架纵向进给运动；空行程运动——前、后、上刀架横向快进和快退运动，转塔刀架纵向快进、快退运动，转塔换位运动，送料和夹料运动，接料运动，以及操纵控制运动等。

与卧式车床不同，单轴转塔自动车床的主轴沿顺时针方向（从主轴前端观察）旋转时为正转，转速较高，用于车削、钻孔、扩孔和切断等工作，以及攻、套内外螺纹时快速退出刀具；此时，前刀架上车刀需反装，钻头等孔加工刀具必须用左旋的。主轴沿逆时针方向旋转时为反转，转速较低，用于攻、套螺纹。这样安排主轴转向、转速的优点是可以简化机床的传动结构。因为工件上的螺纹绝大多数是右旋的，加工时主轴必须逆时针转动，转速应较低，而在加工终了后退出刀具时，主轴必须顺时针转动，且转速要较高，以节省空行程时间。按上述方法安排主轴的转向、转速，就可不必专为快速退出螺纹刀具而另行设置变速环节，从而简化了变速传动系统。

（二）传动与控制系统

单轴转塔自动车床的传动与控制原理已如前述（见图6-3c），主轴和控制系统中的分配轴、辅助轴分别用两个电动机驱动。

这类自动车床的主传动通常采用分离传动方式，因为它的主轴部件上装有送料和夹料机构，不便在主轴箱内安置变速机构，且主轴转速一般较高，采用分离传动可提高主轴运转平稳性。由于这类机床用于大批量生产，不需经常变速，所以主轴一般采用挂轮变速，以简化机床结构，又可获得较多的转速级数，有利于选择到合理的切削速度；又因主轴正反转时都要进行切削加工。故两种转向的转速需用两组挂轮分别进行调整。机床在一个工作循环过程中，要进行车、钻、攻（套）丝等工作，往往需用不同转速，因此规格尺寸较大的机床（如C1325、C1336等）主变速传动装置中，还设置有自动变速机构，与挂轮变速机构串联使用，常用的变速方法是采用电磁离合器、多速电动机和直流电动机等。为了满足加工螺纹的需要，单轴转塔自动车床的主传动链中都设有自动换向机构，常用的换向方法是采用电磁离合器和机械式锥形摩擦离合器，也有靠电动机反转实现主轴换向的。

图6-5为C1312型单轴转塔自动车床的传动与控制系统。该机床可加工棒料最大直径12mm，送料最大长度60mm，最大车削长度50mm，最大钻孔直径8mm，最大加工螺纹直径M8，单件加工时间2~180s；机床各刀架的主要技术参数见图6-6。下面说明该机床的传动与控制情况。

1. 主传动

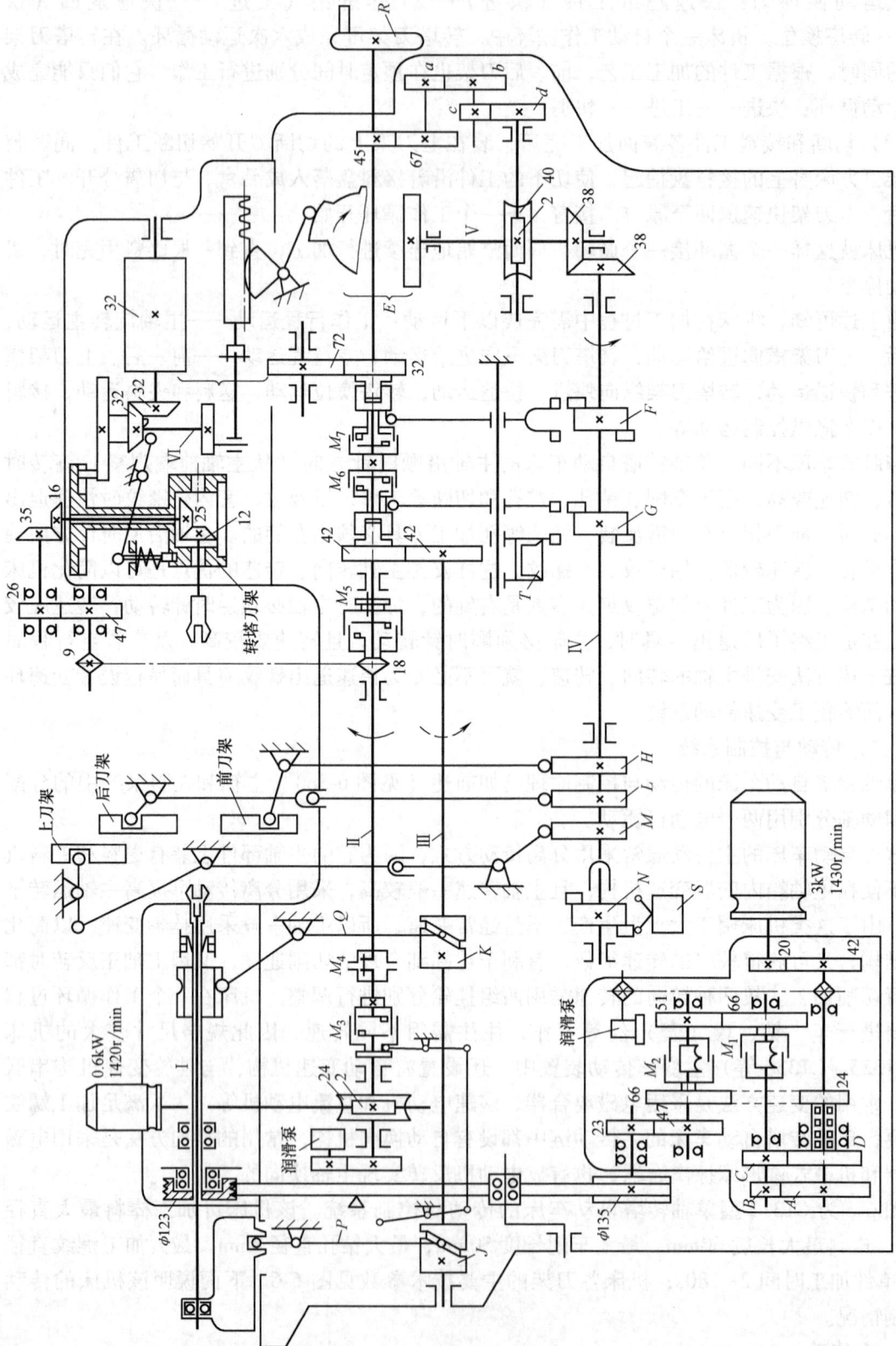

图 6-5　C1312 型自动车床传动与控制系统

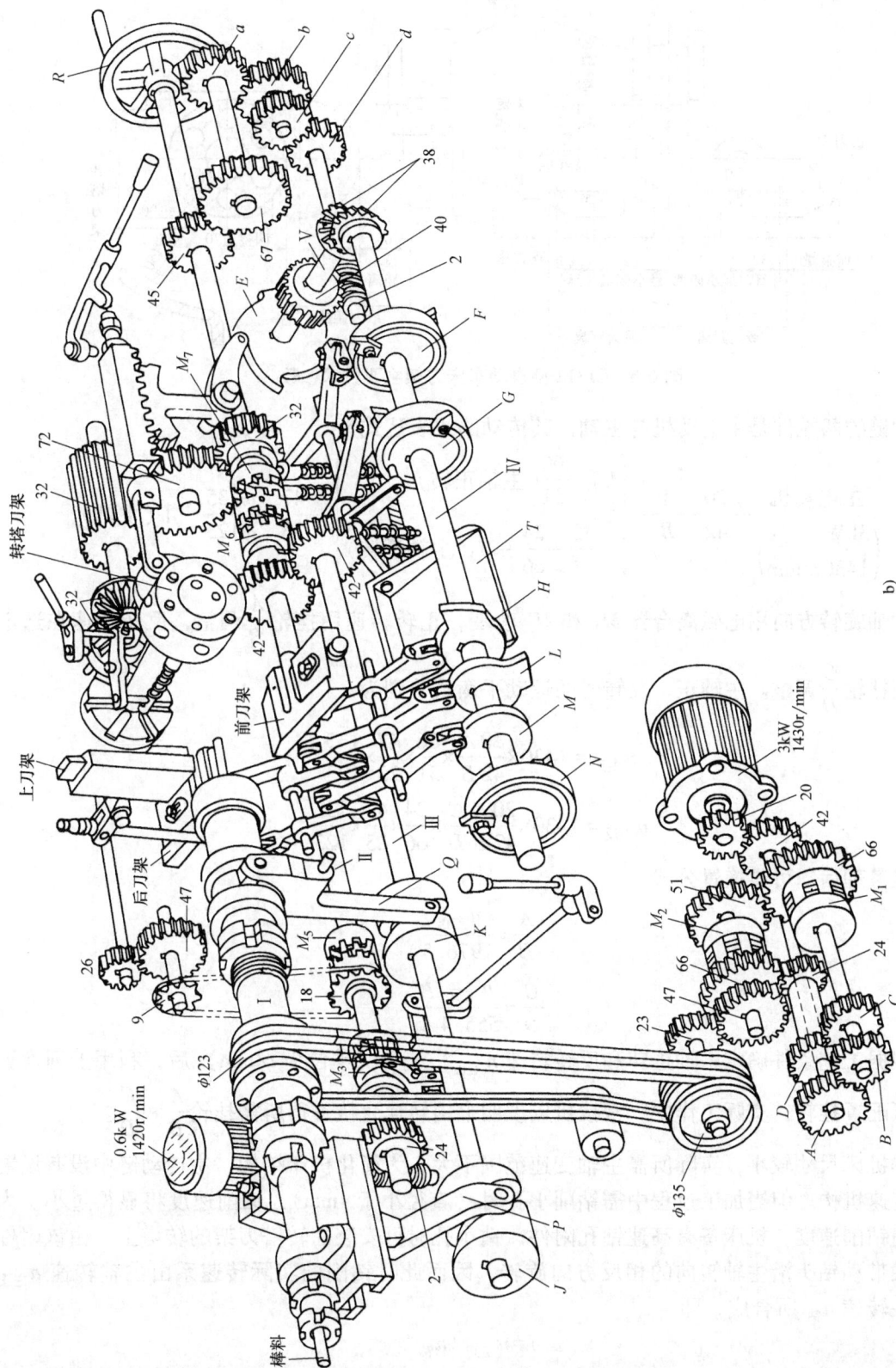

图 6-5　C1312 型自动车床传动与控制系统（续）

b)

棒料

转塔刀架
上刀架
前刀架
后刀架

0.6kW
1420r/min

3kW
1430r/min

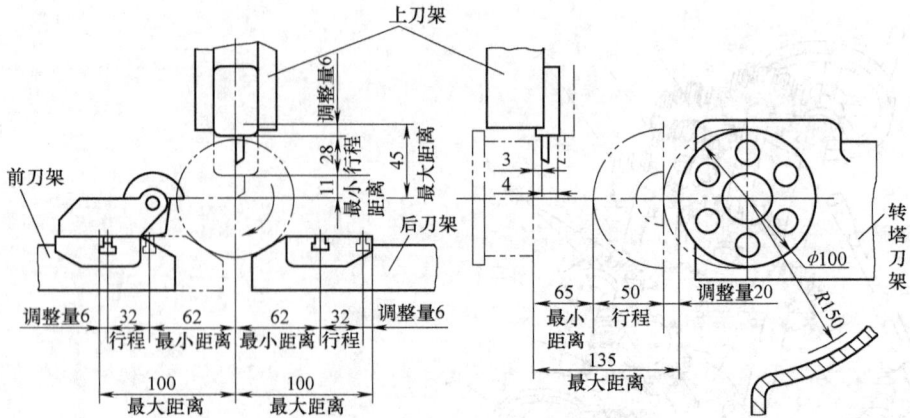

图 6-6　C1312 型自动车床刀架主要技术参数

主传动链的两端件是主电动机与主轴，其传动路线表达式为

$$
\text{主电动机}\binom{3kW}{1430r/\min}\ \frac{20}{42}\ \frac{A}{B}\ \begin{cases} M_1\ \dfrac{66}{51}\ (\text{主轴正转}) \\[2mm] \dfrac{C}{D}\ \dfrac{24}{66}\ M_2\ (\text{主轴反转}) \end{cases}\ \frac{47}{23}\ \frac{\phi 135}{\phi 123}\ \text{I（主轴）}
$$

主轴旋转方向用电磁离合器 M_1 和 M_2 改变，正转转速用挂轮 $\dfrac{A}{B}$ 调整，反转转速在选定 $\dfrac{A}{B}$ 后用挂轮 $\dfrac{C}{D}$ 调整。主轴正、反转时的运动平衡式分别为

$$
n_{主正}=1430\times\frac{20}{42}\frac{A}{B}\times\frac{66}{51}\times\frac{47}{23}\times\frac{135}{123}
$$

$$
n_{主反}=1430\times\frac{20}{42}\frac{A}{B}\frac{C}{D}\times\frac{24}{66}\times\frac{47}{23}\times\frac{135}{123}
$$

上式经整理后，可得换置公式

$$
\frac{A}{B}=\frac{n_{主正}}{1976.5}
$$

$$
\frac{C}{D}=\frac{n_{主反}}{555.4}\frac{B}{A}
$$

根据工艺条件确定主轴正转和反转转速 $n_{主正}$、$n_{主反}$（单位为 r/min）后，利用上列换置公式可配置挂轮；实际工作中，常按机床说明书由转速直接查得所需挂轮 $\dfrac{A}{B}$ 和 $\dfrac{C}{D}$。

本机床尺寸较小，实际所需主轴变速范围不大，为简化机床结构，主传动链中没有设置自动变速机构。但当加工过程中需钻削小孔时（直径小于 4mm），钻削速度将显得过小。为了提高钻削速度，机床备有高速钻孔附件，钻小孔时可安装在转塔刀架的转塔上，由该附件的钻轴带动钻头沿主轴转向的相反方向旋转，因而此时钻削的实际转速系由主轴转速 $n_{主正}$ 和钻头转速 $n_{钻}$ 所合成，即

$$
n=n_{主正}+n_{钻}
$$

高速钻孔附件的钻轴由辅助电动机（$N=0.6kW$，1420r/min）经辅助轴Ⅱ驱动（见图

6-5a），运动由 II 经离合器 M_5、链轮副 $\frac{18}{9}$、齿轮副 $\frac{47}{26}$、$\frac{35}{16}$ 和 $\frac{25}{12}$ 传至钻轴，其转速为：

$$n_{钻} = 1420 \times \frac{2}{24} \times \frac{18}{9} \times \frac{47}{26} \times \frac{35}{16} \times \frac{25}{12} \text{r/min} \approx 1950 \text{r/min}$$

2. 分配轴、辅助轴的传动及其控制作用

作为机床控制系统主要组成部分的分配轴和辅助轴由辅助电动机驱动，其传动路线表达式为

$$\begin{array}{l} \text{辅助电动机} \\ \left(\begin{array}{l} 0.6\text{kW} \\ 1420\text{r/min} \end{array}\right) \end{array} \frac{2}{24} - M_3 - M_4 - \text{II（辅助轴）}$$

$$\frac{45}{67}\,\frac{a}{b}\,\frac{c}{d}\,\frac{2}{40} - \text{V（分配轴）}$$

$$\frac{38}{38} - \text{IV（分配轴）}$$

传动链中的离合器 M_3，用于手动接通和脱开机床的自动控制系统。脱开 M_3 时，可用手轮 R 摇动辅助轴和分配轴转动，以便调整机床。安全离合器 M_4 的作用是，当机床发生故障或过载时自动断开传动链，使机床停止工作。

辅助轴的功用是根据分配轴发出的控制指令，实现送夹料和转塔刀架换位等空行程运动，其转速是固定不变的，且只允许沿一个方向旋转。辅助轴的转速为

$$n_{II} = 1420 \times \frac{2}{24} \text{r/min} \approx 120\text{r/min} \approx 2\text{r/s}$$

即辅助轴每转一转的时间为 0.5s。

分配轴因机床布局上需要而分为 IV、V 两段，两者通过锥齿轮副 $\frac{38}{38}$ 连接，工作时同步旋转。分配轴是整台机床的控制中心，通过安装在其上的凸轮和定时轮，依次发出指令，控制机床各部件按一定顺序工作。它每转一转，机床实现一个工作循环，完成一个工件的加工。如果加工一个工件的时间（以后简称单件工时），亦即机床完成一个工作循环的时间（以后简称循环时间）为 T（单位为 s），则分配轴转一转的时间显然也应是 T，或分配轴的转速为 $\frac{1}{T}$（单位为 r/s）。于是，根据辅助轴与分配轴之间的传动链，可写出下列运动平衡式

$$2 \times \frac{45}{67}\frac{a}{b}\frac{c}{d} \times \frac{2}{40}\left(\times \frac{38}{38}\right) = \frac{1}{T}$$

经整理可得换置公式

$$\frac{a}{b}\frac{c}{d} = \frac{15}{T}$$

根据调整计算确定循环时间 T 后，可按上式配算挂轮，或从机床说明书直接查得所需挂轮 $\frac{a}{b}\frac{c}{d}$。与辅助轴一样，分配轴也只允许沿一个方向旋转。

分配轴和辅助轴在旋转过程中，实现下列控制作用：

（1）控制各刀架的运动循环 分配轴 IV 上装有平板凸轮 H、L 和 M，分别用于传动和控制前刀架、后刀架和上刀架，实现所需的横向运动循环。凸轮的轮廓曲线是根据工件加工工

艺所确定的刀架运动规律来设计的。当分配轴带着凸轮转动时，由凸轮推动杠杆摆动，再由杠杆直接地或通过其他中间传动件（连杆、杠杆等）带动刀架运动（见图 6-5b）。当杠杆上的滚子与凸轮上升曲线段接触时，刀架作工作进给或快速趋近；滚子与下降曲线段接触时，刀架在弹簧（图中未表示出来）作用下快速退回。分配轴 V 上的平板凸轮 E，用于传动和控制转塔刀架实现纵向运动循环，其工作原理与横刀架相似，只是转塔刀架在机床一个工作循环中需完成六个运动循环，相应地凸轮 E 的轮廓曲线应由六个部分组成，每一部分与一个运动循环相对应。

（2）控制送料和夹料　分配轴上的定时轮 G 用于控制送料和夹料机构实现送夹料动作。当机床需进行送夹料时，装在定时轮 G 右侧的挡块碰杠杆上的凸爪，发出控制指令，使辅助轴 II 上的定转离合器 M_6 接通。于是辅助轴的旋转运动便由 M_6 经齿轮副 $\frac{42}{42}$ 传至轴 III，当轴 III 转过一整转时，M_6 立即自动脱开。轴 III 上装有送料鼓轮 J 和夹料鼓轮 K，它们在旋转一转过程中，经杠杆 P 及 Q 操纵送料机构和夹料机构，完成一次送料和夹料动作。

（3）控制转塔刀架换位　分配轴上的定时轮 F 用于控制转塔刀架实现换位动作。当转塔刀架需换位时，装在 F 侧面的挡块（共有六个）碰杠杆上的凸爪，发出刀架换位指令，使辅助轴上的定转离合器 M_7 接通，辅助轴的旋转运动随即经齿轮副 $\frac{32}{72}\frac{72}{32}\frac{32}{32}$ 传至轴 VI。当轴 VI 转过一整转时，M_7 立即自动脱开。在轴 VI 旋转一转过程中，转塔刀架完成一次换位动作（包括转塔转位与定位，以及转塔刀架附加快退与快进等，详见以下典型机构部分）。

（4）控制主轴换向（变速）　分配轴上定时轮 N 的侧面装有若干挡块，可通过主轴换向开关 S，控制变速箱中电磁离合器 M_1、M_2 接合或脱开，使主轴变换旋转方向（同时变换转速）。

（5）控制接料　在工件将要被切下时，装在分配轴定时轮 G 左侧面上的挡块，控制接料盘 T 绕转轴向上摆动至接料位置。工件被切下落入成品盒后，接料盘自动复位。

（三）典型机构

1. 分配轴

前已述及，分配轴由床身前侧的一段 IV 和右侧的一段 V 组成，它们分别支承在滑动轴承上。几个定时轮都用锥销与分配轴固定联接。定时轮的两侧面上有 T 形截面的环形槽，通过 T 形螺钉和螺母把发指令的挡块固定在其上，并可根据加工要求调整至所需周向位置（参阅图 6-5b）。定时轮外圆上有 100 等分的刻度线，供调整挡块位置时定位之用。平板凸轮通过定位销及其他一些中间零件与分配轴联接，以便更换和进行必要的调整。图 6-7 为分配轴安装横刀架凸轮部位的结构，为便于装卸凸轮，分配轴 IV 在此处又分为左右两段，两者通过套筒 2、平键 4 和螺母 1、3 联成一个整体。松开螺母 1 和 3，将开有轴向槽的弹性套筒 2 向左移过一段距离，即可装卸横刀架凸轮 M、L 和 H。凸轮通过定位销 8 与从动端面齿环 7 联接，7 又通过端面齿与固定在分配轴上的主动端面齿环 6 联接。环 7 和 6 的端面上各有 100 个细齿端面齿，环 7 的外圆上刻有 100 格等分的刻度线，环 6 的外圆上有"0"位刻度线。如将环 7 相对环 6 调整周向位置，也就改变了凸轮曲线的周向位置，从而改变了横刀架运动的起始与终止时间。这样，就有可能用同一个凸轮加工几种不同的工件，以及在调整机床过程中，按需要使凸轮作适量的周向调整。

2. 定转离合器

如前所述，单轴转塔自动车床的送夹料、转塔刀架换位等空行程运动，分别用装在辅助轴上的几个定转转离合器控制。定转离合器的工作特点是，在分配轴上的定时轮控制下，每接通一次，只旋转一定转数，例如 $\frac{1}{2}$、1、$1\frac{1}{3}$、2 转等，然后就自动脱开。下面以 C1312

型自动车床上接通转塔刀架换位运动的定转离合器为例，说明其结构和工作原理。该离合器每接通一次，只旋转一整转，它由主动件 6、移动件 5、齿轮 1（$z=32$）、弹簧 4 等零件组成（见图 6-8）。主动件 6 用锥销固定在辅助轴 Ⅱ 上；移动件 5 空套在辅助轴上，可作轴向移动，它的左端有两个长的凸爪，与同样空套在辅助轴上，但轴向位置固定的齿轮 1 始终保

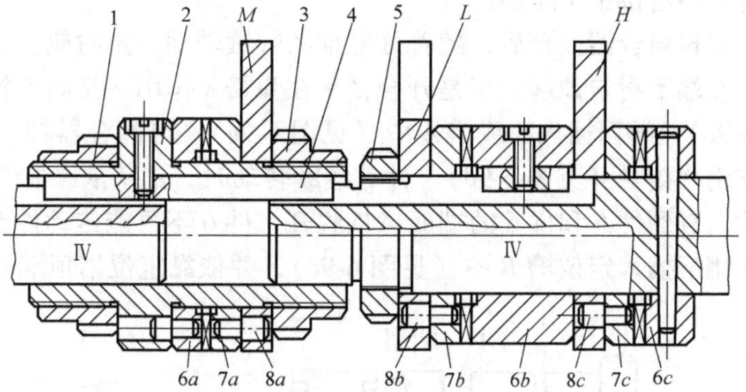

图 6-7 分配轴安装横刀架凸轮部位的结构

1、3、5—螺母 2—套筒 4—平键 6—主动端面齿环 7—从动端面齿环
8—定位销 M、L、H—横刀架凸轮 Ⅳ—分配轴

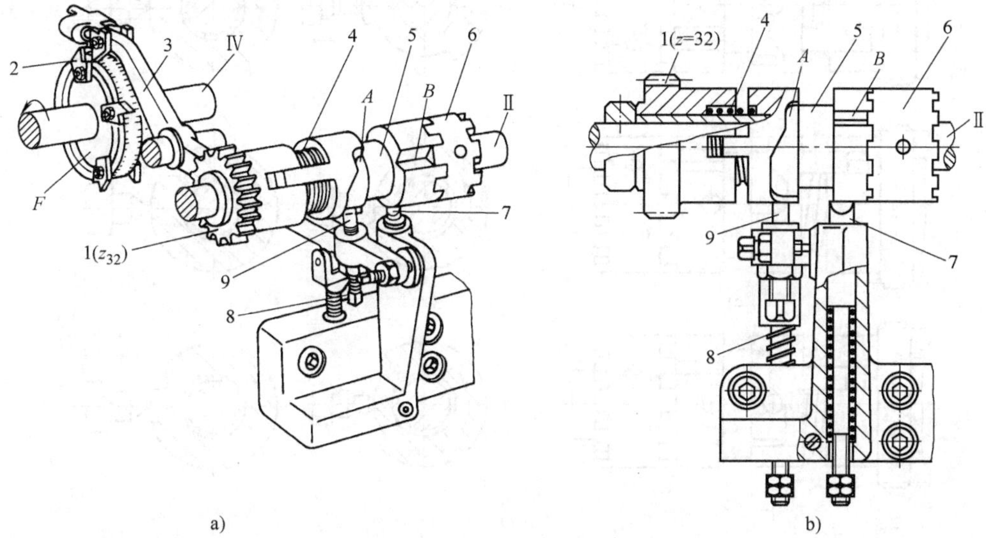

持联接，其右端的齿爪在离合器接合时，与主动件 6 的端面齿爪相啮合。移动件 5 的外圆上有周向曲线槽 A 和三角形截面的定位槽 B。

a)   b)

图 6-8 定转离合器

1—齿轮（$z=32$） 2—挡块 3—杠杆 4、8—弹簧 5—离合器移动件 6—离合器主动件
7—定位销 9—开合销 Ⅱ—辅助轴 Ⅳ—分配轴 F—定时轮

当离合器处于脱开位置时，装在杠杆 3 右端，用于控制离合器接合与脱开的开合销 9，在弹簧 8 的作用下向上抬起，插入移动件 5 的曲线槽 A 中；定位销 7 在其下部的弹簧作用

下，插入定位槽 B 中（见图 6-9a），使移动件 5 和齿轮 1 停止在一定位置上。当转塔刀架需换位时，装在分配轴定时轮 F 上的挡块 2 碰杠杆 3 左端的凸爪，将杠杆 3 左端向上顶起，杠杆顺时针摆动，开合销 9 被带着向下移动，从移动件 5 的曲线槽 A 中退出。此时，件 5 在弹簧 4 作用下向右移动，其端面齿爪与件 6 的端面齿爪啮合，即离合器接合，辅助轴的旋转运动便经件 6 和 5 传至齿轮 1，使转塔刀架换位。当件 5 开始转动时，依靠定位槽 B 的工作斜面自动将定位销 7 压出。

定转离合器接合后，随着分配轴的继续转动，定时轮上的挡块越过杠杆 3 上的凸爪，杠杆的左端不再被顶起，于是开合销 9 在弹簧 8 作用下又向上抬起，顶紧在件 5 的外圆上（见图 6-9b），继而插入曲线槽 A 中（见图 6-9c）。当离合器转过将近一转时，曲线槽的斜面开始与销 9 接触（见图 6-9d）。件 5 继续转动时，销 9 依靠曲线槽斜面的作用，迫使件 5 向左移动，直到件 5 和件 6 的端面齿爪脱开，件 6 不再能传动件 5 时为止。此时，定位销 7 在弹簧作用下插入定位槽 B 中（见图 6-9e），并依靠定位销顶端斜面作用于件 5 的切向分力，推

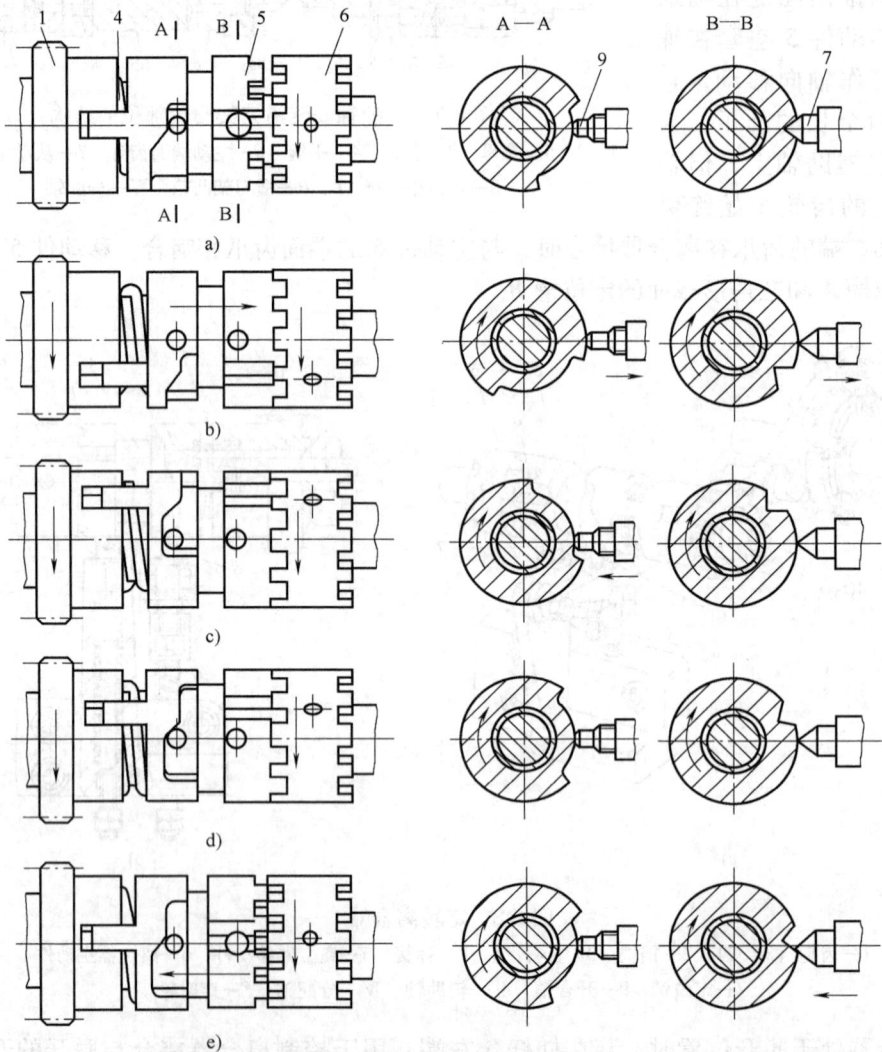

图 6-9 定转离合器的工作过程

动件 5 附加转过一个微小的角度，使件 5 与件 6 的端面齿爪之间离开一定距离，以免磨损，并使件 5 和齿轮 1 停止在固定的周向位置，保证离合器每接通一次，准确地转过一整转。离合器完全脱开后，各零件的相对位置如图 6-9a 所示。

　　3. 送料和夹料机构

　　单轴转塔自动车床的主轴具有直径很大的通孔，送料和夹料机构的很多零件都装在其内（见图 6-10）。送进棒料用的送料夹头（或称送料嘴）18 和夹紧棒料用的夹料夹头 15，装在主轴 20 前（右）端内孔中；棒料穿过它们的中心通孔，从主轴前端伸出，以备车削加工之用。送料夹头和夹料夹头都是弹性夹头（通常又称弹簧夹头），依靠弹性变形夹住棒料。夹料夹头的前端外表面是圆锥面，内孔形状和棒料截面形状相同，它的前半部铣有三条沿圆周等分的纵向槽，从而形成三个富有弹性的卡爪（见图 6-10b、c）；卡爪内孔的尺寸，在自然状态下略大于棒料截面尺寸。如将套在夹料夹头上的压紧套 16 向右推动，利用其右端的内锥面压紧夹料夹头卡爪部分的外锥面（夹料夹头的右端面抵紧在端盖螺帽 14 上，因而其轴向位置是固定的），则三个卡爪同时向中心收拢，棒料便被夹紧。套筒形的送料夹头 18，用螺纹联接固定在送料管 4 的右端，它的前半部铣有两条纵向槽，形成两个具有弹性的卡爪（见图 6-10b、d），其内孔尺寸在自然状态下略小于棒料截面尺寸。将棒料插入送料夹头时，卡爪将略为向外张开，对棒料产生一定弹性夹紧力，从而可带动棒料沿轴向移动，进行送料。

　　图 6-11a 表示机床在加工时送料夹头、夹料夹头和压紧套的相对位置：压紧套在右位，压紧夹料夹头卡爪，棒料被夹紧；送料夹头处在右边位置，即上次送料结束时位置。一个工件加工完毕时，送料和夹料机构随即开始动作，实现送夹料工作循环，其过程如下：

　　（1）送料夹头向左退回，完成复位动作，为送料作好准备。由于此时夹料夹头仍夹紧工件，送料夹头与棒料之间的摩擦力小于夹料夹头与棒料之间的摩擦力，故棒料的轴向位置保持不变，送料夹头沿棒料表面滑回（见图 6-11b）；

　　（2）压紧套左移退回，夹料夹头靠自身弹性向外张开，松开棒料（见图 6-11c）；

　　（3）送料管带着送料夹头和棒料一起向右移动，进行送料（见图 6-11d）。当棒料顶在转塔刀架上的挡料杆 D 时便停止移动，而送料夹头则沿棒料表面继续滑移一很小距离后才停止。由于送料夹头的移动距离略大于送料长度，利用刚性的挡料杆可保证准确的送料长度；

　　（4）压紧套向右移动，压缩夹料夹头的卡爪，将棒料夹紧（见图 6-11e）。接着各刀架即开始对下一个工件进行加工。

　　下面说明送料和夹料机构的操纵原理及调整方法（见图 6-10）。

　　当夹料鼓轮旋转时，通过夹料杠杆 22 和装在它上端的拨块，可拨动滑套 9 在止推套 10 上左右移动。套 10 上对称地开有两条长槽（主轴 20 在对应位置上也开有两条长槽），两槽内各装有一个钩形杠杆（抵块）11。当拨动滑套 9 左移时，其左端的内锥面将钩形杠杆 11 左端尾部压向主轴中心方向，由于 11 右端的 s 部抵紧在套 10 的右端面上，它便以此为支点摆动一个角度，其右端的 ω 部推动剖分的垫套 21、推管 19 和压紧套 16 向右移动，于是棒料被夹紧。滑套 9 左移至终点位置时，钩形杠杆 11 的左端尾部从 9 的内锥面过渡到内圆柱面，使夹料机构处于自锁状态，以保持恒定的夹紧力。杠杆 22 拨动套 9 向右移动时，杠杆 11 左端即被放松，于是在弹簧 17 的作用下，压紧套 16 向左退回，夹料夹头将棒料松开。加工截面形状和尺寸不同的棒料时，需采用相应内孔的夹料夹头；拧下前端盖螺帽 14，就可以更换夹料夹头。夹料夹头对棒料的夹紧力，可用调整螺母 8 进行调整。先拧松锁紧螺母 7，再拧转螺母 8，使其向

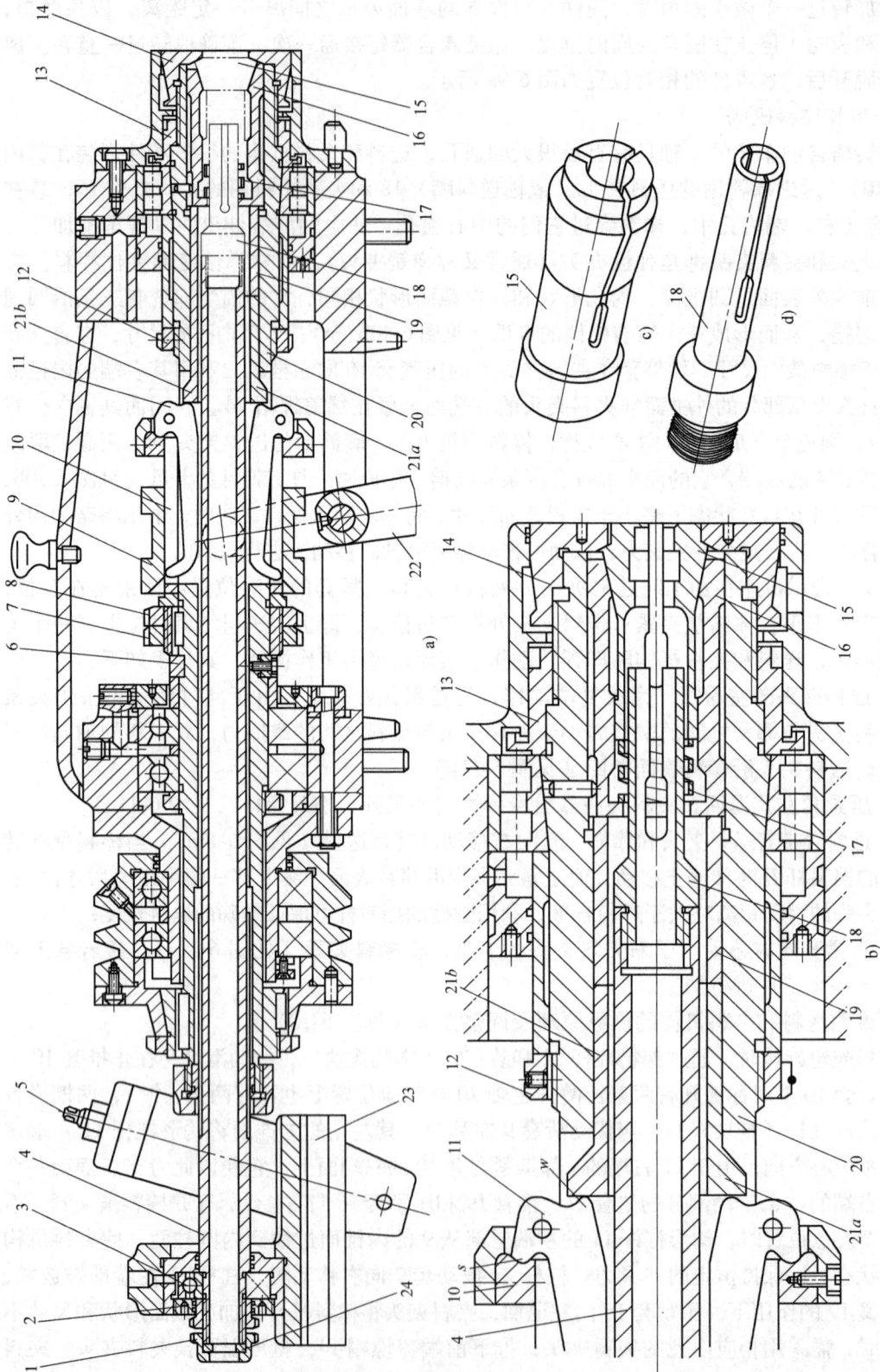

图 6-10 送料和夹料机构

1—后端盖螺帽 2—螺套 3—向心球轴承 4—送料管 5—送料长度调整螺杆 6—部分半圆挡环 7—锁紧螺母 8—夹紧力调整螺母 9—滑套 10—止推套 11—钩形杠杆（批块）
12, 13—主轴前轴承调整螺母 14—前端盖螺帽 15—夹料夹头 16—压紧套 17—弹簧 18—送料夹头 19—推管 20—主轴 21—部分垫套 22—支料杠杆 23—送料溜板 24—交换圈右或向左移动，以改变止推套 10 在主轴上的轴向位置，这就改变了杠杆 11 摆动支点的位置，以及压紧套 16 右移的终点位置，从而使夹料夹头在夹紧状态时的收缩量随之改变，夹紧力遂得以调整。显然，向右拧动螺母 8 时，夹紧力将增大，向左拧动时则减小。

辅助轴上定转离合器接合一次，送料鼓轮 J 旋转一转过程中，送料杠杆 P 通过滑块 26 和螺母 25 传动送料溜板 23，使其沿导轨在主轴轴线方向往复移动一次（见图 6-12），此时，通过向心球轴承 3 与送料溜板 23 联接的送料管 4，连同送料夹头 18 一起也随之左右往复移动一次（见图 6-10a）。送料溜板向左移动时，送料管和送料夹头复位；向右移动时，送料夹头带着棒料一起移动，进行送料。加工工件的长度不同，送料长度需作相应的调整。调整时可转动螺杆 5，使螺母 25 连同滑块一起上下移动，以改变滑块 26 在送料杠杆 P 滑槽中的位置，从而改变杠杆 P 的杠杆比，使送料溜板和送料夹头的行程，亦即送料长度得到调整。

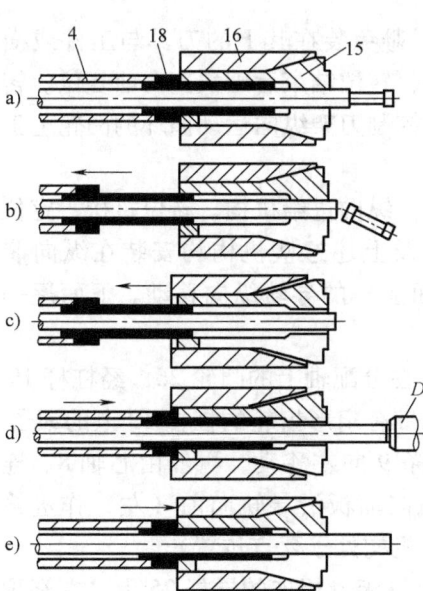

图 6-11 送料和夹料过程
4—送料管 15—夹料夹头 16—压紧套
18—送料夹头 D—挡料杆

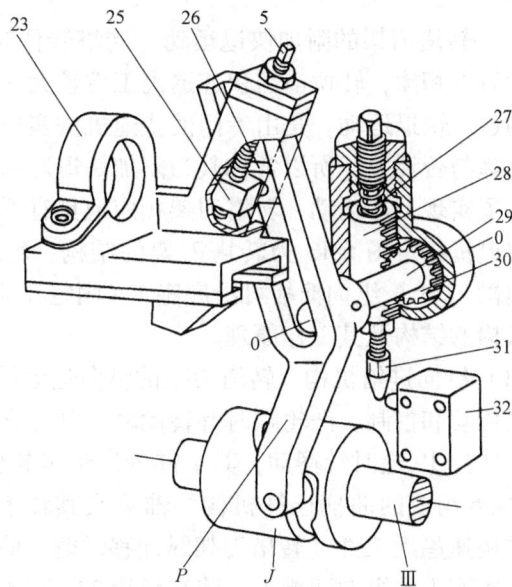

图 6-12 送料长度调整与棒料用完自动停车机构
5—送料长度调整螺杆 23—送料溜板 25—螺母 26—滑块
27—弹簧 28—套筒齿条 29—转轴 30—齿轮 31—触销
32—微动开关 Ⅲ—传动轴 J—送料鼓轮 P—送料杠杆

加工不同截面形状和尺寸的棒料时，需要更换送料夹头 18 和用来支承棒料后端的交换圈 24（见图 6-10a）。拧下送料溜板左端轴承衬套中的螺套 2，将轴承 3 连同送料管和送料夹头一起，从主轴内孔中抽出，便可更换送料夹头。拧下后端盖螺帽 1，便可调换交换圈。

单轴转塔自动车床的送料机构中，通常设有棒料用完时的自动停车机构。如图 6-12 所示，支承送料杠杆 P 的转轴 29 右端，装有齿轮 30，它与套筒齿条 28 相啮合。装在套筒齿条上方的弹簧 27，力图使其向下移动。棒料用完后，送料夹头后退复位时，由于不再受沿棒料滑移而产生的摩擦阻力作用，送料杠杆往回摆动时所受阻力减小，于是弹簧 27 的作用力便得以推动套筒齿条移动至下端位置（此时，送料杠杆 P 由套筒齿条 28 经齿轮 30 和转轴 29 带动，附加转过一个角度），使触销 31 压动微动开关 32，控制机床自动停车，同时接通表示棒料已经用完的信号灯。

4. 转塔刀架

转塔刀架用于纵向切削和安装限定送料长度的挡料杆，在机床加工过程中，它需完成下列运动：

（1）转塔刀架的运动循环　对应于转塔每一个工作位置的加工要求，分别完成一定的纵向运动循环。运动循环的一般形式为快进—工进—快退；

（2）转塔的转位与定位　一般情况下，转塔上可安装五组刀具和一个挡料杆，一组刀具（包括挡料杆）工作结束后，转塔需转位，每次转 $\frac{1}{6}$ 转，称为单转位；如果工件形状简单，加工过程中只需更换三次刀具，则可在转塔上每隔一个装刀孔安装一组刀具，每次转位时，转塔转 $\frac{1}{3}$ 转，称为双转位。转塔每次转位后，需进行定位，以保持其准确的工作位置；

（3）转塔刀架的附加快退运动　转塔转位时，为了避免装在其上的刀具与工件或横刀架上的刀具相撞，转位前需快速退离工件较大一段距离，转位结束后则快速向前复位。转塔刀架的这一快退运动，是由专门的快退机构实现的，与控制刀架纵向运动循环的凸轮上工作曲线下降与否无关，所以常称其为附加快退运动。

为了实现上述运动，转塔刀架相应地具有下列机构：纵向进给机构、转位机构、定位机构和快退机构。图 6-13 为转塔刀架的结构，转塔 3 以及上述这些机构均安装在纵向溜板（刀架体）2 上；纵向溜板可沿底座 1（固定在床身顶面上）的导轨纵向移动。下面逐一说明各机构的结构及其工作原理。

（1）纵向进给机构　转塔刀架的纵向运动循环由装在分配轴上的凸轮 26，经杠杆 19 和齿条 9 传动和控制。凸轮顺时针转动时，其上升曲线把带有扇形齿轮的杠杆 19 上的滚子 15 抬起，杠杆 19 逆时针摆动，其上部的扇形齿轮传动齿条 9 向左移动，再经由芯轴 8、连杆 7、曲柄 6 组成的曲柄连杆机构，轴 Ⅵ 及其轴承推动纵向溜板沿导轨向前（左）作进给运动，或快速趋近工件（转塔刀架纵向移动时，曲柄连杆机构处于死点位置）。

在底座 1 的纵向凹槽中，装有弹簧 24，它套在右端与床身相连的导杆 25 上，左端顶在与导杆联接的螺母 23 上，右端顶住空套在导杆上的开槽套 13。装在纵向溜板上的柱销 14 的下端插入开槽套的槽中，弹簧 24 的推力通过套 13 和柱销 14 作用于纵向溜板，力图使其向右移动。当杠杆 19 上的滚子 15 与凸轮 26 的下降曲线接触时，弹簧 24 便推动转塔刀架向后（右）退回。

转塔刀架的行程终点位置可用螺纹套筒 11 调整（调整量为 20mm）。调整时先松开锁紧螺母 10，再拧动螺纹套筒，使其相对齿条 9 作轴向移动，并由它通过芯轴 8 等零件，带动整个转塔刀架移动，使转塔与主轴端面之间达到所需距离（调整过程中齿条 9 的位置保持不变）。

（2）转位机构　转塔的转位是由槽轮机构（马氏机构）来实现的，它由槽轮 22、拨盘 27 和拨销 28 所组成。槽轮固定在转塔轴的后端，轮上有六条均布的径向槽；拨盘固定在轴 Ⅵ 上，它的端面上装有拨销 28（销上套有滚子）。控制转塔刀架换位的定转离合器接通一次，来自辅助轴的运动经宽齿轮 z_{32} 和锥齿轮副 z_{32}：z_{32} 传至拨盘 27 和轴 Ⅵ；拨盘转过一转时，拨销 28 拨动槽轮 22 转过 $\frac{1}{6}$ 转，与槽轮在同一轴上的转塔同样转过 $\frac{1}{6}$ 转，完成一次转位动作（单转位）。如果转塔需双转位，则可在拨盘上再装一个拨销，其位置与单转位时的拨销相隔120°。这样，在第一个拨销拨动槽轮转过$\frac{1}{6}$转后，第二个拨销立即又进入槽轮的另一个槽中，拨动槽轮再继续转过$\frac{1}{6}$转。

（3）定位机构　转塔每次转位结束后，由锥形定位销17进行准确定位。定位销装在纵向溜板2上导向套的孔中，可轴向滑移。在定位状态下，它的圆锥形头部，在弹簧18作用下插入转塔后端面上的定位孔中。定位孔共六个，沿圆周均布。转塔开始转位前，由端面凸轮21推动顶块20，再通过杠杆4将定位销从定位孔中拨出。

转位机构和定位机构的动作是相互配合的，其过程如下：当轴Ⅵ从0°转至120°过程中（图6-13中所示为0°位置），端面凸轮21的曲面升高（见图6-13c、d），经顶块20推动杠杆4摆动，将定位销拔出；接着拨盘27上的拨销28进入槽轮22的一个槽中，在轴Ⅵ从120°转至240°过程中，拨销拨动槽轮转$\frac{1}{6}$转。在轴Ⅵ的这一转角范围内，端面凸轮的曲面是平的，定位销处于拔出状态；当轴Ⅵ从240°转至360°过程中，端面凸轮的曲面下降，于是弹簧18推动定位销插入下一个定位孔中。双转位时，需把杠杆4上的顶块20转过180°，使顶块上宽度较大的一侧工作面靠在端面凸轮的曲面上（见图6-13d、e）；这时，只有当两个拨销连续拨动槽轮转过120°后，定位销才能插入定位孔。

调整机床时，如需转塔手动转位，可顺时针扳动手柄5，将定位销拔出，然后用手转动转塔至所需位置。

（4）快退机构　转塔刀架在转塔转位前后附加快速退离工件与快速向前复位的运动，是由曲柄连杆机构实现的。该机构由曲柄6、连杆7和芯轴8组成，它们之间用销轴连接。当控制转塔刀架换位的定转离合器接通一次，轴Ⅵ和曲柄6旋转一转的过程中，快退机构的动作过程如下：曲柄从0°转至180°时，连杆拉齿条9向左移动2r（r为曲柄偏心距），并通过扇齿轮使杠杆19有逆时针摆动，滚子15有脱离凸轮26轮廓表面的趋势，于是在弹簧24作用下，转塔刀架连同齿条一起快速后退，直至开槽套13碰住顶套12时为止（在此过程中，齿条9的纵向位置实际上并未改变）。由于转塔刀架已被顶套挡住，不能再向后退，所以此后齿条被连杆拉动继续左移时，杠杆19上的滚子15便向上抬起，脱离凸轮的轮廓表面，如图6-14b所示。由图显然可见，转塔刀架后退的距离s<2r。当曲柄从180°转至360°的过程中，先是连杆7将齿条9向右推移，并经杠杆19使滚子15向下摆动，直至滚子与凸轮接触时为止。由于此后齿条不能再向右移，曲柄继续转动时，反作用力经连杆7和曲柄6推动轴Ⅵ，再经轴Ⅵ的轴承带动转塔刀架快速向前（左）复位。

转塔刀架快退的速度很高，快退结束时将产生很大冲击，利用弹簧24可使其得到缓冲，其原理如下：由于带动转塔刀架后退的柱销14，其插入开槽套13槽中的下端部，同时还伸入导杆25上的缺口中（参见图6-14）。转塔刀架快退时，当开槽套13带动柱销14和转塔刀架向后（右）移动至被顶套12挡住后，柱销14下端随即与导杆25上缺口的右端面K接触；此时转塔刀架因惯性作用继续向右移动，并通过柱销带动导杆也向右移动。由于导杆通过拧在其左端的螺母23支承在弹簧24上，因而使转塔刀架得到缓冲。

综上所述，控制转塔刀架换位的定转离合器接通一次，轴Ⅵ以及装在该轴上的拨盘和曲

154

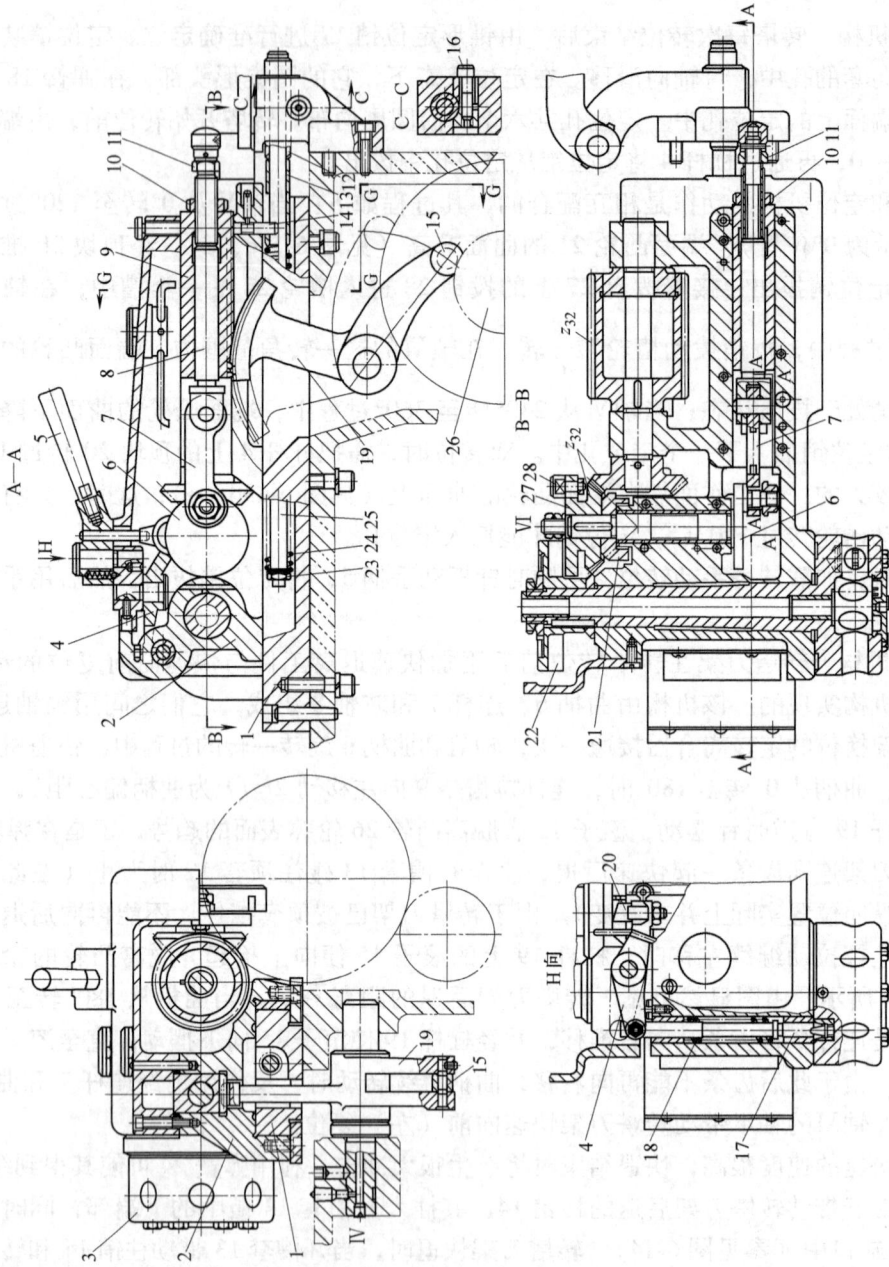

图 6-13 转塔刀架

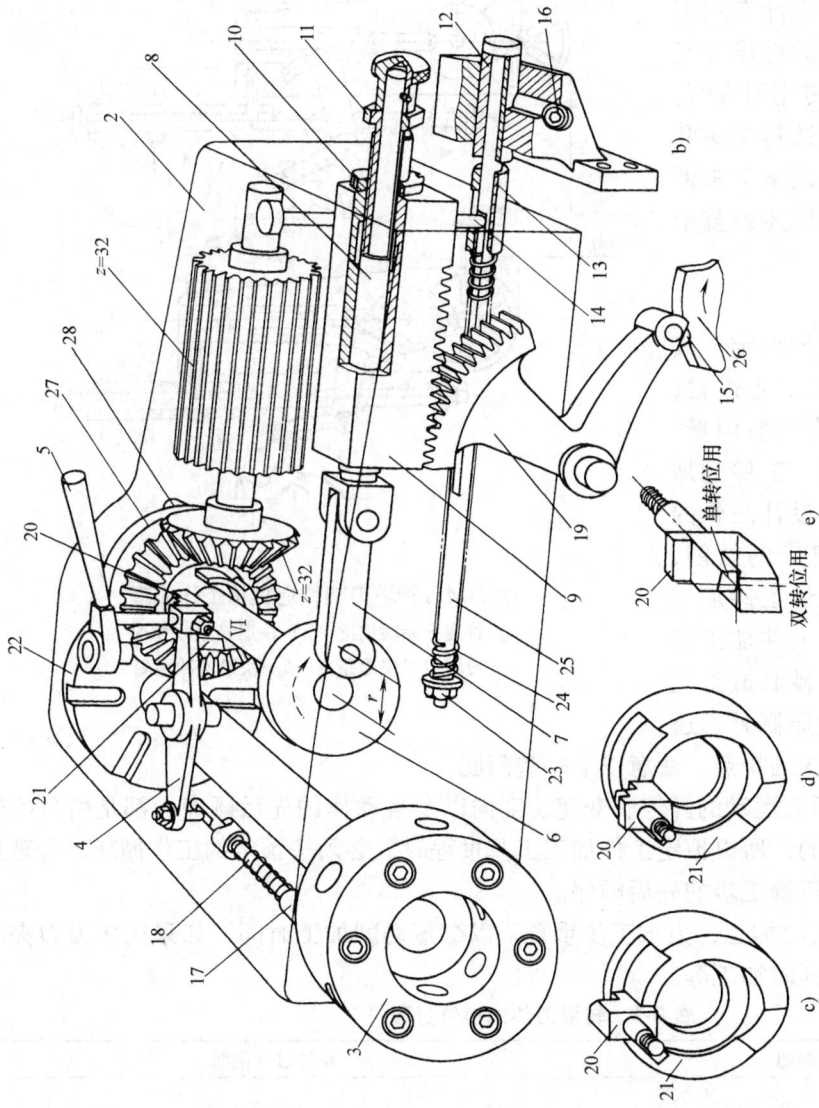

图6-13 转塔刀架（续）

1—底座 2—纵向溜板 3—转塔 4—拨销杠杆 5—拨销手柄 6—曲柄 7—连杆 8—芯轴 9—齿条 10—锁紧螺母 11—螺纹套筒 12—顶套 13—开槽套
14—柱销 15—滚子 16—锁紧螺钉 17—定位销 18—插销弹簧 19—纵向进给弹簧 20—顶块 21—端面凸轮 22—槽轮 23—螺母 24—刀架复位弹簧
25—导杆 26—纵向进给凸轮 27—纵向进给凸轮 28—拨销

b)

e)

单转应用

双转应用

d)

c)

柄转动一转过程中，转位机构、定位机构和快退机构相互配合，协调地完成快退、转位、定位和附加快退快进等动作，实现一次换位过程。现将整个换位过程加以归纳，列入表6-1中。

（四）机床调整卡的编订和凸轮设计

在凸轮分配轴控制的自动车床上加工工件之前，首先需根据工件的加工要求，进行机床工作循环的调整设计，包括拟定工件的加工工艺，编订机床调整卡，设计凸轮，必要时还需设计专用刀具和刀夹。在完成以上调整设计工作后，就可制造凸轮和专用刀夹等，备置标准刀具、刀夹、送料夹头和夹料夹头等，然后根据调整卡来调整机床。下面我们着重讲述调整卡编订和凸轮设计原理。

1. 调整设计原理

（1）工件加工工艺的拟定 其内容包括拟定工件加工工艺过程，选择各工作行程工步的切削用量，选用标准刀具和刀夹等。工件的加工工艺是编订调整卡和设计凸轮的基础。为了充分发挥机床的效能，提高机床的生产率，保证工件加工质量和工作安全，拟定工件加工工艺时，除了应遵循《机械制造工艺学》课程中论及的一般原则外，还应结合单轴转塔自动车床的特点，注意以下一些问题：

图 6-14 转塔刀架快退机构工作原理
a）快退开始时情况 b）快退结束时情况
s—转塔刀架快退距离 h—快退缓冲距离

a）由于自动车床所有运动的开停、变速、变向以及各动作的先后顺序，都是由分配轴上的凸轮和定时轮控制的，所以拟定工件加工工艺过程时，必须按预定的工作循环，合理排列各工作行程工步和空行程工步的先后顺序。

b）尽量采用多刀同时加工，力求工步重合，以缩短切削加工时间，如采用多刀刀夹和复合刀具，使几个刀架同时加工等。

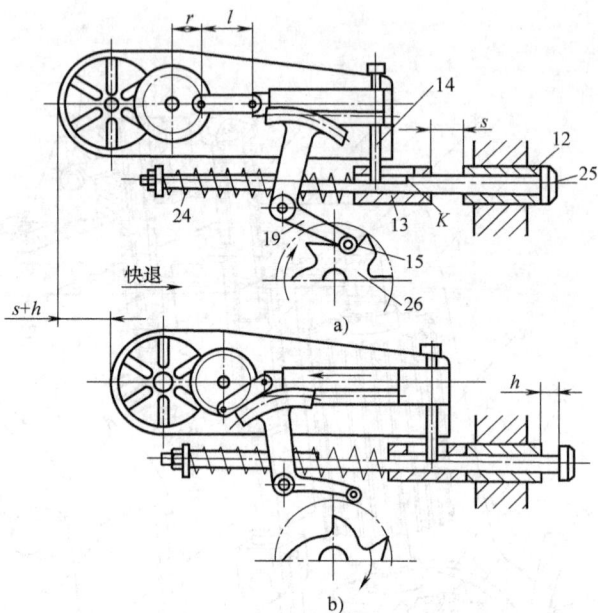

表 6-1 转塔刀架的换位过程

换位过程简图	换位过程说明
	a）换位工步开始 上一工作行程工步结束，滚子15处于凸轮26下降曲线的起点，此时，定转离合器接合，转塔刀架上曲柄6和槽轮机构的拨盘开始旋转

（续）

换位过程简图	换位过程说明
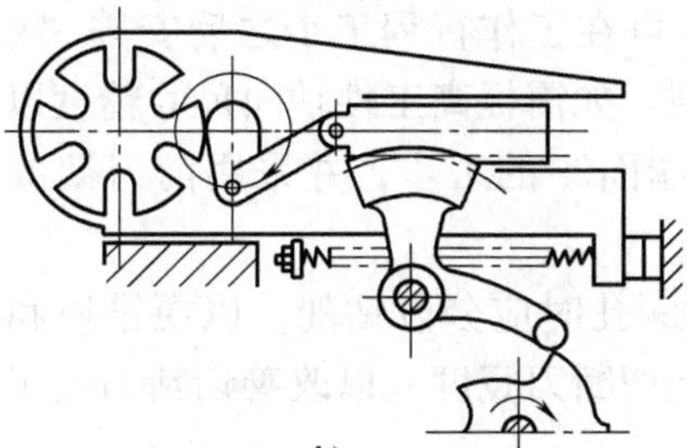 b)	b）快退并拔出定位销　曲柄从 0°转过一定角度时，带动齿条 9 左移，弹簧 24 使转塔刀架快退，至开槽套 13 碰到顶套 12 时为止。同时，轴Ⅵ上端面凸轮曲面升高，拔出定位销
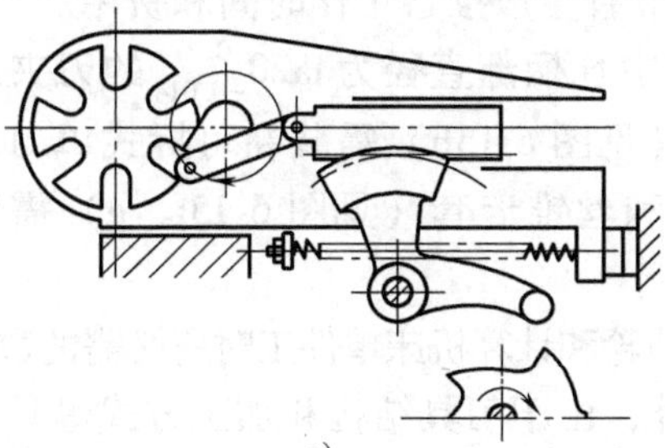 c)	c）转塔开始转位　曲柄转过 120°时，定位销已经拔出，拨盘上拨销开始进入槽轮的一个槽中，转塔开始转位，这时，齿条继续左移，将杠杆 19 上滚子 15 向上抬起，离开凸轮轮廓表面
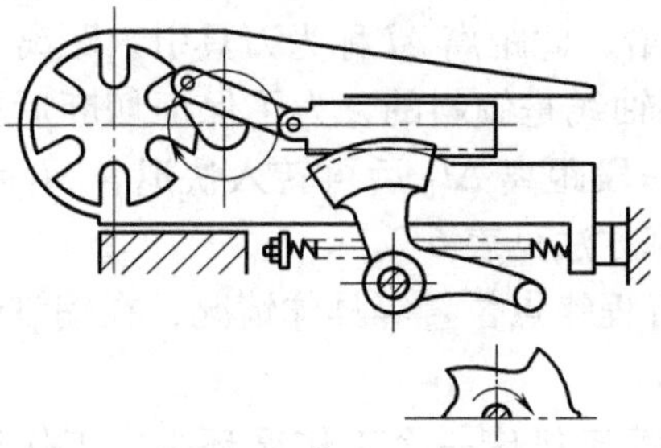 d)	d）转塔转位结束，插入定位销　曲柄从 120°转至 240°时，槽轮机构使转塔转 1/6 转，端面凸轮曲面下降，定位销在弹簧作用下插入转塔上的下一个定位孔，曲柄从 180°开始继续转动时，齿条开始向右移动，滚子 15 向下摆动
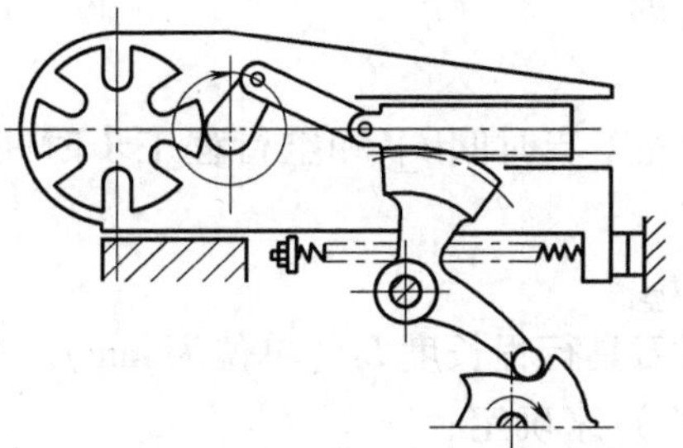 e)	e）刀架开始快进　曲柄从 240°开始继续旋转，齿条 9 继续右移，直至滚子 15 紧靠在凸轮表面上时为止，此后，随着曲柄继续转动，转塔刀架开始向左快速前进
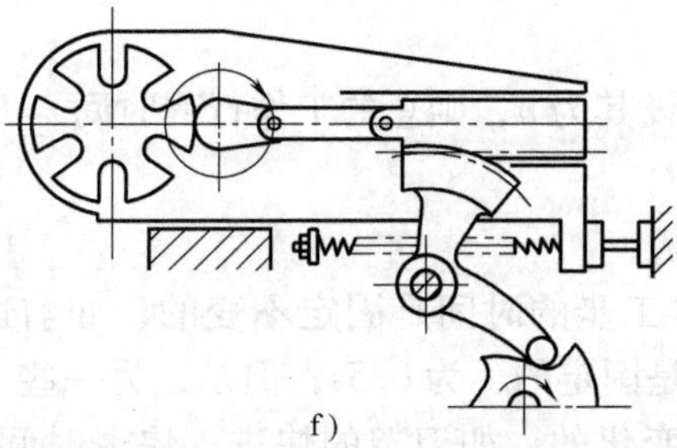 f)	f）换位工步结束　曲柄已转过 360°，曲柄连杆机构恢复到死点位置，转塔刀架快进结束，杠杆 19 上滚子处于凸轮下降曲线的终点；定转离合器脱开，转塔刀架换位完毕，开始下一个工作行程工步

c）尽量减少空行程工步对单件加工时间的影响，如将空行程工步与工作行程工步（或另一空行程工步）重合。

d）为获得较高的尺寸精度与较小的表面粗糙度，可在工作行程工步之后安排"停留"工步，让刀具在原处稍作停留，实现短时间无进给切削。如需提高工件轴向尺寸精度以及端面对轴线的垂直度，可在"送料"工步后安排"精车端面"的工步，并采用前刀架或后刀架代替上刀架切断工件。

e）为保证工作安全，钻小孔前应先钻中心孔，钻深孔时应分段钻削，以便排屑和冷却刀具；车削工件全长和钻通孔时，其工作行程中应加上切断刀宽度，以改善切断刀的工作条件，并减小切断刀行程。

f）尽量选用机床附件中备有的各种标准刀夹，以节省生产准备工作时间和费用。

图 6-15 为 C1312 型自动车床常用的标准刀夹。图中凡柄部直径为 $\phi 20_{-0.014}^{0}$ 的刀夹，可直接装在转塔刀架上转塔的刀具安装孔内；径向刀夹（见图 6-15b）需装在可拆式单刀刀夹或可拆式双刀夹（见图 6-15d、c）上使用；板牙卡套和丝锥卡套（见图 6-15f、g）需装在丝锥板牙夹套（见图 6-15h）上使用。

（2）刀具行程长度的确定　刀具行程的长度是设计凸轮和计算机床单件工时所必需的数据。

工作行程的长度基本上由工件加工长度决定。此外，由于刀具结构和加工方式等具体条件不同，往往还需适当增加行程长度。例如，为了避免刀具由快进转为工进时可能碰撞工件，应在刀刃距加工表面一定距离 Δl 时就转为工作进给，此距离 Δl 称为刀具引入距离（切入留量）；又如切断工件时，由于切断刀前刀刃对工件轴线是倾斜的，为了保证切断后棒料端面平整，不留凸台，应使前刀刃刀尖切离工件轴线一段距离 Δl_1 后再转入快退，Δl_1 称为切断刀的附加行程。几种典型工步的工作行程长度计算方法见表 6-2。

刀具空行程长度通常是根据凸轮半径大小及刀架行程终点位置等具体情况，在编订调整卡过程中确定。

（3）单件工时和各工步时间的确定　单件工时 t 等于机床一个工作循环中，工作行程（切削加工）所需时间 $t_{工}$ 和空行程所需时间 $t_{空}$ 之和，即

$$t = t_{工} + t_{空}$$

$t_{工}$、$t_{空}$ 则分别等于该工作循环中不相重合的各工作行程工步时间 $t_{工i}$ 和空行程工步时间 $t_{空i}$ 的总和，即

$$t_{工} = \sum t_{工i}, \quad t_{空} = \sum t_{空i}$$

某一工作行程工步的时间 $t_{工i}$（单位为 s），可根据刀具行程长度 L_i（单位为 mm）、所用主轴转速 n_i（单位为 r/min）和进给量 f_i（单位为 mm/r）来确定：

$$t_{工i} = 60 \frac{L_i}{n_i f_i}$$

如果各工作行程工步所采用的主轴转速相同，并设其为 n，则总的工作行程时间 $t_{工}$ 为：

$$t_{工} = \sum t_{工i} = \frac{60}{n} \sum \frac{L_i}{f_i}$$

对于空行程工步，在单轴转塔自动车床上，有些工步的时间是固定不变的，如前述的 C1312 型自动车床，其送夹料和转塔换位一次的时间是固定的，为 0.5s；但是，另一些工步的时间是随循环时间（分配轴转速）和行程大小而变化的，如刀架的快进、快退时间等，

因而空行程时间 $t_空$ 往往不能直接计算确定。实际工作中，常按经验公式先初步估算单件工时（用 $t_估$ 表示）：

$$t_估 = (1.25 \sim 1.4)t_工$$

即估算的空行程时间为 $(0.25 \sim 0.4)t_工$。上式中的系数，当 $t_工$ 较小时取较大的数值，$t_工$ 较大时取较小的数值。

估算出的单件工时是近似的，需在确定各工步占用的分配轴格数（角度）时加以修正（详见后述）。

（4）各工步占用分配轴格数（角度）的确定　分配轴旋转一转，控制机床完成一个工作循环，加工完一个工件，其所需的时间就是单件工时或循环时间 t。在工作循环中，某一工步所占用的分配轴一转中的角度 θ_i，与该工步持续的时间 t_i 成正比，它们之间的关系如下：

$$\frac{t_i}{t} = \frac{\theta_i}{360°}$$

因此

$$\theta_i = \frac{t_i}{t} \times 360°$$

对于单轴转塔自动车床，通常将分配轴的每一转等分为 100 格（相应地凸轮和定时轮的圆周也等分为 100 格），也就是用"格数"来表示角度，每一格相当于 $3.6°$。所以某一工步所占用的分配轴角度，以格数 b_i 表示时为

$$b_i = \frac{t_i}{t} \times 100$$

对应于各工作行程工步和空行程工步，其占用的分配轴格数 $b_{工i}$ 和 $b_{空i}$ 分别为

$$b_{工i} = \frac{t_{工i}}{t} \times 100, b_{空i} = \frac{t_{空i}}{t} \times 100$$

用上式确定 $b_{工i}$ 和 $b_{空i}$；需首先确定 $t_{工i}$、$t_{空i}$ 和 t。但如前所述，$t_{空i}$ 和 t 往往不能事先确定。为此，常采用下述方法来确定 $b_{工i}$ 和 $b_{空i}$，并同时确定单件工时 t。

先按初步估算的单件工时 $t_估$，根据机床说明书有关表格（参看表 6-7～表 6-11），查表确定各空行程工步占用的格数 $b_{空i}$，并计算出一个工作循环中所有不相重合的空行程工步占用的格数总和 $\sum b_{空i}$。然后按下式确定全部工作行程工步占用的格数总和 $\sum b_{工i}$：

$$\sum b_{工i} = 100 - \sum b_{空i}$$

由于 $\sum b_{工i}$ 和 $\sum b_{空i}$ 是与一个工作循环中的工作行程时间 $t_工$ 和空行程时间 $t_空$ 相对应的，因此它们之间有如下关系：

$$\frac{t_空}{t_工} = \frac{\sum b_{空i}}{\sum b_{工i}} = \frac{\sum b_{空i}}{100 - \sum b_{空i}}$$

则

$$t_空 = \frac{\sum b_{空i}}{100 - \sum b_{空i}} t_工$$

按上式可计算出 $t_空$ 的数值，将其代入单件工时 t 的计算式，就可求得实际需要的单件工时。将其与初步估计的单件工时 $t_估$ 比较，若两者相差不多，单件工时即可确定；若两者相差较多，则需对原先估算的 $t_估$ 值进行修正，并按第二次所定的 $t_估$ 值重新查表确定各空行程工步所占格数，再进行上述核算，直到计算所得 t 值与估算确定的 $t_估$ 值相近时为止。

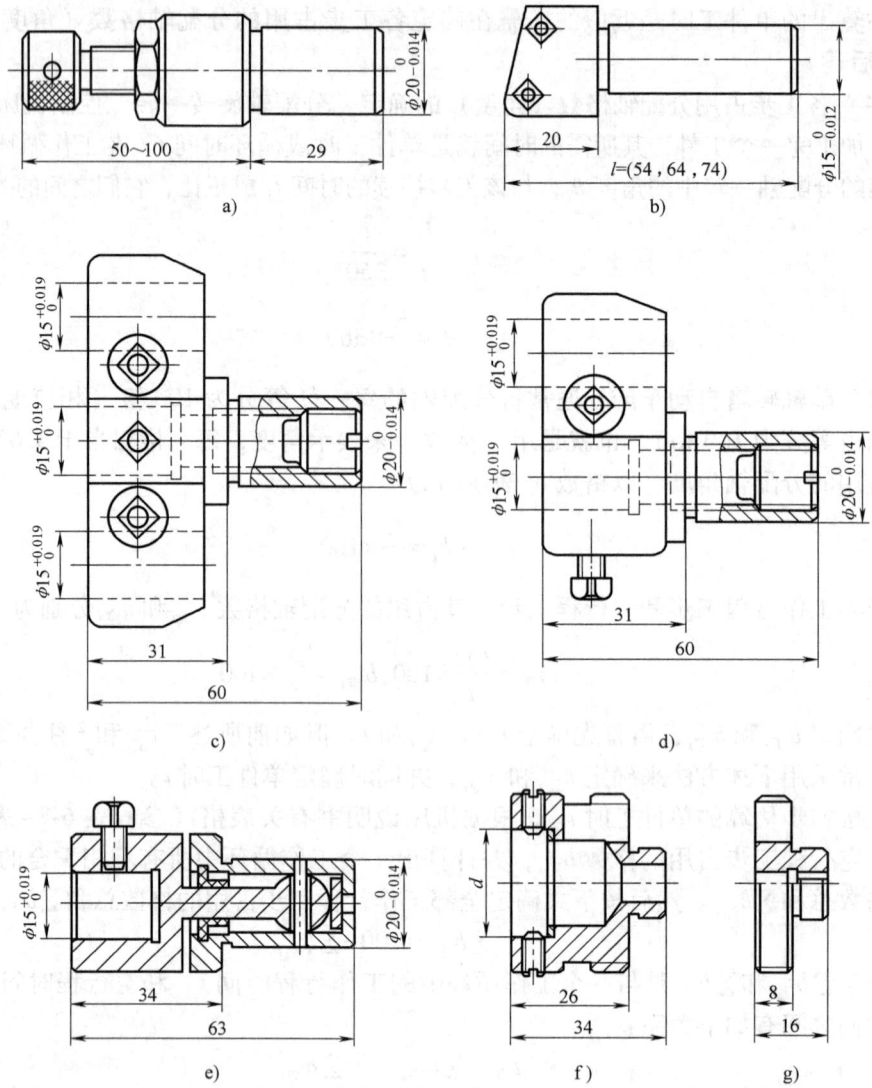

图 6-15 C1312 型自动

a）挡料杆 b）径向刀夹 c）可拆式双刀夹 d）可拆式单刀夹 e）浮动铰刀杆 f）板牙卡套

直径 φ1~φ4） k）钻杆 l）钻头夹套

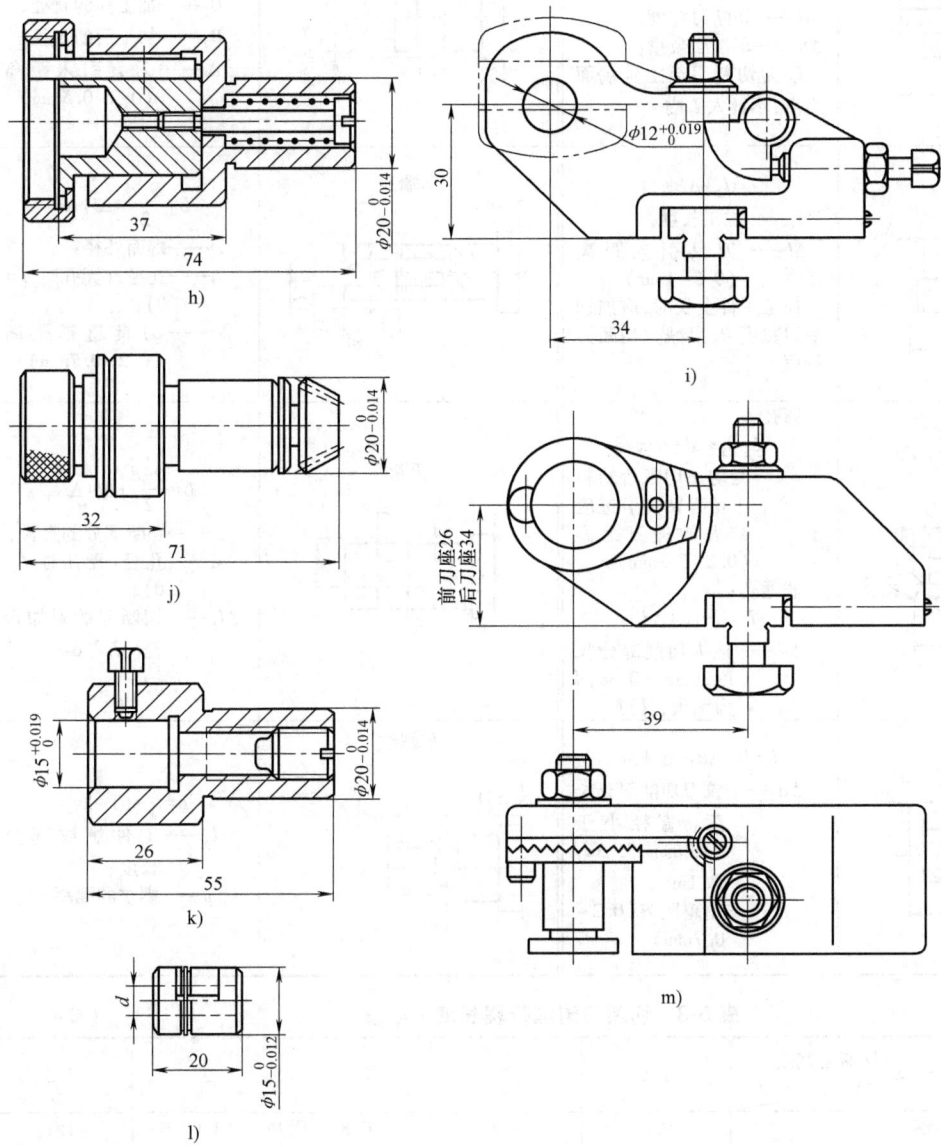

h)

i)

j)

k)

l)

m)

车床常用标准刀夹

g）丝锥卡套　h）丝锥板牙夹套　i）车刀刀座（前后刀座对称布置）　j）高速钻孔夹头（钻头

m）成形刀座（前、后刀座对称布置）

表 6-2　工作行程长度的计算

工作图形	工作行程长度 L/mm	工作图形	工作行程长度 L/mm
送料	送料长度： $$L=l+B+\Delta B$$ l——工作全长； B——切断刀宽度； ΔB——车端面余量； l_0 为切断刀至主轴端面距离，不计入 L 内	切槽	$$L=\frac{D_1-D_2}{2}+\Delta l$$ D_1——加工前的直径， D_2——加工后的直径； Δl——刀具引入距离 （0.2~0.5mm）
车外圆	$$L=l_1+\Delta B+\Delta l$$ l_1——加工长度； Δl——刀具引入距离 （0.5~1mm） 加工工件全长时，应加切断刀宽度 B，以减少切断刀行程	车端面	$$L=\frac{D-d}{2}+\Delta l+\Delta s$$ D——端面外径； d——孔径，（无孔时 $d=0$）； Δs——刀具超越距离 （0.2~0.7mm）
钻孔	通孔： $$L=l_1+\Delta l+B-x$$ x——为防止切断后棒料上留有钻尖痕迹应减去的进刀距离（0.2~0.3mm）； 非通孔： $$L=l_1+\Delta l+\Delta d$$ Δd——钻头切削部分长度，（$\Delta d\approx0.3d$；d 为钻头直径）	切断	$$L=\frac{D-d}{2}+\Delta l+\Delta l_1$$ D——切断部分的直径； d——孔径（无孔时 $d=0$）； Δl_1——切断刀的附加行程（见表 6-3）
铰孔	$$L=l_1+\Delta d_1+\Delta s+\Delta l$$ Δd_1——铰刀切削部分长度。直径小于 $\phi10$ 的铰刀 Δd_1 取 1mm； Δs——超越距离（0.2~0.7mm）	车螺纹	$$L=l_p+(1~2)p$$ l_p——工件螺纹部分长度； p——螺纹的螺距

表 6-3　切断刀附加行程长度 Δl_1 值　　　　　　　　　　　　　　（mm）

被加工材料＼切断刀宽度	1.5	2	2.5	3	3.5
钢	0.5	0.7	0.8	1.0	1.1
黄铜	0.6	0.8	1.0		

在最后确定单件工时 t 以及各空行程工步所占格数后，就可按下列公式之一确定各工作行程工步所占格数：

$$b_{\text{工}i}=\frac{t_{\text{工}i}}{t_{\text{工}}}\sum b_{\text{工}i}$$

或

$$b_{\text{工}i}=\frac{t_{\text{工}i}}{t}\times100$$

最后，根据各工步占用的格数，按其在工作循环中先后顺序，从"0"开始，首尾相接地依次排列起来，便可确定各工步的起始格数与终止格数。

（5）凸轮半径的确定　凸轮半径主要根据刀具行程长度、杠杆传动比和凸轮坯料尺寸来确定，同时需考虑刀架的结构尺寸，以保证刀具有正确的安装位置，这一点对安装尺寸不可调整的刀具、刀夹尤为必要，例如成形车刀。

由于单轴转塔自动车床各刀架的杠杆传动比一般为 $1:1$，所以凸轮工作曲线的升程就等于刀具的工作行程长度 L。如果凸轮曲线在工作行程开始时半径（起始半径）为 r，工作行程终止时半径（终止半径）为 R，则

$$R-r=L$$
$$r=R-L$$

显然，只要确定了凸轮曲线的终止半径 R，其起始半径 r 也就随之确定。

确定凸轮半径时，为了减小凸轮曲线的压力角和刀架快进、快退时占用的空行程格数，同时也为了减少加工凸轮曲线时的金属切削量，应尽量采用较大半径。所以凸轮曲线的终止半径一般取成等于凸轮坯料的半径。各刀架的凸轮坯料尺寸以及凸轮曲线最大、最小半径的数值，均由机床制造厂根据机床结构尺寸加以规定。表 6-4 列出了 C1312 型自动车床各刀架凸轮的坯料尺寸与凸轮曲线最大、最小半径。与该表中凸轮曲线最大、最小半径相对应的刀架位置见图 6-6。例如，转塔刀架凸轮曲线为最大半径 85mm 时，转塔与主轴端面间距离为 65~85mm（调整量为 20mm），凸轮曲线为最小半径 35mm 时，距离为 115~135mm。

表 6-4　C1312 型自动车床凸轮坯料尺寸与凸轮曲线最大、最小半径

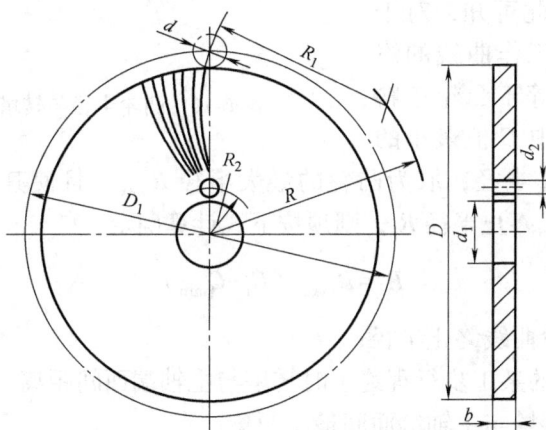

（mm）

	转塔刀架凸轮	前、后刀架凸轮	上刀架凸轮
D	170	124	124
D_1 [①]	184	142	142
R	111	82.5	82.5
R_1	94	65	65
d [②]	15	19	19
d_1	32H7	32H7	40H7

（续）

	转塔刀架凸轮	前、后刀架凸轮	上刀架凸轮
d_2	$7^{+0.3}_{+0.2}$	$7^{+0.3}_{+0.2}$	$7^{+0.3}_{+0.2}$
R_z	22 ± 0.1	22 ± 0.1	26 ± 0.1
b	10 ± 0.1	8 ± 0.1	8 ± 0.1
R_{max} ③	85	62	62
R_{min} ④	35	30	34

注：① 分度圆直径。
② 滚子直径 d 实际为 $\phi14$ 及 $\phi18$，为使滚子与凸轮曲线表面成点接触，铣刀直径取用 $\phi15$ 及 $\phi19$。
③ 凸轮曲线最大半径。
④ 凸轮曲线最小半径。

对于转塔刀架凸轮，因其轮廓曲线需与六个工步相对应，而对应于每一工步的凸轮曲线，都有各自的起始半径和终止半径。如图 6-16 所示，传动刀架纵向进给的杠杆上滚子处于凸轮工作曲线终止半径 R 上，刀架到达终点（最前）位置时，转塔与主轴端面间距离为 C。该距离 C 是由刀具、刀夹的结构尺寸以及加工面位置等条件所决定，对于不同工步，这些条件都是不相同的，因而 C 值也各不相同；另一方面，在刀架位置调定不变条件下，C 值又决定了凸轮曲线终止半径 R 的大小。C 越小，R 越大，C 值最小的工步，对应的终止半径 R 最大。由此可知，对于转塔刀架凸轮，其各段工作曲线的终止半径，不可能都取成等于凸轮坯料半径，而只能把各工步中 C 值最小的

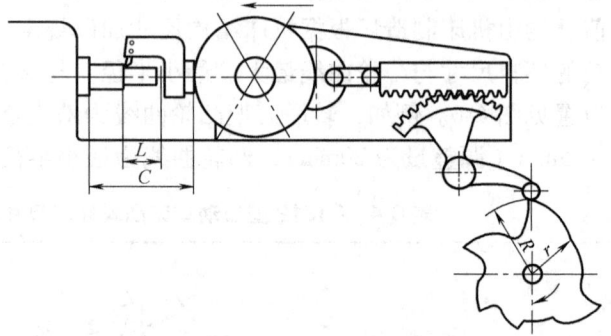

图 6-16　凸轮半径与转塔刀架位置的关系

那个工步的凸轮曲线终止半径，取为凸轮的最大半径 R_{max}，且使其等于凸轮坯料的半径，其余工步的凸轮工作曲线终止半径 R_i，则须按下式计算确定：

$$R_i = R_{max} - (C_i - C_{min})$$

式中　R_i——某工步凸轮曲线终止半径；

　　　C_i——与 R_i 对应的某工步行程终了时转塔与主轴端面间距离；

　　　C_{min}——各工步中转塔与主轴端面间最小距离；

　　　R_{max}——与 C_{min} 对应的那个工步的凸轮曲线终止半径。

转塔刀架凸轮各工作曲线的起始半径 r_i 可按下式计算：

$$r_i = R_i - L_i$$

式中　L_i——与 R_i、r_i 对应的那个工步的工作行程长度。

各工步的起始、终止格数以及与之对应的凸轮曲线起始、终止半径都确定之后，各凸轮曲线段的起点和终点位置也就随之确定，于是便可在各起点和终点之间作出工作行程曲线或空行程曲线。

2. 调整卡的编订

调整卡是调整凸轮分配轴控制的自动车床时所必需的工艺文件。按照调整卡调整机床，不仅可确保预定的自动循环，调整方便省时，而且还可充分发挥机床效能，提高生产率，保证加工质量。

调整卡的主要内容为调整机床和设计凸轮时所必需的各种技术资料和数据，如被加工工件的零件图、工件加工程序、刀具和刀夹、切削用量、挂轮齿数、各工步起止格数、凸轮曲线起始与终止半径等。下面以 C1312 型单轴转塔自动车床加工黄铜螺套为例（见表 6-5），说明编订调整卡的步骤和方法。

（1）绘制零件图 开始编订调整卡时，首先应在"零件图"一栏内绘制被加工工件的零件图，用作编制调整卡和调整机床时检验工件的依据。

（2）拟定工件加工工艺过程，绘制加工简图 根据工件加工要求，参照前面所述原则拟定工件加工工艺过程，按顺序列出各工步名称（工作内容），填入调整卡第Ⅱ栏，各工步序号填入第Ⅰ栏。对于工作行程工步，需绘制加工简图（表 6-5 最左一栏），用于表示各工作行程工步行程终了时，工件的形状、尺寸以及刀具、刀夹的位置等。图中工件、刀具和刀夹等的轴向尺寸必须按一定比例绘制，以便能准确地确定它们的轴向相对位置，以及转塔刀架的转塔与主轴端面间距离 C。确定了的 C 值应标注在加工简图中。例如，本例中第 3 工步（车 $\phi 10$ 外圆、钻中心孔）工作行程终了时，转塔与主轴端面间距离为 71mm，尺寸 15.5mm 是该工步的行程长度

（3）计算刀具行程长度 L 各工作行程工步刀具的行程长度，可根据具体加工条件按表 6-2 所列计算公式进行计算。例如

第 3 工步（车 $\phi 10$ 外圆，钻中心孔）：

$$L_3 = l_1 + B + \Delta B + \Delta l = (12 + 2.5 + 0 + 1) \text{mm} = 15.5 \text{mm}$$

第 6、9 工步（高速钻孔 $\phi 2.9$，分两次进给在第 6、第 9 两个工步中钻出；为确定这两个工步的刀具行程长度，可先按一次进给钻出的情况，计算所需的刀具行程长度 $L_{6,9}$）：

$$L_{6,9} = l_1 + \Delta L + B - x = (12 + 0.7 + 2.5 - 0.2) \text{mm} = 15 \text{mm}$$

现取第 6 工步（第一次进给）的刀具行程长度 $L_6 = 9$mm，第 7 工步快退行程长度 $L_7 = 9$mm，第 8 工步快进行程长度 $L_8 = 7.5$mm，则第 9 工步（第二次进给）的刀具行程长度应为：

$$L_9 = [15 - 9 + (9 - 7.5)] \text{mm} = 7.5 \text{mm}$$

第 27 工步（切断工件）：

$$L_{27} = \frac{D}{2} + \Delta l + \Delta l_1 = \left(\frac{6}{2} + 0.5 + 1 \right) \text{mm} = 4.5 \text{mm}$$

计算确定的各工步刀具行程长度，填入调整卡第 V 栏中。

（4）确定凸轮曲线终止半径 R_i 和起始半径 r_i

a）回转刀架凸轮 由表 6-5 加工简图一栏可看到，本例中，各工作行程工步行程终了时，转塔与主轴端面间距离 C 以第 9 工步为最小，$C_9 = C_{min} = 67$mm，因此取该工步凸轮曲线终止半径及 R_9 为最大半径，即 $R_9 = R_{max} = 85$mm，其起始半径 r_9 为：

$$r_9 = R_9 - L_9 = (85 - 7.5) \text{mm} = 77.5 \text{mm}$$

其余各工步凸轮曲线半径则可计算如下：

第 1 工步（送夹料及定长）：

$$R_1 = [85 - (86.5 - 67)] \text{mm} = 65.5 \text{mm}; r_1 = R_1 = 65.5 \text{mm}$$

166

表 6-5　机床调整

零件图		加工简图	工步序号	工 步 名 称	
名称	螺套				
材料	黄铜				
直径	φ12		I	II	
			1	送夹料,定长	
			2	回转刀架换位	
			3	车 φ10 外圆,钻中心孔	
			4	回转刀架快退	
			5	换位	
			6	高速钻孔 φ2.9:第一次进给	
			7	快退	
			8	快进	
			9	第二交进给	
			10	回转刀架快退	
			11	换位	
			12	车 M8×1 外圆,倒角 0.5×45°	
			13	回转刀架快退	
			14	换位	
			15	前刀架快进	
			16	成形切槽	
			17	快退	
			18	铰孔 φ3	
			19	回转刀架快退	
			20	换位,主轴反转	
			21	套外螺纹 M8×1	
			22	正轴正转	
			23	退出板牙	
			24	回转刀架换位	
			25	停留	
			26	上刀架快进	
			27	切断工件	
			28	快退	
				总　计	
				生产率 $Q/($件$\cdot$min$^{-1})$	2
				单件工时 t/s	30

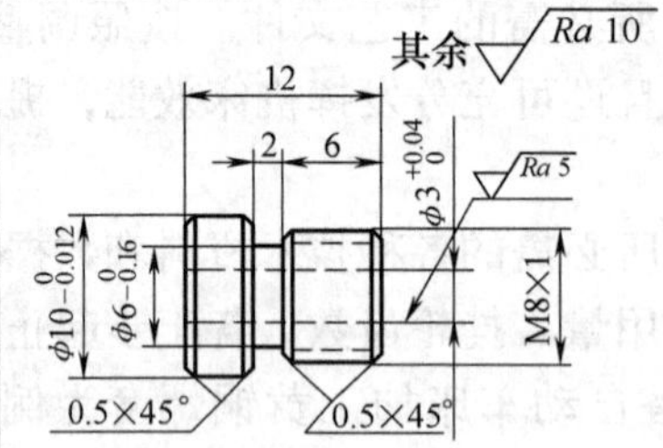

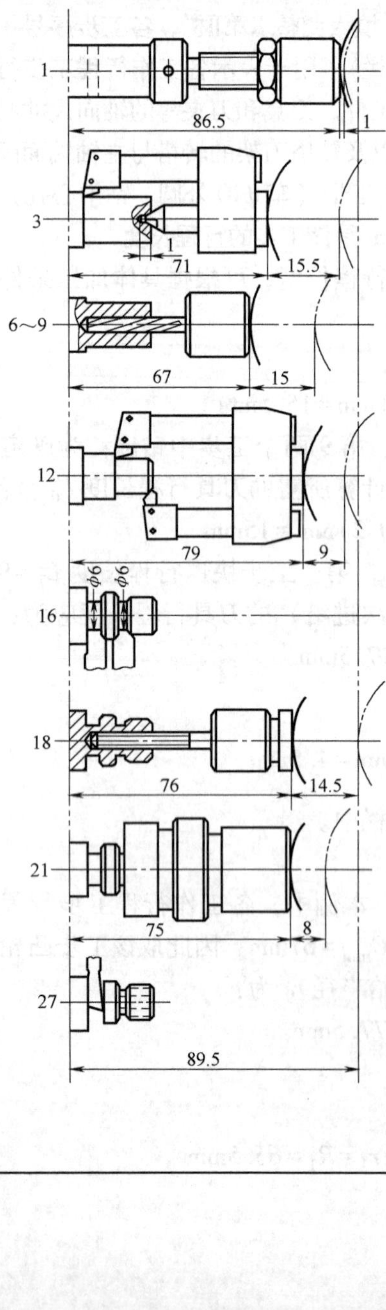

卡片（举例）

主轴转速 n / (r·min⁻¹)	切削速度 v / (m·min⁻¹)	工作行程 L / mm	进给量 f / (mm·r⁻¹)	设计凸轮曲线数据								凸轮
				工作行程 (b_1)		空行程 ($b_空$)		格数		半径		
				占用格数	非重合格数	占用格数	非重合格数	至(格)	至(格)	自(mm)	至(mm)	
III	IV	V	VI	VII	VIII	IX	X	XI	XII	XIII	XIV	XV
						2	2	0	2	66.5		A
						2	2	2	4	64.5		A
2810	88.2	15.5	0.10	11	11			4	15	65.5	81	A
						2	2	15	17	81	69	A
						2	2	17	19	69		A
2810+1950	43.3	9	0.053	7	7			19	26	70	79	A
		9				2	2	26	28	79	70	A
		7.5				2	2	28	30	70	77.5	A
2810+1950	43.3	7.5	0.053	6	6			30	36	77.5	85	A
						3	3	36	39	85	63	A
						2	2	39	41	63		A
2810	70.6	9	0.10	6.5	6.5			41	47.5	64	73	A
						2	2	47.5	49.5	73	61.5	A
						2	2	49.5	51.5	61.5		A
				7				44.5	51.5	30	59.5	B
2810	53	2.5	0.03	6	6			51.5	57.5	59.5	62	B
						5.5	3	57.5	63	62	30	B
2810	26.5	14.5	0.15	7	7			60.5	67.5	61.5	76	A
						2	2	67.5	69.5	76	68	A
						4	2	67.5	71.5	68		A
反345	8.7	8	1	4.5	4.5			71.5	76	69	76	A
						2	2	76	78	76		A
2810	70.6	8	1	1	1			78	79	76	69	A
						2	2	79	81	64.5		A
						19		81	100	64.5		A
						4.5	2	78.5	83	40	57.5	D
2810	88.2	4.5	0.025	13	13			83	96	57.5	62	D
						4	4	96	100	62	40	D
				62		38						

主轴箱配换齿轮				分配轴配换齿轮				凸轮	刀夹	刀具
								转塔刀架 凸轮 A		
A	B	C	D	a	b	c	d	前刀架 凸轮 B		
								上刀架 凸轮 D		
54	38	28	64	72	36	24	96			

第 3 工步（车 $\phi 10$ 外圆、钻中心孔）：

$$R_3 = [85-(71-67)]\text{mm} = 81\text{mm}; \quad r_3 = (81-15.5)\text{mm} = 65.5\text{mm}$$

第 6~9 工步（高速钻孔 $\phi 2.9$，包括两次工作进给和快退、快进，可先计算出钻孔工步结束，即第 9 工步行程终了时凸轮半径 R_9，再倒推计算出第 8、7、6 工步的凸轮半径）：

第 9 工步（第二次进给，行程长度 7.5mm）：

$$R_9 = R_{\text{max}} = 85\text{mm}; \quad r_9 = (85-7.5)\text{mm} = 77.5\text{mm};$$

第 8 工步（快进 7.5mm）

$$R_8 = r_9 = 77.5\text{mm}; \quad r_8 = (77.5-7.5)\text{mm} = 70\text{mm}$$

第 7 工步（快退 9mm）：

$$R_7 = r_8 = 70\text{mm}; \quad r_7 = (70+9)\text{mm} = 79\text{mm}$$

第 6 工步（第一次进给，行程长度 9mm）：

$$R_6 = r_7 = 79\text{mm}; \quad r_6 = (79-9)\text{mm} = 70\text{mm}$$

第 12 工步（车 $M8\times1$ 外圆及倒角）：

$$R_{12} = [85-(79-67)]\text{mm} = 73\text{mm}; \quad r_{12} = (73-9)\text{mm} = 64\text{mm}$$

第 18 工步（铰孔 $\phi 3$）：

$$R_{18} = [85-(76-67)]\text{mm} = 76\text{mm}; \quad r_{18} = (76-14.5)\text{mm} = 61.5\text{mm}$$

第 21 工步（套 $M8\times1$ 外螺纹）：对于攻丝和套丝工步，由于加工时只是在刀具开始切入时需强制其切入工件，切入工件后，便由工件的自旋作用使刀具引进，此时凸轮曲线只起跟随作用。为了避免因凸轮曲线加工误差而与自行引进发生矛盾，损坏螺纹表面，通常将攻、套螺纹工步的凸轮曲线升程减小 10%。因此，本工步凸轮曲线终止半径 R_{21} 可取为：

$$R_{21} = [85-(75-67)-1]\text{mm} = 76\text{mm}; \quad r_{21} = [85-(75-67)-8]\text{mm} = 69\text{mm}$$

第 23 工步（退出板牙）：

$$r_{23} = R_{21} = 76\text{mm}; \quad R_{23} = r_{21} = 69\text{mm}$$

b）各横刀架凸轮

第 16 工步（前刀架成形切槽）：

$$R_{16} = 62\text{mm}; \quad r_{16} = (62-2.5)\text{mm} = 59.5\text{mm}$$

第 27 工步（上刀架切断）：

$$R_{27} = 62\text{mm}; \quad r_{27} = (62-4.5)\text{mm} = 57.5\text{mm}$$

各凸轮曲线段的 R 及 r 分别填入调整卡第 XIV、XIII 栏内。

（5）选用切削量，确定主轴转速和变速挂轮齿数 根据工件和采用的刀具材料，按机床说明书推荐的切削用量，选取切削速度 v 和进给量 f。由于 C1312 型自动车床在工作循环中主轴不能变速，所以应从各工作行程工步中，取主轴正转时的最小 v 值计算主轴正转转速（本例中以第 18 工步铰 $\phi 3$ 孔的 v 值为最小），取主轴反转时的最小 v 值计算主轴反转转速（本例中仅有第 21 工步套 $M8\times1$ 外螺纹用反转）；然后根据机床说明书，分别确定实际可用的主轴正转转速和反转转速，同时确定主轴变速挂轮 $\dfrac{A}{B}$ 和 $\dfrac{C}{D}$ 的齿数。确定了的实际采用的主轴转速填入调整卡第 III 栏内，根据实际转速计算出的实际切削速度，填入第 IV 栏内。进给量填入第 VI 栏内。

（6）计算各工作行程工步时间 $t_{\text{工}i}$ 和工作行程时间 $t_{\text{工}}$ 将已确定的刀具行程长度 L_i、主

轴转速 n_i 和进给量 f_i 代入下式，可计算出各工作行程工步时间 $t_{\text{工}i}$：

$$t_{\text{工}i} = 60\frac{L_i}{n_i f_i}$$

计算结果见表 6-6。

表 6-6　各工作行程工步时间 $t_{\text{工}i}$ 和占用格数 $b_{\text{工}i}$

工步序号	工 步 名 称	工步时间 $t_{\text{工}i}$/S	占用格数 $b_{\text{工}i}$/格
3	车 ϕ10 外圆,钻中心孔	3.3096	11(11.03)
6	高速钻孔 ϕ2.9(第一次进给)	2.1405	7(7.14)
9	高速钻孔 ϕ2.9(第二次进给)	1.7837	6(5.95)
12	车 $M8\times1$ 外圆,倒角 0.5×45°	1.9217	6.5(6.41)
16	成形切槽	1.7793	6(5.93)
18	铰孔 ϕ3	2.0640	7(6.88)
21	套 $M8\times1$ 外螺纹	1.3913	4.5(4.64)
23	退出板牙	0.1708	1(0.57)
27	切断工件	3.8434	13(12.81)
	非重合工步时间和占用格数总和	18.4043	62(61.36)

将不相重合的各工作行程工步时间相加，便得到总的工作行程时间，即

$$t_{\text{工}} = (3.3096+2.1405+1.7837+1.9217+1.7793+2.064+1.3913+0.1708+3.8434)s$$
$$= 18.4043s$$

取工作行程时间 $\qquad\qquad t_{\text{工}} = 18.4s$

（7）估算单件工时 $t_{\text{估}}$，确定各空行程工步占用格数

$$t_{\text{估}} = (1.25 \sim 1.4)t_{\text{工}}$$

本例取式中系数为 1.35，则

$$t_{\text{估}} = 1.35t_{\text{工}} = 1.35\times18.4s = 24.84s$$

根据机床说明书中分配轴每转时间表，取相近的单件工时 $t_{\text{估}} = 25s$。

根据初定的单件工时 $t_{\text{估}}$（即初定的分配轴每转时间）以及凸轮曲线起始、终止半径 r_i 和 R_i，从机床说明书有关表格（见表6-7~表6-11），查出各空行程工步占用的格数 $b_{\text{空}i}$，填入调整卡第Ⅸ栏"占用格数"内，并将其中与其他工步不相重合的格数，填入第Ⅹ栏"非重合格数"内。

表 6-7　C1312 型自动车床自动送夹料、回转刀架换位及主轴改变转速、旋向时凸轮空行程格数表

分配轴每转时间(s)	格数	分配轴每转时间(s)	格数	分配轴每转时间(s)	格数	分配轴每转时间(s)	格数	分配轴每转时间(s)	格数
2	25	12	4.5	23	2.5	44	1.5	90	1
3	17	13	4	24	2.5	48	1.5	98	1
4	12.5	14	4	25	2	52	1	110	0.5
5	10	15	3.5	27	2	56	1	120	0.5
6	8.5	16	3.5	30	2	60	1	128	0.5
7	7.5	17	3	32	2	65	1	140	0.5

170

（续）

分配轴每转时间 （s）	格数	分配轴每转时间 （s）	格数	分配轴每转时间 （s）	格数	分配轴每转时间 （s）	格数	分配轴每转时间 （s）	格数
8	6.5	18	3	34	1.5	70	1	150	0.5
9	6	19	3	36	1.5	75	1	158	0.5
10	5	20	2.5	38	1.5	80	1	168	0.5
11	5	21	2.5	40	1.5	86	1	180	0.5

表 6-8　C1312 型自动车床回转刀架快进空行程格数表（$8s<t\leqslant40s$）　　　　（mm）

终止半径 ＼ 起始半径	30	35	40	45	50	55	60	65	70	75	80
85	9.5	8.2	6.9	5.9	4.9	4.2	3.5	2.9	2.2	1.6	1.1
80	9.1	7.7	6.4	5.4	4.4	3.7	3	2.4	1.8	1.2	
75	8.6	7.2	5.9	4.9	3.9	3.2	2.6	2	1.4		
70	8.1	6.7	5.4	4.4	3.4	2.7	2.1	1.5			
65	7.7	6.3	5	4	3	2.3	1.7				
60	7.2	5.9	4.6	3.6	2.6	1.9					
55	6.3	5.3	4	3	2						
50	6	4.7	3.3	2.3							
45	5.3	4	2.7								
40	4.5	3.2									
35	3.6										

表 6-9　C1312 型自动车床回转刀架快退空行程格数表（$8s<t\leqslant40s$）　　　　（mm）

终止半径 ＼ 起始半径	85	80	75	70	65	60	55	50	45	40	35
30	5.9	5.6	5.3	5	4.9	4.6	4.5	4.3	4	3.5	2.8
35	4.8	4.5	4.3	4	3.9	3.6	3.4	3.3	3	2.5	
40	4.3	3.9	3.7	3.4	3.3	3	2.9	2.7	2.4		
45	3.8	3.5	3.2	2.9	2.8	2.5	2.4	2.2			
50	3.5	3.2	2.0	2.6	2.5	2.2	2.1				
55	3.2	2.9	2.6	2.3	2.2	1.9					
60	2.8	2.5	2.3	2	1.9						
65	2.6	2.3	2	1.7							
70	2.2	2	1.7								
75	1.9	1.6									
80	1.6										

表 6-10　C1312 型自动车床横刀架快进空行程格数表　　　　（mm）

终止半径 ＼ 起始半径	30	35	40	45	50	55
62	5.9	5	4.1	3.4	2.7	2
55	5.4	4.5	3.6	2.9	2.2	
50	5	4.1	3.2	2.5		
45	4.6	3.7	2.8			
40	4.3	3.4				
35	3.3					

表 6-11　C1312 型自动车床横刀架快退空行程格数表　　　　（mm）

终止半径＼起始半径	62	55	50	45	40	35
30	6.9	6.3	5.7	5.2	4.5	3.6
35	5.4	4.8	4.3	3.8	3	
40	4.5	3.9	3.4	2.9		
45	3.8	3.2	2.7			
50	3.3	2.6				
55	2.8					

（8）确定单件工时 t 以及各工作行程工步占用格数 $b_{工i}$　将不相重合的空行程工步占用的格数相加，得到空行程占用格数的总和 $\sum b_{空i}$：

$$\sum b_{空i}=(2+2+2+2+2+2+3+2+2+2+3+2+2+2+2+4)格=38 格$$

计算工作行程占用的格数总和 $\sum b_{工i}$：

$$\sum b_{工i}=100-\sum b_{空i}=(100-38)格=62 格$$

计算空行程时间 $t_{空}$：

$$t_{空}=t_{工}\frac{\sum b_{空i}}{\sum b_{工i}}=18.4\times\frac{38}{62}s=11.28s$$

计算单件工时 t：

$$t=t_{工}+t_{空}=(18.4+11.28)s=29.68s$$

计算所得单件工时 t，与初步估算的单件工时 $t_{估}$ 相差较大，需对 $t_{估}$ 进行修正。根据机床说明书中分配轴每转时间表，重定 $t_{估}=30s$，并按单件工时 30s 查表 6-7～表 6-11，重新确定各空行程工步占用的格数。结果与 $t_{估}=25s$ 时的格数相同，则 $t_{空}$ 与 t 也保持原值不变。这样，重定的 $t_{估}$ 与实际的单件工时 t 非常接近，所以可确定单件工时 $t=30s$。在此情况下，实际的工作行程和空行程时间分别为：

$$t_{工}=\frac{\sum b_{工i}}{100}t=\frac{62}{100}\times30s=18.6s$$

$$t_{空}=\frac{\sum b_{空i}}{100}t=\frac{38}{100}\times30s=11.4s$$

单件工时确定后，可按下式计算出各工作行程工步占用的格数 $b_{工i}$：

$$b_{工i}=\frac{t_{工i}}{t}\times100$$

为便于制造凸轮和调整机床，各工步占用格数一般取整数，或以 0.5 格为最小单位。所以按上式计算所得的格数应进行圆整，但圆整后非重合的工作行程占用的格数总和 $\sum b_{工i}$ 仍需保持原定值。本例各工作行程工步占用格数 $b_{工i}$ 计算结果见表 6-6。表中括号内数字为计算值，括号外数字为圆整值。确定的占用格数和非重合格数，分别填入调整卡第Ⅶ和第Ⅷ栏内。

（9）配算分配轴挂轮 $\frac{a}{b}\frac{c}{d}$，计算机床生产率 Q　根据确定的单件工时 t，可从机床说明书直接查得所需分配轴挂轮齿数。本例中，$t=30s$，挂轮齿数为 $a=72$，$b=36$，$c=24$，$d=96$。

机床生产率 Q（单位为件/min）为：

$$Q = \frac{60}{t} = \frac{60}{30} = 2$$

（10）**确定各工步起始与终止格数**　根据各工步所占用的分配轴格数及其在工作循环中先后顺序，从"0"格开始，依次把各工步占用格数排列起来，便可确定它们的起始格数和终止格数，如表6-5中第Ⅺ与Ⅻ栏所示。对于某些重合的工步，则必须根据有关工步动作顺序的具体安排，确定其起止格数。例如，第15工步（前刀架快进）与第12、13和14工步（41~51.5格）重合，其起止格数定为44.5~51.5格；第26工步（上刀架快进）与第23工步（78~79格）重合，与第24工步（79~81格）部分重合，其起止格数定为78.5格~83格，等等。

3. 凸轮的设计

自动车床控制各刀架运动的凸轮，除工作曲线外，其余尺寸参数均由机床制造厂根据机床的结构尺寸，在机床使用说明书中给定（参见表6-4，图6-17），它们包括：凸轮曲线许用最大半径 R_{max}（等于凸轮坯料半径 $\frac{D}{2}$），在分配轴上的安装孔直径 d_1，凸轮曲线零位定位销孔直径 d_2，摆动杠杆上滚子直径 d，分度圆直径 D_1（等于凸轮坯料直径 D 和滚子直径 d 之和），滚子中心摆动半径 R_1，杠杆摆动中心至凸轮中心的距离 R 等，这些尺寸参数在绘制凸轮曲线时，都是必不可少的。现将绘制凸轮曲线的要点说明如下：

（1）**凸轮的圆周等分**　在绘制凸轮曲线之前，首先需将凸轮圆周等分成100格。由于凸轮是通过摆动杠杆推动刀架运动的，所以必须以杠杆上滚子中心的摆动半径 R_1 为半径作分格弧线（见图6-17）。绘制分格弧线时，先以 d_1 孔和零位定位销孔 d_2（安装凸轮时，此孔与分配轴上端面齿环 7 的定位销 8 配合，见图6-7）的中心连线与分度圆的交点 O 为起始点，将分度圆作100等分，然后以 R_1 为半径，在半径为 R 的圆上找出圆心，画通过分度圆上各等分点的分格弧线（根据绘制凸轮曲线具体情况，只须作出必要的等分线即可），其中通过 O 点的分格弧线，为凸轮曲线的"零"位线。

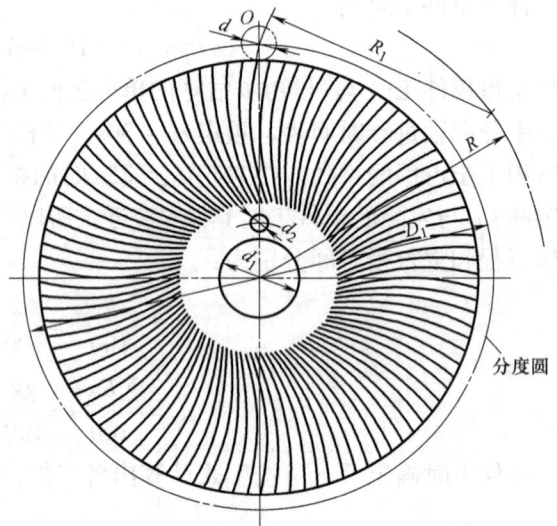

图6-17　凸轮分格弧线的绘制

（2）**凸轮曲线的绘制**　凸轮曲线由工作行程曲线、空行程曲线和刀架停留时等半径圆弧组成。工作行程曲线应保证刀架作等速或近似等速的进给运动。空行程曲线包括刀架快速趋近的上升曲线及快速退回的下降曲线，它们应保证刀架得到快速而平稳的运动。

绘制工作行程曲线时，应先作摆动杠杆滚子中心的轨迹曲线，该曲线一般采用阿基米德螺线。然后再作滚子中心轨迹曲线的等距线，即为工作行程实际轮廓曲线。具体绘制方法如下（见图6-18）：

a）确定各段曲线的滚子中心的起点和终点位置　根据调整卡给出的各工作行程工步的起止格数和凸轮曲线起始、终止半径 r_i、R_i，画出相应的分格弧线与半径 $\left(r_i + \frac{d}{2}\right)$、

$\left(R_i+\dfrac{d}{2}\right)$ 的交点，即为滚子中心的起点和终点。此处 d 为加工曲线所用铣刀的直径。为使滚子与凸轮曲线成点接触，铣刀直径比滚子直径大 $0.5\sim1\mathrm{mm}$。

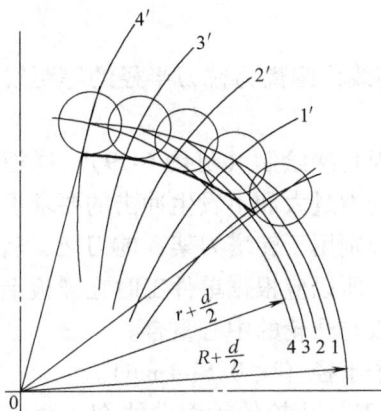

图 6-18 凸轮工作行程曲线的画法

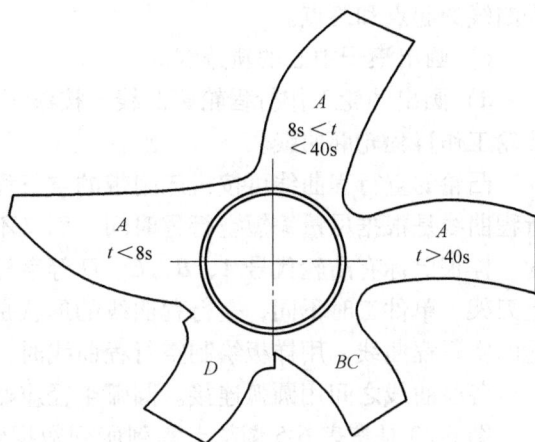

图 6-19 凸轮空行程曲线样板

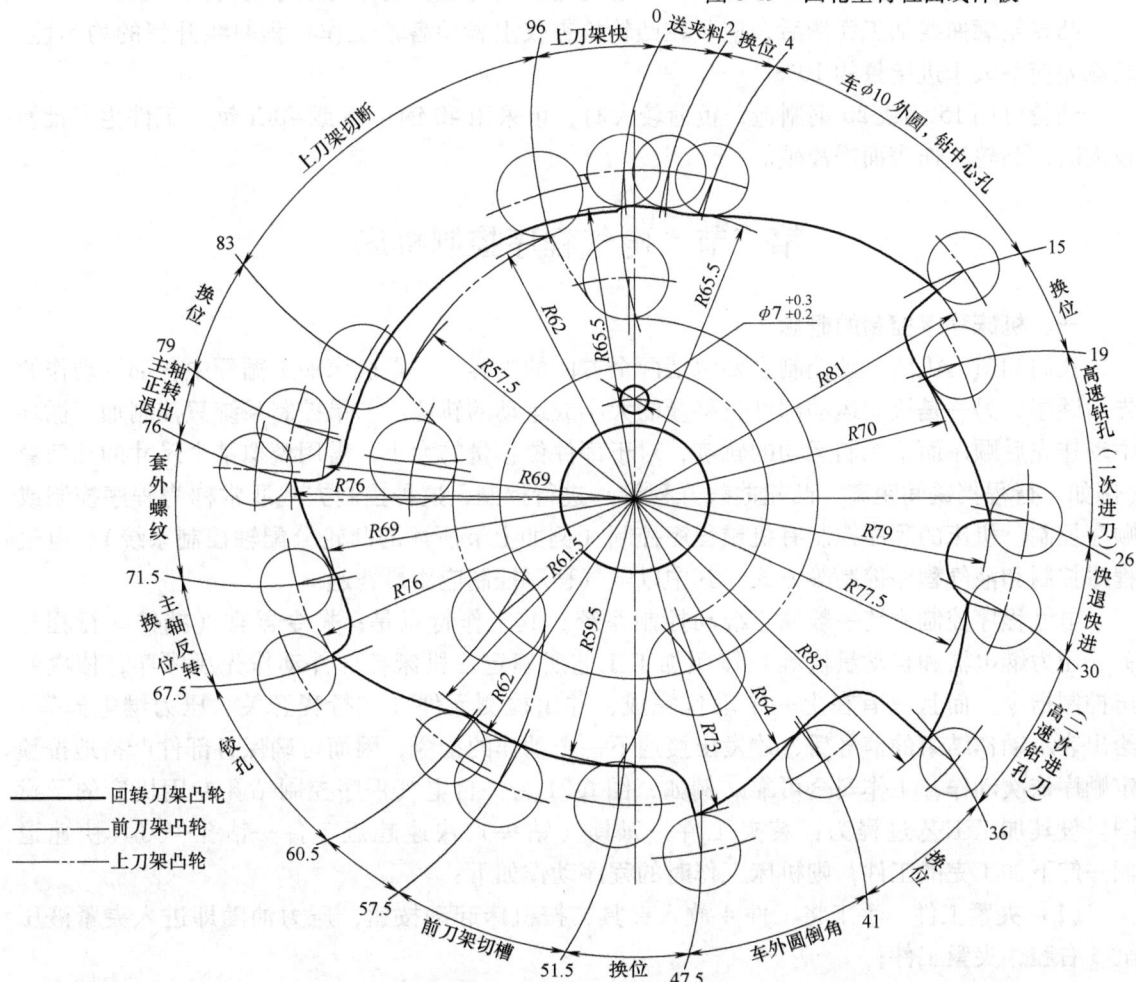

图 6-20 凸轮轮廓曲线实例

b）确定各段工作行程曲线的起点和终点位置　以上述滚子中心的起点和终点为圆心，$\frac{d}{2}$为半径，绘出铣刀外圆；通过铣刀中心和凸轮中心的连线，与铣刀外圆的交点即为工作行程曲线的起点和终点。

c）画出滚子中心的轨迹线。

d）画出凸轮工作行程轮廓曲线　按滚子中心轨迹线作距离为铣刀半径的等距线，即为凸轮工作行程轮廓曲线。

凸轮的空行程曲线可按机床附带的空行程曲线样板直接绘制（见图6-19）。样板上的空行程曲线是根据尽量缩短空行程时间，而又不使机构受力过大和不发生冲击的要求设计出来的。样板上标有凸轮代号A、B、C、D等字样，表示分别用于转塔刀架、前刀架、后刀架和上刀架。单件工时不同，空行程曲线的形状是不同的，所以应根据单件工时在样板上选用合适的空行程曲线。用样板绘制空行程曲线时，应使样板与凸轮的中心重合。

各段曲线之间用圆弧连接。圆弧半径应略大于滚子半径（大 0.5~1mm）。

图6-20是按表6-5调整卡实例所列数据绘制的各刀架凸轮的轮廓曲线图。图中将三个刀架凸轮的轮廓曲线叠合画在一起，可以清楚地看出各工步动作的顺序与时间关系。

凸轮轮廓曲线加工完毕后，应装在凸轮检查仪上检验各段工作行程曲线升程的均匀性，其偏差应不大于进给量的 10%。

凸轮可用 15 钢或 20 钢制造，负荷较大时，可采用 40 钢、45 或 40Cr 钢。工件生产批量较大时，凸轮工作表面需淬硬。

第三节　电气程序控制机床

一、机床程序控制的概念

我们知道，机床自动控制主要包括两个方面的内容，一是机床加工循环中各部件动作的先后顺序，另一是机床运动部件位移量的大小或运动的轨迹。如果控制系统只控制加工循环中动作先后顺序而不控制运动的轨迹，对于部件位移量的大小，需用模拟某个尺寸的几何量（例如，行程挡铁间距离、凸轮曲线升程等）进行控制，这种控制方式通常称为程序控制或顺序控制。机床的程序控制有机械程序控制（例如上节所述的凸轮分配轴控制系统）、电气程序控制和液气程序控制等方式，其中以电气程序控制应用最普遍。

电气程序控制系统一般属于继动控制系统，其工作特点是；发令器官（挡铁—行程开关、压力继电器和自动量仪等）按照加工工艺所确定的机床各部件动作先后顺序，依次发出控制指令，而且只有在上一个动作完成，并由检测元件（如行程开关、压力继电器等）给出表示动作结束的信号后，才发出接通下一个动作的指令，因而可确保各部件严格地按预定顺序依次动作，工作安全可靠。例如，图6-21为一台电气程序控制钻孔专用机床的示意图。设其加工工艺过程为：装夹工件—刀具（钻头）快速趋近工件—钻孔—刀具快速退回—卸下加工完的工件，则机床工作时的程序动作如下：

（1）夹紧工件　手工将工件4放入夹具，按机床起动按钮，压力油随即进入夹紧液压缸3右腔，夹紧工件；

（2）主轴箱快速前进　当工件确实夹紧后，由行程开关 4SQ 和压力继电器（图中未表示）发出接通下一程序的指令，压力油进入进给液压缸 2 上腔，主轴箱 1 快速前进（向下移动）；

（3）主轴箱工进　当主轴箱快进至刀具将要接触工件时，行程开关 2SQ 压合，液压回路切换，主轴箱转为工作进给，同时主电动机起动，主轴旋转，开始进行钻孔；

（4）主轴箱快退　钻孔结束时，行程开关 3SQ 压合，液压回路切换，压力油进入进给液压缸下腔，主轴箱快速退回（向上移动），同时主电动机停转；

（5）夹具松开　当主轴箱快退至原位时，行程开关 1SQ 压合，发出液压回路切换的指令，压力油进入夹紧缸左腔，夹具松开；

（6）夹具完全松开后，由行程开关 5SQ 发出信号，机床恢复原始状态。

此时可以进行卸料、装料，并重新起动机床，以进行下一个工作循环。

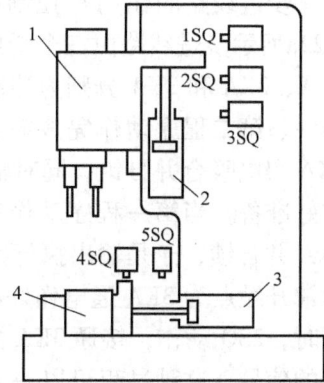

图 6-21　钻孔专用机床示意图
1—主轴箱　2—进给液压缸
3—夹紧液压缸　4—工件
1SQ～5SQ—行程开关

用于实现机床程序控制的电气自动控制装置，可分为程序固定的程序控制装置和程序可变的程序控制装置两类。

目前各种专用机床上应用相当普遍的专用继电器控制柜属于第一类。这种控制装置是针对某一台具体机床的特定加工工艺和动作顺序设计的继电器控制系统（例如用于控制上述的钻孔专用机床），它的接线是固定的，只能对固定的程序进行控制，程序内容不能随意改变；一旦工艺程序有所变动，就得重新敷线，所以只适用于加工对象和加工工艺固定不变的、大批大量生产中使用的各种专用机床。

属于第二类的程序控制装置，主要有矩阵式顺序控制器和可编程序控制器（简称 PC）。它们的主要特点是具有较大的灵活性和通用性，可灵活地用于控制各种机床和自动化装置，并能方便地改变控制程序，因而特别适用于加工对象和加工工艺需要经常改变的中小批量生产中使用的通用机床。

通用机床除采用上述的通用程序控制装置外，在卡盘多刀半自动车床、转塔半自动车床、液压仿形半自动车床和升降台式铣床等通用机床上，还采用一种矩阵插销板式程序控制系统，其基本组成部分为步进线路、二极管矩阵和输出线路（见图 6-22）。

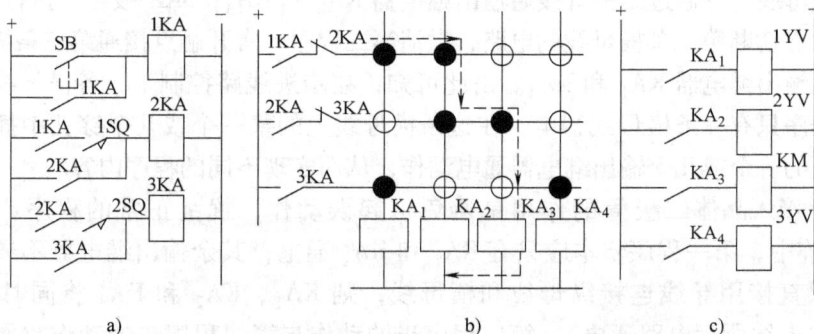

图 6-22　矩阵插销板式程序控制系统的基本组成部分
a）步进线路　b）二极管矩阵　c）输出线路

步进线路的作用是控制机床的程序动作按一定顺序，一步一步地连续进行下去。图6-22a所示步进线路由三个继电器组成，可以控制三个程序步。程序再多，可以类推。图中1KA、2KA 和 3KA 分别为控制第一、第二、第三程序依次通电的继电器，1SQ、2SQ 分别为第一、第二程序动作完成时发出信号的现场检测元件。开始工作时，按起动按钮 *SB*，使1KA 得电吸合并自锁，同时输出执行第一程序的信号，1KA 的另一对常开触点为 2KA 通电作好准备。当第一程序动作完成时，1SQ 动作，接通2KA 并自锁，于是输出执行第二程序的信号同时 2KA的常开触点为 3KA 通电作好准备。当第二程序动作完成时，2SQ 动作，接通 3KA 并自锁，输出执行第三程序的信号。这种过程可以一直进行下去，直到完成所需的全部程序步时为止。

二极管矩阵的作用是把人们对每一程序步的要求，记录并储存在它上面。它实际上是一块用作导电接点的电路板，由绝缘板及分布在其正反面上的若干纵向导电条和横向导电条构成（见图 6-23），这些导电条通常称为纵母线和横母线。纵、横母线相互交叉，但彼此绝缘；在纵、横母线的每一交叉处都有穿孔，以便插入带有晶体二极管的专用插销，使相应的纵母线和横母线成为通路。根据需要，在矩阵板的不

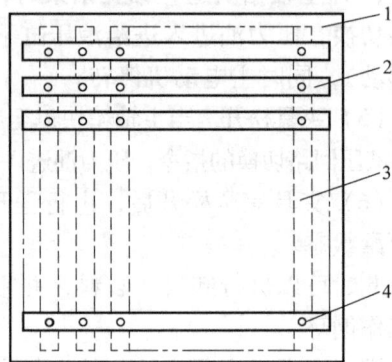

图 6-23　矩阵板示意图
1—绝缘板　2—横母线（横向导电条）
3—纵母线（纵向导电条）　4—穿孔

同穿孔中插入不同数量的二极管插销，就可使纵、横母线形成不同的连接（接线）状态，从而可以实现不同的控制程序。

图 6-22b 中，二极管矩阵的每一条横母线代表一个程序步，每一条纵母线代表一种控制内容，如主轴电动机的开停、主轴转速和转向的变换、刀架进给速度和方向的变换、刀架转位、工作刀架的选择、程序转换和终止等。根据程序要求，用二极管插销将相应纵母线和横母线接通，就构成了每一程序步的控制信号，机床工作时，就会实现所要求的程序动作。例如，二极管插销按图 6-22b 所示那样插接（图中黑点处表示已插入二极管插销），则 1KA 吸合，第一条横母线得电，亦即执行第一程序时，二极管接通输出继电器 KA_1 和 KA_2；2KA 吸合，执行第二程序时，2KA 的常闭触点将第一条横母线的电路切断，撤消第一程序，常开触点接通第二条横母线，并通过二极管接通输出继电器 KA_2 和 KA_3；3KA 吸合，执行第三程序时，3KA 的常闭触点切断第二条横母线的电路，撤消第二程序，常开触点接通第三条横母线，并通过二极管接通输出继电器 KA_1 和 KA_4。由此可知，在步进线路控制下，各横母线依次轮流得电，且每一程序只有一条横母线得电，在这条横母线上的某一个或几个穿孔中插入二极管插销，就有相应的一个或几个输出继电器通电动作，从而实现不同的程序内容。

矩阵板上接入晶体二极管的作用是避免引起误动作，扰乱正常的程序。例如，在图6-22b 所示矩阵中，第一程序步本应只有 KA_1 和 KA_2 通电，其余输出继电器不通电；但预选程序时，如果直接用导线连接纵母线和横母线，则 KA_1、KA_2 和 KA_3 将同时通电（此时KA_3 将沿图中虚线所示电路通电），第二程序步的动作与第一程序步的动作重叠进行，这显然是不允许的。采用二极管连接纵母线和横母线，利用其正向导通引流和反向截止阻断的性能，使矩阵板上电流只能从横母线流向纵母线，而不能从纵母线流向横母线，这样就可避免

出现上述情况。

输出线路的作用是根据二极管矩阵送出的信号，控制电磁阀、接触器等执行器官处于一定工作状态，使机床各部件完成预定的程序动作。例如，图 6-22c 中，1YV、2YV 和 3YV 代表液压系统电磁阀的三个电磁铁，用于控制机床工作部件的快进、工进和快退等动作；KM 代表接触器，用于控制电动机的旋转与停止。

二、卡盘多刀半自动车床

（一）机床的用途和总布局

卡盘多刀半自动车床主要用于加工尺寸较大、形状较复杂的盘类和环套类零件，可完成车内外圆、端面、沟槽、倒角等工序，具有一定万能性。它一般用作粗加工和半精加工，坯料为铸件或锻件。

卡盘多刀半自动车床的布局形式与卧式车床类似（见图 6-24），但床身较短，没有尾架，一般有前、后两个刀架，都可作纵、横向进给运动。每个刀架上都可安装多把刀具，能同时或顺序地进行多刀切削，因而生产率较高。这种机床常采用矩阵插销板式程序控制系统控制自动工作循环，加工对象改变时，只需按加工程序在矩阵插销板上重新插接二极管插销，并调整刀架上的行程挡铁位置，调整工作比较简单，因而适用于不同批量的生产。

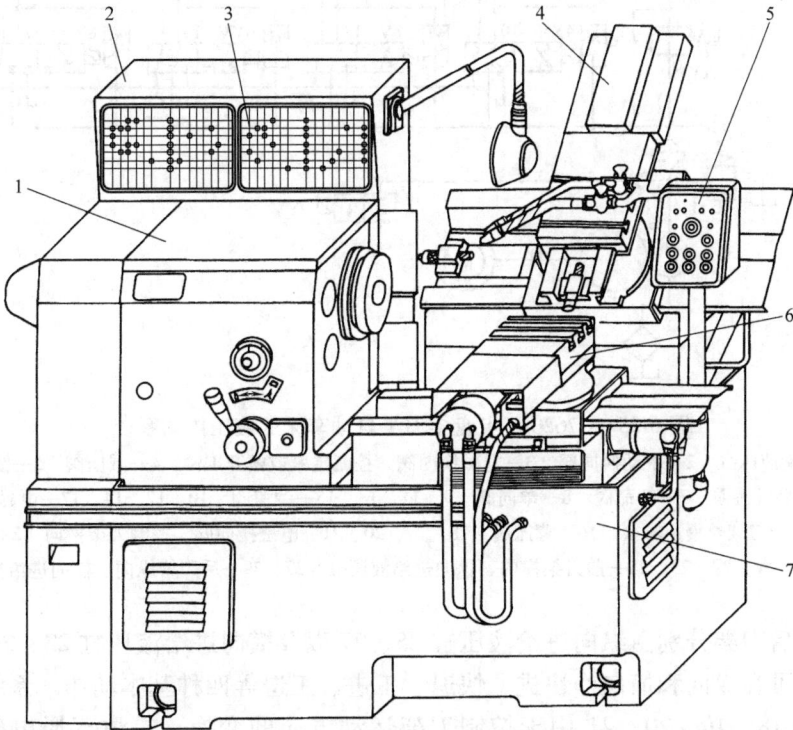

图 6-24 卡盘多刀半自动车床（C7620）外形
1—主轴箱 2—电气柜 3—矩阵插销板 4—后刀架 5—操纵台 6—前刀架 7—床身

（二）机床的传动与结构特点

为了能在加工循环中实现自动变速，这种机床的主传动常采用多速电动机驱动，或在变速箱中配以电磁或液压离合器变速机构。刀架纵、横方向的运动一般采用液压传动，可实现各种运动循环。

图 6-25 为 C7620 型卡盘多刀半自动车床的液压传动系统，除驱动刀架外，还用于夹紧工件。系统由双联叶片泵 6 供油。刀架快速移动时，系统需要流量大，因而大小流量的两个液压泵一起向系统供油；工作进给时，系统需要流量小，为减少电能消耗，大流量泵由卸荷阀 7 卸荷。

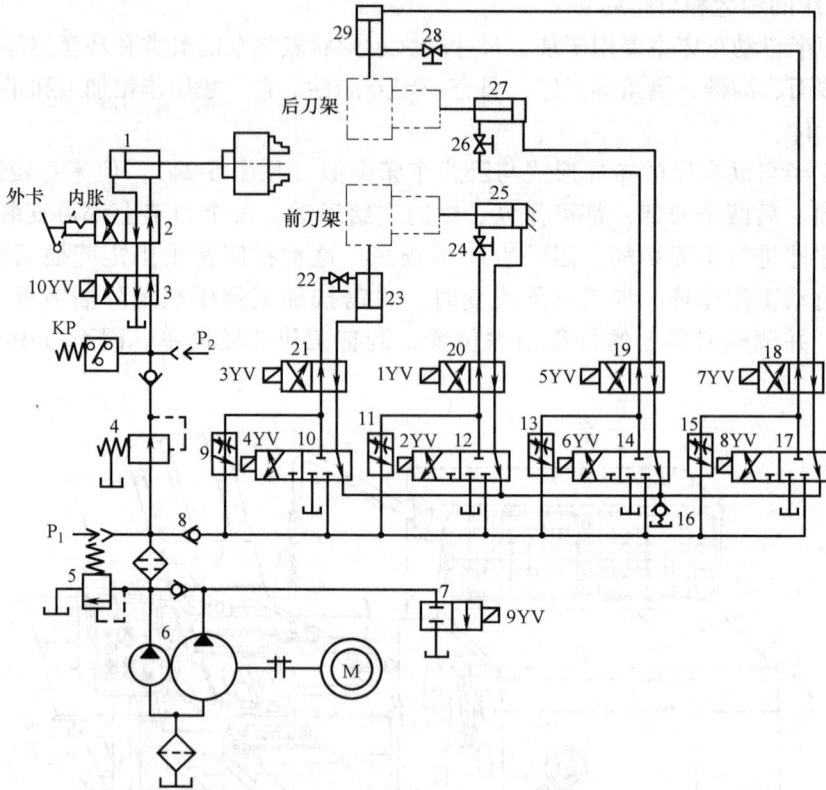

图 6-25 C7620 型卡盘多刀半自动车床的液压传动系统

1—夹紧液压缸 2—手动换向阀 3—电磁换向阀，控制夹紧或松开工件 4—减压阀 5—溢流阀 6—双联叶片泵 7—卸荷阀 8—单向阀 9、11、13、15—调速阀 10、12、14、17—电磁换向阀，控制刀架快慢速转换 16—背压阀 18、19、20、21—电磁换向阀，控制刀架换向 22、24、26、28—截止阀 23、25—前刀架横向、纵向进给液压缸 27、29—后刀架纵向、横向进给液压缸

前刀架和后刀架分别由纵向进给液压缸 25、27 以及横向进给液压缸 23、29 驱动，并由电磁阀控制，可在纵向和横向作快进、快退、工进、工退等四种基本动作。系统中的二位四通电磁换向阀 18、19、20、21 用于控制刀架运动方向的变换，二位五通电磁换向阀 10、12、14、17 用于控制刀架工作行程和快速空行程的转换。刀架的动作与各电磁阀电磁铁通电状态的对应关系见表 6-12。各刀架纵、横向工作行程的进给速度分别用调速阀 9、11、13、15 调节。背压阀 16 在刀架工作行程时对进给液压缸的回油造成背压力，以保证刀架运动平稳。单向阀 8 保证系统不供油时，刀架进给液压缸进油管中的油不回流，使斜置的后刀架不下滑。截止阀 22、24、26、28 用于调整刀架的行程挡铁时切断油路，使刀架停留在所

需位置上。

　　夹紧液压缸 1 用于驱动液压卡盘的卡爪移动，以夹紧和松开工件。根据夹紧方式不同（外卡或内胀），事先需将手动换向阀 2 置于相应的位置。控制卡盘夹紧和松开的电磁换向阀 3 是手动操纵的，为了安全起见，液压系统中采用电磁铁 10YV 断电状态作为夹紧油路的接通状态。

表 6-12　刀架液压系统电磁换向阀电磁铁通电动作表

刀架		前刀架				后刀架				卸荷
动作＼电磁铁		1YV	2YV	3YV	4YV	5YV	6YV	7YV	8YV	9YV
纵向	快进	+	+			+	+			-
	工进	+	-			+	-			+
	工退	-	-			-	-			+
	快退	-	+			-	+			-
横向	快进			+	+			+	+	-
	工进			+	-			+	-	+
	工退			-	-			-	-	+
	快退			-	+			-	+	-

　　卡盘多刀半自动车床前后刀架的结构基本相同，都由横向和纵向两层溜板组成，除可作纵、横方向的运动外，横向溜板还可扳转一定角度，实现斜向进给以适应车削圆锥面的需要。

　　图 6-26 为 C7620 型车床后刀架的结构。横向溜板 5 由横向进给液压缸 9 驱动，沿转台 10 的矩形导轨作横向运动。松开四个螺母 16，转台可绕柱销 20 扳转一定角度，使横向溜板作斜向进给。横向溜板的顶面上有 T 形槽，供固定刀夹之用。纵向溜板 11 由纵向进给液压缸 19 驱动，在刀架底座 15 的矩形导轨上作纵向运动。

　　横向溜板前进和后退行程的终点位置，分别由行程挡铁（死挡铁）1 和 6 实现准确定位，并可根据需要进行调整。前进行程终点位置有两种调整方法：一是粗调，即移动挡铁座 4 的位置，将其上的定位销插入转台 10 上三个定位孔的某一个合适的孔中；二是微调，其方法是先松开锁紧螺母 2，再拧转带键的调整环 3，带动螺杆 1 转动并轴向移动至所需位置，然后重新拧紧锁紧螺母。后退行程终点位置可用螺套 6 调整，调整方法与上述微调相同。纵向溜板终点位置的准确定位及调整方法与横向溜板相同，但由于刀架纵向退回行程一般没有精度要求，所以不设置定程装置。

　　为使刀架在运动循环中的每一步动作终了时，即移动到预定位置时能自动发出改变刀架动作的信号，每个刀架在纵、横移动方向上，都装有一组行程挡铁和一组行程开关。图 6-26 中，12 和 17 分别为安装纵向、横向行程挡铁用的挡铁夹板，它们分别固定在纵向和横向溜板上，随溜板一起移动。

　　（三）机床工作循环的程序控制

　　采用矩阵插销板式程序控制系统的卡盘多刀半自动车床，除装卸工件和起动机床需由工人操作外，其余动作全部由机床自动完成。机床工作循环中各部件的动作程序，包括前、后刀架动作的先后顺序及运动循环形式，主轴转速变换等，都可事先在矩阵插销板上进行预选；刀架工作行程的大小则用相应的挡铁调整。机床在完成一个工作循环后自动停车。

图 6-27、图 6-28 为 C7620 型卡盘多刀半自动车床程序控制系统的部分控制线路。图中仅表示了后刀架程序动作的控制线路（前刀架控制线路与后刀架相似）。由图 6-27 可见，该控制系统设有两个二极管矩阵，图中左面部分的二极管矩阵为输出矩阵，右面部分的二极管矩阵为输入矩阵。

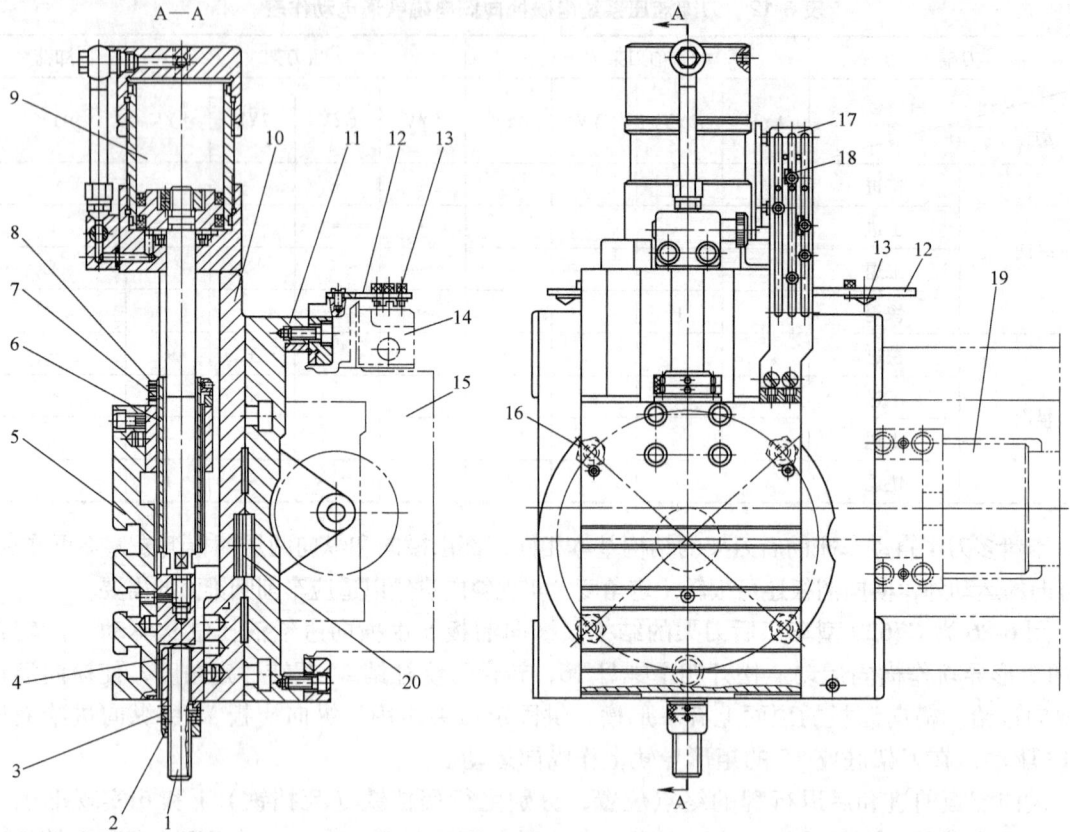

图 6-26　卡盘多刀半自动车床刀架结构（C7620）

1—前进行程挡铁（螺杆）　2、8—锁紧螺母　3、7—调整环　4—挡铁座　5—横向溜板　6—后退行程挡铁（螺套）　9—横向进给液压缸　10—转台　11—纵向溜板　12、17—挡铁夹板　13、18—行程挡铁　14—行程开关　15—刀架底座　16—锁紧转台的螺母　19—纵向进给液压缸　20—柱销

输出矩阵的七条横母线①~⑦中的每一条线，即为一个程序步动作的控制线；七条纵母线为每一程序步可以预选控制的内容，其中纵母线 1~6 中的每一条线联接一个输出继电器，继电器 5KA~8KA 分别控制液压系统中电磁换向阀的电磁铁 5YV~8YV 的通电状态（见图 6-28），第 5 条纵母线上的继电器 11KA，控制主电动机高低速转换，第 6 条纵母线上的继电器 2kA8，控制刀架工作循环结束，第 7 条纵母线控制前刀架起动。

输入矩阵各条纵母线（第 8~13 条）上的行程开关 $8SQ_2$~$13SQ_2$，用于刀架每一步动作终了时自动发出改变刀架动作的信号，它们分别由配置在刀架纵、横运动方向上的行程挡铁控制开、合状态。图 6-29 为后刀架行程挡铁和行程开关布置示意图，它们的功能列于表 6-13；在步进线路中设置输入矩阵，使控制系统可以灵活地预选使用行程开关 $8SQ_2$~$13SQ_2$，

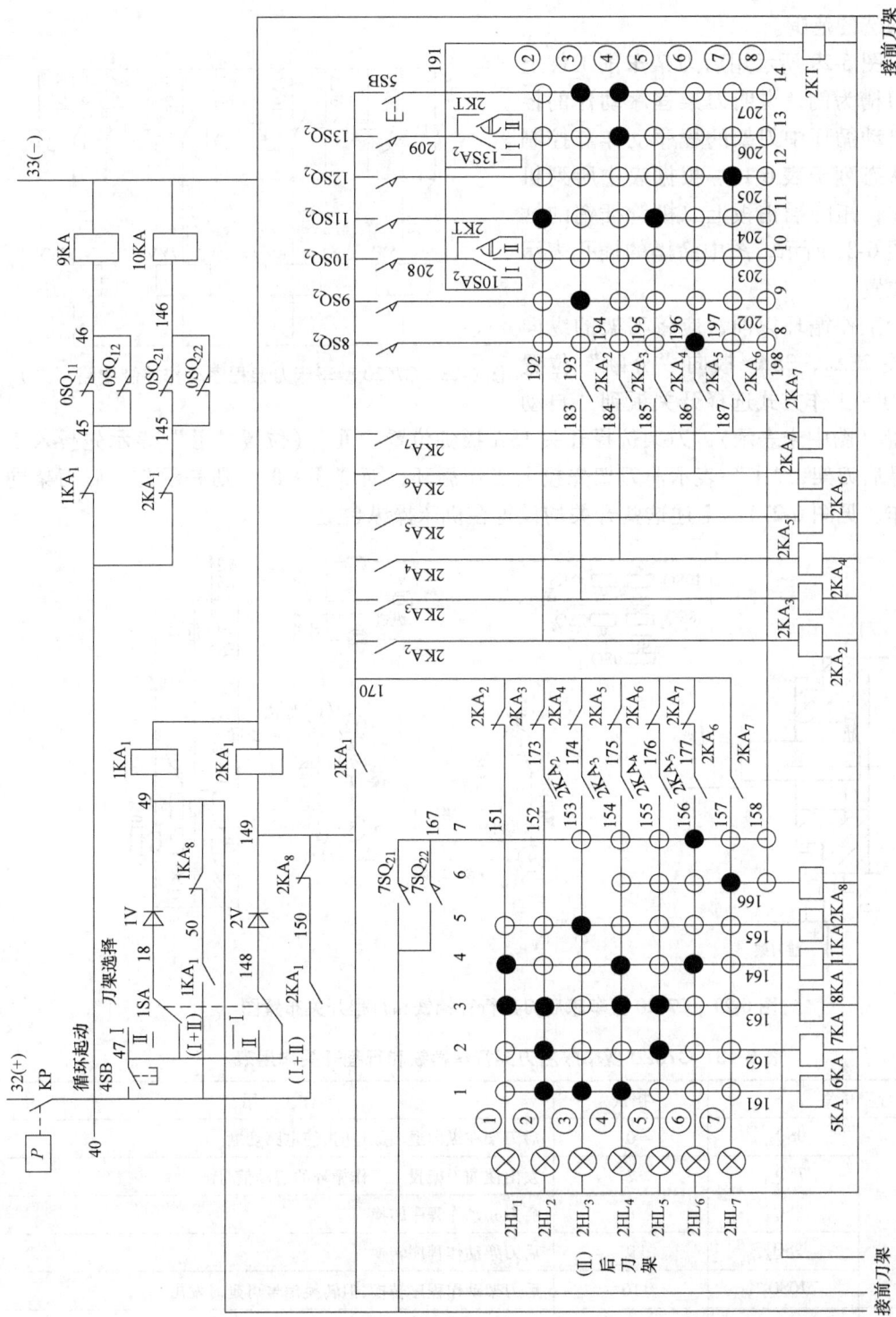

图 6-27 C7620 型车床刀架程序动作控制线路（一）

即不管各行程开关压合顺序如何，都可通过在矩阵插销板上适当位置插装二极管插销，保证步进线路的继电器 $2KA_2 \sim 2KA_7$ 依次通电，从而实现各种形式的刀架运动循环（见图6-30），扩大程序预选的范围。

下面以图6-29所示用后刀架车削工件上内孔中空刀槽为例，说明刀架程序动作的控制原理。自动循环中刀架的程序动作与控制系统工作状态列于表6-14。根据表中所列机床程序动作，矩阵插销板上二极管插销的插接情况如图6-31所示，图中涂黑的插孔表示插销插入位置。

在开始工作循环以前，应将刀架的纵向和横向开关 $2SA_2$、$3SA_2$ 扳向"分断"位置（见图6-28），工作方式选择开关扳到"自动循环"位置（图中未表示），刀架选择开关 $1SA$ 扳到位置"Ⅱ"（位置"Ⅱ"表示先投入工作循环的是后刀架，"Ⅰ"表示前刀架先投入工作循环，而"Ⅰ+Ⅱ"则表示前、后刀架同时投入工作，见图6-27）。上述这些开关均设置在机床操纵台上。

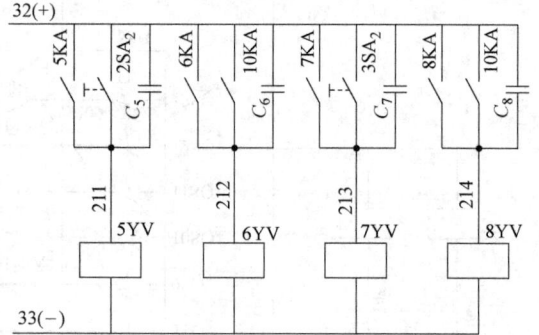

图6-28 C7620型车床刀架程序动作控制线路（二）

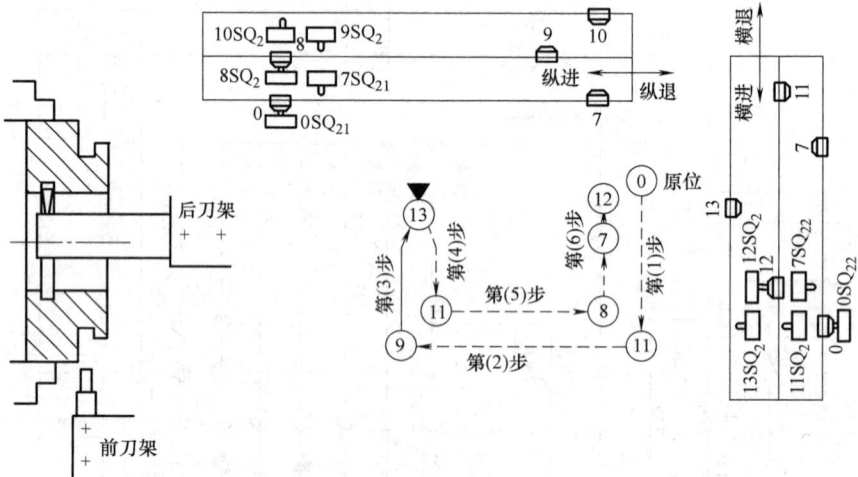

图6-29 C7620型车床后刀架行程档铁和行程开关布置图

表6-13 C7620型车床后刀架行程档铁和行程开关作用表

行程开关		挡铁	作　用
纵向	$0SQ_{21}$	0	后刀架在纵向退回原位时,使电路切断
	$7SQ_{21}$	7	发出使前刀架投入工作循环的起动信号
	$8SQ_2$	8	后刀架动作程序转换
	$9SQ_2$	9	后刀架动作程序转换
	$10SQ_2$	10	后刀架动作程序转换,但转换信号可延时发出
横向	$0SQ_{22}$	0	后刀架在横向退回原位时,使电路切断
	$7SQ_{22}$	7	发出使前刀架投入工作循环的起动信号

（续）

行程开关		挡铁	作 用
横向	11SQ$_2$	11	后刀架动作程序转换
	12SQ$_2$	12	后刀架动作程序转换
	13SQ$_2$	13	后刀架动作程序转换,但转换信号可延时发出

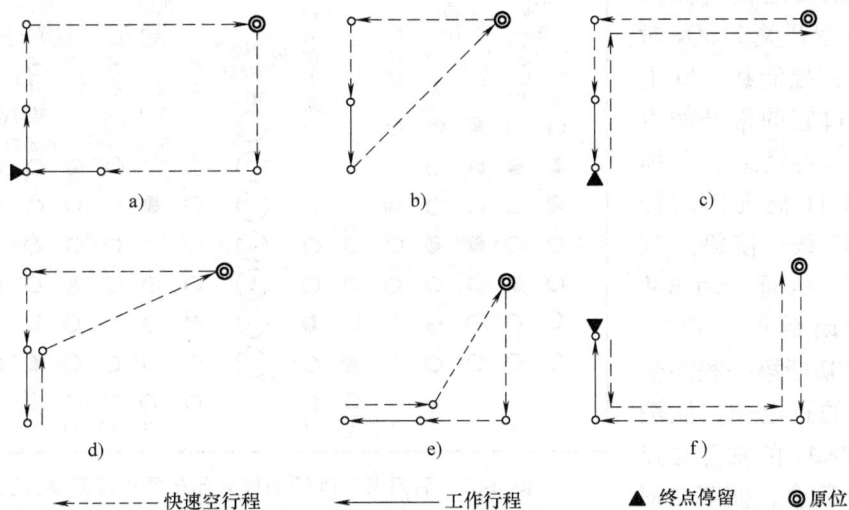

←---- 快速空行程　　　←—— 工作行程　　　▲ 终点停留　　　◎ 原位

图 6-30　后刀架典型运动循环形式

表 6-14　后刀架程序动作与控制系统工作状态

程序步序号	程序动作名称	动作指令信号来源	继电器通电状态								
			5KA	6KA	7KA	8KA	11KA	2KA$_1$	2KA$_8$	10KA	1KA$_1$
1	横向快进	4SB	-	-	+	+	-	+	-	-	-
2	纵向快进	11SQ$_2$	+	+	+	-	-	+	-	-	-
3	a. 横向工退 b. 主轴转为高速 c. 横向无进给切削	9SQ$_2$ 9SQ$_2$ 13SQ$_2$,死挡铁	+	-	-	-	+	+	-	-	-
4	横向快进	2KT	+	-	+	+	-	+	-	-	-
5	纵向快退	11SQ$_2$	-	+	+	-	-	+	-	-	-
6	a. 横向快退 b. 前刀架投入工作	8SQ$_2$ 7SQ$_{22}$	-	-	-	+	-	+	-	-	- +
7	a. 工作循环终止 b. 刀架停止在原位	12SQ$_2$ 0SQ$_{21}$,0SQ$_{22}$	-	-	-	-	-	+	+ -	+ -	+

　　刀架自动工作循环的控制过程如下：

　　当液压泵电动机起动，液压系统油路压力达到额定值时，压力继电器 KP 动作，触点 32-40 闭合。这时按循环起动按钮 4SB，便可接通以下电路：电源正极 32（+）—KP（32—40）—4SB（40—47）—1SA（47—148）—2V—（148—149）—2KA$_1$（149—33）—电源负极 33（-）；于是，继电器 2KA$_1$ 通电动作，它的一对常开触点接通接触器电路，使主轴电动机低速旋转（图中未表示），一对常开触点（40—150）使其自锁，并与另一对常开触点（149—

170）接通如下电路：32（+）—KP（32—40）—2KA$_1$（40—150）—2KA$_8$（150—149）—2KA$_1$（149—170）—2KA$_2$（170—151）—2HL$_1$（151—33）—33（-）。此时，第一程序步指示灯亮，表示后刀架正在执行第一程序步动作。由于151线上第3、4插孔内插有二极管插销，通过163线和164线使继电器7KA和8KA通电动作，它们又分别使电磁铁7YV和8YV通电动作（见图6-28），于是后刀架横向快进。

当后刀架横向快进到挡铁11压动行程开关11SQ$_2$时（见图6-29），控制线170上的正电压经过它的常开触点送到204线，再经第二条横母线②上第11插孔内的插销，送到192线，使第二程序步继电器2KA$_2$通电动作并自锁，其常闭触点（170—151）分断，切断第一程序步控制线151的正电位，撤消第一程序。2KA$_2$的常开触点（173—152）闭合，使第二程序步控制线152获得正电位，

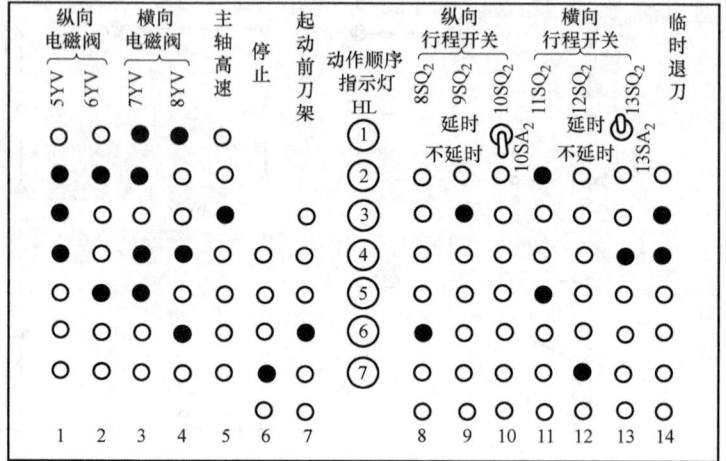

图 6-31　后刀架矩阵插销板插孔布置与程序预选实例

指示灯2HL$_2$亮，同时经这条控制线上的第1、2、3插孔内的插销，使继电器5KA、6KA、7KA通电动作，它们又控制电磁铁5YV和6YV通电（见图6-28），于是后刀架沿纵向快进移动；此时7YV继续通电，其目的是使后刀架横向溜板顶紧在死挡铁上。在此同时，2KA$_2$的另一对常开触点（183—193）闭合，为执行第三程序步作好了准备。

当第二程序步结束，即刀架纵向快进到终点时，行程开关9SQ$_2$被挡铁9压动，其触点（170—202）闭合，通过202线和第三条横母线③交叉处插孔内的插销，使继电器2KA$_3$通电动作。2KA$_3$各对触点的作用与2KA$_2$相似，即自锁（170—183）、切断第二程序步通路（170—173）、接通第三程序步通路（174—153）以及为执行下一程序步作好准备（接通194—184）。第三程序步是后刀架横向工退，即反向进给车削内孔中空刀槽。车削过程中，由于5YV继续通电，使刀架纵向溜板顶紧在死挡铁上，从而可保持刀具纵向位置稳定不变。其余程序步的控制，读者可依此进行分析，下面仅就工作循环中一些程序动作的控制原理加以说明。

1. 主轴高低转速档转换的控制

C7620型车床的主轴采用双速电动机驱动，工作循环中可以由继电器11KA控制其改变绕组连接方式，实现主轴高、低转速档的自动转换。

本例中，在第③横排第5行插孔内插入插销（见图6-31），所以当工作循环进行到第3程序步时，控制线153上的正电压，将有一路通过该插销加到11KA上（见图6-27），使其通电动作，再通过接触器改变主轴电动机绕组的连接方式（图中未表示），即由三角形供电改变为双星形供电，于是主轴便由低速档转换为高速档。

2. 无进给切削的控制

为了获得比较准确的加工尺寸和较小的表面粗糙度，可让刀架在行程终了时在原处稍作停留，进行短时间无进给切削。为此，预选程序时，需选用可延时发出程序转换信号的行程开关 $10SQ_2$ 或 $13SQ_2$。

本例中，要求第 3 程序步终了时作无进给切削，所以选用行程开关 $13SQ_2$，在第④横排第 13 行插孔内插入插销，同时将这一行上的延时开关 $13SA_2$ 扳至"延时"位置（即在图 6-31 中扳向上方，在图 6-27 中扳至位置"1"）。这样，当第 3 程序步终了，即后刀架横向工退到终点位置，横向挡铁 13 压动行程开关 $13SQ_2$ 时，它的常开触点（170—209）闭合，控制线 170 上的正电压经 $13SQ_2$（170—209）和 $13SA_2$（209—191），加到时间继电 2KT 上，使其通电并开始延时作用。在延时过程中，刀架横向溜板顶紧在死挡铁上，进行无进给切削。延时完成后，2KT 的常开触点（209—206）闭合，控制线 170 上的正电压经 2KT 的延时闭合触点加到 206 线上，再经横母线④和纵母线 13 交叉处插销以及 $2KA_3$ 的常开触点（194—184），使步进继电器 $2KA_4$ 通电动作，从而转入第四程序步。

3. 前后刀架依次使用的控制

本例中，后刀架先工作，前刀架安排在后刀架执行第 6 程序步时自动投入工作。为此，预选程序时，在后刀架矩阵插销板第⑥排第 7 行插孔内插入插销。这样，当后刀架执行第 6 程序步时，控制线 156 上的正电压通过该插销加到 167 线上，在后刀架横向快退到挡铁 7 压动行程开关 $7SQ_{22}$ 时，$7SQ_{22}$ 的常开触点（167—49）闭合，使继电器 $1KA_1$ 通电动作（$1KA_1$ 用于起动前刀架的工作循环，其工作原理与 $2KA_1$ 相同），于是前刀架开始工作循环。

4. 工作循环终止的控制

后刀架工作循环的终止由继电器 $2KA_8$ 控制。本例中，第⑦横排第 6 行插孔内插入插销，因此后刀架在第 6 程序步结束，转入第 7 程序步时，控制线 157 上的正电压通过该插销加到 $2KA_8$ 上，使其通电动作。$2KA_8$ 的常闭触点（150—149）将继电器 $2KA_1$ 的电路切断，使 $2KA_1$ 的各对常开触点断开，切断了后刀架控制总线 170 上的正电压，于是后刀架工作循环停止。但由于此时刀架尚未退到原位，原位开关 $0SQ_{21}$、$0SQ_{22}$ 未被压动，其常闭触点（145—146）处于闭合状态，因而当 $2KA_1$ 的电路切断，其常闭触点（40—145）闭合时，继电器 10KA 立即通电动作，它的常开触点（32—212）、（32—214）闭合（见图 6-28），使电磁铁 6YV、8YV 继续保持通电状态，后刀架继续沿纵向和横向快退，直到纵向和横向溜板都退到原位，压下原位开关 $0SQ_{21}$ 和 $0SQ_{22}$，继电器 10KA 断电时，才把 6YV 和 8YV 的电源切断，刀架在原位上停止。

第四节　数字控制机床

数字控制机床是一种用数字化的代码作为指令，由数字控制系统进行控制的自动化机床，简称数控机床；它是综合应用了电子技术、计算技术、自动控制、精密测量和机床设计等领域的先进技术成就而发展起来的一种新型自动化机床，具有广泛的通用性和较大的灵活性。它的出现和发展，有效地解决了多品种、小批量生产精密、复杂零件的自动化问题。

一、数控机床的工作原理

1. 数字控制（数控）系统的组成

数字控制系统（简称数控系统）一般由信息载体、数控装置和伺服机构三个部分组成，如图 6-32 所示，图中的位移检测装置通常可视为伺服机构的一部分。数控系统的大致工作过程如下：机床加工过程中所需的全部指令信息，包括加工过程所需的各种操作（如开车与停车、主轴变速与变向、进刀与退刀、刀架或工作台转位、选择刀具与换刀、供给与关闭冷却液等），机床各部件的动作顺序，部件的运动速度、方向、位移量和轨迹等，通过信息载体输入数控装置，数控装置根据这些指令信息进行处理和运算，不断地发出各种指令，控制机床的伺服机构和其他执行元件（如电动机、液压缸、电磁铁等）动作，使机床按指令要求，自动完成预定的工作循环，加工出所需要的工件。现将数控系统各组成部分的基本工作原理作一简要说明。

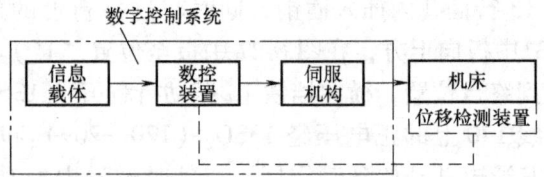

图 6-32　数控机床方框图

（1）信息载体与信息输入装置　在数控机床上加工工件，需事先根据图纸上规定的工件形状、尺寸、材料和技术要求等，进行工艺程序设计和有关计算，即确定加工工艺过程，刀具相对工件的运动轨迹、位移量与方向，主轴转速和进给速度，以及其他各种辅助动作（如变速、变向、换刀、夹紧与松开、开关冷却液等），然后将这些内容变换为数控装置能够接受的文字和数字代码，并以一定格式编写成加工程序单（相当于普通机床加工用的工艺卡）。加工程序单中的内容，即为数控系统的指令信息。

指令信息输入数控系统有两种方式：一种是由穿孔带等信息载体通过信息输入装置输入，另一种是手动数据输入，即由操作人员通过设置在数控装置面板上的键盘，将指令信息逐条输入。

信息载体的作用是储存机床加工过程中所需的指令信息，它是数控系统的发令器官，机床将按照它指示的内容，实现各种动作，完成人们预定的加工要求。由此可见，信息载体把人们的意图传给机床，它是人与机床之间建立联系的媒介物，因此信息载体常称为控制介质。

信息载体可以是穿孔带，也可以是穿孔卡、磁带、磁盘或其他可以储存指令信息的载体，随数控装置的类型而定。目前使用最普遍的是八单位标准穿孔带，它是一条狭长的纸带，在纸带的宽度方向，每行有八个信息孔的位置（见图 6-33）。在每一个信息孔的相应位置上，用"有孔"表示"1"，用"无孔"表示"0"。因此，一个信息孔的"有"或"无"，

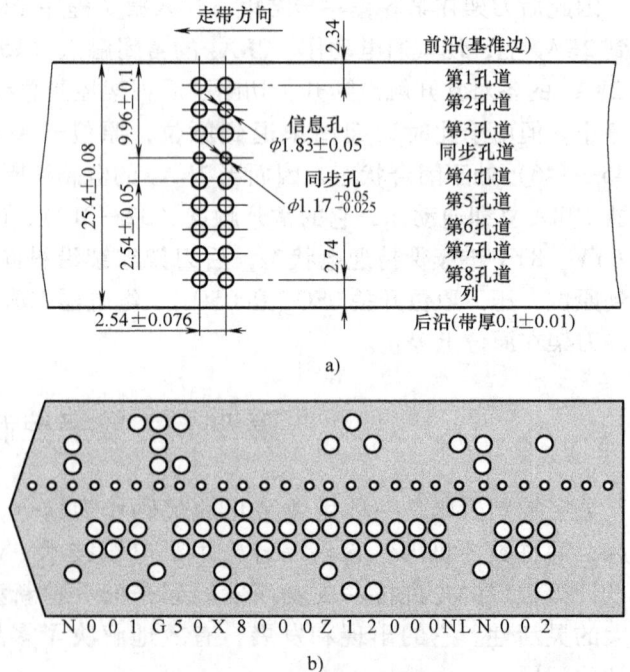

图 6-33　八单位标准穿孔带
a）穿孔带尺寸　b）穿孔带实例

就可以表示一位二进制数。用一行上各信息孔"有"、"无"的不同组合，就可以表示给定的数字、字母及符号（见图6-33b），它们的意义在编码时规定，称为代码。纸带的中间还有一列 $\phi 1.17$ 的小孔，称为同步孔，它不表示代码含义，而是用来产生同步信号，以控制每行代码信息在同一瞬间输入数控装置。不管每行内的信息孔怎样组合，同步孔总是必不可少的。

代码是数控系统的一种"语言"，目前国际上通用的标准代码有两种：一种是 EIA 代码，为美国电子工业协会标准；另一种是 ISO 代码，为国际标准化组织标准。我国现在规定采用 ISO 标准（见表6-15）。

表 6-15　数控机床用 ISO 编码表

| 代码孔 | | | | | | | | | 代码符号 | 定　义 |
8	7	6	5	4		3	2	1		
		○	○		o				0	数字 0
○		○	○		o			○	1	数字 1
○		○	○		o		○		2	数字 2
		○	○		o		○	○	3	数字 3
○		○	○		o	○			4	数字 4
		○	○		o	○		○	5	数字 5
		○	○		o	○	○		6	数字 6
○		○	○		o	○	○	○	7	数字 7
○		○	○	○	o				8	数字 8
		○	○	○	o			○	9	数字 9
	○				o			○	A	绕着 X 坐标的角度
	○				o		○		B	绕着 Y 坐标的角度
○	○				o		○	○	C	绕着 Z 坐标的角度
	○				o	○			D	特殊坐标的角度尺寸;或第三进给速度功能
○	○				o	○		○	E	特殊坐标的角度尺寸;或第二进给速度功能
○	○				o	○	○		F	进给速度功能
	○				o	○	○	○	G	准备功能
	○			○	o				H	永不指定(可作特殊用途)
○	○			○	o			○	I	沿 X 坐标圆弧起点对圆心值
○	○			○	o		○		J	沿 Y 坐标圆弧起点对圆心值
	○			○	o		○	○	K	沿 Z 坐标圆弧起点对圆心值
○	○			○	o	○			L	永不指定
	○			○	o	○		○	M	辅助功能
	○			○	o	○	○		N	序号
○	○			○	o	○	○	○	O	不用

		代码孔						代码符号	定　义
8	7	6	5	4	3	2	1		
	○		○		○			P	平行于 X 坐标的第三坐标
○	○		○		○		○	Q	平行于 Y 坐标的第三坐标
○	○		○		○	○		R	平行于 Z 坐标的第三坐标
○	○		○		○	○	○	S	主轴速度功能
○	○		○	○	○			T	刀具功能
	○		○	○	○		○	U	平行于 X 坐标的第二坐标
	○		○	○	○	○		V	平行于 Y 坐标的第二坐标
○	○		○	○	○	○	○	W	平行于 Z 坐标的第二坐标
○			○	○	○			X	X 坐标方向的主运动
	○		○	○	○		○	Y	Y 坐标方向的主运动
	○		○	○	○	○		Z	Z 坐标方向的主运动
		○		○	○	○		·	小数点*
		○		○	○		○	+	加/正
		○		○	○		○	−	减/负
○		○		○	○	○		*	星号/乘号*
○		○		○	○	○	○	/	跳过任选程序段（省略）/除
○		○		○	○			,	逗点*
○		○	○	○	○		○	=	等号*
		○		○	○			(	左圆括号/控制暂停
○		○		○	○		○	)	右圆括号/控制恢复
		○		○	○			$	单元符号*
		○	○	○	○	○		;	对准功能/选择（或计划）倒带停止
				○	○		○	NLorLF	程序段结束新行或换行
○		○		○	○		○	%	程序开始
				○	○		○	HT	制表（或分隔符号）
○				○	○		○	CR	滑座返回（仅对打印机适用）
○	○	○	○	○	○	○	○	DEL	注销
○		○			○			SP	空格
○				○	○			BS	反绕（退格）
				○				NUL	空白纸带
○			○	○	○		○	EM	载体终了

＊表示补充的，不常用。

　　在标准代码表中，有数字代码、符号代码和字母代码（简称文字码），它们用在数控机床中所表示的意义是固定的。穿孔带上和某一个代码相对应的一行孔称为"符号"，由这些符号进行不同组合，可以表示各种操作指令，使机床实现不同的特定动作。例如，使工作台沿 X 轴负向移动 452mm 这一动作的指令，可用顺序排列的文字码"X"、符号代码"－"和数字代码"4"、"5"、"2"，即"X-452"来表示，又如使机床沿直线切削的指令用 G01 表示，使机床沿顺时针方向进行圆弧切削的指令用 G02 表示，使主轴逆时针方向旋转的指令用 M04 表示，等等。

信息输入装置的作用是将信息载体上的指令信息，转换为数控装置能识别和处理的电信号，并传送到数控装置中去。不同的信息载体需采用不同的信息输入装置。例如，穿孔纸带采用穿孔带阅读机，磁带采用磁带录音机，磁盘采用磁盘驱动器。

图 6-34 为光电式穿孔带阅读机的示意图，由光电阅读头和拖带机构两部分组成，前者将穿孔带上的代码孔通过光照转变成电信号，后者带动穿孔带行走。

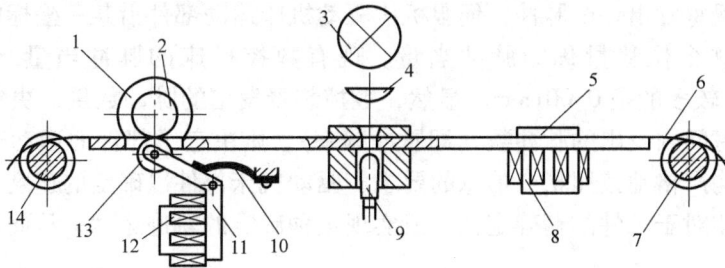

图 6-34　光电式穿孔带阅读机示意图

1—电动机　2—主动轮　3—长钨丝灯泡　4—聚光透镜　5、11—衔铁　6—穿孔带　7、14—穿孔带导向轮　8—制动电磁铁　9—光敏元件　10—弹簧片　12—起动电磁铁　13—压轮

当数控装置的控制器发出读带机起动的指令时，制动电磁铁 8 断电，衔铁 5 被释放，同时起动电磁铁 12 通电，衔铁 11 被吸合，绕支承销轴顺时针摆动，装在其上端的压轮 13 把穿孔带压向主动轮 2；主动轮由电动机 1 驱动，以一定转速顺时针旋转，从而带动穿孔带 6 自右向左移动。由长钨丝灯泡 3 发出的光线，经聚光透镜 4 聚光后，变为平行光线，通过穿孔带上的穿孔，射向光敏元件 9（对应于穿孔带同一行上的九个孔位，各有一个光敏元件）。由于穿孔带的有孔和无孔，使光敏元件因受光照或不受光照而改变电阻，再经放大电路转换为高、低电位变化的信号，输入数控装置。读入一段程序后，起动电磁铁 12 断电，压轮 13 在弹簧片 10 作用下，与主动轮分开，同时制动电磁铁 8 通电，衔铁 5 被吸合，将穿孔带夹住，使其迅速停止行走。穿孔带上指令信息的输入是按程序段逐个进行的，每输入一个程序段停顿一下。阅读机的每次起动和停止，都由数控装置进行控制。阅读机的读取运行速度随机型而异，有 200 行/s、300 行/s 和 500 行/s 等。

（2）数控装置　数控装置是数控系统的核心部分。20 世纪 70 年代以前，数控装置多为专用的电子计算装置，或称硬件数控装置，70 年代以后，则逐渐为小型计算机和微型计算机所代替。对于专用的电子计算装置，通常由输入装置、控制器、运算器和输出装置四大部分组成（见图 6-35）。

输入装置接受穿孔带阅读机输出的指令信息，经识别和译码

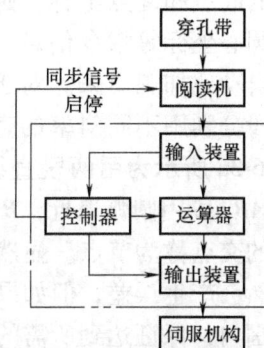

图 6-35　数控装置框图

后，分别将数字码送到运算器，文字码送到控制器，作为运算与控制的原始依据。

控制器是数控装置的中枢，它接受输入装置的指令，指挥整个控制系统的各个部分按一定规律协调地工作；它控制运算器的运算过程，控制输出装置的坐标转换和脉冲分配，控制穿孔带阅读机起动和停止；机床主轴转速和进给速度的变换，刀具的更换以及冷却液的开关等辅助动作，也都是在控制器控制下实现的。

运算器接受控制器的指令，将输入装置送来的数据进行运算，同时不断地向输出装置送出运算结果。输出装置则根据控制器的指令，将运算器送来的计算结果，以脉冲形式，经放大或转换成模拟电压量之后，输送到伺服机构。

（3）伺服机构　伺服机构是数控系统的执行器官，也就是数控机床的进给驱动系统，由伺服驱动装置和进给传动装置组成；对于闭环控制系统，则还包括工作台等机床运动部件的位移检测装置。伺服机构的作用是把来自数控装置的脉冲信号，转换为机床相应部件的机械运动。数控装置每发出一个脉冲，伺服机构驱动机床运动部件沿某一坐标轴进给一步，产生一定位移量，这个位移量称为脉冲当量。现有数控机床的脉冲当量，一般为每脉冲0.001~0.01mm，较多的是0.001mm。显然，数控装置发出的脉冲数量，决定了机床部件的位移量，而单位时间内发出的脉冲数（即脉冲频率），则决定了部件的运动速度。机床加工过程中，伺服机构严格地按照指令信息的要求，驱动机床部件以确定的速度、方向和位移量运动，实现刀具相对于工件的精确定位，或实现某种确定的轨迹运动，从而加工出符合图纸要求的工件。

2. 工件轮廓表面的成形

数控机床如同其他机床一样，二维的平面轮廓（曲线）是由刀具相对工件在相互垂直的两个坐标方向的合成运动所形成，三维的空间曲面（曲线）是由三个坐标方向的合成运动所形成，而各坐标方向运动之间所必须保持的严格关系，则是由数控装置的插补功能实现的。所谓插补，就是数控装置根据信息载体上的指令信息，自动地进行数字运算，确定刀具相对工件的一系列瞬时位置的坐标数据，并在运算过程中不断地向各坐标的伺服机构，按严格比例发出进给脉冲，从而合成所需的轨迹运动。数控机床一般都具备直线插补功能和圆弧插补功能，即根据指令信息能自动地加工出任意斜率直线和圆弧的功能。有些数控机床还具备抛物线和其他二次曲线的插补功能。

形状复杂的工件轮廓表面，往往由若干个直线、圆弧和其他形状的曲线段构成。对于直线和圆弧段，利用数控机床的直线和圆弧插补功能，只需把直线的起点和终点坐标，圆弧的走向、半径、起点和终点坐标以及圆心坐标等指令信息，通过信息载体输入数控装置，机床即能自动地加工出来。对于曲线段，则可将其分成若干小段，每一段分别用不同斜率的直线或不同半径的圆弧去逼近它。例如图6-36所示为用两段直线和一段圆弧逼近曲线 AB 的情况，其中 AB_1 段用圆弧逼近，B_1B_2 段和 B_2B 段用直线逼近。各逼近线段的交点称为节点。显然，用直线或圆弧代替任意形状的曲线，

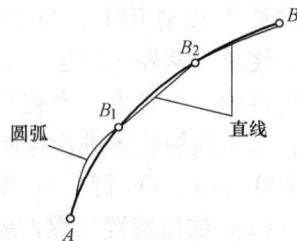

图6-36　曲线的逼近

必然会产生误差，但如果把每一段直线或圆弧的长度取得足够小，就可以使误差限制在预定范围内，保证达到所需的加工精度。这样，只要确定了各节点的坐标值，就可以同样地利用机床的直线和圆弧插补功能，把任意形状的曲线加工出来。

3. 编程实例

如前所述，在数控机床上加工工件，首先要编写加工程序单，再根据代码的规定形式，将程序单中的全部内容记录在信息载体上，然后输入数控装置，指挥机床进行加工。这种从零件图纸到制成信息载体的过程，称为数控加工的程序编制。程序编制的内容及编制的一般过程如图 6-37 的虚线方框中所示。

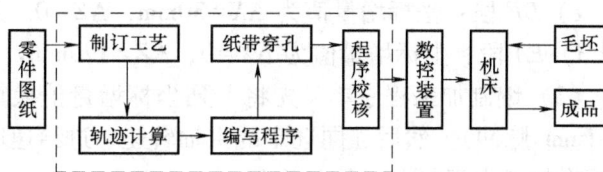

图 6-37　程序编制的一般过程

下面以在数控车床上加工阶梯轴为例（见图 6-38b），说明程序编制的基本方法。

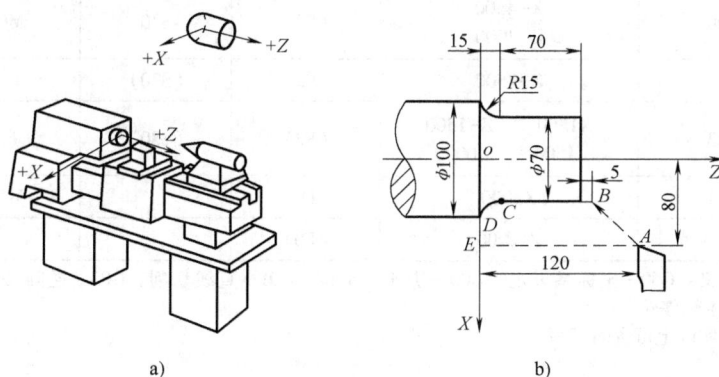

图 6-38　在数控车床上车削阶梯轴

a）数控车床的坐标系统　b）车阶梯轴时刀具运动路线

（1）根据工件形状、尺寸和加工要求，确定加工过程，图 6-38 中，以最后一次走刀为例，车刀移动的轨迹路线为：$A \to B \to C \to D \to E \to A$。

（2）进行坐标计算，选取主轴转速和刀架进给速度　数控机床的坐标系有统一规定，通常以平行于主轴轴线的方向为 Z 坐标轴，X 轴为水平方向，平行于工件装卡面且垂直于 Z 坐标轴，Y 轴垂直于 X 及 Z 坐标轴，所有坐标轴均以工件尺寸增加方向为正向。卧式车床仅有两个坐标，其方向如图 6-38a 所示。

数控机床的程序编制可采用绝对坐标或增量坐标。本例采用增量坐标编程，即坐标系中任一点的位置，都是以该点的坐标与相邻点的坐标之差值来表示。由图 6-38b 可计算出各程序段的坐标增量值如下：

a）A 点：坐标设定：

$$X_A = 80\text{mm}，Z_A = 120\text{mm}$$

b）AB 段：从 A 点到 B 点的坐标增量为：

$$\Delta X = -45\text{mm}，\Delta Z = -30\text{mm}$$

这段不进行切削，无轨迹要求，刀架采用快速移动速度 F0，主轴以 S30 档转速开始正转。

c）BC 段：坐标增量值为 $\Delta X = 0$，$\Delta Z = -75\text{mm}$。这段进行直线切削，进给速度选用 F2。

d）CD 段：这段为圆弧切削，坐标增量值为 $\Delta X = 15\text{mm}$，$\Delta Z = -15\text{mm}$；圆心相对于坐标原点（圆弧起点）C 的坐标值，X 轴为 $I = 15\text{mm}$，Z 轴为 $K = 0$。进给速度仍取 F2。

e) *DE* 段：坐标增量值为 $\Delta X = 30\text{mm}$，$\Delta Z = 0$。采用快速移动速度 F0，主轴停止转动。

f) *EA* 段：坐标增量值为 $\Delta X = 0$，$\Delta Z = 120\text{mm}$。仍用快速移动速度 F0。

（3）编制加工程序单　先将上列坐标增量值换算成计数脉冲数（设机床的脉冲当量为 0.01mm/脉冲），然后连同选定的主轴转速、进给速度等工艺参数一起，按规定的程序格式，填写在加工程序单上（见表6-16）。

表 6-16　程序单

程序号	准备指令	坐标值		进给速度	主轴转速	辅助功能	程序段结束
No01	G50	X8000 Z12000					NL
No02	G00	X-4500 Z-3000		（F0）	S30	M03	NL
No03	G01	Z-7500		F2	（S30）		NL
No04	G03	X1500　Z-1500 I1500　K0000		（F2）	（S30）		NL
No05	G01	X3000		F0		M05	NL
No06		Z12000		（F0）			NL

注：1. 表中指令含义：G50—坐标系设定，G00—快速点定位，G01—直线切削，G03—逆圆弧切削，M03—主轴正转，M05—主轴停转。

2. 括号中指令实际上可省略不写。

4. 根据程序单制作穿孔带

采用 ISO 标准代码编制的穿孔带实例（部分）见图6-33b。

二、数控机床的分类与特点

1. 数控机床的分类

数控机床的品种很多，通常可按下列一些原则进行分类。

（1）按工艺用途分类

a) 一般数控机床　这类数控机床与传统的通用机床类型一样，有数控的车、铣、钻、镗、磨和齿轮加工机床等，其加工方法、工艺范围也与传统的同类型通用机床相似，所不同的是，除装卸工件外，这类机床的加工过程是完全自动的；此外，在车、铣、磨等类型数控机床上，还可以加工复杂形状的表面。

b) 自动换刀数控机床　这类数控机床通常称为加工中心（机床），也称多工序机床。与一般数控机床相比，其主要特点是带有一个容量较大的刀库（可容纳的刀具数量一般为 20~120 把）和自动换刀装置，使工件能在一次装夹中完成大部分甚至全部加工工序。以自动换刀数控镗铣床为例，工件经一次装夹，数控系统能控制机床自动地更换多种刀具，顺序地对工件各加工面完成铣、镗、钻、铰和攻丝等工序。

自动换刀数控机床目前大多以镗铣为主，用于加工形状复杂、需进行多面多工序加工的箱体类零件；此外，车削中心和可以自动更换电极的电火花加工中心机床等也已有相当发展。车削中心除了能完成卧式车床的所有加工工序外，由于设有动力刀架，因而还可铣键槽，钻横向孔，钻分布在回转轴线周围的孔系等。

图6-39 为 JCS-013 型自动换刀数控卧式镗铣床的外形及运动示意图。工作台 13 可沿床身 11 上纵向导轨作左右（*X*）方向移动，主轴箱 6 可沿立柱 7 上垂直导轨作上下（*Y*）方向

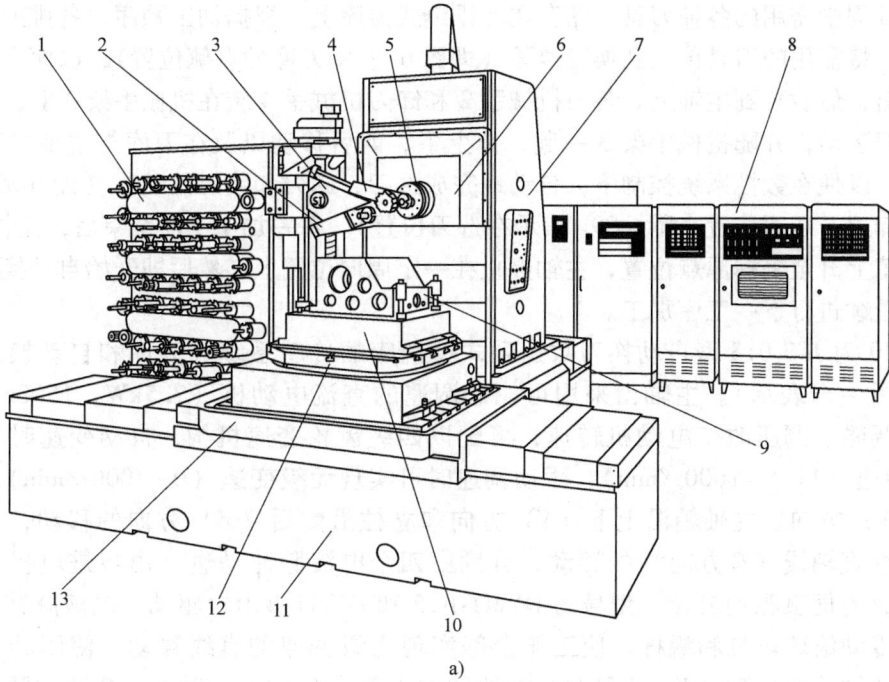

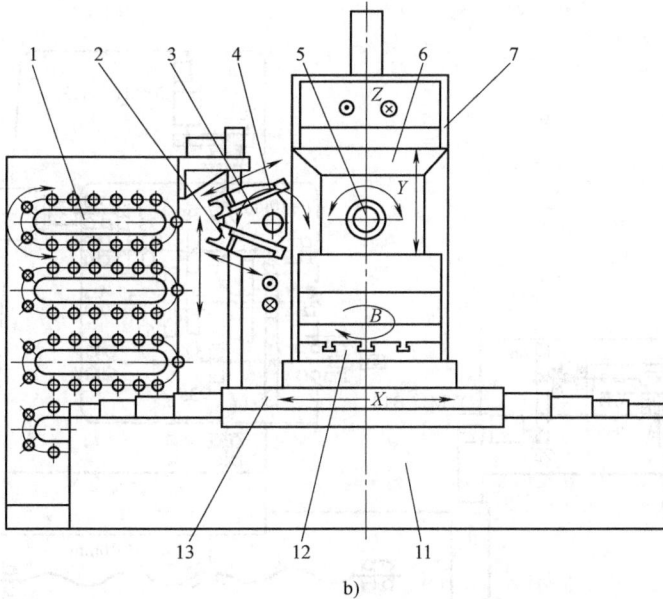

图 6-39　JCS-013 型自动换刀数控卧式镗铣床

a）机床外形　b）机床运动示意图

1—刀库　2—装刀机械手　3—机械手架　4—卸刀机械手　5—主轴　6—主轴箱　7—立柱

8—数控装置　9—工件　10—夹具　11—床身　12—回转工作台　13—工作台

移动，立柱 7 可沿床身上横向导轨作前后（Z）方向移动，回转工作台 12 可绕垂直轴线（B 方向）转动，由数控装置控制作精确的任意分度。工件 9 通过夹具 10 或直接地安装在回转工作台上。

加工过程中需用的各种刀具，储存在四排链式刀库上。根据加工顺序，各排刀具可自动转换位置，将需用的刀具传送到换刀位置（即图6-39中刀库的右侧位置），以便由装刀机械手将其取出，然后装到主轴上。装刀机械手2和卸刀机械手4装在机械手架3上，可沿导轨作伸缩抓刀运动，并随机械手架3一起，作上下、前后移动以及在刀库与主轴之间作180°翻转运动，以便在数控系统控制下，自动地完成选刀、卸刀和装刀等动作（图6-39a表示机械手架在卸刀、装刀位置，图6-39b表示在选刀位置）。每一加工工序结束后，立柱7后退，同时主轴箱上升至坐标原点位置，主轴停止在一定周向位置上，然后即开始自动换刀。换刀结束后，继续进行下一工序加工。

图6-40为JCS-013型自动换刀数控卧式镗铣床的传动系统（刀库和自动换刀装置的传动部分图中未表示）。主轴由采用可控硅调速的直流电动机（7.5kW，1500r/min）驱动，通过调磁、调压改变电动机转速，再配以四级齿轮变速机构，自动变速时主轴可获得27级转速（11.5~1600r/min），手动调速时可实现无级变速（0~1000r/min）。工作台沿左右（X）方向、主轴箱沿上下（Y）方向和立柱沿前后（Z）方向的移动，以及回转工作台绕垂直轴线（B方向）的转动，分别由四个电液脉冲马达（由步进电机和液压随动马达组成的伺服驱动装置，型号为DYM1-B25和DYM1-B10）驱动。电液脉冲马达经配速齿轮副传动滚珠丝杠和蜗杆，使工作台等实现无级调速的直线移动，使回转工作台实现任意角度的分度运动（X、Y和Z坐标的脉冲当量为0.01mm/脉冲，B轴的脉冲当量为5″/脉冲）。

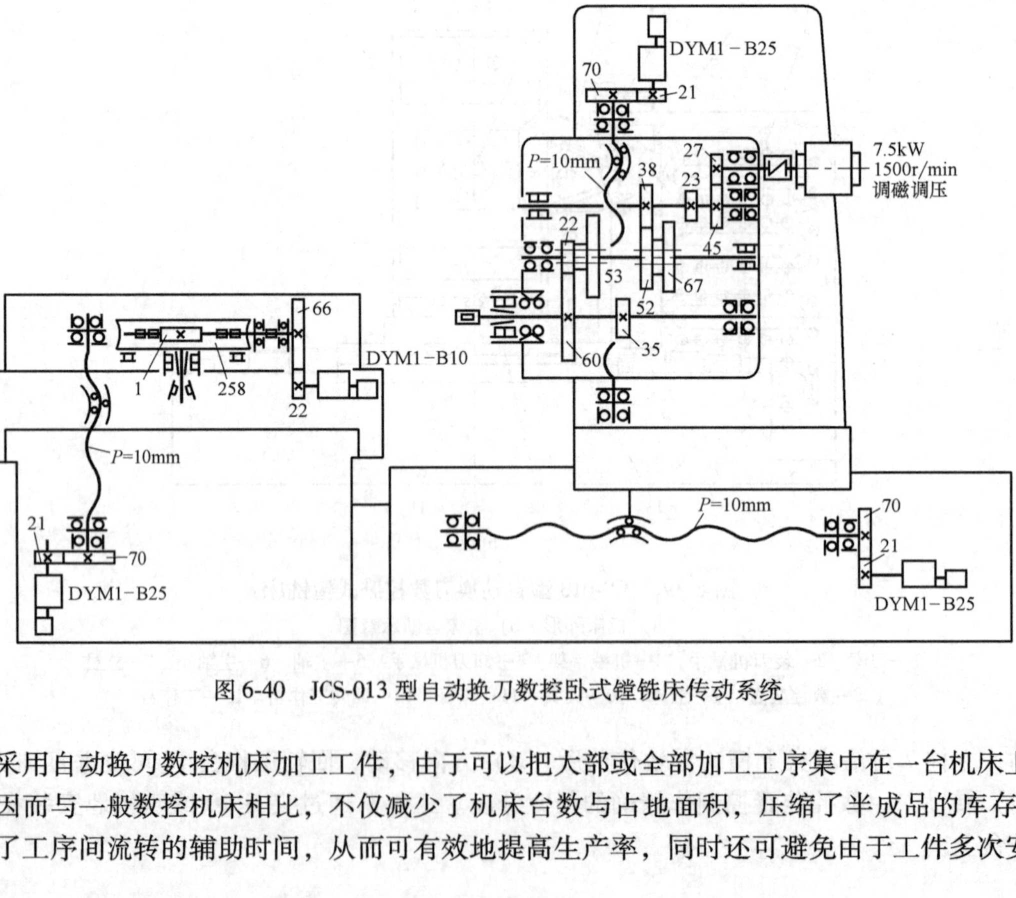

图6-40 JCS-013型自动换刀数控卧式镗铣床传动系统

采用自动换刀数控机床加工工件，由于可以把大部或全部加工工序集中在一台机床上完成，因而与一般数控机床相比，不仅减少了机床台数与占地面积，压缩了半成品的库存量，减少了工序间流转的辅助时间，从而可有效地提高生产率，同时还可避免由于工件多次安装引起的定位误差，有利于保证加工精度。

（2）按加工方式分类

a）点位控制数控机床　这类机床按点位方式进行加工，例如数控钻床和镗床等（见图6-41a）。由于机床只是在刀具或工件到达指定位置后才开始加工，而从一个位置（点）到另一个位置（点）的运动过程中并不进行切削，所以只要求控制系统保证加工坐标点的准确定位，至于两相关位置（点）之间的运动轨迹和运动速度，则没有严格要求；机床部件可以沿一个坐标移动完毕后，再沿另一坐标移动，也可以同时沿两个坐标移动。为了在保证精确定位的前提下尽量提高生产率，机床部件在向定位点移动过程中，运动速度先快后慢，一般采用分级降速或连续降速的方式降低运动速度（见图6-41b和c）。实现上述控制功能的数控系统，称为点位控制系统。

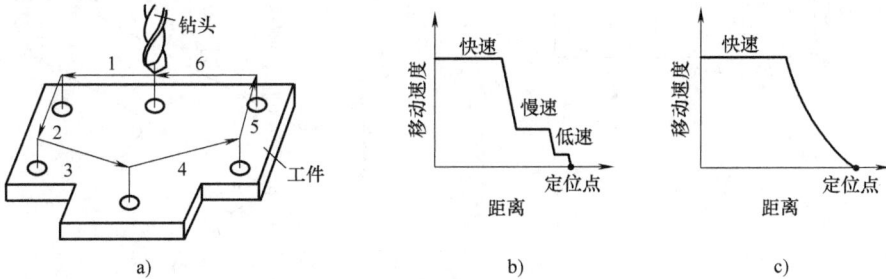

图6-41　点位控制数控机床的加工方式

b）直线控制数控机床　这类机床按直线切削方式进行加工，例如数控车床、铣床和磨床等（见图6-42）。机床加工时，除了需控制运动部件从一个位置到另一位置的精确定位外，还需保证两相关位置之间的运动轨迹为一条直线，并按指定的进给速度进行切削，以适应不同的加工条件。在这类机床上可进行平行于机床自然坐标轴（即平行于机床导轨方向）的直线切削加工，也可以沿45°斜线进行切削（见图6-42a），但不能加工任意斜率的直线。

实现上述控制功能的控制系统，称为直线控制系统。将点位控制系统和直线控制系统结合在一起，就成为点位直线控制系统；数控镗铣床和自动换刀数控机床大都采用这种控制系统。

c）轮廓控制（连续控制）数控机床　这类机床的工作特点是，刀具可以沿任意斜率的直线、曲线和曲面进行连续切削。加工时必须同时对两个或两个以上的坐标轴进行连续控制，不仅控制运动的起点和终点，而且还控制整个加工过程中每一瞬时位置（点）的位移量和速度，使刀具相对工件按给定的轨迹，以要求的速度运动，从而加工出所需形状的平面轮廓曲线或空间曲面（见图6-43）。功能比较齐全的数控铣床、车床、磨床和加工中心机床等都属这一类。

（3）按数控系统能同时控制的坐标轴数分类　数控机床根据控制系统能够同时控制的坐标轴数目不同，可分为两坐标、三坐标、$2\frac{1}{2}$坐标和多坐标数控机床。

两坐标数控机床是指可以同时控制两个坐标轴的数控机床，多为车床、铣床和磨床，用于加工平面轮廓曲线和轴类零件等（见图6-43a）。这类机床（多为铣床）也可以是三坐标两联动的，即机床结构有三个坐标X、Y和Z，但加工时只能同时控制两个坐标轴，根据加

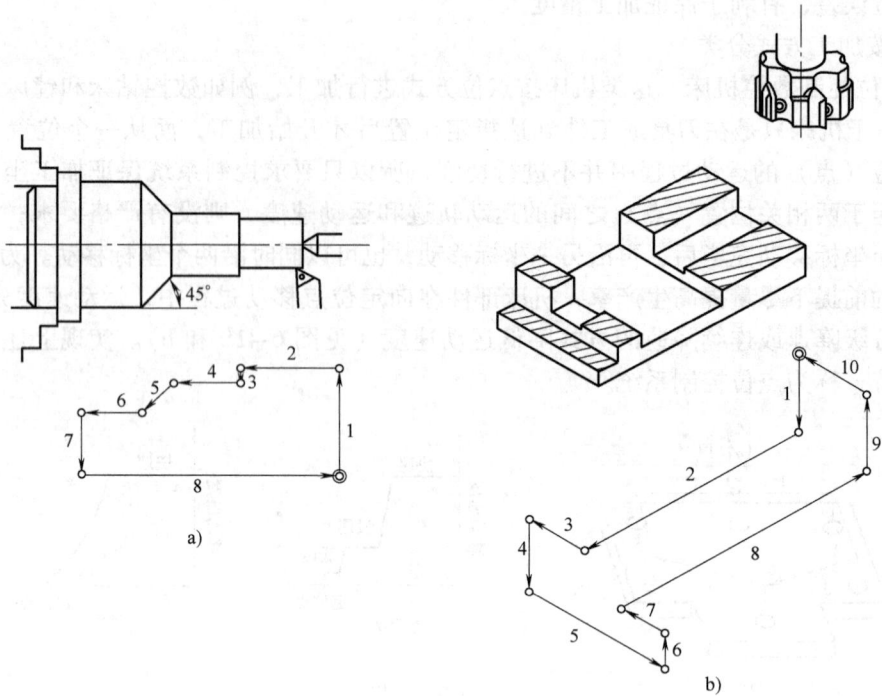

图 6-42　直线控制数控机床的加工方式

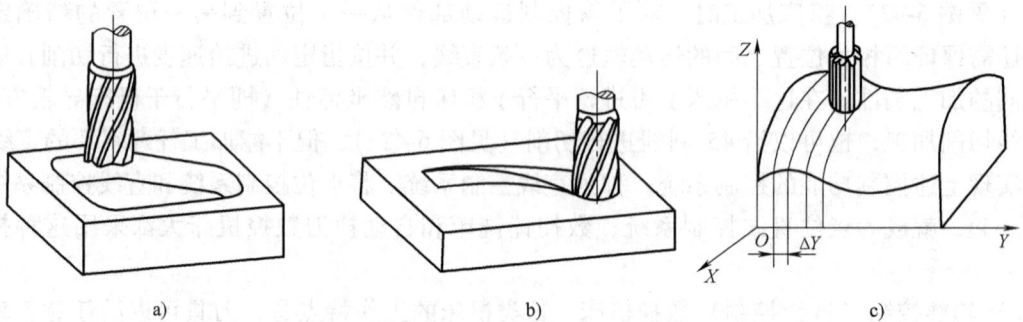

图 6-43　轮廓控制数控机床的加工方式

a) 两坐标加工　b) 三坐标加工　c) $2\frac{1}{2}$坐标加工

工需要可以进行坐标转换，可以是 X、Y 两坐标联动，也可以是 X、Z 或 Y、Z 两坐标联动。

三坐标数控机床可以同时控制三个坐标轴，多用于加工空间曲面（见图 6-43b）。

$2\frac{1}{2}$坐标数控机床在结构上有三个坐标，但加工时只能控制任意两个坐标联动，第三个坐标则作周期的等间距进给运动。如图 6-43c 所示，将待加工曲面用平行于 XZ 坐标平面的一系列平面，沿 Y 坐标方向等分成若干狭长条，铣刀沿平面所截曲线进行切削，每一狭条加工完毕后，进给 ΔY，再沿相邻的另一曲线进行切削；如此依次切削，即可加工出整个曲面。这种加工曲面的方法称为"行切法"。

三坐标以上的数控机床称为多坐标机床。例如图 6-44 所示为一台五坐标数控机床的示意图，与三坐标数控机床相比，它多了一个可作圆周进给运动的数控回转工作台和一个数控主轴摆头，从而使机床除了可沿 X、Y、Z 三个坐标作直线移动外，还可绕 Z 轴和 Y 轴转动（运动 C 和 B）。主轴摆头的作用是使刀具在加工过程中摆动一定角度，以避免刀具与工件产生干涉，或者使刀具轴线处于合适的位置，以改善切削条件，提高生产率和加工表面质量。多坐标数控机床主要用于加工形状复杂的零件，如螺旋桨、叶轮、复杂模具和飞机的曲面零件等。

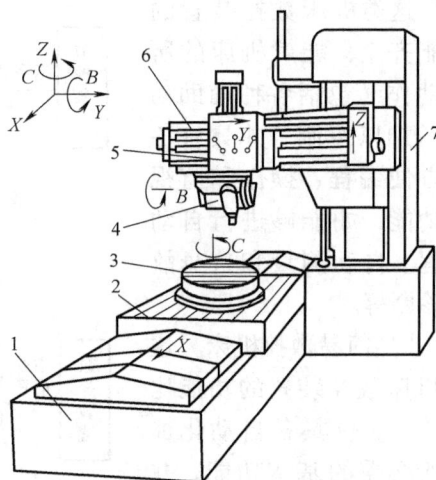

图 6-44　五坐标数控机床

1—床身　2—纵向工作台　3—回转工作台
4—主轴摆头　5—主轴箱　6—横梁　7—立柱

（4）按伺服机构类型分类

a）开环控制数控机床　这类机床采用开环伺服机构，一般由步进电机、配速齿轮和丝杠螺母副等组成（见图 6-45a）。步进电机实际上是一种机电式数/模转换元件，每输入一个电脉冲信号，它就转过一定角度，这个角度称为步距角。现有步进电机的步距角有 0.75°、1°、1.5°、3°等。为了得到要求的脉冲当量，在步进电机与传动丝杠之间设有配速齿轮。机床工作时，运动部件的速度和位移量由输入的脉冲频率和数目所决定。由于伺服机构没有检测反馈装置，运动部件的实际位移量不作检测，也不能进行误差校正，其位移精度主要决定于步进电机的步距精度（接受一个指令脉冲信号时转过的转角精度），配速齿轮和丝杠螺母副的制造精度与间隙，因而机床加工精度的提高受到限制。但开环伺服机构结构简单，调试、维修方便，价格低廉，故精度要求不太高的中小型数控机床往往属这一类。

b）闭环控制数控机床　这类机床采用闭环伺服机构，通常由宽调速直流电机、配速齿轮、丝杠螺母副和位移检测装置等组成（见图 6-45b）。机床工作时，由数控装置发出要求工作台移动某一给定值的指令信号，使工作台移动；与此同时，通过位移检测装置测出工作台的实际位移量，作为反馈信号送往数控装置的比较器，与原来的指令信号进行比较；如有偏差，数控装置控制工作台向着消除偏差的方向继续移动，直到偏差等于零为止。因此，从理论上说，这类机床运动部件的位移精度主要决定于检测装置的测量精度，而与传动链的精度无关。数控机床常用的检测装置有感应同步器、光栅和磁尺等，它们都是高精度测量装置，因此可保证机床达到很高的定位精度，但机床的控制系统复杂，对机床本身的结构性能要求高，调试比较困难，成本也较高，故这类机床主要为大型精密数控机床。

c）半闭环控制数控机床　这类机床的伺服机构也属闭环控制的范畴，只是位移检测装置不是装在机床运动的最后环节（工作台、主轴箱等）上，而是装在传动丝杠或伺服电机轴上（见图 6-45c）。由于丝杠螺母等传动机构不在控制环内，它们的传动误差不能进行校正，因而这种机床的精度不及闭环控制数控机床，但位移检测装置结构简单，系统的稳定性好，调试较容易，因此应用较普遍。

（5）按数控装置功能的多寡分类

a）全功能数控机床 这类机床数控装置的功能齐全，能对机床的所有动作（包括各种辅助动作）加以控制，并具有各种方便编程、操作和监视的功能，如能够进行自动编程、自动测量和自身故障诊断等。

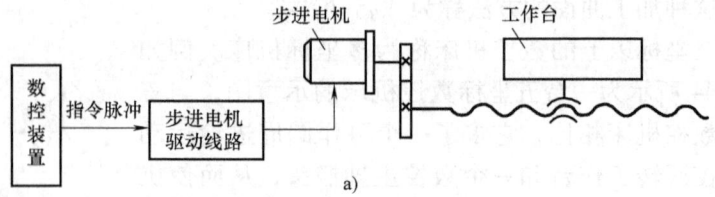

b）简易数控机床 这类机床数控装置的功能比较单一，仅具备自动化加工所必需的基本功能，并采用直观的拨盘、插销或按键进行程序输入，而不使用穿孔带和光电阅读机。与全功能数控机床相比较，这类机床具有简单价廉、性能可靠、操作简便等特点，未经专门数控技术训练的第一线生产工人也能迅速掌握。

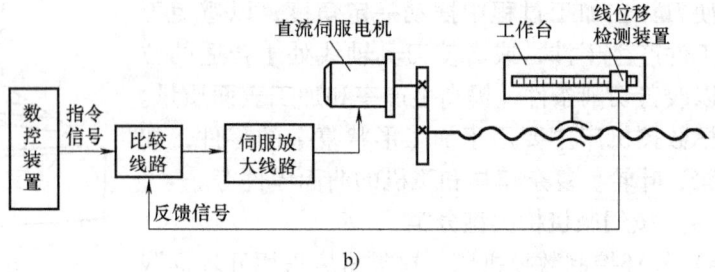

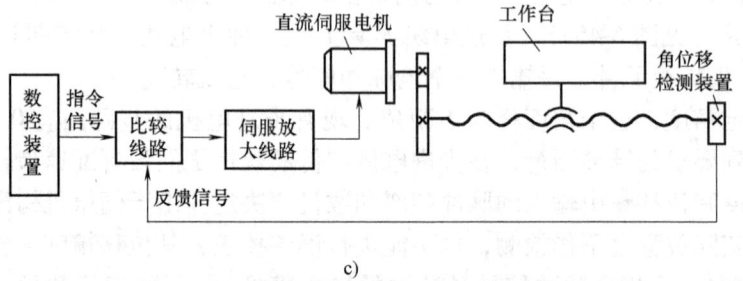

图 6-45 开环、闭环和半闭环伺服机构

c）经济型数控机床
这类机床的数控装置由单板微计算机（单板机）组成，其功能虽不及全功能数控机床那样齐全，但也不完全是单一功能，如具有直线和点位插补、刀具和间隙补偿等功能，有的机床还有位置显示、零件程序存贮和编辑、程序段检索等功能；另一方面，它又具有简易数控机床价廉、可靠和操作简便等优点。它的出现和发展，为通用机床的改造开辟了一条新的途径。

2. 数控机床的特点与应用范围

数控机床与其他类型的自动化机床相比较，主要有如下一些特点：

（1）具有较大柔性，能非常灵活地适应加工任务的改变。由于数控机床是按照记录在穿孔带等信息载体上的指令信息自动进行加工的，加工对象改变时，只需重新编制程序，更换一条穿孔带（或其他信息载体）即可，既不需对机床本身重新进行调整，也不需制造凸轮靠模等，生产准备周期大为缩短，因此可以非常迅速地从加工一种工件转变为加工另一种工件。

（2）能获得较高的加工精度。由于数控机床的进给运动是按照以数字形式给出的指令，由数控装置发给伺服机构一定数目的脉冲进行控制的，而目前数控机床的脉冲当量已普遍达到 0.001mm；另外，进给传动链的反向间隙与丝杠的螺距误差等，还可由数控装置自动控制进行补偿，因此可达到较高的加工精度。

（3）加工复杂形状的工件比较方便。由于数控机床能自动控制多个坐标联动，因此可加工其他机床很难甚至不能加工的复杂曲面。对于用数学方程式或坐标量表示的曲面,加工尤为方便。

（4）使用、维修技术要求高,机床价格比较贵,设备首次投资大。另外,与宜于加工大批量零件的高效专用机床相比,生产率也不够高。

根据以上特点,数控机床最适合在单件、小批生产条件下,加工具有下列特点的零件:用普通机床难于加工的形状复杂的零件;用普通机床加工需要复杂的高成本工艺装备的零件;价值昂贵、不允许报废的零件;结构复杂、要求多部位多工序加工的零件;要求生产周期尽量缩短的急需零件。

图 6-46 表示数控机床的适用范围。图中"零件复杂程度"的含义,不仅仅指那些形状复杂而难于加工的零件,还包括象印刷线路板钻孔那种虽然操作简单,但动作数量很大（孔数多至几千个）,人工操作容易出错的零件。

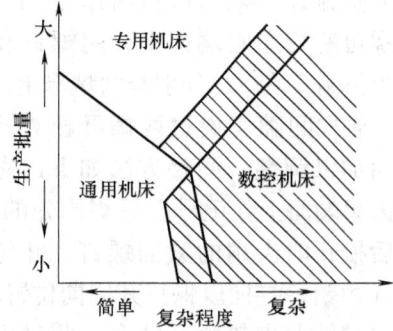

图 6-46　数控机床的适用范围

三、数控机床的典型结构

（一）进给传动装置

数控机床进给传动装置的传动精度、灵敏度和稳定性,将直接影响工件的加工精度,因此常采用各种不同于传统机床的结构,以提高传动刚度,减小摩擦阻力和运动惯量,避免伺服机构失步和产生反向死区。例如,采用滚动导轨、塑料导轨或静压导轨代替普通滑动导轨,用滚珠丝杠螺母机构代替普通的滑动丝杠螺母机构,以及采用可消除间隙的齿轮传动副和键联接等。

1. 滚珠丝杠螺母机构

在数控机床上,将回转运动转换为直线运动一般都采用滚珠丝杠螺母机构,因它具有摩擦阻力小,传动效率高,运动灵敏,无爬行现象,可进行预紧以实现无间隙传动,传动刚度高,反向时无空程死区等特点。

滚珠丝杠螺母机构的工作原理如图 6-47 所示。在丝杠 1 和螺母 4 上各加工有圆弧形螺旋槽,将它们套装起来便形成螺旋形滚道,在滚道内装满滚珠 2。当丝杠相对螺母旋转时,丝杠的螺旋面经滚珠推动螺母轴向移动,同时滚珠沿螺旋形滚道滚动,使丝杠和螺母之间的滑动摩擦转变为滚珠与丝杠、螺母之间的滚动摩擦。螺母螺旋槽的两端用回珠管 3 连接起来,使滚珠能够从一端重新回到另一端,构成一个闭合的循环回路。为了消除丝杠和螺母之间的轴向间隙,并进行适当预紧,机床上实际都采用双螺母结构,如图 6-48 所示。结构相同的两个单螺母 1 和 2 装在螺母座 3 的孔中,通过垫片、螺母等调整间隙,螺母座则固定在工作台等运动部件上。

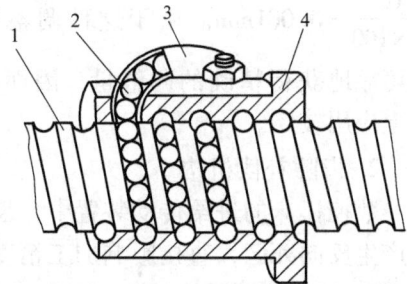

图 6-47　滚珠丝杠螺母机构的工作原理
1—丝杠　2—滚珠　3—回珠管　4—螺母

图 6-48a 为垫片调隙式双螺母结构,两个单螺母用螺钉固定在螺母座上,通过修磨垫片 4 的厚度,使螺母 2 相对于螺母 1 产生一定轴向位移,即可消除间隙,并获得所需预紧量。

图 6-48b 为螺纹调隙式双螺母结构，单螺母 1 和 2 由平键 5 限制其在螺母座中的转动，螺母 1 用螺钉固定在螺母座上，螺母 2 则可用调整螺母 6 使其产生一定轴向位移量，从而达到消除间隙和实现预紧的目的。

图 6-48c 为齿差调隙式双螺母结构，在单螺母 1 和 2 的凸缘上各制有外圆柱齿轮，其齿数分别为 z_1、z_2，且两者的差值 $\Delta z = z_1 - z_2 = 1$；在螺母座的左右端面上，用螺钉和销钉固定着内齿扇 7 和 8，分别与两螺母上的外齿轮啮合。轴向间隙可通过两螺母相对转过一定角度而加以调整，调整方法如下：先在螺母与内齿扇端面上作记号以标明原先的相对位置，然后松开内齿扇的紧固螺钉，并将其向外拉出（由销钉导向以保持其周向位置不变），使其与螺母上齿轮脱开啮合；此时可根据间隙与所需预紧力大小，将螺母转过一定齿数，使螺母上螺旋槽相对丝杠的螺旋槽轴向移动相应距离，从而使间隙得以调整。调整妥当后，重新将内齿扇向里推入，并加以紧固。调整时，如果只将一个螺母转过一齿，则间隙调整量 $\Delta = \dfrac{L}{z_1}$ 或 $\Delta = \dfrac{L}{z_2}$（L 为丝杠导程，单位为 mm）；如需微量调整，可将两个螺母同向各转过一齿，此时间隙调整量 $\Delta = \dfrac{L}{z_1 z_2}$。设 z_1、z_2。分别为 99 和 100，丝杠导程 $L = 10$mm，则可以获得的最小调整量 $\Delta = \dfrac{10}{99 \times 100} \approx 0.001$mm。由于这种调整结构能非常可靠地获得精确的调整量，因而在数控机床上应用较广。

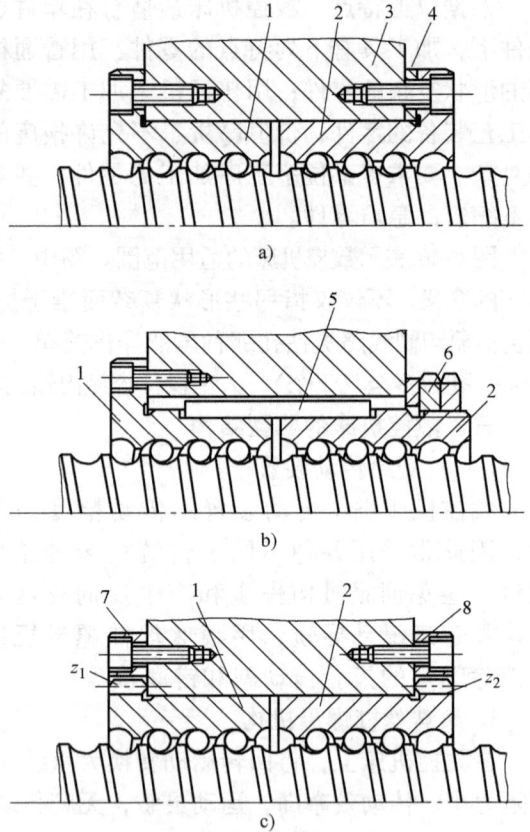

图 6-48 滚珠丝杠螺母机构的调整结构

1、2—单螺母 3—螺母座 4—调整垫片 5—平键
6—调整螺母 7、8—内齿扇

2. 齿隙补偿机构

数控机床的进给传动装置中，齿轮和蜗轮的齿侧间隙使进给运动滞后于指令信号，反向时产生反向死区，直接影响加工精度，因此，必须采取措施加以消除。

图 6-49 为圆柱齿轮齿侧间隙的几种调整结构。图 6-49a 为偏心套式间隙调整结构。将偏心套 1 转过一定角度，可调整两齿轮的中心距，从而得以消除齿侧间隙。图 6-49b 是带有锥度的齿轮间隙调整结构。两相互啮合的齿轮都制成带有小锥度，使齿厚沿轴线方向稍有变化。通过修磨垫片 3 的厚度，调整两齿轮的轴向相对位置，即可消除齿侧间隙。图 6-49c 为斜齿圆柱齿轮轴向垫片间隙调整结构。与宽齿轮 4 同时啮合的两个薄片齿轮 6 和 7，用键与轴相联接，彼此不能相对转动。齿轮 6 和 7 的轮齿是拼装在一起进行加工的，加工时在它们之间垫入一定厚度的垫片。装配到机床上时，将厚度比加工时所用垫片稍大或稍小的垫片 5

垫入它们之间，并用螺母拼紧。于是两薄片齿轮的螺旋齿产生错位，分别与宽齿轮的左、右齿侧贴紧，从而消除了它们之间的齿侧间隙。显然，采用这种调整结构，无论齿轮正转或反转，都只有一个薄片齿轮承受载荷。

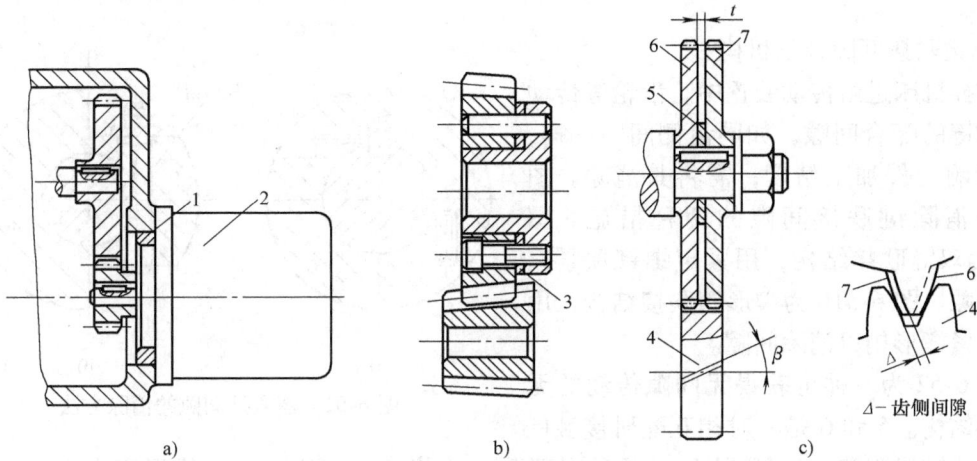

图 6-49　圆柱齿轮齿侧间隙的调整结构
1—偏心套　2—伺服电机　3、5—垫片　4—宽齿轮　6、7—薄片齿轮

上述几种齿侧间隙调整方法，结构比较简单，传动刚度好，但调整之后间隙不能自动补偿，且必须严格控制齿轮的齿厚和齿距公差，否则将影响传动的灵活性。

图 6-50 为齿侧间隙可自动补偿的调整结构。相互啮合的一对齿轮中的一个做成两个薄片齿轮 7 和 8，两薄片齿轮套装在一起，彼此可作相对转动。两个齿轮的端面上，分别装有螺纹凸耳 5 和 6，拉簧 1 的一端钩在凸耳 6 上，另一端钩在穿过凸耳 5 通孔的螺钉 4 上。在

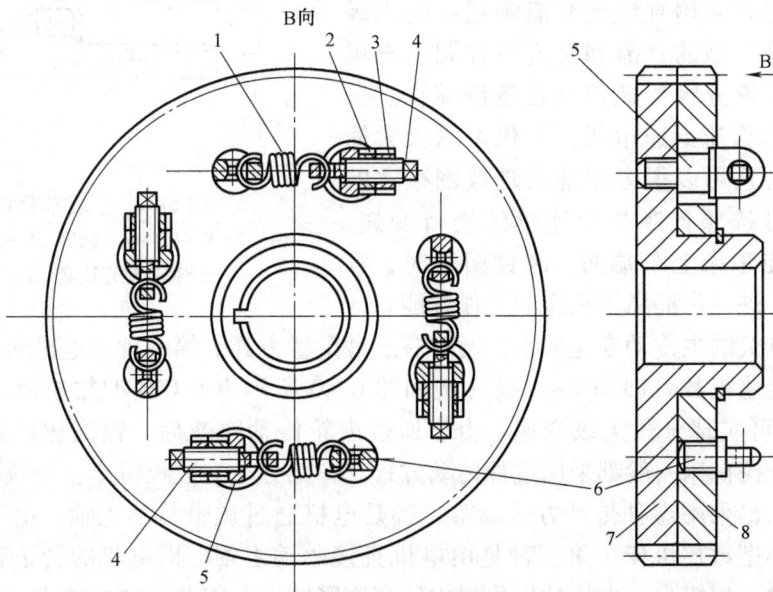

图 6-50　双齿轮拉簧错齿间隙调整结构
1—拉簧　2—调整螺母　3—锁紧螺母　4—螺钉　5、6—凸耳　7、8—薄片齿轮

拉簧的拉力作用下，两薄片齿轮的轮齿相互错位，分别贴紧在与之啮合的齿轮（图中未示出）左、右齿廓面上，消除了它们之间的齿侧间隙。拉簧 1 的拉力大小，可用螺母 2 调整。这种调整方法能自动补偿间隙，但结构复杂，且传动刚度差，能传递的扭矩较小。

3. 键联接间隙补偿机构

数控机床进给传动装置中，齿轮等传动件与轴键的配合间隙，如同齿侧间隙一样，也会影响工件加工精度，需将其消除。图 6-51 为消除键联接间隙的两种措施。图 6-51a 为双键联接结构，用紧定螺钉顶紧以消除间隙。图 6-51b 为楔形销联接结构，用螺母拉紧楔形销以消除间隙。

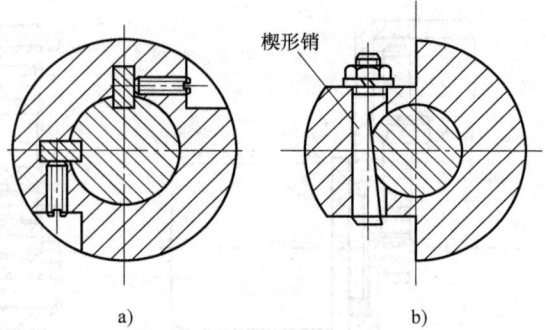

图 6-52 为一种可获得无间隙传动的无键联接结构。5 和 6 是一对相互配研接触良好的弹性锥形胀套，拧紧螺钉 2，通过圆环 3 和 4 将它们压紧时，内锥形胀套 5 的内孔缩小，外锥形胀套 6 的外圆胀大，依靠摩擦力将传动件 7 和轴 1 联接在一起。锥形胀套的对数，根据所需传递的扭矩大小，可以是一对或几对。

图 6-51　键联接间隙的消除方法

（二）主传动装置和主轴部件

1. 主传动装置

为了适应数控机床加工范围广、工艺适应性强、加工精度和自动化程度高等特点，其主传动装置应具有很宽的变速范围，并能自动变速。目前，数控机床的主传动变速系统，有采用齿轮分级变速的，也有采用直流或交流调速电机无级变速的。但随着新型的直流和交流主轴调速电机的日趋完善，齿轮分级变速传动在逐渐减少。采用新型的交流和直流调速电机，不仅可以大大简化机械结构，而且可以很方便地实现范围很宽的无级变速，还可按照控制指令连续地进行变速，以便在大型数控车床上车端面、圆锥面等时，实现恒线速切削，进一步提高了机床的工作性能。

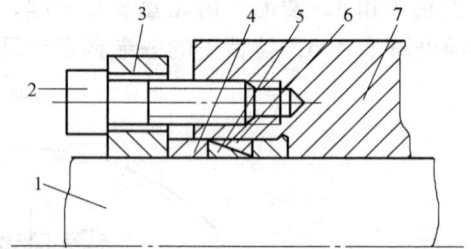

图 6-52　无键联接结构
1—轴　2—螺钉　3、4—圆环　5—内弹性锥形胀套
6—外弹性锥形胀套　7—传动件

采用调速电机的主传动变速系统，通常有三种配置方式。第一种是电机通过齿轮变速机构传动主轴，变速级数一般为 2~4 级（例如图 6-40 所示 JCS-013 型数控机床的主传动系统）。此时主轴可实现分段无级变速。由于通过齿轮传动降速后，输出扭矩可以扩大，因此，大、中型数控机床一般都采用这种传动方式。一部分小型数控机床，为获得强力切削所需的扭矩，往往也采用这种传动方式。第二种是电机通过皮带传动主轴。由于输出扭矩较小，主要用于小型数控机床。第三种是由电机直接驱动主轴，即电机的转子直接装在主轴上。由于主轴输出扭矩小，电机的发热对主轴精度影响大，因此，应用较少。

采用齿轮分级变速的主传动变速系统，常用的有液压拨叉变速和电磁离合器变速两种方式。所谓液压拨叉变速，就是用一个或几个小液压缸，通过装在活塞杆上的拨叉，拨动滑移齿轮块变换啮合位置来实现变速。

2. 主轴部件

数控机床的主轴部件，既要满足精加工时精度较高的要求，又要具备粗加工时高效切削的能力，因此在旋转精度、刚度、抗振性和热变形等方面，都有很高的要求。在布局结构方面，一般数控机床的主轴部件，与其他高效、精密自动化机床没有多大区别，但对于具有自动换刀机能的数控机床，其主轴部件除主轴、主轴轴承和传动件等一般组成部分外，还有刀具自动夹紧、主轴自动准停和主轴装刀孔吹净等装置。例如，图 6-53 为 JCS-018 型自动换刀数控立式镗铣床的主轴部件，其自动夹紧刀具和吹净主轴装刀孔的工作原理如下：

加工用的刀具通过各种标准刀夹（刀杆、刀柄和接杆等）安装在主轴上。刀夹 1 以锥度为 7：24 的锥柄在主轴 3 前端的锥孔中定位，并通过拧紧在锥柄尾部的拉钉 2 被拉紧在锥孔中。夹紧刀夹时，液压缸上（右）腔通回油，弹簧 11 推活塞 6 上（右）移，处于图示位置，拉杆 4 在碟形弹簧 5 作用下向上（右）移动；由于此时装在拉杆前端径向孔中的四个钢球 12，进入主轴孔中直径较小的 d_2 处（见图 6-53b），被迫径向收拢而卡进拉钉 2 的环形凹槽内，因而刀杆被拉杆拉紧，依靠摩擦力紧固在主轴上。切削扭矩则由端面键 13 传递。换刀前需将刀夹松开时，压力油进入液压缸上（右）腔，活塞 6 推动拉杆 4 向下（左）移动，碟形弹簧被压缩；当钢球 12 随拉杆一起下（左）移至进入主轴孔直径较大的 d_1 处时，它就不再能约束拉钉的头部，紧接着拉杆前端内孔的台肩端面 a 碰到拉钉，把刀夹顶松。此时行程开关 10 发出信号，换刀机械手随即将刀夹取下。与此同时，压缩空气由管接头 9 经活塞和拉杆的中心通孔吹入主轴装刀孔内，把切屑或脏物清除干净，以保证刀具的安装精度。机械手把新刀装上主轴后，液压缸 7 接通回油，碟形弹簧又拉紧刀夹。刀夹拉紧后，行程开关 8 发出信号。

自动换刀数控机床主轴部件设有准停装置，其作用是使主轴每次都准确地停止在固定不变周向位置上，以保证换刀时主轴上的端面键能对准刀夹上的键槽，同时使每次装刀时刀夹与主轴的相对位置不变，提高刀具的重复安装精度，从而可提高孔加工时孔径的一致性。图 6-53 所示主轴部件采用的是电气准停装置，其工作原理见图 6-54。在传动主轴旋转的多楔带轮 1 的端面上装有一个厚垫片 4，垫片上又装有一个体积很小的永久磁铁 3。在主轴箱箱体的对应于主轴准停的位置上，装有磁传感器 2。当机床需要停车换刀时，数控装置发出主轴停转的指令，主轴电动机立即降速，在主轴以最低转速慢转很少几转后，永久磁铁 3 对准磁传感器 2 时，后者发出准停信号。此信号经放大后，由定向电路控制主轴电动机准确地停止在规定的周向位置上。这种装置可保证主轴准停的重复精度在±1°范围内。

（三）自动换刀装置

数控机床为了能在工作一次装夹中完成多种甚至所有加工工序，以缩减辅助时间和减少多次安装工件所引起的误差，必须具备自动换刀装置。

一般数控机床常采用转塔头式换刀装置，如数控车床的转塔刀架、数控钻镗床的多主轴转塔头等。这种换刀装置由于受转塔头外形尺寸和结构的限制，能容纳的刀具数量不能太多（多主轴转塔头的刀具主轴数量一般为 6~8 个），满足不了复杂零件加工的需要。为了扩大换刀的数量，以便在工件一次装夹中有可能完成更为复杂的加工过程，自动换刀数控机床多

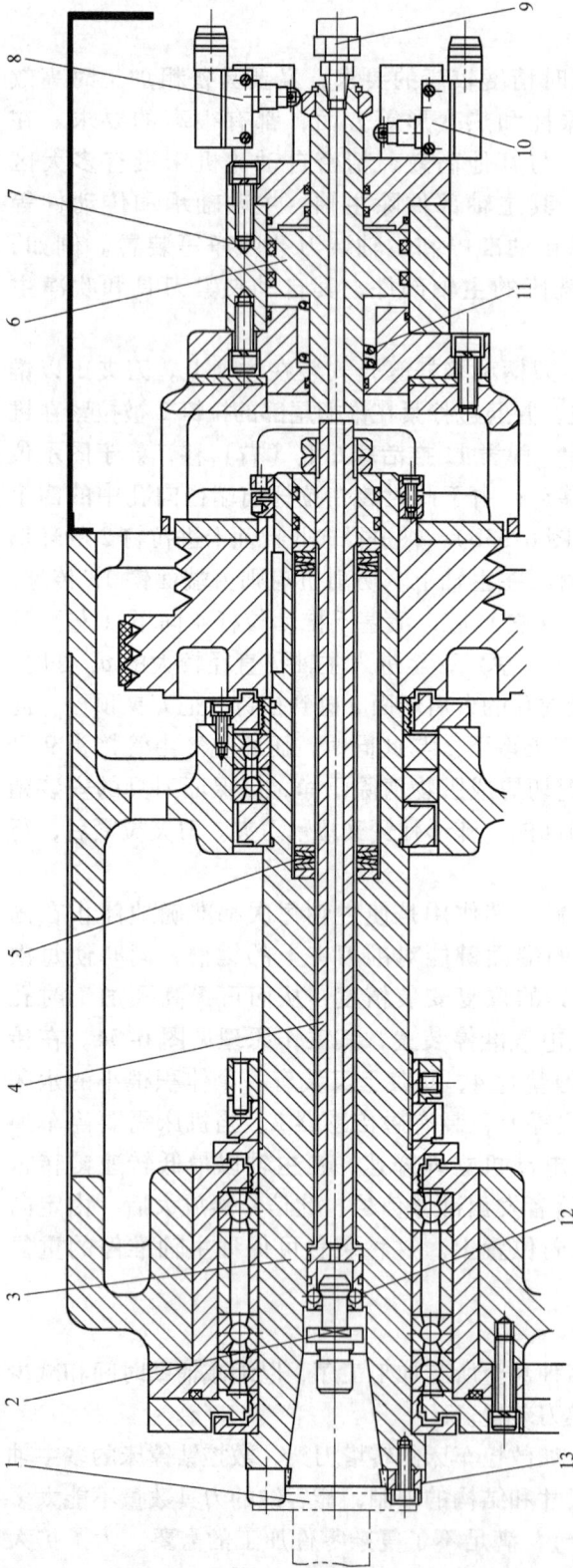

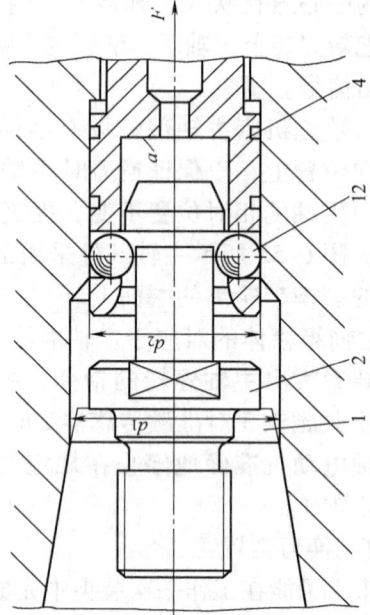

图 6-53 自动换刀数控立镗铣床主轴部件 (JCS-018)

1—刀夹 2—主轴 3—拉钉 4—拉杆 5—碟形弹簧 6—活塞 7—液压缸 8,10—行程开关
9—压缩空气管接头 11—弹簧 12—钢球 13—端面键

采用刀库式自动换刀装置。这种换刀装置由于具有一个专供储存刀具用的刀库，可以容纳的刀具可以很多（可以多达 100 把以上）。其换刀形式很多，这里介绍几个例子，以说明自动换刀的原理。

1. 直接在刀库与主轴（或刀架）之间换刀的自动换刀装置

这种换刀装置只具备一个刀库，刀库中储存着加工过程中需使用的各种刀具，利用机床本身与刀库的运动实现换刀过程。例如，图 6-55 为自动换刀数控立式车床的示意图，刀库 7 固定在横梁 4 的右端，它可作回转以及上下方向的插刀和拔刀运动。机床自动换刀的过程如下：

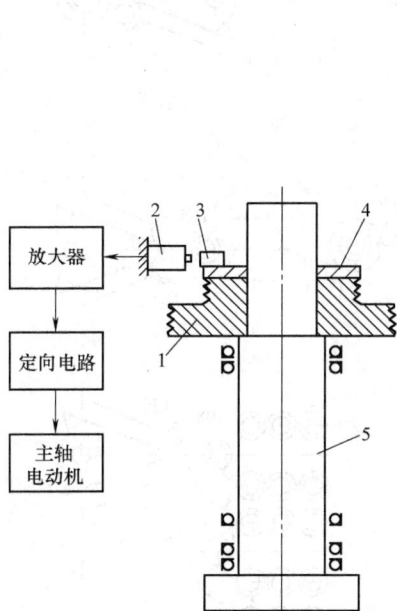

图 6-54　主轴准停装置的工作原理（JCS-018）
1—多楔带轮　2—磁传感器　3—永久磁铁
4—垫片　5—主轴

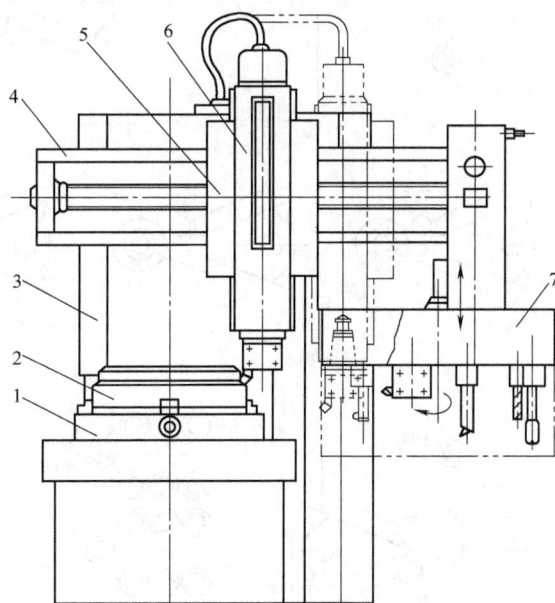

图 6-55　自动换刀数控立式车床示意图
1—工作台　2—工件　3—立柱　4—横梁　5—刀架滑座
6—刀架滑枕　7—刀库

（1）刀架快速右移，使其上的装刀孔轴线与刀库上空刀座的轴线重合，然后刀架滑枕向下移动，把用过的刀具插入空刀座；

（2）刀库下降，将用过的刀具从刀架中拔出；

（3）刀库回转，将下一工步所需使用的新刀具轴线对准刀架上装刀孔轴线；

（4）刀库上升，将新刀具插入刀架装刀孔，接着由刀架中自动夹紧装置将其夹紧在刀架上；

（5）刀架带着换上的新刀具离开刀库，快速移向加工位置。

2. 用机械手在刀库与主轴之间换刀的自动换刀装置

这是目前用得最普遍的一种自动换刀装置，其布局结构多种多样，图 6-39 所示 JCS-013 型自动换刀数控卧式镗铣床所用换刀装置即为一例。四排链式刀库分置于机床的左侧，由装在刀库与主轴之间的单臂往复交叉双机械手进行换刀。换刀过程可用图 6-56 所示实例加以说明：

a）开始换刀前状态：主轴正在用 T05 号刀具进行加工，装刀机械手已抓住下一工步需

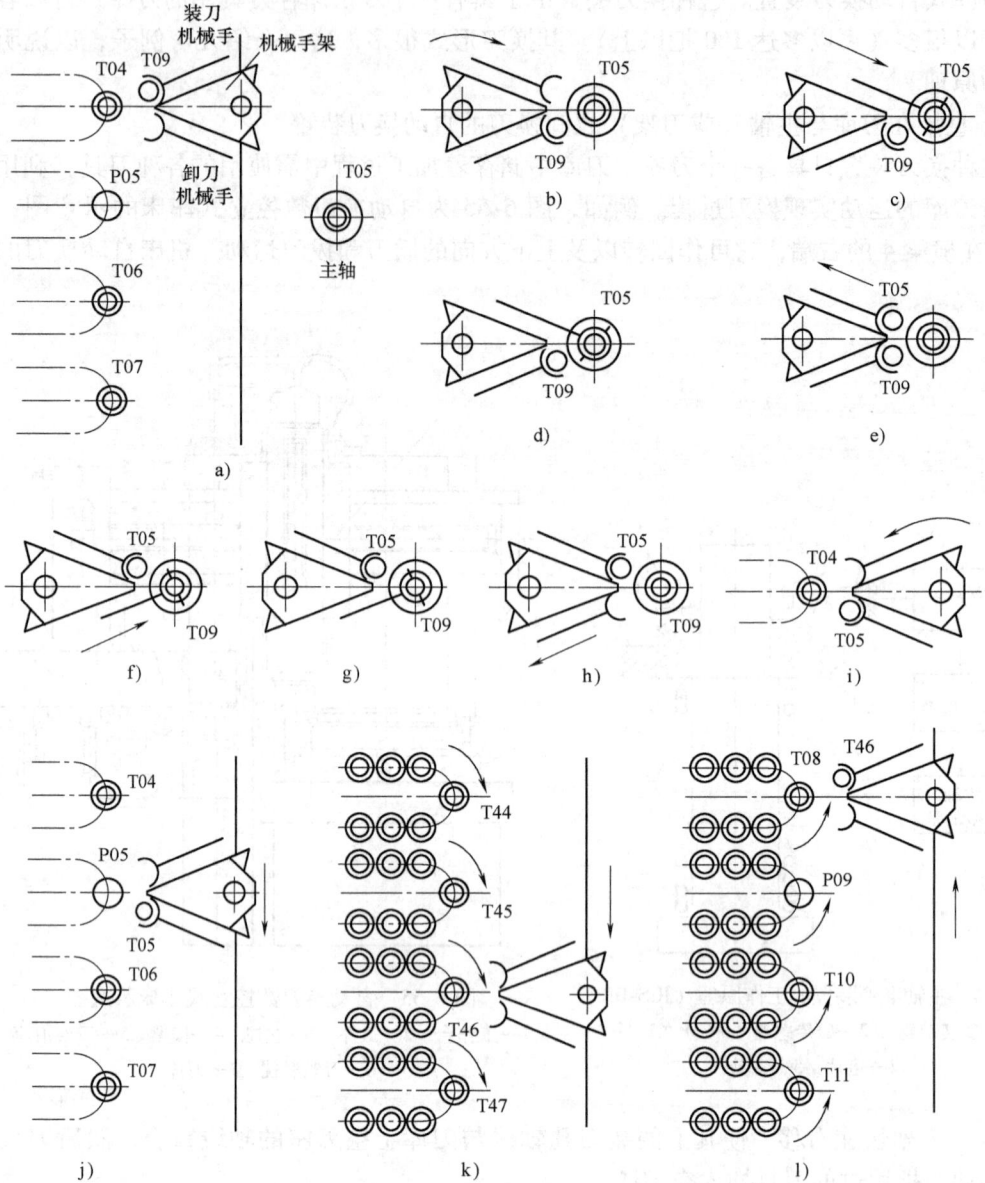

图 6-56 JSC-013 型自动换刀机床的自动换刀过程

用的 T09 号刀具，机械手架处于最高位置，为换刀做好了准备；

b）上一工步结束，机床立柱后退，主轴箱上升，使主轴处于换刀位置。接着下一工步开始，其第一个指令是换刀，机械手架回转 180°，转向主轴；

c）卸刀机械手前伸，抓住主轴上已用过的 T05 号刀具；

d）机械手架由滑座带动，沿刀具轴线前移，将 T05 号刀具从主轴中拔出；

e）卸刀机械手缩回原位；

f）装刀机械手前伸；使 T09 号刀具对准主轴；

g）机械手架后移，将 T09 号刀具插入主轴；·

h）装刀机械手缩回原位；

i）机械手架回转180°，使装刀、卸刀机械手转向刀库；

j）机械手架由横梁带动下降，找第二排刀套链，卸刀机械手将 T05 号刀具插回 P05 号刀套中；

k）刀套链转动，把下一个工步需用的 T46 号刀具送到换刀位置，机械手架下降，找第三排刀链，由装刀机械手将 T46 号刀具取出；

l）刀套链反转，把 P09 号刀套送到换刀位置，同时机械手架上升至最高位置，为再下面一个工步的换刀作好准备。

3. 用机械手和转塔头配合刀库进行换刀的自动换刀装置

这种自动换刀装置实际是转塔头式换刀装置和刀库式换刀装置的结合，其工作原理如图 6-57 所示。转塔头 5 上有两个刀具主轴 3 和 4。当用一个刀

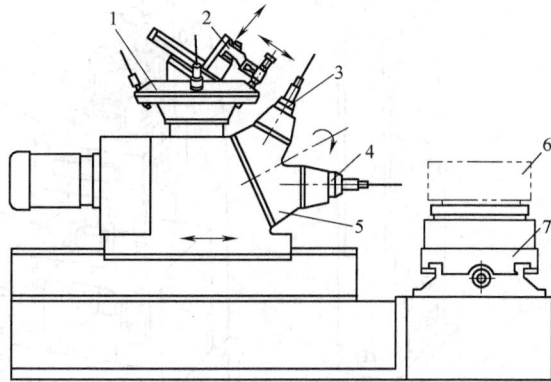

图 6-57　机械手和转塔头配合刀库换刀的自动换刀装置
1—刀库　2—换刀机械手　3、4—刀具主轴　5—转塔头
6—工件　7—工作台

具主轴上的刀具进行加工时，可由机械手 2 将下一工步需用的刀具换至不工作的主轴上，待上一工步加工完毕后，转塔头回转180°，即完成了换刀工作。因此，所需换刀时间很短。

第五节　组合机床

组合机床是大批大量生产中广泛使用的一种高效自动化机床，一般采用电气程序控制系统实现自动工作循环。

一、组合机床的特点与应用范围

1. 组合机床的组成与特点

组合机床是根据特定工件规定的加工工艺要求而设计制造的专用机床，常采用多刀（多轴）、多面、多工位同时加工等工序高度集中的高效加工方法，因而与一般专用机床一样，可获得很高的生产率，且自动化程度高，加工精度稳定；但在机床的组成结构上，组合机床却不同于一般专用机床，它是以已经系列化、标准化的通用部件为基础，配以少量按特定的工件形状和工艺要求而设计的专用部件组合而成的。例如，图 6-58 所示为一台单工位双面复合式组合机床及其主要组成部件。被加工工件安装在夹具 5 中，加工时固定不动；多轴箱 4 上的许多钻头（或其他孔加工刀具）和镗削头 6 上的镗刀，分别由电动机通过动力箱 3、多轴箱和传动装置驱动作旋转主运动，并由各自的滑台 7 带动作直线运动，完成一定形式的运动循环。组成上述组合机床的主要部件中，除多轴箱和夹具是专用部件外，其余都是通用部件，而这些专用部件中的绝大多数零件也是通用的，如多轴箱的主轴、传动轴、齿轮和润滑装置，夹具的定位和夹紧元件等都是通用的。通常，一台组合机床中通用部件和零件约占整台机床的 70% ~ 90%。

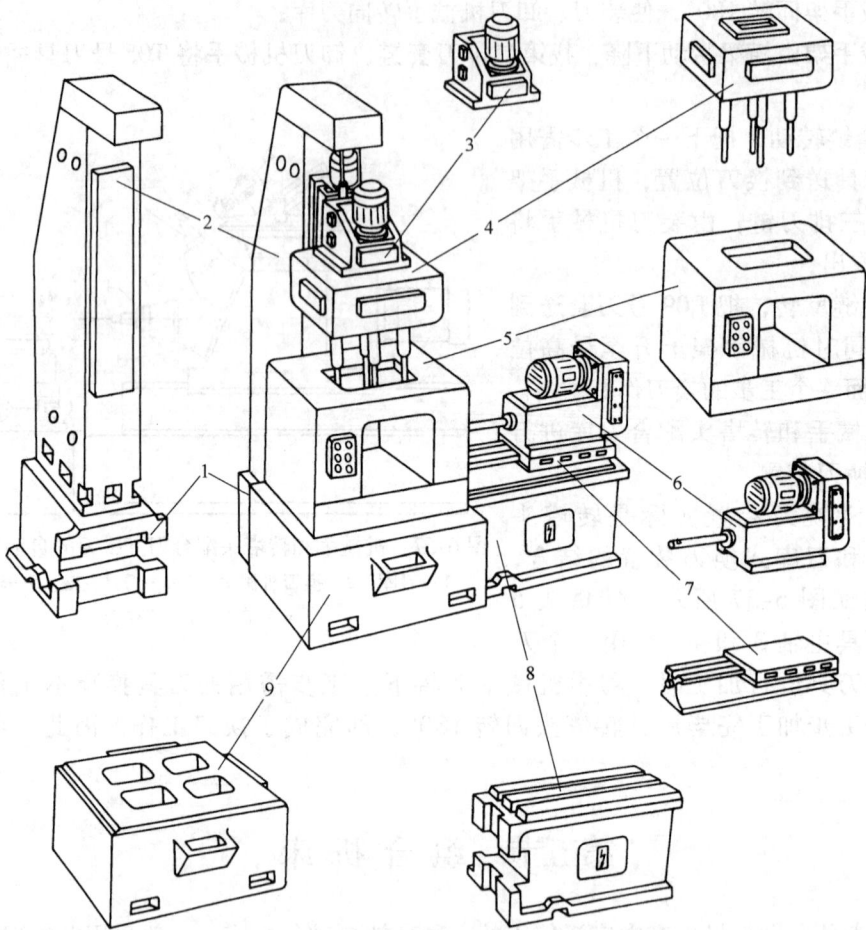

图 6-58 单工位双面复合式组合机床及其组成示意图
1—立柱底座 2—立柱 3—动力箱 4—多轴箱 5—夹具 6—镗削头 7—滑台 8—侧底座 9—中间底座

组合机床的通用部件，由国家制定完整的系列和标准，并由专业厂（或专业的研究设计部门）预先设计制造好。设计制造组合机床时，可根据具体的工件和工艺要求，选用相应尺寸、功率、精度、传动与结构型式的通用部件。因而组合机床与一般专用机床相比，具有以下特点：

（1）设计和制造组合机床，只需设计少量专用部件，不仅设计、制造周期短，而且也便于使用和维修。

（2）通用部件经过了长期生产实践考验，且由专业厂集中成批制造，质量易于保证，因而机床工作稳定可靠，制造成本也较低。

（3）当加工对象改变时，通用零、部件可以重复使用，组成新的机床，有利于产品更新。

2. 组合机床的应用范围

在组合机床上可以完成的工序很多，但就目前使用的大多数组合机床来说，则主要用于平面加工和孔加工；平面加工包括铣平面、车端面和锪（刮）端面等，孔加工包括钻、扩、铰、镗孔以及孔口倒角、攻丝和锪沉头孔等。完成这些工序时的运动特点是，刀具旋转作主运动，刀具或工件直线移动作进给运动。随着组合机床技术的不断发展，其工艺范围也在不断扩大，例如车外圆、铣外圆、切外螺纹、滚压孔、拉削、磨削、珩磨、抛光，甚至冲压、焊接、热处理等工序也都可在组合机床上完成；此外，组合机床还可完成自动测量和自动装配等工序。

最适于组合机床加工的零件是箱体类零件，如气缸体、气缸盖、变速箱体、阀门壳体和电机座等，因这些零件常需完成大量平面和孔加工工序。对于轴、套、盘、叉和盖板类零件，如曲轴、气缸套、飞轮、连杆、法兰盘、拨叉等，也可在组合机床上完成部分或全部加工工序。

目前，组合机床应用得最广泛的是大批大量生产的机械制造厂，如汽车、拖拉机、电机、阀门和缝纫机等制造厂。此外，一些中小批量生产的企业，如机床、机车制造厂等，为保证加工质量，也采用组合机床来完成某些重要零件的关键工序。随着组合机床技术水平的不断提高，特别是可调、快调，适应多品种小批量生产特点的柔性组合机床的发展和完善，组合机床的应用范围将会更加广泛。

二、组合机床的通用部件

1. 通用部件的分类

组合机床的通用部件是各种具有一定功能的独立部件，按标准化、系列化和通用化原则进行设计制造，具有统一的主要技术参数和联系尺寸，在设计制造各种组合机床时，可以互相通用。通用部件品种规格的齐全完整程度，配置使用的互换性和灵活性，结构性能的先进性，将直接影响组合机床的技术水平，因此，通用部件是组合机床发展的重要基础。

通用部件按尺寸大小不同，可分为大型和小型两类，它们分别指动力滑台台面宽度$B \geqslant 200mm$和$B<200mm$的动力部件及其配套部件。用这两类通用部件配置而成的组合机床，分别称为大型组合机床和小型组合机床。按功用不同，通用部件可分为动力部件、支承部件、输送部件、控制部件和辅助部件。下面简略介绍大型通用部件的类型及其用途。

（1）动力部件　动力部件是传递动力，实现主运动或进给运动的部件，包括动力箱、各种单轴头和动力滑台。动力部件是通用部件中最主要的一类部件。

（2）支承部件　支承部件是组合机床的基础件，包括侧底座、立柱、立柱底座和中间底座等。侧底座用于与滑台等动力部件组成卧式机床，立柱用于组成立式机床，立柱底座供支承立柱之用，中间底座用于安装夹具和输送部件。

（3）输送部件　输送部件主要包括回转工作台和移动工作台，用于多工位组合机床上完成工件在工位间的输送，其定位精度直接影响多工位机床的加工精度。

（4）控制部件　控制部件用于控制组合机床按预定程序进行工作循环，主要包括各种液压操纵元件、操纵板、按钮台和控制挡铁等。

（5）辅助部件　辅助部件主要包括冷却、润滑、排屑等辅助装置，以及各种实现自动夹紧的液压或气动装置、机械扳手等。

2. 单轴头

单轴头包括钻削头、攻丝头、铣削头、镗削头及车端面头，分别用于实现钻（扩、铰）

孔、攻丝、铣平面和沟槽、镗孔和车端面等时刀具的旋转主运动。各种单轴头的结构形式相似，它们都具有一个刚性主轴，其结构类似于通用机床的主轴部件。为了提高通用化程度，各种单轴头都由头体和主运动传动装置两个独立的部件组成，两者可实现跨系列通用，即每一种传动装置可以与同规格的一种或几种头体配套使用，同样，一种头体也可与相同规格的一种或几种传动装置配套使用。例如，图6-59所示为1NG系列顶置式齿轮传动装置与六种单轴头头体配套使用的情形，图6-60为铣削头头体与四种型式的主运动传动装置配套使用的情形。

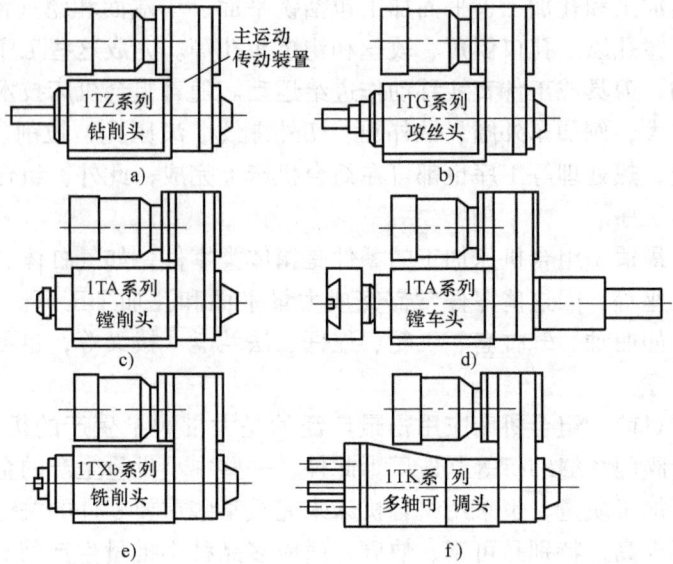

图 6-59　顶置式齿轮传动装置与各种单轴头头体配置情形

铣削头按有无主轴滑套可分为两个系列，图6-61为1TX系列（有主轴滑套）铣削头头体的结构，由主轴组件、滑套移动和夹紧机构以及液压让刀机构等部分组成。

主轴组件的结构与带滑套的通用铣床主轴部件基本相同。主轴通过前后支承安装在滑套3内，可随滑套一起作轴向移动。刀具以主轴前端的7：24锥孔定心，由穿过主轴通孔的拉杆将其紧固在主轴上，扭矩则由装在主轴前端端面上的两个端面键传递。主轴的尾端有花键，与传动装置的空心传动轴联接。传动装置装在头体壳体的后端面上（见图6-60）。

滑套移动和夹紧机构有两种不同的结构型式：Ⅰ型和Ⅱ型。1TXⅠ型铣削头采用手动调整螺杆移动滑套，手动夹紧滑套，如图6-61c所示。用手转动夹紧螺杆13，使两个楔块12合拢或分开，

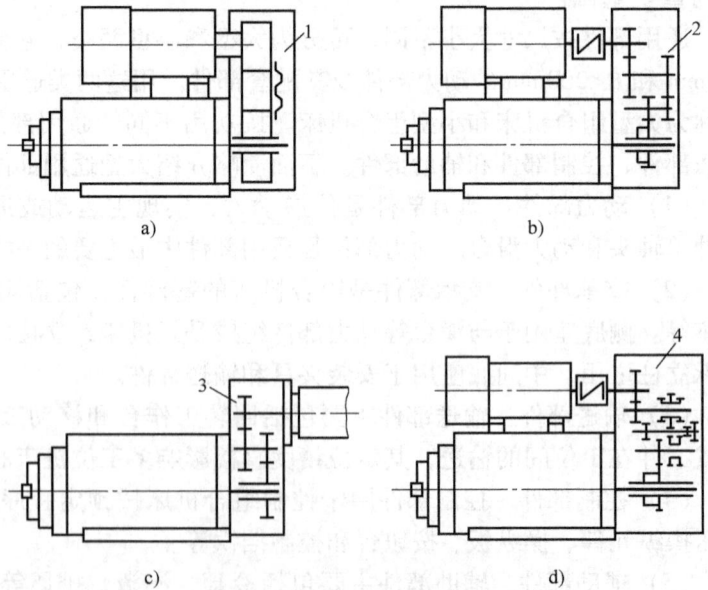

图 6-60　铣削头头体与各种传动装置配置情形
1—皮带传动装置　2—顶置式齿轮传动装置
3—尾置式齿轮传动装置　4—手柄变速传动装置

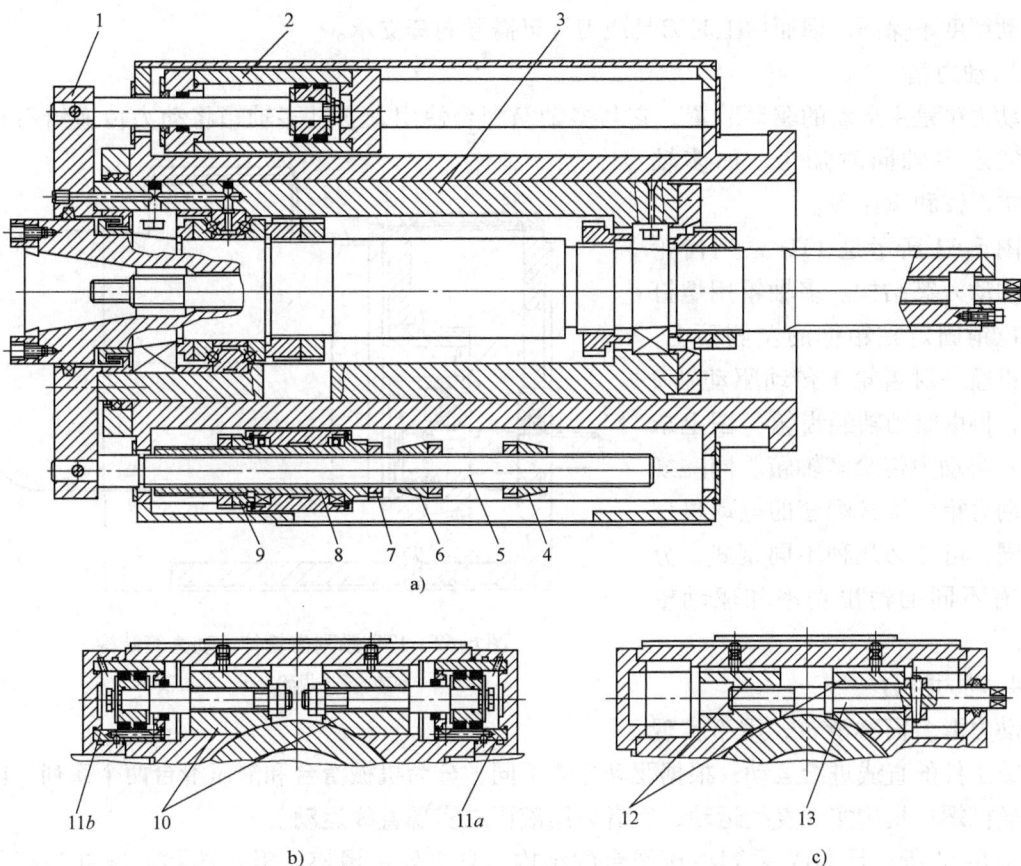

图 6-61　1TX 系列（有主轴滑套）铣削头头体结构

1—法兰盘　2—让刀液压缸　3—滑套　4、6—挡铁　5—螺杆　7—锁紧螺母　8—螺母套　9—调整螺母
10、12—楔块　11—夹紧液压缸　13—夹紧螺杆

就可将滑套夹紧或松开。1TXⅡ型铣削头具有液压让刀机构和液压自动夹紧机构（见图6-61
a、b）。滑套的夹紧和松开，由两个夹紧液压缸 11 通过活塞杆带动两楔块 10 移动来实现。
铣削头在加工完毕后返回的让刀运动（即主轴带着刀具一起沿轴向后退一定距离，以防止
划伤已加工表面和防止刀具后刀面的磨损），由让刀液压缸 2 通过活塞杆带动法兰盘 1 和滑
套 3（两者用螺钉固定联接）向后移动来实现。让刀时，法兰盘同时还带动与其固定联接的
螺杆 5 及螺母套 8 一起后退（螺母套 8 左端的调整螺母 9 与螺母套的左推力支承之间，事先
调整好让刀行程所需的距离）；让刀结束时，螺杆 5 上的挡铁 4 压下微动开关（图上未示
出），发出让刀完成的信号。加工开始前，让刀液压缸驱动法兰盘向前复位时，复位完成的
信号由螺杆 5 上的挡铁 6 压动另一微动开关来发出。让刀机构还可实现二次进刀运动。例
如，在粗加工后，刀具可自动向前移动一定距离以便继续进行精加工。为获得要求的工件尺
寸，需对主轴工作时的轴向位置进行调整（对刀调整）。调整时先松开锁紧螺母 7，再转动
螺母套 8；由于在让刀液压缸作用下，螺母套 8 的轴向位置是固定的，从而迫使螺杆 5 作轴
向移动，并通过法盘 1、滑套 3 带动主轴移动至所需的准确轴向位置。

各种单轴头的主轴，由于刚度和旋转精度都比较高，加工精度可由主轴组件本身和滑台的运动精度来保证，因而加工时刀具或刀杆毋需导向套支承。

3. 动力箱

动力箱是主运动的驱动装置，它与多轴箱配合使用，通过多轴箱将动力传递给刀具主轴，实现多轴同时加工，如多轴钻、扩、铰和镗孔等。

图 6-62 所示是 1TD 系列齿轮传动的动力箱结构。多轴箱用螺钉和定位销固定在箱体的左侧面上，电动机经一对齿轮 1 传动驱动轴 2 旋转，再由驱动轴经齿轮（图上未示出）将动力传给多轴箱。同一规格的动力箱，按其配套的电动机型号不同，可分为几种不同型式，分别具有不同的输出功率和驱动轴转速。

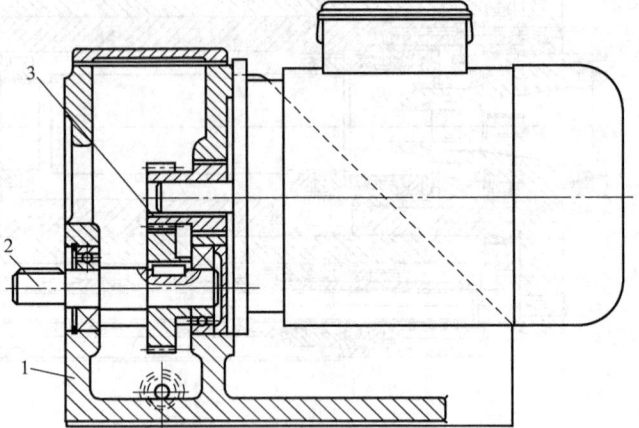

图 6-62　1TD 系列齿轮传动动力箱结构
1—箱体　2—齿轮　3—驱动轴

4. 动力滑台

动力滑台简称滑台，用于实现刀具或工件的直线进给运动；根据驱动方式不同，分为机械滑台和液压滑台两个系列，前者采用丝杠螺母机构实现直线运动，后者采用液压缸实现直线运动。

图 6-63 所示是 1HY 系列液压滑台的结构，它主要由滑座、滑台体和液压缸等部分组成。液压缸的缸体 3 固定在滑座上，其活塞杆 4 通过支架 6 与滑台体 2 连接，带动滑台体沿滑座 1 上的导轨作直线运动。导轨有铸铁的（A 型）和镶钢的（B 型）两种，由多轴箱或其他油源输出的压力油，经分油器通过油管分别输送到导轨各润滑点进行润滑。在滑座左端装有定程螺钉（死挡铁）7，使滑台体在工作行程终了时实现准确定位。在液压缸的后盖上设有缓冲装置，可减轻滑台快退行程终了时的冲击。活塞上的一套双向的单向阀 5，用于减轻滑台换向过程中的冲击。

滑台的运动由液压系统和电气系统联合进行控制，能实现多种形式的自动循环，以满足不同加工工艺的要求（见图 6-64）。

在滑台上可安装相应规格的动力箱及其多轴箱配套件和各种单轴头，配置成各种能实现机床主运动和进给运动的动力部件（见图 6-65），以适应不同的加工要求。

5. 通用部件的型号、规格及其配套

随着组合机床生产技术的发展，通用部件的系列标准在不断改进和完善，我国于 1964 年、1975 年、1978 年和 1983 年先后几次颁布了一系列通用部件标准。通用部件系列标准中，对通用部件的外廓尺寸及部件之间联接处的联系尺寸，如接合面的大小，联接螺钉的位置分布和尺寸，以及定位销位置等均有统一规定。因此，只要各种通用部件的规格、技术性能适合要求，都可在不同用途的组合机床上相互通用。

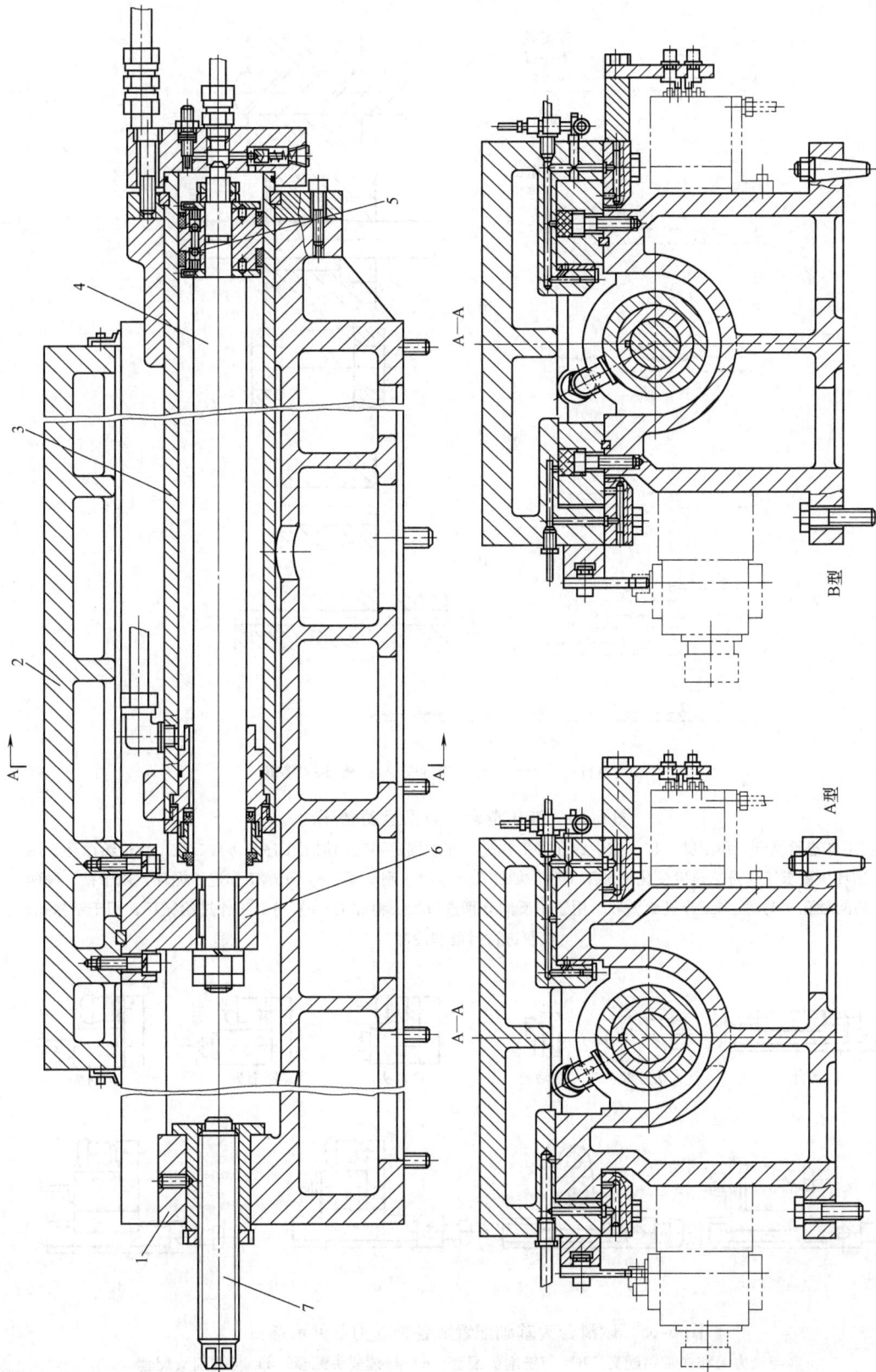

图 6-63 1HY 系列液压滑台结构

1—滑座 2—滑台体 3—液压缸缸体 4—活塞杆 5—单向阀 6—支架 7—定程螺钉（死挡铁）

A 型

B 型

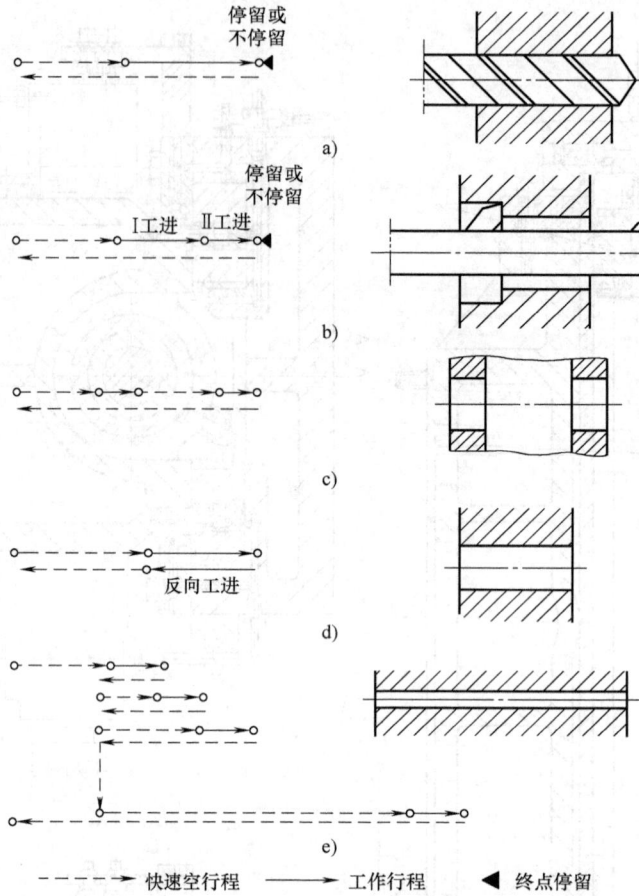

图 6-64 液压滑台的典型运动循环

a）一次工作进给循环，用于钻、扩、铰、镗孔等工作进给速度固定不变的加工工序 b）二次工作进给循环，用于工作循环中要求工作进给速度变化的加工工序，如镗孔终了时再刮端面 c）超越工作进给循环，用于钻、镗两个壁上的同轴孔 d）反向工作进给循环，用于正反向分别进行粗、精加工 e）分级工作进给循环，用于钻深孔，以便进行排屑和冷却

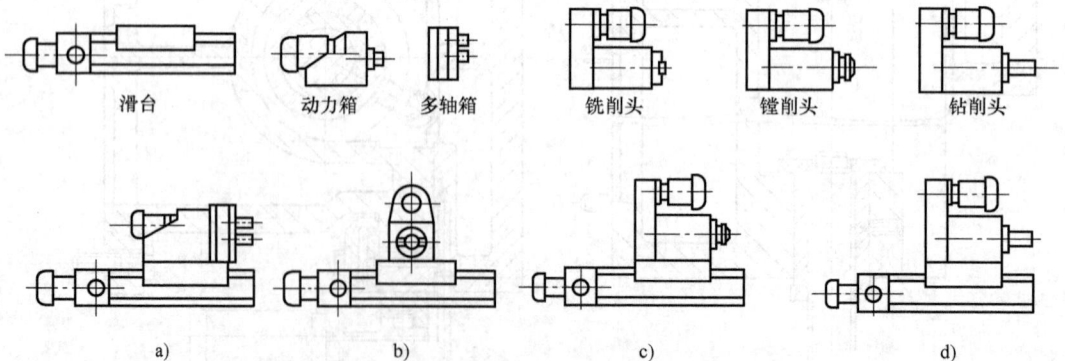

图 6-65 以滑台为基础配置成各种动力部件示意图

a）与动力箱和多轴箱配套 b）与铣削头配套 c）与镗削头配套 d）与钻削头配套

通用部件标准规定，滑台的主参数为滑台体的台面宽度，其他通用部件的主参数，则用与其配套的滑台主参数来表示。

通用部件型号的表示方法如下：

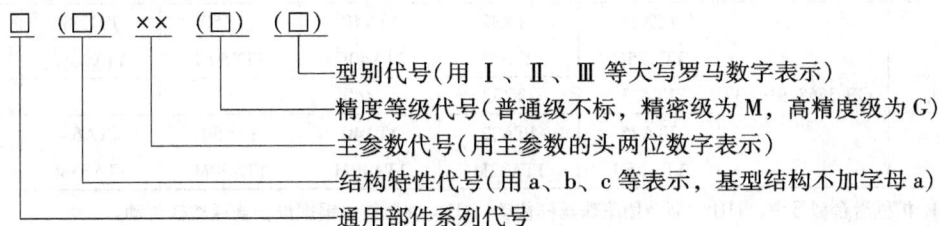

```
□ （□） ×× （□） （□）
```

├── 型别代号(用Ⅰ、Ⅱ、Ⅲ等大写罗马数字表示)
├── 精度等级代号(普通级不标，精密级为 M，高精度级为 G)
├── 主参数代号(用主参数的头两位数字表示)
├── 结构特性代号(用 a、b、c 等表示，基型结构不加字母 a)
└── 通用部件系列代号

注：（1）有"（ ）"的代号，当无内容时，则不表示，若有内容，则不带括号；

（2）系列代号由改进设计顺序号（用 1、2、3 等数字表示）和字头（用大写汉语拼音字母表示）两部分组成，常用通用部件的字头如下：

液压滑台	HY	动力箱	TD
机械滑台	HJ	液压回转工作台	AHY
铣削头	TX	侧底座	CC
钻削头	TZ	立柱	CL
镗削头与车端面头	TA	立柱底座	CD
攻螺纹头	TG	中间底座	CZ

表 6-17 列出了按 1983 年颁布的组合机床通用部件标准设计的新系列通用部件（通常称为"1"字头系列通用部件）的型号、规格及其配套关系。

表 6-17 "1 字头"系列通用部件的型号、规格及其配套关系

部件名称	标准	名义尺寸/mm					
		250	320	400	500	630	800
液压滑台	GB 3668.4—83	1HY25	1HY32	1HY40	1HY50	1HY63	1HY80
		1HY25M	1HY32M	1HY40M	1HY50M	1HY63M	1HY80M
		1HY25G	1HY32G	1HY40G	1HY50G	1HY63G	1HY80G
机械滑台		1HJ25	1HJ32	1HJ40	1HJ50	1HJ63	
		1HJ25M	1HJ32M	1HJ40M	1HJ50M	1HJ63M	
		$1HJ_b25$	$1HJ_b32$	$1HJ_b40$	$1HJ_b50$	$1HJ_b63$	
		$1HJ_b25M$	$1HJ_b32M$	$1HJ_b40M$	$1HJ_b50M$	$1HJ_b63M$	
动力箱	GB 3668.5—83	1TD25	1TD32	1TD40	1TD50	1TD63	1TD80
侧底座	GB 3668.6—83	1CC251	1CC321	1CC401	1CC501	1CC631	1CC801
		1CC252	1CC322	1CC402	1CC502	1CC632	1CC802
		1CC251M	1CC321M	1CC401M	1CC501M	1CC631M	1CC801M
		1CC252M	1CC322M	1CC402M	1CC502M	1CC632M	1CC802M
立柱	GB 3668.11—83	1CL25	1CL32	1CL40	1CL50		
		1CL25M	1CL32M	1CL40M	1CL50M	1CL63	
		$1CL_b25$	$1CL_b32$	$1CL_b40$	$1CL_b50$	1CL63M	
		$1CL_b25M$	$1CL_b32M$	$1CL_b40M$	$1CL_b50M$		

（续）

部件名称	标准	名义尺寸/mm					
		250	320	400	500	630	800
铣削头		1TX25	1TX32	1TX40	1TX50	1TX63	1TX80
		1TX25G	1TX32G	1TX40G	1TX50G	1TX63G	1TX80G
钻削头	GB 3668.9—83	1TZ25	1TZ32	1TZ40			
镗削头与车端面头		1TA25	1TA32	1TA40	1TA50	1TA63	
		1TA25M	1TA32M	1TA40M	1TA50M	1TA63M	

注：1. 机械滑台型号中，1HJ××型使用滚珠丝杆传动；1HJ_b××型使用铜螺母，普通丝杠传动。

2. 侧底座型号中，1CC××1 型高度为 560mm；1CC××2 型高度为 630mm。

3. 立柱型号中，1CL_b××型与机械滑台配套使用，1CL××型与液压滑台配套使用。

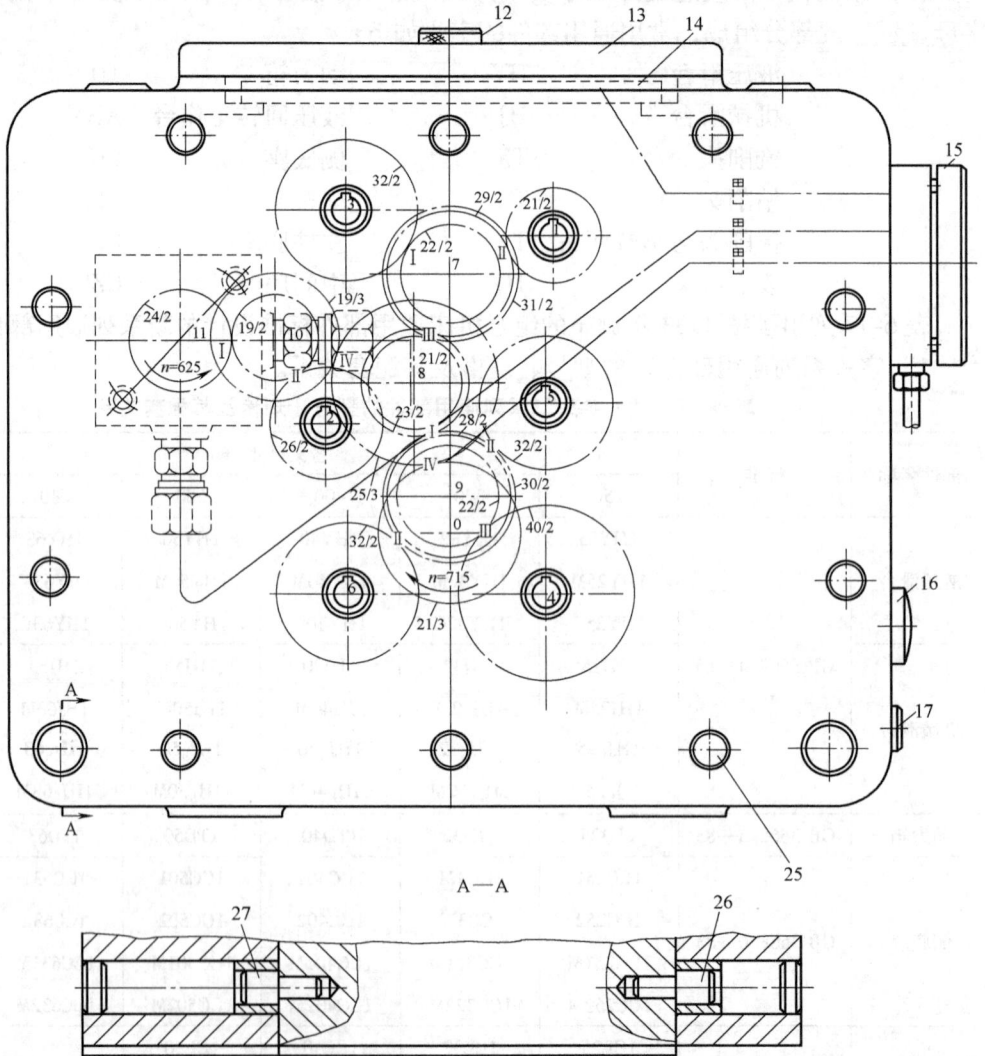

图 6-66　大型标准

1~6—主轴　7~10—传动轴　11—润滑泵轴　12—注油杯　13—上盖

20—前盖　21—防油套　22—传动齿轮　23—润滑泵

三、多轴箱

多轴箱是组合机床的专用部件，它的功用是按照被加工工件上孔的数量和分布位置布置刀具主轴，并通过传动件将动力箱的动力传给各主轴，使其按所需转速和转向旋转。

图 6-66 所示为用于大型组合机床的大型标准多轴箱，由通用的箱体类零件、传动类零件以及润滑和防油元件等组成。

多轴箱的箱体由中间箱体 19、前盖 20 和后盖 18 组合而成（见图 6-67），其中中间箱体和前盖只能坯件通用，在具体机床上需根据被加工孔的数目、位置以及其他具体情况，加工出相应的孔。前盖和后盖用螺钉 25 和定位销 26、27 固定在中间箱体上（见图 6-66）。整个多轴箱以后盖的后端平面和该面面上的两个定位销孔，在动力箱的前端面上准确定位，并由螺钉紧固。

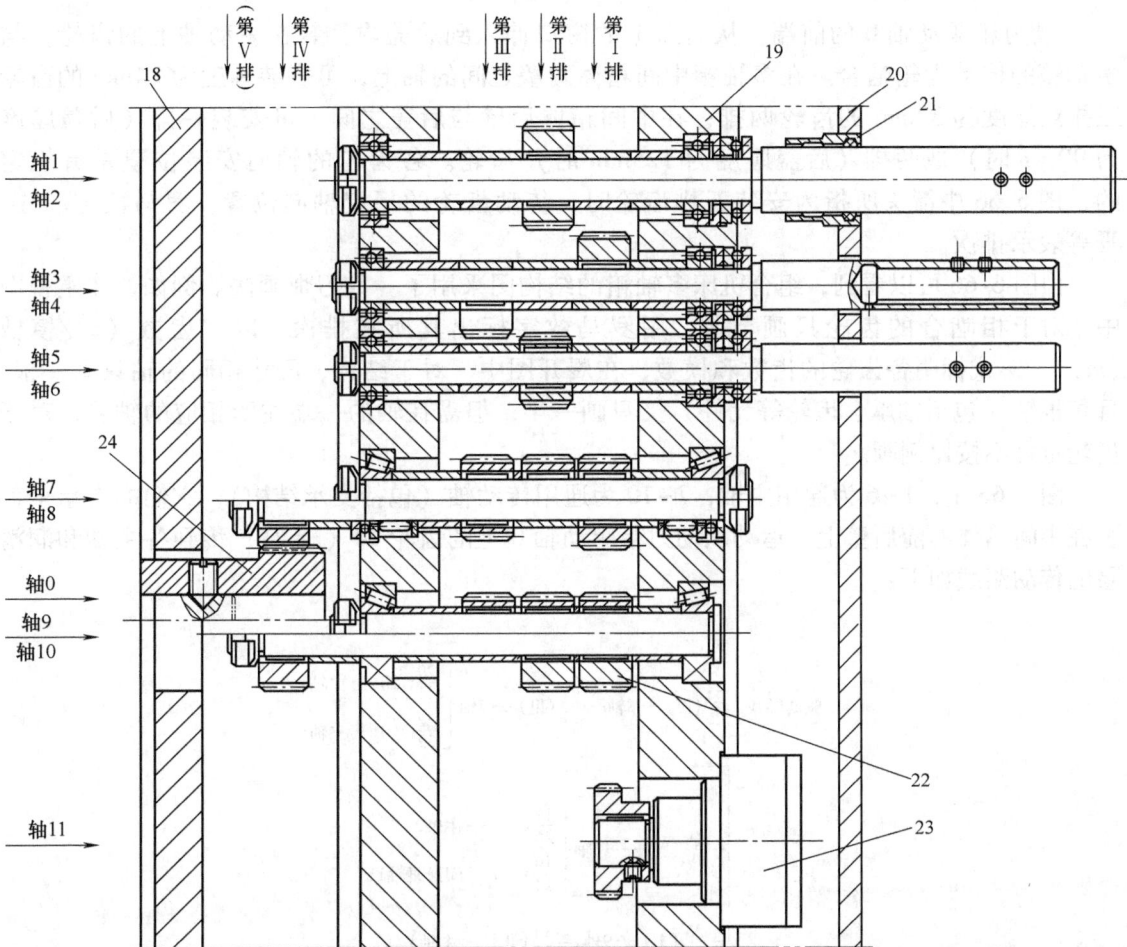

多轴箱

14—油盘　15—分油器　16—油标　17—排油塞　18—后盖　19—中间箱体
24—驱动轴齿轮　25—螺钉　26、27—定位销

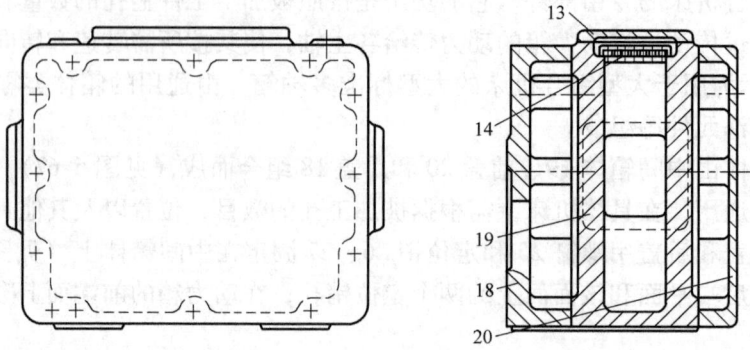

图 6-67　多轴箱箱体的组成

　　动力箱驱动轴 0 的前端，从后盖上的窗口伸入到后盖内，装在驱动轴上的齿轮，与多轴箱的传动齿轮啮合。在多轴箱中间箱体两壁之间的轴上，可安装厚度为 24mm 的齿轮三排或厚度为 32mm 的齿轮两排；在中间箱体后壁与后盖之间，可安装一排（后盖厚度为 90mm 时）或两排（后盖厚度为 125mm 时）齿轮。各齿轮的轴向安装位置是有规定的，图 6-66 中箭头所指为安装五排齿轮时，传动齿轮的规定轴向位置，罗马数 I、II、III 等表示排次。

　　由图 6-66 可以看到，组合机床多轴箱的结构图采用了一些习惯画法。例如，在主视图中，对于相啮合的齿轮只画节圆，用罗马数字标出其所在排次，以"齿数（z）/模数（m）"形式标明各齿轮的齿数和模数；在展开图中，对于结构、尺寸相同的轴只画一根，且每根轴（包括轴承、齿轮等元件）又只画一半，但需在轴的一端注明相应的轴号，对于齿轮也可不按比例画。

　　图 6-66 中，1~6 为通用主轴，7~10 为通用传动轴（包括支承结构），它们的支承全都装在中间箱体的前后壁上。运动从动力箱驱动轴 0 上的齿轮 24（$z=21$）传到各主轴和润滑泵的传动路线如下：

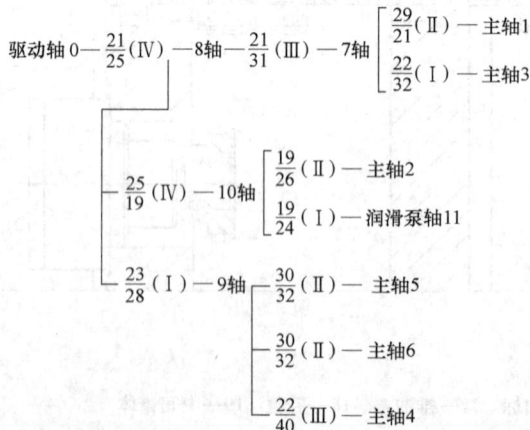

$$
\text{驱动轴 0}-\frac{21}{25}(\text{IV})-\text{8轴}-\frac{21}{31}(\text{III})-\text{7轴}
\begin{cases}
\frac{29}{21}(\text{II})-\text{主轴1}\\[2mm]
\frac{22}{32}(\text{I})-\text{主轴3}
\end{cases}
$$

$$
-\frac{25}{19}(\text{IV})-\text{10轴}
\begin{cases}
\frac{19}{26}(\text{II})-\text{主轴2}\\[2mm]
\frac{19}{24}(\text{I})-\text{润滑泵轴11}
\end{cases}
$$

$$
-\frac{23}{28}(\text{I})-\text{9轴}
\begin{cases}
\frac{30}{32}(\text{II})-\text{主轴5}\\[2mm]
\frac{30}{32}(\text{II})-\text{主轴6}\\[2mm]
\frac{22}{40}(\text{III})-\text{主轴4}
\end{cases}
$$

多轴箱各齿轮和轴承由润滑泵 23 供油润滑。机床工作时，润滑泵将盛放在中间箱体下部的润滑油输送到分油器 15，再从分油器分别送到第Ⅳ、Ⅴ排齿轮的上方和油盘 14 中，油从油盘中淋下，对第Ⅰ、Ⅱ、Ⅲ排齿轮和各轴承进行润滑，然后流回中间箱体的下部。

多轴箱的主轴，由于其支承之间的距离很小（只有 150mm 左右），而装在其前端的刀具悬伸长度很大，往往是支承距离的好几倍，刚性很差，因此单靠主轴本身不能保证孔加工的位置精度，而必须靠夹具上的导向套引导来加以保证。

四、组合机床的类型

（一）大批大量生产使用的组合机床

大批大量生产中使用的组合机床，按其配置形式不同，可分为具有固定夹具的单工位组合机床和具有移动夹具的多工位组合机床两大类。

1. 单工位组合机床

单工位组合机床根据工件加工表面的分布情况不同，其配置形式有卧式（见图 6-68a、b 及 c）、立式（见图 6-68d）、倾斜式（见图 6-68f）和复合式（见图 6-68e、f）等，根据同时加工的表面数目不同，其配置形式有单面（见图 6-68a、d）、双面（见图 6-68b、e 及 f）、三面（见图 6-68c）和多面等。这类机床的工作特点是，加工过程中工件位置固定不变，只在一个工位上从单面、双面或多面对工件进行加工，较易保证各加工面之间的相互位置精度。它特别适用于大、中型箱体类零件的加工。

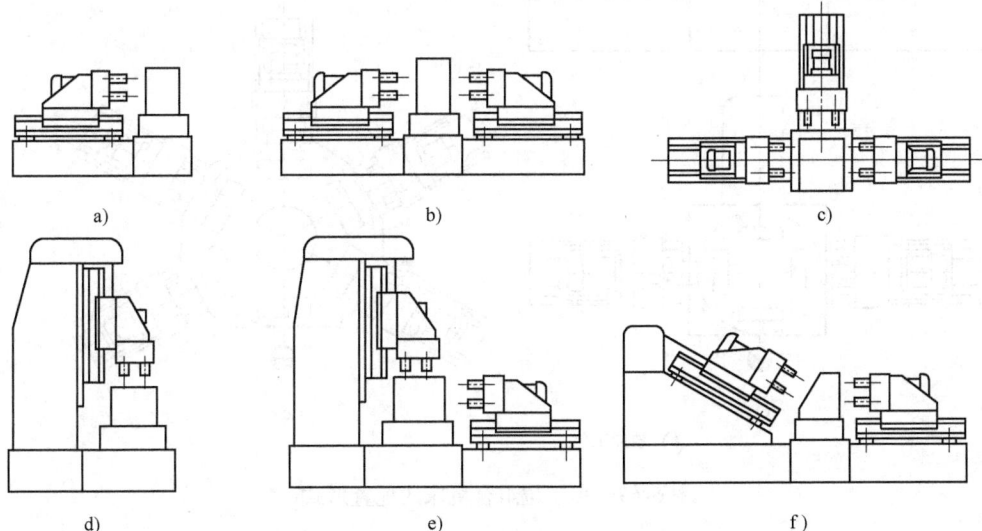

图 6-68 单工位组合机床的配置形式

2. 多工位组合机床

多工位组合机床的工作特点是，工件在加工过程中，按预定的工作循环作周期移动或转动，以便顺次地在各个工位上，对同一加工部位进行多工步加工，或者对不同部位顺序进行加工，从而完成一个或数个面上的比较复杂的加工工序。这类机床的生产率比单工位组合机床高，但由于存在转位或移位所引起的定位误差，所以加工精度一般不如单工位机床，且结构复杂，造价较高，多用于大批大量生产中对比较复杂的中小型零件进行加工。多工位组合机床的配置形式，常见的有以下几种（见图 6-69）；

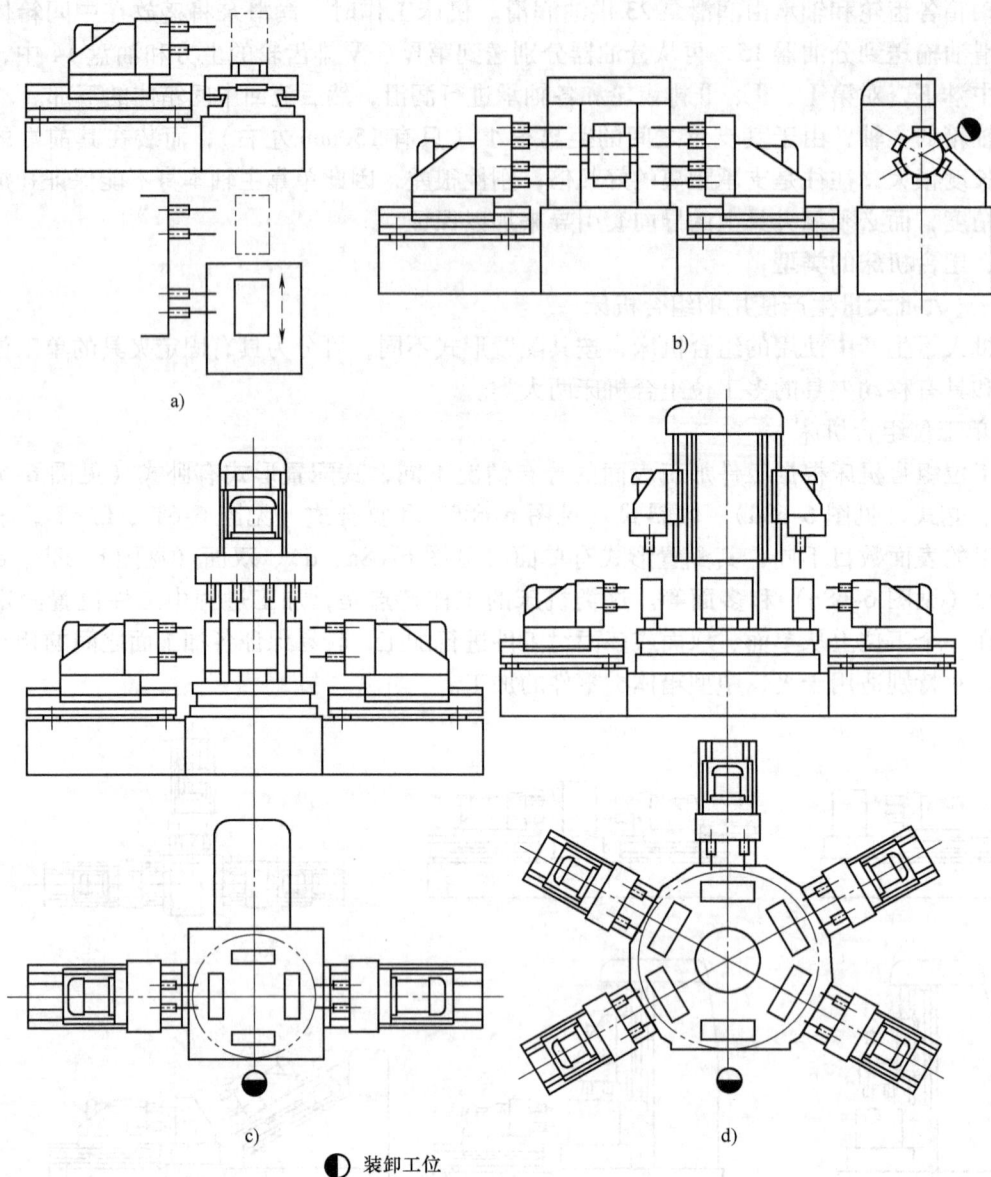

图 6-69 多工位组合机床的配置形式

（1）**移动工作台式组合机床** 这类机床上的夹具和工件，由沿直线周期移动的移动工作台来变换工位，可先后在 2~3 个工位上，从单面或双面对工件进行加工（见图 6-69a）；机床生产率较低，用于精度要求较高或尺寸较大的工件的加工。

（2）**回转工作台式组合机床** 这类机床上的夹具和工件，由绕垂直轴线周期转位的回转工作台来变换工位，工位数有 3、4、5、6、8 和 10 个。在回转工作台周围的各工位上，根据加工需要，可配置卧式、立式或倾斜式动力部件，还有一个专门的装卸工位（见图 6-69c），使装卸工件的辅助时间和机动时间重合；机床的生产率较高，多用于中、小型工件的多面多工序加工。

（3）**中央立柱式组合机床** 这类机床具有一个台面直径很大的环形回转工作台，其上装有夹具和工件，通过它的周期转位来实现工位变换。在工作台中央，装有一固定不动的立柱，立柱上安置立式动力部件；工作台周围的侧底座上，安置卧式或倾斜式动力部件（见图 6-60d）。这类机床的工位数多，工序集中程度高，生产率很高，但结构复杂，部件通用化程度低，只适用于大量生产。

（4）鼓轮式组合机床　这类机床的夹具和工件装在可绕水平轴线周期转位的鼓轮的周面上，鼓轮两端（或一端）安置卧式动力部件，从相对的两个方向对工件同时进行加工（见图 6-69b），还可采用辐射布置的动力部件从径向进行加工；机床的工位数一般为 3、4、5、6 和 8 个。与回转工作台式组合机床比较，这类机床的结构较简单，重量较轻，但部件通用化程度和加工精度都较低，主要用于需从相对两端进行加工的工件。

（二）中小批生产使用的组合机床

目前，适应中小批量生产特点的组合机床尚不多，已经发展的品种有：可调式组合机床、转塔多轴箱式组合机床、自动换刀式数控组合机床和自动更换多轴箱式数控组合机床等。

可调式组合机床由可调通用部件组成。例如，通过可调支承部件、可调多轴头来调整主轴中心的位置，再通过更换刀具、夹具，改变主轴转速、进给量、行程长度和工作循环形式等环节，可以适应不同加工对象的需要。

自动换刀式数控组合机床的工作原理已如前述（见图 6-57），它的柔性好，加工精度高，但由于为单刀加工，所以生产率较低。

转塔多轴箱式组合机床由一个（或几个）带多个多轴箱的转塔头配置而成（见图 6-70）。通过转塔头转位，可将各多轴箱依次引入加工位置，完成工件一个面上的多工步加工。如通过回转工作台使工件周期转位，也可对工件进行多面多工序加工。这种组合机床转塔头上多轴箱的数目一般为 4 个，最多为 6 个；机床也可配置成双面或三面式，同时从两面或三面对工件进行加工。

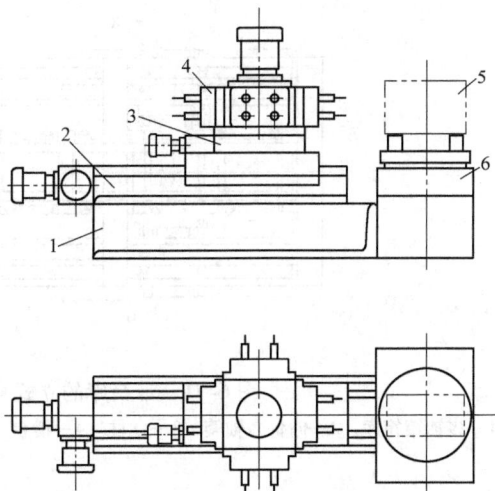

图 6-70　转塔多轴箱式组合机床
1—侧底座　2—滑台　3—转塔头　4—多轴箱
5—工件　6—回转工作台

自动更换多轴箱式数控组合机床带有各种形式的多轴箱贮存库，通过专门的输送和更换装置，能自动更换动力箱上的多轴箱，使机床具有较大灵活性，以满足多品种小批量生产箱体类零件加工自动化的需要。图 6-71 所示为一种带箱库的立式自动更换多轴箱数控组合机床。贮存多轴箱的箱库 1 位于机床立柱 3 的后面，用两个运输小车 8 和 9 在箱库与机床动力箱 5 之间交换多轴箱。自动换箱的过程如下：

当某一工步正在加工时，载着下一工步待用的多轴箱的运输小车 8 和空着的运输小车 9，已停在动力箱 5 两侧更换多轴箱的位置上。待本工步加工完毕后，滑台 4 带着动力箱上升到更换多轴箱的位置，并松开用过的多轴箱 6，推杆机构随即将其推到空着的运输小车 9 上，同时将待用的多轴箱从运输小车 8 上推向动力箱，在动力箱上自动定位和夹紧，接着滑台 4 沿立柱导轨下降，开始下一工步加工。

与此同时，两个运输小车返回箱库，与下次待换的多轴箱对准，然后由推杆机构将下次待换的多轴箱从箱库推上运输小车 8，把从动力箱上卸下的多轴箱推入箱库中刚空出的空位；接着，载着下次待换多轴箱的小车 8 和空着小车 9，又同时平行地移动到机床动力箱旁更换多轴箱的位置，为下次换箱作好准备。

自动更换多轴箱式组合机床结构复杂，制造成本高，用于成组加工箱体零件才有良好的经济效果。

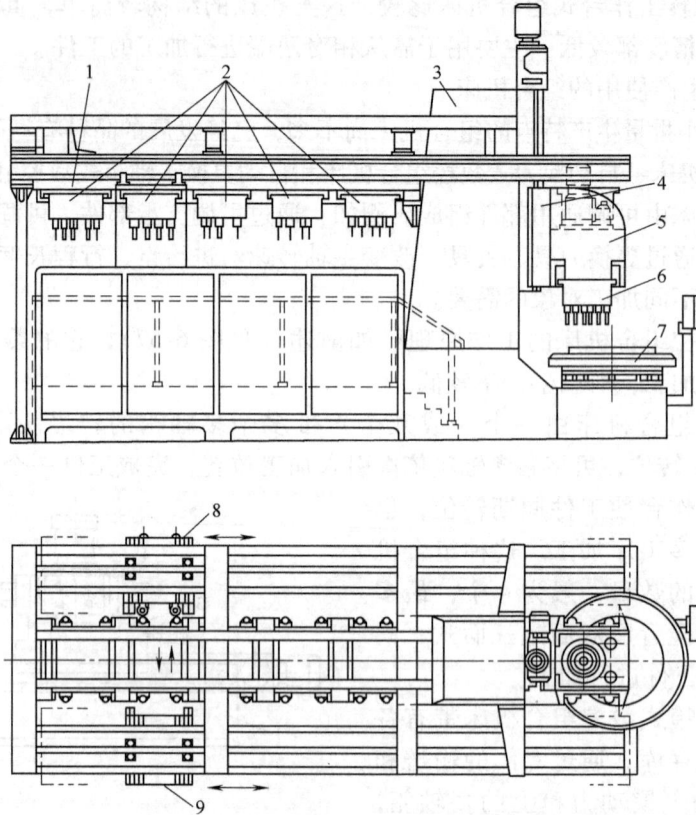

图 6-71　带箱库的立式自动更换多轴箱数控组合机床

1—多轴箱箱库　2—储备多轴箱　3—立柱　4—滑台　5—动力箱　6—工作多轴箱　7—工作台　8、9—运输小车

习题与思考题

1. 自动化机床与普通机床的主要区别是什么？自动机床与半自动机床的区别是什么？

2. 结合 C1312 型和 C7620 型机床的自动控制系统，小结一下机械式凸轮分配轴控制系统和矩阵插销式电气程序控制系统是怎样实现下列控制作用的？

（1）各部件动作的先后顺序；

（2）各运动部件的运动速度、方向和位移量。

当加工对象改变时，采用这两种控制系统的机床需分别进行哪些调整工作？

3. 在单轴转塔自动车床上如需完成下列加工工序，应分别采用哪一个刀架为宜：

（a）钻孔；（b）攻丝；（c）切槽；（d）车外圆回转成形面；（e）车外圆柱面；（f）车外圆锥面（g）切断；（h）倒角。

4. 在单轴转塔自动车床的控制系统中，分配轴和辅助轴的作用有何不同？能否将辅助轴取消？为什么？分配轴和辅助轴的转速高低，对机床的工作有何影响？

5. 单轴转塔自动车床的辅助轴和分配轴为什么都只允许沿一个方向转动？如因辅助电动机接线错误而与要求转向相反，则当开车工作时将会产生什么后果？

6. C1312 型自动车床上为什么要使用左旋钻头钻孔？若使用右旋钻头是否可以进行加工？

7. C1312 型自动车床分配轴上各个定时轮上的挡块数量，是否都需随加工工艺过程的改变而作相应的改变？为什么？

8. 定转离合器与普通牙嵌式离合器在结构上的主要区别是什么？定转离合器是怎样接合与脱开的？如需定转离合器每接通一次能准确地转过 $\frac{1}{2}$ 转，$1\frac{1}{3}$ 转或 2 转后脱开，则应在图 6-8 所示结构基础上作哪些改变？

9. 结合图 6-10 和图 6-12，说明当工件直径和长度改变时，需对送夹料机构进行哪些调整工作？怎样调整？

10. 分析图 6-13，说明转塔刀架纵向运动循环中前进和后退的动力源是什么？动力经过哪些零件顺序传到刀架纵向溜板上？刀架工作行程终点位置如何调整？

11. 在图 6-14 中，设曲柄偏心距 $r=20\text{mm}$，连杆长度 $l=65\text{mm}$，转塔刀架在工作行程终点位置时，开槽套 13 与顶套 12 之间的距离 $S=30\text{mm}$（见图 6-14a），转塔与主轴前端面之间的距离为 60mm（图中未示出）；试求刀架换位开始，曲柄转过 60°、90°、120°、180°、240°、300° 和 360° 时，转塔与主轴前端面间的距离各是多少？（注：假定曲柄旋转 360° 过程中，滚子 15 和凸轮 26 接触处凸轮半径保持不变）

12. 在 C1312 型自动车床上加工某一工件过程中，若转塔刀架在各工步工作行程终止时，转塔至主轴前端面间距离分别为：$C_1=84\text{mm}$，$C_2=70\text{mm}$，$C_3=64\text{mm}$，$C_4=72\text{mm}$，$C_5=80\text{mm}$，$C_6=85\text{mm}$，试确定与各工步对应的转塔刀架凸轮曲线终止半径的大小。（注：凸轮坯件直径 $D=170\text{mm}$）

13. 单轴转塔自动车床上加工工件的单件工时是否等于所有工作行程工步时间与空行程工步时间的总和？为什么？

14. 在 C1312 型自动车床上加工图 6-72 所示零件，单件工时 $t=40\text{s}$；现仅考虑切槽工步，设该工步从第 25s 初开始，$f=0.05\text{mm/r}$，$n=2250\text{r/min}$，试确定：

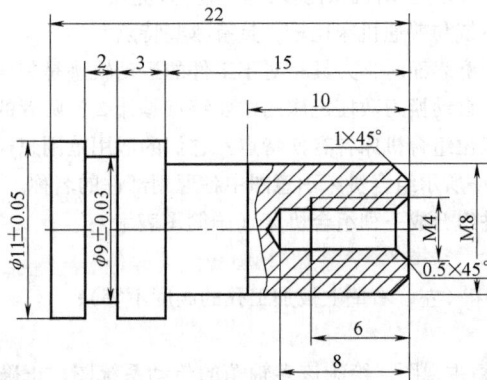

图 6-72

（1）工作行程长度；

（2）工作行程时间与占用分配轴的百分格数；

（3）与该工步对应的凸轮曲线起始、终止半径及起止百分格数。（注：凸轮坯件直径 $D_1 = 124\text{mm}$）

15. 在 C1312 型自动车床上加工图 6-73 所示零件，试编制调整卡片，并设计转塔刀架凸轮。

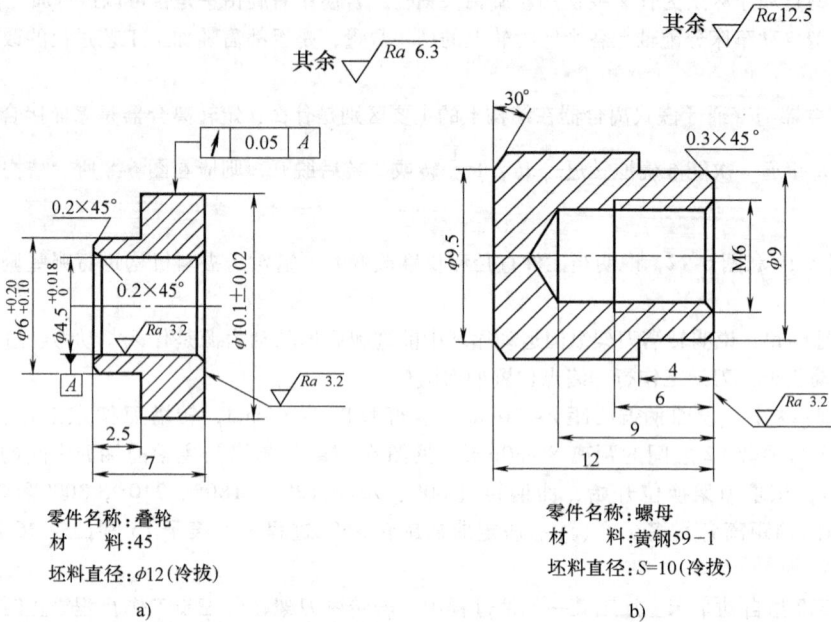

零件名称：叠轮
材　　料：45
坯料直径：$\phi12$（冷拔）

a)

零件名称：螺母
材　　料：黄钢59-1
坯料直径：$S=10$（冷拔）

b)

图 6-73

16. 若 C7620 型车床后刀架的运动循环如图 6-30a、b 和 c 所示，试画简图表示二极管插销的插接情况。

17. 图 6-27 所示 C7620 型车床后刀架运动循环控制线路中，若第④条横母线上第 4 插孔内插销的二极管短路，机床工作时将会产生什么现象？

18. 数控机床加工时，运动部件的位移量和运动速度是怎样控制的？与机械式凸轮分配轴控制的自动机床、矩阵插销板式电气程序控制的自动机床比较，具有哪些优点？

19. 数控机床的进给传动系统与普通机床比较，具有哪些特点？

20. 数控机床上加工曲线轮廓表面时，刀具相对于工件的运动轨迹是怎样控制的？

21. 与一般数控机床比较，自动换刀数控机床的主要特点是什么？两者的应用范围有何不同？

22. 单工位组合机床和多工位组合机床各有何特点？它们的适用范围怎样？

23. 标出图 6-68f 和图 6-69c 所示组合机床示意图中各通用部件的名称。

24. 试选用适当的通用部件组合成下列组合机床（画简图表示）：

（1）立式单轴组合钻床；

（2）双面卧式单轴组合镗床（左、右壁上被加工孔的高度不等）；

（3）四工位多轴组合机床

25. 根据图 6-74 所示多轴箱主视图，绘制该多轴箱的传动系统图，正确表示出各轴上齿轮所在排次，并写出传动路线表达式。

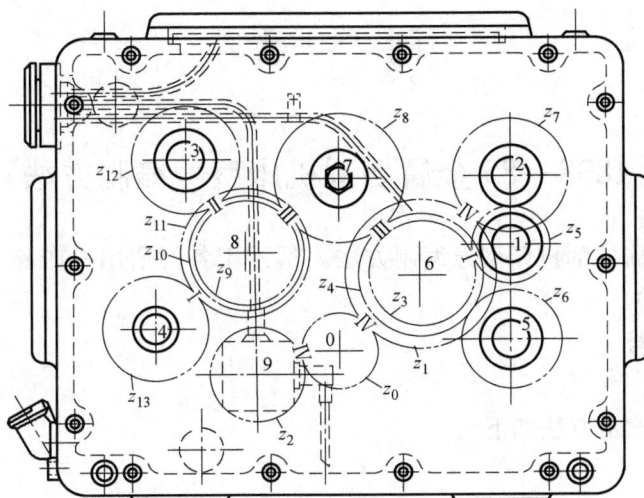

图 6-74

1~5—主轴　7—手柄轴　6、8—传动轴　9—润滑泵轴

附 录

Ⅰ. 《JB 1838—85 金属切削机床型号编制方法》简介

《JB 1838—85 金属切削机床型号编制方法》适用于各类通用机床和专用的金属切削机床（不包括组合机床）。

一、通用机床型号

1. 型号表示方法

通用机床型号的表示方法如下：

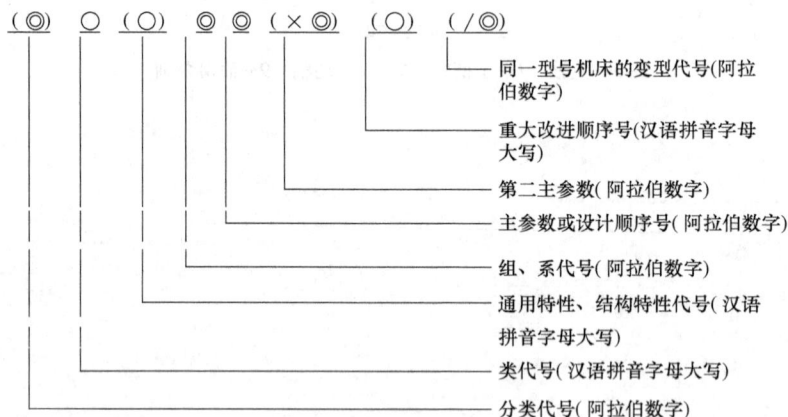

注：1. 有"（ ）"的代号或数字，当无内容时，则不表示。若有内容，则不带括号；2. 有"○"符号者，为大写的汉语拼音字母；3. 有"◎"符号者，为阿拉伯数字。

2. 机床类、组、系的划分及其代号

机床按其产品的工作原理、结构性能特点及使用范围划分为十二类；每类机床划分为十个组，每个组又划分为十个系（系列）。组、系划分的原则是：在同一类机床中，其结构性能及使用范围基本相同的机床，即为同一组；在同一组机床中，其主参数相同，并按一定公比排列，工件及刀具本身的和相对的运动特点基本相同，且基本结构及布局型式相同的机床，即为同一系。

机床的类代号，用大写的汉语拼音字母表示（见附表 1）。当需要时，每类又可分为若干分类；分类代号用阿拉伯数字代表，在类代号之前，作为型号的首位，但第一分类不予表示，例如磨床类分为 M、2M、3M 三个分类。

机床的组、系代号用两位阿拉伯数字表示，位于类代号或特性代号之后。各类机床组的划分及其代号见附表 2。

附表 1　通用机床类代号

类别	车床	钻床	镗床	磨床			齿轮加工机床	螺纹加工机床	铣床	刨插床	拉床	特种加工机床	锯床	其他机床
代号	C	Z	T	M	2M	3M	Y	S	X	B	L	D	G	Q
读音	车	钻	镗	磨	二磨	三磨	牙	丝	铣	刨	拉	电	割	其

3. 机床的通用特性代号和结构特性代号

当某类型机床除有普通型式外，还具有某种通用特性时，则在类代号之后加通用特性代号（见附表 3）予以区分。如果某类型机床仅有某种通用特性，而无普通型者，则通用特性不予表示。通用特性代号有统一的固定意义，它在各类机床的型号中，所表示的意义相同。

对主参数值相同而结构、性能不同的机床，在型号中加结构特性代号予以区分。结构特性代号用汉语拼音字母表示，排在类代号之后，当型号中有通用特性代号时，排在通用特性代号之后。结构特性代号在型号中没有统一含义。可用作结构特性代号的字母有：A、D、E、L、N、P、R、S、T、U、V、W、X 和 Y；也可以将上述字母中的两个组合起来使用，如 AD、AE……等。

4. 机床主参数、第二主参数和设计顺序号的表示方法

机床主参数的计量单位，尺寸以毫米（mm）计，拉力以千牛（kN）计，功率以瓦（W）计，扭矩以牛顿米（N·m）计。型号中的主参数用折算值表示，位于组、系代号之后。当折算数值大于 1 时，则取整数，前面不加"0"；当折算数值小于 1 时，则以主参数值表示，并在前面加"0"。常用机床型号中主参数的表示方法见附表 4。

型号中的第二主参数也用折算值表示，位于型号的后部，并以"×"分开，读作"乘"。凡以长度单位表示的第二主参数，如机床的最大工件长度、最大切削长度、最大行程和最大跨距等，采用"$\frac{1}{100}$"的折算系数；凡以直径、深度和宽度表示的第二主参数，采用"$\frac{1}{10}$"的折算系数（出现小数时，可以化整），如果以厚度、最大模数和机床轴数作为第二主参数时，则以实际的数值列入型号。

某些通用机床，当无法用一个主参数表示时，则在型号中用设计顺序号表示。设计顺序号由 1 起始，当设计顺序号少于十位数时，则在设计顺序号之前加"0"。例如，某机床厂设计试制的第五种仪表磨床为立式双轮轴颈抛光机，因这种磨床无法用一个主参数表示，故其型号为 M0405。

5. 机床的重大改进顺序号

当机床的结构、性能有重大改进和提高，并按新产品重新设计、试制和鉴定时，在原机床型号的尾部，加重大改进顺序号，以区别于原机床。重大改进顺序号按 A、B、C……等汉语拼音字母的顺序选用。

6. 同一型号机床的变型代号

某些类型机床，根据不同的加工需要，在基本型号机床的基础上，仅改变机床的部分性能结构时，则在原机床型号之后加变型代号，以便区别。变型代号以阿拉伯数字 1、2、3、……等顺序号表示，并用"/"分开，读作"之"。

228

附表 2　金属切削机床类、组划分表

类别	组别	0	1	2	3	4	5	6	7	8	9
车床 C		仪表车床	单轴自动车床	多轴自动、半自动车床	回轮、转塔车床	曲轴及凸轮轴车床	立式车床	落地及卧式车床	仿形及多刀车床	轮、轴、辊、锭及铲齿车床	其他车床
钻床 Z			坐标镗钻床	深孔钻床	摇臂钻床	台式钻床	立式钻床	卧式钻床	铣钻床	中心孔钻床	
镗床 T				深孔镗床		坐标镗床	立式镗床	卧式铣镗床	精镗床	汽车拖拉机修理用镗床	
磨床	M	仪表磨床	外圆磨床	内圆磨床	砂轮机		导轨磨床	刀具刃磨床	平面及端面磨床	曲轴、凸轮轴、花键轴及轧辊磨床	工具磨床
	2M		超精机	内、外圆珩磨机	平面、球面珩磨机	抛光机	砂带抛光及磨削机床	刀具刃磨及研磨机床	可转位刀片磨削机床	研磨机	其他磨床
	3M		球轴承套圈沟磨床	滚子轴承套圈滚道磨床	轴承套圈超精机	滚子及钢球加工机床	叶片磨削机床	滚子超精及磨削机床		气门、活塞及活塞环磨削机床	汽车、拖拉机修磨机床
齿轮加工机床 Y		仪表齿轮加工机		锥齿轮加工机	滚齿机	剃齿及珩齿机	插齿机	花键轴铣床	齿轮磨齿机	其他齿轮加工机	齿轮倒角及检查机
螺纹加工机床 S					套丝机	攻丝机		螺纹铣床	螺纹磨床	螺纹车床	
铣床 X		仪表铣床	悬臂及滑枕铣床	龙门铣床	平面铣床	仿形铣床	立式升降台铣床	卧式升降台铣床	床身式铣床	工具铣床	其他铣床
刨插床 B			悬臂刨床	龙门刨床			插床	牛头刨床		边缘及模具刨床	其他刨床
拉床 L				侧拉床	卧式内拉床	连续拉床	立式内拉床	卧式外拉床	立式外拉床	键槽及螺纹拉床	其他拉床
特种加工机床 D		超声波加工机		电解磨床	电解加工机			电火花磨床	电火花加工机		
锯床 G				砂轮片锯床		卧式带锯床	立式带锯床	圆锯床	弓锯床	锉锯床	
其他机床 Q		其他仪表机床	管子加工机床	木螺钉加工机床		刻线机	切断机				

附表3 通用特性代号

通用特性	高精度	精密	自动	半自动	数控	加工中心 （自动换刀）	仿形	轻型	加重型	简式
代号	G	M	Z	B	K	H	F	Q	C	J
读音	高	密	自	半	控	换	仿	轻	重	简

附表4 常用机床组、系代号及主参数

类	组	系	机床名称	主参数的折算系数	主参数	第二主参数
车床	1	1	单轴纵切自动车床	1	最大棒料直径	
	1	2	单轴横切自动车床	1	最大棒料直径	
	1	3	单轴转塔自动车床	1	最大棒料直径	
	2	1	多轴棒料自动车床	1	最大棒料直径	轴数
	2	2	多轴卡盘自动车床	1/10	卡盘直径	轴数
	2	6	立式多轴半自动车床	1/10	最大车削直径	轴数
	3	0	回轮车床	1	最大棒料直径	
	3	1	滑鞍转塔车床	1/10	最大车削直径	
	3	3	滑枕转塔车床	1/10	最大车削直径	
	4	1	万能曲轴车床	1/10	最大工件回转直径	最大工件长度
	4	6	万能凸轮轴车床	1/10	最大工件回转直径	最大工件长度
	5	1	单柱立式车床	1/100	最大车削直径	最大工件高度
	5	2	双柱立式车床	1/100	最大车削直径	最大工件高度
	6	0	落地车床	1/100	最大工件回转直径	最大工件长度
	6	1	卧式车床	1/10	床身上最大回转直径	最大工件长度
	6	2	马鞍车床	1/10	床身上最大回转直径	最大工件长度
	6	4	卡盘车床	1/10	床身上最大回转直径	最大工件长度
	6	5	球面车床	1/10	刀架上最大回转直径	最大工件长度
	7	1	仿形车床	1/10	刀架上最大车削直径	最大车削长度
	7	5	多刀车床	1/10	刀架上最大车削直径	最大车削长度
	7	6	卡盘多刀车床	1/10	刀架上最大车削直径	最大车削长度
	8	4	轧辊车床	1/10	最大工件直径	最大工件长度
	8	9	铲齿车床	1/10	最大工件直径	最大模数
	9	1	多用车床	1/10	床身上最大回转直径	最大工件长度
钻床	1	3	立式坐标镗钻床	1/10	工作台面宽度	工作台面长度
	2	1	深孔钻床	1/10	最大钻孔直径	最大钻孔深度
	3	0	摇臂钻床	1	最大钻孔直径	最大跨距

（续）

类	组	系	机 床 名 称	主参数的折算系数	主 参 数	第二主参数
钻床	3	1	万向摇臂钻床	1	最大钻孔直径	最大跨距
	4	0	台式钻床	1	最大钻孔直径	
	5	0	圆柱立式钻床	1	最大钻孔直径	
	5	1	方柱立式钻床	1	最大钻孔直径	
	5	2	可调多轴立式钻床	1	最大钻孔直径	轴数
	8	1	中心孔钻床	1/10	最大工件直径	最大工件长度
	8	2	平端面中心孔钻床	1/10	最大工件直径	最大工件长度
镗床	4	1	单柱坐标镗床	1/10	工作台面宽度	工作台面长度
	4	2	双柱坐标镗床	1/10	工作台面宽度	工作台面长度
	4	5	卧式坐标镗床	1/10	工作台面宽度	工作台面长度
	6	1	卧式铣镗床	1/10	镗轴直径	
	6	2	落地镗床	1/10	镗轴直径	
	6	9	落地铣镗床	1/10	镗轴直径	铣轴直径
	7	0	单面卧式精镗床	1/10	工作台面宽度	工作台面长度
	7	1	双面卧式精镗床	1/10	工作台面宽度	工作台面长度
	7	2	立式精镗床	1/10	最大镗孔直径	
磨床	0	4	抛光机		—	
	0	6	刀具磨床		—	
	1	0	无心外圆磨床	1	最大磨削直径	
	1	3	外圆磨床	1/10	最大磨削直径	最大磨削长度
	1	4	万能外圆磨床	1/10	最大磨削直径	最大磨削长度
	1	5	宽砂轮外圆磨床	1/10	最大磨削直径	最大磨削长度
	1	6	端面外圆磨床	1/10	最大回转直径	最大工件长度
	2	1	内圆磨床	1/10	最大磨削孔径	最大磨削深度
	2	5	立式行星内圆唐床	1/10	最大磨削孔径	最大磨削深度
	2	9	坐标磨床	1/10	工作台面宽度	工作台面长度
	3	0	落地砂轮机	1/10	最大砂轮直径	
	5	0	落地导轨磨床	1/100	最大磨削宽度	最大磨削长度
	5	2	龙门导轨磨床	1/100	最大磨削宽度	最大磨削长度
	6	0	万能工具磨床	1/10	最大回转直径	最大工件长度
	6	2	钻头刃磨床	1	最大刃磨钻头直径	
	7	1	卧轴矩台平面磨床	1/10	工作台面宽度	工作台面长度
	7	3	卧轴圆台平面磨床	1/10	工作台面直径	

类	组	系	机床名称	主参数的折算系数	主参数	第二主参数
磨床	7	4	立轴圆台平面磨床	1/10	工作台面直径	
	8	2	曲轴磨床	1/10	最大回转直径	最大工件长度
	8	3	凸轮轴磨床	1/10	最大回转直径	最大工件长度
	8	6	花键轴磨床	1/10	最大磨削直径	最大磨削长度
	9	0	工具曲线磨床	1/10	最大磨削长度	
齿轮加工机床	2	0	弧齿锥齿轮磨齿机	1/10	最大工件直径	最大模数
	2	2	弧齿锥齿轮铣齿机	1/10	最大工件直径	最大模数
	2	3	直齿锥齿轮刨齿机	1/10	最大工件直径	最大模数
	3	1	滚齿机	1/10	最大工件直径	最大模数
	3	6	卧式滚齿机	1/10	最大工件直径	最大模数或最大工件长度
	4	2	剃齿机	1/10	最大工件直径	最大模数
	4	6	珩齿机	1/10	最大工件直径	最大模数
	5	1	插齿机	1/10	最大工件直径	最大模数
	6	0	花键轴铣床	1/10	最大铣削直径	最大铣削长度
	7	0	碟形砂轮磨齿机	1/10	最大工件直径	最大模数
	7	1	锥形砂轮磨齿机	1/10	最大工件直径	最大模数
	7	2	蜗杆砂轮磨齿机	1/10	最大工件直径	最大模数
	8	0	车齿机	1/10	最大工件直径	最大模数
	9	3	齿轮倒角机	1/10	最大工件直径	最大模数
	9	9	齿轮噪声检查机	1/10	最大工件直径	
螺纹加工机床	3	0	套螺纹机	1	最大套螺纹直径	
	4	8	卧式攻螺纹机	1/10	最大攻螺纹直径	轴数
	6	0	丝杠铣床	1/10	最大铣削直径	最大铣削长度
	6	2	短螺纹铣床	1/10	最大铣削直径	最大铣削长度
	7	4	丝杠磨床	1/10	最大工件直径	最大工件长度
	7	5	万能螺纹磨床	1/10	最大工件直径	最大工件长度
	8	6	丝杠车床	1/10	最大工件直径	最大工件长度
	8	9	短螺纹车床	1/10	最大车削直径	最大车削长度
铣床	2	0	龙门铣床	1/100	工作台面宽度	工作台面长度
	3	0	圆台铣床	1/10	工作台面直径	
	4	3	平面仿形铣床	1/10	最大铣削宽度	最大铣削长度
	4	4	立体仿形铣床	1/10	最大铣削宽度	最大铣削长度
	5	0	立式升降台铣床	1/10	工作台面宽度	工作台面长度

（续）

类	组	系	机 床 名 称	主参数的折算系数	主 参 数	第二主参数
铣床	6	0	卧式升降台铣床	1/10	工作台面宽度	工作台面长度
	6	1	万能升降台铣床	1/10	工作台面宽度	工作台面长度
	7	1	床身铣床	1/100	工作台面宽度	工作台面长度
	8	1	万能工具铣床	1/10	工作台面宽度	工作台面长度
	9	2	键槽铣床	1	最大键槽宽度	
刨插床	1	0	悬臂刨床	1/100	最大刨削宽度	最大刨削长度
	2	0	龙门刨床	1/100	最大刨削宽度	最大刨削长度
	2	2	龙门铣磨刨床	1/100	最大刨削宽度	最大刨削长度
	5	0	插床	1/10	最大插削长度	
	6	0	牛头刨床	1/10	最大刨削长度	
	8	8	模具刨床	1/10	最大刨削长度	最大刨削宽度
拉床	3	1	卧式外拉床	1/10	额定拉力	最大行程
	4	3	连续拉床	1/10	额定拉力	
	5	1	立式内拉床	1/10	额定拉力	最大行程
	6	1	卧式内拉床	1/10	额定拉力	最大行程
	7	1	立式外拉床	1/10	额定拉力	最大行程
	9	1	汽缸体平面拉床	1/10	额定拉力	最大行程
特种加工机床	1	1	超声波穿孔机	1/10	最大功率	
	2	5	电解车刀刃磨床	1	最大车刀宽度	最大车刀厚度
	7	1	电火花成形机	1/10	工作台面宽度	工作台面长度
	7	7	电火花线切割机	1/10	工作台横向行程	工作台纵向行程
锯床	5	1	立式带锯床	1/10	最大工件高度	
	6	0	卧式圆锯床	1/100	最大圆锯片直径	
	7	1	卧式弓锯床	1/10	最大锯削直径	
其他机床	1	6	管接头车螺纹机	1/10	最大加工直径	
	2	1	木螺钉螺纹加工机	1	最大工件直径	最大工件长度
	4	0	圆刻线机	1/100	最大加工直径	
	4	1	长刻线机	1/100	最大加工长度	

例如，最大回转直径为400mm的半自动曲轴磨床，其型号为MB8240。根据加工需要，在此型号机床的基础上变换的第一种型式的半自动曲轴磨床，其型号为MB8240/1；变换的第二种型式，其型号则为MB8240/2，依次类推。

二、专用机床的编号

1. 专用机床的编号方法

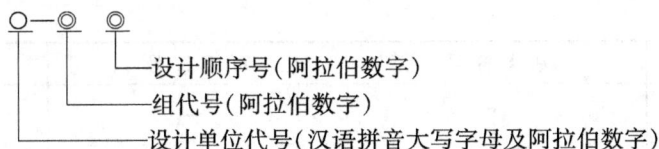

设计顺序号(阿拉伯数字)
组代号(阿拉伯数字)
设计单位代号(汉语拼音大写字母及阿拉伯数字)

2. 设计单位代号

设计单位为机床厂时，设计单位代号由机床厂所在城市名称的大写汉语拼音字母及该机床厂在该城市建立的先后顺序号，或机床厂名称的大写汉语拼音字母表示。

设计单位为机床研究所时，设计单位顺序号由研究所名称的大写汉语拼音字母表示。

3. 专用机床的组代号

专用机床的组代号，用一位阿拉伯数字表示。数字由1起始，位于设计单位代号之后，并用"—"分开，读作"至"。

专用机床的组，按产品的工作原理划分，由各机床厂、所根据本厂、所的产品情况，自行确定。

4. 专用机床的设计顺序号

专用机床的设计顺序号，按各机床厂、所的设计顺序排列，由"001"起始，位于专用机床的组代号之后。

5. 专用机床的编号示例

北京第一机床厂设计制造的第一百种专用机床为专用铣床，属于3组，其编号为；B1—3100。

Ⅱ. 机构运动简图符号（摘自 GB 4460—84）

名　称	基本符号	可用符号	附　注
齿轮机构 齿轮(不指明齿线) a. 圆柱齿轮 b. 锥齿轮 c. 挠性齿轮			
齿线符号 a. 圆柱齿轮 (i) 直齿 (ii) 斜齿			

234

名　　称	基本符号	可用符号	附　注
（iii）人字齿			
b. 锥齿轮 　（i）直齿			
（ii）斜齿			
（iii）弧齿			
齿轮传动（不指明齿线） a. 圆柱齿轮			
b. 锥齿轮			
c. 蜗轮与圆柱蜗杆			
d. 螺旋齿轮			
齿条传动 a. 一般表示			

（续）

名　　称	基本符号	可用符号	附　　注
b. 蜗线齿条与蜗杆			
c. 齿条与蜗杆			
扇形齿轮传动			
圆柱凸轮			
外啮合槽轮机构			
联轴器 　a. 一般符号（不指明类型）			
b. 固定联轴器			
c. 弹性联轴器			
啮合式离合器 　a. 单向式			对于啮合式离合器、摩擦离合器、液压离合器、电磁离合器和制动器,当需要表明操纵方式时,可使用下列符号: 　M—机动的 　H—液动的 　P—气动的 　E—电动的(如电磁)
b. 双向式			
摩擦离合器 　a. 单向式			
b. 双向式			

名　称	基本符号	可用符号	附　注
液压离合器(一般符号)			
电磁离合器			
离心摩擦离合器			
超越离合器			
安全离合器 　a. 带有易损元件 　b. 无易损元件			
制动器(一般符号)			不规定制动器外观
螺杆传动 　a. 整体螺母			
b. 开合螺母			
c. 滚珠螺母			

（续）

名　　称	基 本 符 号	可 用 符 号	附　　注
带传动——般符号（不指明类型）			若需指明皮带类型可采用下列符号： 三角带 圆带 同步齿形带 平带 例：三角带传动
链传动——般符号（不指明类型）			若需指明链条类型，可采用下列符号： 环形链 滚子链 无声链 例：无声链传动
向心轴承 　a. 普通轴承			
b. 滚动轴承			
推力轴承 　a. 单向推力普通轴承			
b. 双向推力普通轴承			
c. 推力滚动轴承			

（续）

名　　称	基本符号	可用符号	附　注
向心推力轴承 　a. 单向向心推力普通 轴承	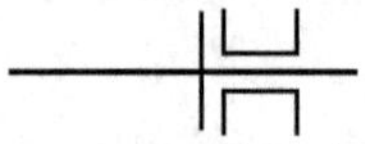		
b. 双向向心推力普通 轴承	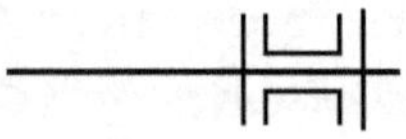		
c. 向心推力滚动轴承	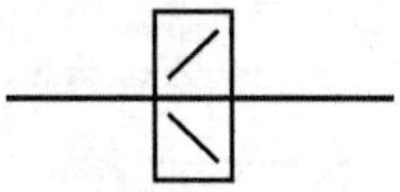	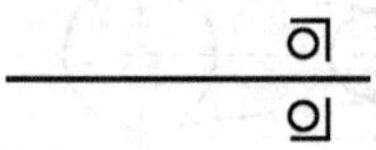	

Ⅲ. 滚动轴承图示符号（摘自 GB 4458.1—84）

轴承类型	图示符号	轴承类型	图示符号
向心球轴承	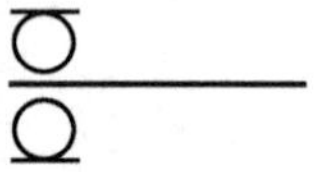	滚针轴承(内圈无挡边)	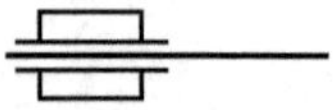
调心球轴承(双列)	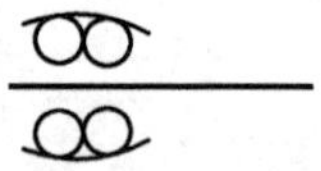	推力球轴承	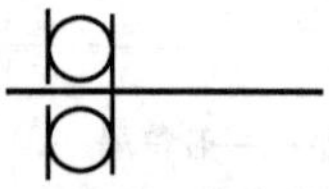
角接触球轴承	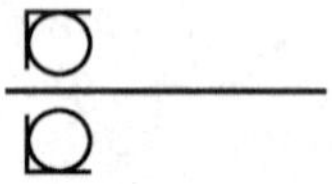	推力球轴承(双向)	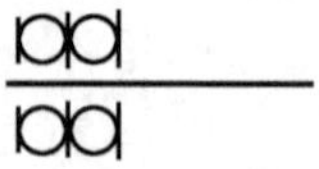
向心短圆柱滚子轴承 （内圈无挡边）	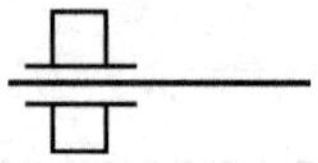	圆锥滚子轴承	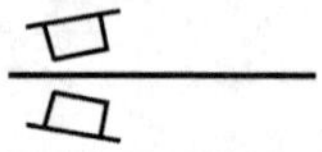
向心短圆柱滚子轴承 （双列）	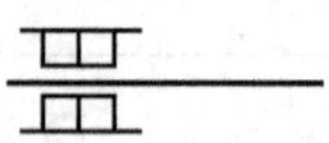	圆锥滚子轴承(双列)	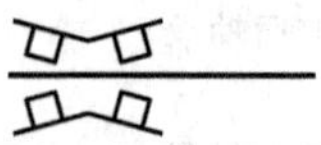

参 考 文 献

[1] 顾维邦. 金属切削机床（上、下册）[M]. 北京：机械工业出版社，1984.

[2] 吴圣庄. 金属切削机床概论. [M] 北京：机械工业出版社，1985.

[3] 杨荣柏. 金属切削机床——原理与设计 [M]. 武汉：华中工学院出版社，1987.

[4] 戴曙. 金属切削机床设计 [M]. 北京：机械工业出版社，1985

[5] 吴祖育，秦鹏飞. 数控机床 [M]. 上海：上海科学技术出版社，1990.

[6] 刘又午. 数字控制机床 [M]. 北京：机械工业出版社，1983.

[7] 王先逵. 机械制造工艺学 [M]. 北京：清华大学出版社，1989.

[8] 《机床设计手册》编写组. 机床设计手册（3）[M]. 北京：机械工业出版社，1986

[9] 华东纺织工学院，哈尔滨工业大学，天津大学. 机床设计图册 [M]. 上海：上海科学技术出版社，1979.

[10] 机械工程手册、电机工程手册编辑委员会. 机械工程手册，第 8、10 卷 [M]. 北京：机械工业出版社，1982.

[11] 李铁尧. 金属切削机床 [M]. 北京：机械工业出版社，1990.

[12] 邓怀德. 金属切削机床 [M]. 北京：机械工业出版社，1987.

[13] 曹建德，薛保文，施康乐. 金属切削机床概论 [M]. 上海：上海科学技术文献出版社，1987.

[14] 威克. M. 机床：第一册 [M]. 李景才，译. 北京：机械工业出版社，1987.